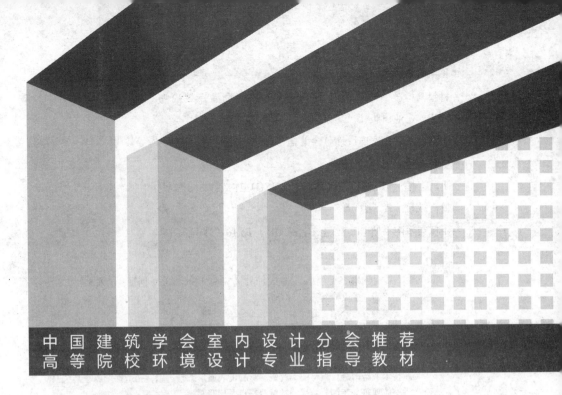

中国建筑学会室内设计分会推荐
高等院校环境设计专业指导教材

材料与构造·上·（第二版）

（室内部分）

张长江　陈慢勤　编著

U0264136

中国建筑工业出版社

图书在版编目（CIP）数据

材料与构造.上.室内部分／张长江，陈慢勤编著.—2版.—北京：中国建筑工业出版社，2017.6

中国建筑学会室内设计分会推荐.高等院校环境设计专业指导教材

ISBN 978-7-112-20758-9

Ⅰ.①材… Ⅱ.①张… ②陈… Ⅲ.①室内装饰—建筑材料—高等学校—教材 Ⅳ.①TU5

中国版本图书馆CIP数据核字（2017）第107931号

课件网络下载方法：请进入http：//www.cabp.com.cn网页，输入本书书名查询，点击"配套资源"进行下载。

本书着重介绍了建筑常用的装饰装修材料与构造，包括地面、墙面、顶棚、楼梯、电梯、门窗构造等。

从材料的绿色化入手，由石材、陶瓷、玻璃、木材、涂料、塑料、金属、织物等材料开始，进入材料的粘结、复合与构造，介绍了许多装饰装修的新材料、新技术、新构造。教材的编写强调材料的表面形态与选用，构造强调原理与关系。力求体现每个装饰装修部位的材料特点及构造原则。

本教材提供了大量的工程实际构造图及实训课题，使学生具有较强的识图和绘制建筑装饰装修施工图的能力，为学习后续专业课打下坚实的基础。

本书既可作为相关院校室内设计、环境设计、建筑学的专业教材以及研究生的参考用书，也可作为建筑装饰装修设计、施工、管理的技术培训教材和工程技术人员自学用书或参考资料。

责任编辑：黄 翊 张 建

责任校对：李欣慰 刘梦然

中国建筑学会室内设计分会推荐

高等院校环境设计专业指导教材

材料与构造·上·（室内部分）（第二版）

张长江 陈慢勤 编著

*

中国建筑工业出版社出版、发行（北京海淀三里河路9号）

各地新华书店、建筑书店经销

北京锋尚制版有限公司排版

北京市安泰印刷厂印刷

*

开本：787×1092毫米 1/16 印张：26¼ 字数：622千字

2017年9月第二版 2017年9月第五次印刷

定价：68.00元（附网络下载）

ISBN 978-7-112-20758-9

（30411）

再版说明（第二版）

时间一晃 10 年过去了，《材料与构造》·上·（室内部分）也迎来了第二次出版。10 年来，环境设计（室内设计、风景园林设计）有了长足的发展，材料发生了日新月异的变化，从建筑业以材料（设备）为主的规范与行业标准来看就已经达到了 5000 部之多。而且这 10 年来，一部标准曾多次更新的也不乏其例，如《民用建筑工程室内环境污染控制规范》GB 50325，在 2001 年实施后，以后分别在 2006 年、2010 年、2013 年进行了 3 次修订。

随着市场新材料的出现，研究材料的新构造，尤其是节能、节材、环保等方面，成为这次教材更新的主要考虑，而有些构造的科学性，将会改变我国行业一些落后，甚至是错误的做法。本书除了对个别章节删减（材料挥发污染检测等）、合并（平板玻璃、浮法玻璃等）之外，大部分还保留了原来的构架，因为从本书使用者的购读统计来看，这些内容都还是很受欢迎的。

这次再版，全面更新了本书所涉及的材料、设备、设计、施工等方面的行业新标准，并在外观质量、技术性能指标等方面，都作了相应的调整，与时俱进，以满足教学、科研、设计在相当长一段时间的需求。

同时本次再版去掉了光盘部分，主要是考虑减低费用成本。因为图片的搜索、材料形态（木材、石材等）的认知，以及施工现场的构造实施情形，现在都是可以从手机客户端上方便快捷搜索到的。把光盘放进电脑来读的需求已是大大地降低了，因为，这已经是一个新的时代了。作为教学环节，课件图片的讲解将落到老师的身上，本书也就可以"减负"一下了。

这次再版的制图任务由张翮、刘玉萍完成。

这本书第一次出版的编写时间用了 6 年，第二次的编写时间用了 10 年，这些都可以从大量的改动中看到，也希望大家能够感受到这本书严谨的学术态度。

尽管如此，本书还是不免会有这样或那样的问题，期望大家阅读与使用之后，继续回馈给编者宝贵的意见，以便重印时及时纠正。

张长江

2017 年 2 月 20 日

出版说明（第一版）

中国的室内设计教育已经走过了四十多年的历程。1957 年在北京中央工艺美术学院（现清华大学美术学院）第一次设立室内设计专业，当时的专业名称为"室内装饰"。1958 年北京兴建十大建筑，受此影响，装饰的概念向建筑拓展，至 1961 年专业名称改为"建筑装饰"。实行改革开放后的 1984 年，顺应世界专业发展的潮流又更名为"室内设计"，之后在 1988 年室内设计又进而拓展为"环境艺术设计"专业。据不完全统计，到 2004 年，全国已有 600 多所高等院校设立与室内设计相关的各类专业。

一方面，以装饰为主要概念的室内装修行业在我们的国家波澜壮阔般地向前推进，成为国民经济支柱性产业。而另一方面，在我们高等教育的专业目录中却始终没有出现"室内设计"的称谓。从某种意义上来讲，也许是 20 世纪 80 年代末环境艺术设计概念的提出相对于我们的国情过于超前。虽然十数年间以环境艺术设计称谓的艺术设计专业，在全国数百所各类学校中设立，但发展却极不平衡，认识也极不相同。反映为理论研究相对滞后，专业师资与教材缺乏，各校间教学体系与教学水平存在着较大的差异，造成了目前这种多元化的局面。出现这样的情况也毫不奇怪，因为我们的艺术设计教育事业始终与国家的经济建设和社会的体制改革发展同步，尚都处于转型期的调整之中。

设计教育诞生于发达国家现代设计行业建立之后，本身具有艺术与科学的双重属性，兼具文科和理科教育的特点，属于典型的边缘学科。由于我们的国情特点，设计教育基本上是脱胎于美术教育。以中央工艺美术学院（现清华大学美术学院）为例，自 1956 年建校之初就力戒美术教育的单一模式，但时至今日仍然难以摆脱这种模式的束缚。而具有鲜明理工特征的我国建筑类院校，在创办艺术设计类专业时又显然缺乏艺术的支撑，可以说两者都处于过渡期的阵痛中。

艺术素质不是象牙之塔的贡品，而是人人都必须具有的基本素质。艺术教育是高等教育整个系统中不可或缺的重要环节，是完善人格培养的美育的重要内容。艺术设计虽然是以艺术教育为出发点，具有人文学科的主要特点，但它是横跨艺术与科学之间的桥梁学科，也是以教授工作方法为主要内容，兼具思维开拓与技能培养的双重训练性专业。所以，只有在国家的高等学校专业目录中：将"艺术"定位于学科门类，与"文学"等同；将"艺术设计"定位于一级学科，与"美术"等同。随之，按照现有的社会相关行业分类，在艺术设计专业下设置相应的二级学科，环境艺术设计才能够得到与之相适应的社会专业定位，唯有这样才能赶上迅猛发展的时代步伐。

由于社会发展现状的制约，高等教育的艺术设计专业尚没有国家权威的管理指导机构。"中国建筑学会室内设计分会教育工作委员会"是目前中国唯一能够担负起指导环境艺术设计教育的专业机构。教育工作委员会近年来组织了一系列全国范围的专业交流活动。在活动中，各校的代表都提出了编写相对统一的专业教材的愿望。因为目前已经出版的几套教材都是以单个学校或学校集团的教学系统为蓝本，在具体的使用中缺乏普遍的指导意义，适应性较弱。为此，教育工作委员会组织全国相关院校的环境艺术设计专业教育专家，编写了这套具有指导意义的符合目前国情现状的实用型专业教材。

中国建筑学会室内设计分会教育工作委员会

前言（第一版）

艺术设计专业是横跨于艺术与科学之间的综合性、边缘性学科。艺术设计产生于工业文明高速发展的 20 世纪。具有独立知识产权的各类设计产品，成为艺术设计成果的象征。艺术设计的每个专业方向在国民经济中都对应着一个庞大的产业，如建筑室内装饰行业、服装行业、广告与包装行业等。每个专业方向在自己的发展过程中无不形成极强的个性，并通过这种个性的创造，以产品的形式实现其自身的社会价值。从环境生态学的认识角度出发，任何一门艺术设计专业方向的发展都需要相应的时空，需要相对丰厚的资源配置和适宜的社会政治、经济、技术条件。面对信息时代和经济全球化，世界呈现时空越来越小的趋势，人工环境无限制扩张，导致自然环境日益恶化。在这样的情况下，专业学科发展如不以环境生态意识为先导，走集约型协调综合发展的道路，势必走入死胡同。

随着 20 世纪后期由工业文明向生态文明的转化，可持续发展思想在世界范围内得到共识并逐渐成为各国发展决策的理论基础。环境艺术设计的概念正是在这样的历史背景下从艺术设计专业中脱颖而出的，其基本理念在于设计从单纯的商业产品意识向环境生态意识的转换，在可持续发展战略总体布局中，处于协调人工环境与自然环境关系的重要位置。环境艺术设计最终要实现的目标是人类生存状态的绿色设计，其核心概念就是创造符合生态环境良性循环规律的设计系统。

环境艺术设计所遵循的绿色设计理念成为相关行业依靠科技进步实施可持续发展战略的核心环节。

国内学术界最早在艺术设计领域提出环境艺术设计的概念是在 20 世纪 80 年代初期。在世界范围内，日本学术界在艺术设计领域的环境生态意识觉醒的较早，这与其狭小的国土、匮乏的资源、相对拥挤的人口有着直接的关系。进入 80 年代后期国内艺术设计界的环境意识空前高涨，于是催生了环境艺术设计专业的建立。1988 年当时的国家教育委员会决定在我国高等院校设立环境艺术设计专业，1998 年成为艺术设计专业下属的专业方向。据不完全统计，在短短的十数年间，全国有 400 余所各类高等院校建立了环境艺术设计专业方向。进入 21 世纪，与环境艺术设计相关的行业年产值就高达人民币数千亿元。

由于发展过快，而相应的理论研究滞后，致使社会创作实践有其名而无其实。决策层对环境艺术设计专业理论缺乏基本的了解。虽然从专业设计者到行政领导都在谈论可持续发展和绿色设计，然而在立项实施的各类与环境有关的工程项目中却完全与环境生态的绿色概念背道而驰。导致我们的城市景观、建筑与室内装饰建设背离了既定的目标。毫无疑问，迄今为止我们人工环境（包括城市、建筑、室内环境）的发展是以对自然环境的损耗作为代价的。例如：光污染的城市亮丽工程；破坏生态平衡的大树进城；耗费土地资源的小城市大广场；浪费自然资源的过度装修等等。

党的十六大将"可持续性发展能力不断增强，生态环境得到改善，资源利用效率显著提高，促进人与自然的和谐，推动整个社会走上生产发展、生活富裕、生态良好的文明发展道路"作为全面建设小康社会奋斗目标的生态文明之路。环境艺术设计正是从艺术设计学科的角度，为实现宏大的战略目标而落实于具体的重要社会实践。

"环境艺术"这种人为的艺术环境创造，可以自在于自然界美的环境之外，但是它又不可能脱离自然环境本体，它必须植根于特定的环境，成为融合其中与之有机共生的艺术。可以这样说，环境艺术是人类生存环境的美的创造。

"环境设计"是建立在客观物质基础上，以现代环境科学研究成果为指导，创造理想生存空间的工作过程。人类理想的环境应该是生态系统的良性循环，社会制度的文明进步，自然资源的合理配置，生存空间的科学建设。这中间包含了自然科学和社会科学涉及的所有研究领域。

环境设计以原在的自然环境为出发点，以科学与艺术的手段协调自然、人工、社会三类环境之间的关系，使其达到一种最佳的运行状态。环境设计具有相当广的含义，它不仅包括空间实体形态的布局营造，而且更重视人在时间状态下的行为环境的调节控制。

环境设计比之环境艺术具有更为完整的意义。环境艺术应该是从属于环境设计的子系统。

环境艺术品创作有别于单纯的艺术品创作。环境艺术品的概念源于环境生态的概念，即它与环境互为依存的循环特征。几乎所有的艺术与工艺美术门类，以及它们的产品都可以列入环境艺术品的范围，但只要加上环境二字，它的创作就将受到环境的限定和制约，以达到与所处环境的和谐统一。

"环境艺术"与"环境设计"的概念体现了生态文明的原则。我们所讲的"环境艺术设计"包括了环境艺术与环境设计的全部概念。将其上升为"设计艺术的环境生态学"，才能为我们的社会发展决策奠定坚实的理论基础。

环境艺术设计立足于环境概念的艺术设计，以"环境艺术的存在，将柔化技术主宰的人间，沟通人与人、人与社会、人与自然间和谐的、欢愉的情感。这里，物（实在）的创造，以它的美的存在形式在感染人，空间（虚在）的创造，以他的亲切、柔美的气氛在慰藉人[1]。"显然环境艺术所营造的是一种空间的氛围，将环境艺术的理念融入环境设计所形成的环境艺术设计，其主旨在于空间功能的艺术协调。"如 Gorden Cullen 在他的名著《Townscape》一书中所说，这是一种'关系的艺术'（art of relationship），其目的是利用一切要素创造环境：房屋、树木、大自然、水、交通、广告以及诸如此类的东西，以戏剧的表演方式将它们编织在一起[2]。"诚然环境艺术设计并不一

---

[1] 潘昌侯：我对"环境艺术"的理解，《环境艺术》第 1 期 5 页，中国城市经济社会出版社 1988 年版。

[2] 程里尧：环境艺术是大众的艺术，《环境艺术》第 1 期 4 页，中国城市经济社会出版社 1988 年版。

定要创造凌驾于环境之上的人工自然物，它的设计工作状态更像是乐团的指挥、电影的导演。选择是它设计的方法，减法是它技术的常项，协调是它工作的主题。可见这样一种艺术设计系统是符合于生态文明社会形态的需求。

目前，最能够体现环境艺术设计理念的文本，莫过于联合国教科文组织实施的《保护世界文化和自然遗产合约》。在这份文件中，文化遗产的界定在于：自然环境与人工环境、美学与科学高度融汇基础上的物质与非物质独特个性体现。文化遗产必须是"自然与人类的共同作品"。人类的社会活动及其创造物有机融入自然并成为和谐的整体，是体现其环境意义的核心内容。

根据《保护世界文化和自然遗产合约》的表述：文化遗产主要体现于人工环境，以文物、建筑群和遗址为《世界遗产名录》的录入内容；自然遗产主要体现于自然环境，以美学的突出个性与科学的普遍价值所涵盖的同地质生物结构、动植物物种生态区和天然名胜为《世界遗产名录》的录入内容。两类遗产有着极为严格的收录标准。这个标准实际上成为以人为中心理想环境状态的界定。

文化遗产界定的环境意义，即：环境系统存在的多样特征；环境系统发展的动态特征；环境系统关系的协调特征；环境系统美学的个性特征。

环境系统存在的多样特征：在一个特定的环境场所，存在着物质与非物质的多样信息传递。自然与人工要素同时作用于有限的时空，实体的物象与思想的感悟在场所中交汇，从而产生物质场所的精神寄托。文化的底蕴正是通过环境场所的这种多样特征得以体现。

环境系统发展的动态特征：任何一个环境场所都不可能永远不变，变化是永恒的，不变则是暂时的，环境总是处于动态的发展之中。特定历史条件下形成的人居文化环境一旦毁坏，必定造成无法逆转的后果。如果总是追随变化的潮流，终有一天生存的空间会变成文化的沙漠。努力地维持文化遗产的本原，实质上就是为人类留下了丰富的文化源流。

环境系统关系的协调特征：环境系统的关系体现于三个层面，自然环境要素之间的关系；人工环境要素之间的关系；自然与人工的环境要素之间的关系。自然环境要素是经过优胜劣汰的天然选择而产生的，相互的关系自然是协调的；人工环境要素如果规划适度、设计得当也能够做到相互的协调；唯有自然与人工的环境要素之间要做到相互关系的协调则十分不易。所以在世界遗产名录中享有文化景观名义的双重遗产凤毛麟角。

环境系统美学的个性特征：无论是自然环境系统还是人工环境系统，如果没有个性突出的美学特征，就很难取得赏心悦目的场所感受。虽然人在视觉与情感上愉悦的美感，不能替代环境场所中行为功能的需求。然而在人为建设与环境评价的过程中，美学的因素往往处于优先考虑的位置。

在全部的世界遗产概念中，文化景观标准的理念与环境艺术设计的创作观念比较一致。如果从视觉艺术的概念出发，环境艺术设计基本上就是以文化景观的标准在进行创作。

文化景观标准所反映的观点，是在肯定了自然与文化的双重含义外，更加强调了人为有意的因素。所以说，文化景观标准与环境艺术设计的基本概念相通。

文化景观标准至少有以下三点与环境艺术设计相关的含义：

第一，环境艺术设计是人为有意的设计，完全是人类出于内在主观愿望的满足，对外在客观世界生存环境进行优化的设计。

第二，环境艺术设计的原在出发点是"艺术"，首先要满足人对环境的视觉审美，也就是说美学的标准是放在首位的，离开美的界定就不存在设计本质的内容。

第三，环境艺术设计是协调关系的设计，环境场所中的每一个单体都与其他的单体发生着关系，设计的目的就是使所有的单体都能够相互协调，并能够在任意的位置都以最佳的视觉景观示人。

以上理念基本构成了环境艺术设计理论的内涵。

鉴于中国目前的国情，要真正完成环境艺术设计从书本理论到社会实践的过渡，还是一个十分艰巨的任务。目前高等学校的环境艺术设计专业教学，基本是以"室内设计"和"景观设计"作为实施的专业方向。尽管学术界对这两个专业方向的定位和理论概念还存在着不尽统一的认识，但是迅猛发展的社会是等不及笔墨官司有了结果才前进的。高等教育的专业理念超前于社会发展也是符合逻辑的。因此，呈现在面前的这套教材，是立足于高等教育环境艺术设计专业教学的现状来编写的，基本可以满足一个阶段内专业教学的需求。

中国建筑学会室内设计分会
教育工作委员会主任：郑曙旸

编者的话（第一版）

随着社会的进步，科学技术的发展，人们的物质生活和精神生活水平的不断提高，现代生存理念已深入人心，人们越来越重视生存的环境与生活的质量要求。

建筑和建筑装饰装修对人们生存的生活、学习和工作环境的改善起着十分重要的作用。因此，提高建筑装饰装修业的技术水平，保证工程质量，对促进建筑装饰装修业的健康发展具有重要意义。

《材料与构造·上》一书是全国高校环境艺术设计专业统编教材中《材料与构造》的室内部分。本书力求按照国家最新的建筑装饰装修相关的标准、规范编写，以建筑装饰装修设计、材料、施工及验收的基本理论为基础，以新材料、新工艺、新技术的应用为重点，建筑装饰材料、构造技术为主线，强调实践性与实用性。本书紧密结合建筑装饰装修工程实例，突出理论联系实际，详细阐述了建筑装饰装修工程中的基本材料，材料的样态，由材料所决定的各种施工工艺及材料的分层做法与构造的一般规律和技术要求，成为完成室内设计构筑物质准备和支撑基本的技术要求。

本书分为材料篇与构造篇两部分，其中材料篇前 1 至 14 章由大连工业大学艺术设计学院张长江编写；构造篇 14 章至 19 章由大连大学建筑工程学院建筑系陈晓蔓（陈慢勤）主持，其中陈晓蔓编写第 14、15、16、18 章；大连城市专家事务所有限公司李铁军编写其中的第 15、19 章；大连高新技术园区建设局张毅参加编写其中的第 16、17章；大连大学建筑工程学院建筑系姜立婷编写了其中的第 15、17 章；辽宁应用工程科学技术开发研究院赵阳参入编写其中的第 18、19 章。最后由张长江负责统稿。

另外，本书的插图由张翩、蔺越、郑统、王犀、汪群、李文广、周波、刘爽、杨彬彬、刘玉萍绘制。在本书编写过程中，得到了作者所在院校与单位的支持，在此表示衷心的感谢。本书在编写过程中还参考了许多文献资料，并借鉴了相关的工程实际设计与施工的经验，顺此对文献资料的作者和有关经验的创造者表示诚挚的感谢。最后，还要感谢大连海事大学机电与材料工程学院廖明义教授（博士）对本书的审校及修改的意见。

限于时间仓促以及水平和经验的不足，书中难免有不妥甚至错误之处，敬请不吝指正，以期进一步的修订和完善。

第一章　绪论

1983 年在我国首次讨论了室内设计的问题，为了快速支撑迅速发展的市场需要，各种短训班应运而生，建筑类、艺术类高校也陆续开设了室内设计或环境设计的课程，学制两年、三年、四年不等。但这些院校的课程设置、教学标准都存在很大的差异，而在有着 100 多年室内设计历史的美国及北美，在 1970 年就已设立室内设计教育评估标准，有着统一的教材，在校所学的内容与未来执业考试的内容是相对应的。

在中国，虽然室内及环境设计的教材有一些，但作为全国高校的统编推荐教材，这还是第一次。《材料与构造》作为系列教材中的一本，表明了材料与构造课程在本科教育与未来执业中的重要性。

材料是设计的物质基础，材料特性是装饰装修用料的选择依据和构造变化的因素。作为设计的形式、技术和经济的三个属性，材料不仅无不与之相关，而且还是一个重要的要素。作为设计的物化工程作品，无论是使用功能，还是精神功能的满足，也都是要通过对材料的选择与构造来实现。要对材料进行选用，就必须对材料的化学性能、物理性能有一个正确的了解，对材料的形式与样态有一个准确的把握。只有这样，才能使材料准确地传达设计师的意图，并被使用者所接受。

基于以上的考虑，无论是作为在校的学生，还是走进社会的设计师，学习材料与构造的课程，掌握相关的知识与做法，不仅是室内设计专业教育评估要求的，也是室内设计师、室内建筑师与建造师执业资格所必需的。本教材从材料和构造的基本知识出发，介绍材料的有关物理与化学性能，介绍材料的形态特点，介绍材料的选用及健康、安全方面的有关要求，以使设计的纸面产品，最终得以很好地转换为物质产品。

考虑到装修专业特点，本教材在了解材料性能的基础上，通过熟悉其形态与视觉特点，目的是为了更好地选用材料，使之做到物尽其用，取之所需，恰如其分。

室内设计是为了完成生产、办公、生活的使用功能与精神功能要求，以构件围合空间，并在室内接入水、暖、电、空调、通信等设施，布置家具等陈设并植入绿化等的环境空间的设计。而这些都是以材料进行构造与整合来完成的，最后，我们感受到的是空间、设施、陈设、绿化的界面与表皮的形式与色彩，感受到的是空间的氛围。

一、材料的分类

当我们面临林林总总的材料时，为了分辨和认识材料，首先要对其进行分类，一种直观和简单易行的分法，就是按材料所使用的部位分类。

1. 按部位分类

就是按材料在空间的使用部位来将材料分类，如内墙材料、外墙材料、顶棚材料、地面材料等。但这种分法确立之后，我们遇到一种材料既可以用到室内，也可以用到室外。在室内，一种材料既可以用到地面、墙面，又可以用到顶棚上去，如石材、涂料等。如果一块石片贴到顶棚、墙面、地面上，人们就会对有些材料的分类归属产生疑问。由此看来，要想把材料分清楚，只有从材料的本质来分及从化学组成上来分。

2. 按化学性质分类

从化学性质上来分类，我们可以把含有碳、氢化合物及其衍生物的物质叫作有机材料，把非有机材料叫作无机材料，而无机材料又可分为金属材料与非金属材料，有机与无机混合的材料叫作复合材料。

在装饰装修中，有机材料一般有涂料、塑料、木材、竹材、合成纤维等；金属材料有铁、钢、铝、铜及其合金等；非金属材料有大白粉、石膏、水泥、沙子、陶瓷、石材等；复合材料有铝塑板、树脂水泥板、玻璃钢、树脂水泥防水剂、涂塑钢板、金属漆、夹胶玻璃等。建筑装饰材料的化学成分分类见表1-1。

建筑装修材料的化学成分分类　　　　　　　　　　表1-1

无机装修材料	金属装修材料	黑色金属：钢、不锈钢、彩色涂层钢板、彩色不锈钢板等	
		有色金属：铝及铝合金、铜及铜合金等	
	非金属装修材料	天然石材：花岗石、大理石等	
		烧结与熔融制品：烧结砖、陶瓷、玻璃及制品、铸石、岩棉及制品等	
		胶凝材料	水硬性胶凝材料：白水泥、彩色水泥及各种水泥等
			气硬性胶凝材料：石膏及其制品、水玻璃、菱苦土、石灰等
		装饰混凝土及装饰砂浆、白色及彩色硅酸盐制品等	
有机装修材料	植物材料：木材、竹材等		
	合成高分子材料：各种建筑塑料及其制品、涂料、胶粘剂、密封材料等		
复合装修材料	金属与非金属材料	钢筋混凝土	
	有机与无机材料	树脂基人造装饰石材、玻璃纤维增强塑料（玻璃钢）等	
	无机材料	涂塑钢板、钢塑及铝塑复合门窗、涂塑铝合金板、塑铝板、管等	

3. 按使用部位和材料燃烧性能分类

按材料在室内使用部位和功能可划分为顶棚装修材料、墙面装修材料、地面装修材料、隔断装修材料、固定家具、装饰织物、其他装饰材料七类。装饰织物系指窗帘、帷幕、床罩、家具包布等，其他装饰材料系指楼梯扶手、挂镜线、踢脚板、窗帘盒、暖气罩等。

建筑室内装饰装修在按要求作防火设计时，一般应按照此分类查询有关规范。建筑内部装饰装修材料按其燃烧性能等级划分四级，即不燃性A级、难燃性B_1级、可燃性B_2级、易燃性B_3级。常用建筑室内装修材料燃烧性能等级划分举例见表1-2。

常用建筑室内装修材料燃烧性能等级划分举例　　　　表1-2

材料类别	级别	材料举例
各部位材料	A	花岗石、大理石、水磨石、水泥制品、混凝土制品、石膏板、石灰制品、黏土制品、玻璃、瓷砖、陶瓷锦砖、钢铁、铝、铜合金等
顶棚材料	B_1	纸面石膏板、纤维石膏板、水泥刨花板、矿棉装饰吸声板、玻璃棉装饰吸声板、珍珠岩装饰吸声板、难燃胶合板、难燃中密度纤维板、岩棉装饰板、难燃木材、铝箔复合材料、难燃酚醛胶合板、铝箔玻璃钢复合材料等

材料类别	级别	材料举例
墙面材料	B₁	纸面石膏板、纤维石膏板、水泥刨花板、矿棉板、玻璃棉板、珍珠岩板、难燃胶合板、难燃中密度纤维板、防火塑料装饰板、难燃双面刨花板、多彩涂料、难燃墙纸、难燃墙布、难燃仿花岗石装饰板、氯氧镁水泥装配式墙板、难燃玻璃钢平板、PVC塑料护墙板、轻质高强复合墙板、阻燃模压木质复合板材、彩色阻燃人造板、难燃玻璃钢等
	B₂	各类天然木材、木制人造板、竹材、纸制装饰板、装饰微薄木贴面板、印刷木纹人造板、塑料贴面装饰板、聚酯装饰板、复塑装饰板、塑纤板、胶合板、塑料壁纸、无纺贴墙布、墙布、复合壁纸、天然材料壁纸、人造革等
地面材料	B₁	硬PVC塑料地板、水泥刨花板、水泥木丝板、氯丁橡胶地板等
	B₂	半硬质PVC塑料地板、PVC卷材地板、木地板、氯纶地毯等
装饰织物	B₁	经阻燃处理的各类难燃织物等
	B₂	纯毛装饰布、纯麻装饰布、经阻燃处理的其他织物等
其他装饰材料	B₁	聚氯乙烯塑料、酚醛塑料、聚碳酸酯塑料、聚四氟乙烯塑料、三聚氰胺、脲醛塑料、硅树脂塑料装饰型材，经阻燃处理的各类织物等。另见顶棚材料和墙面材料内中的有关材料
	B₂	经阻燃处理的聚乙烯、聚丙烯、聚氨酯、聚苯乙烯、玻璃钢、化纤织物、木制品等

二、材料的基本性质

一种材料把它用到室内或者室外，用到客厅或者卫生间，它的保温、隔热、隔声、防水、防潮、防火、耐磨、耐擦洗、耐老化以及肌理和色彩等的效果是不同的。为了使材料在不同的部位最大限度地满足设计的不同目的要求，就必须对材料的基本性质和性能有一个基本的了解。在某种意义上说，设计就是选材，而要选好材料，就要准确认识材料的结构、体积、质量、密度、硬度、力学性能、耐老化性能以及材料其他基本性质等。

1. 材料的结构

对于材料的结构而言，一种是人的肉眼可以看得到的，我们称之为宏观结构，另一种是人的肉眼看不到的，我们称之为微观结构。

在微观结构中，表现在分子组成的粒子间相互结合的作用方式的层面上，如果构成材料的分子（原子、离子）按一定规律排列，就可以形成有一定形状的晶体，反之，若构成材料的分子没有按一定规律排列，便会形成无一定形状的玻璃体。玻璃虽然固化后也可以看到有一定的形状，但在一定的温度下，它又可以变为无定型的液体，所以玻璃是一种非晶体的特殊均质材料，也叫玻璃体。

材料在宏观状态下，一般有散粒状结构、堆聚结构、多孔结构、纤维结构和层状结构等。所呈现给人们的结构形态是多种多样的，如织物、防火棉呈纤维结构；有些装修用的板石则呈层状结构；有些保温材料如膨胀蛭石、膨胀珍珠岩、聚苯乙烯板则呈多孔结构；砂子、石子呈粒状结构；而水泥粉则呈堆聚结构。

微观结构一般决定了材料的化学性质，而宏观结构则一般决定了材料的物理性质。

2. 材料的体积

材料的体积是指材料所占有的空间尺寸。由于各种材料的物理状态不同，它可以表现出不同的体积。如果材料没有孔隙，或者不计算孔隙，我们把它叫做材料的绝对密实体积，如金属的体积。如果材料有孔隙，并且也计算孔隙，我们称这种材料的体积为材料的表观体积，如石材的体积。对于散粒状材料，既有材料孔隙，又有颗粒间空隙，这种在自然堆积状态下的体积，叫做堆积体积，如膨胀珍珠岩的体积。

3. 材料的质量

通常，我们所称某种材料有多"重"，是指在地球引力影响下，对该种材料重量的一种度量结果的标定。如果我们抛开地球重力不谈，就材料内部所含物质的"重量"多少而言，我们管它叫做质量。当然质量越大，重量也越大。所以，实际工程中，我们也常常以重量来衡量或标定某种材料质量的大小。材料的质量一般也有人把它理解为材料的好坏的差别，当然，一般情况下，我们还是把材料的质量理解为材料的重量，只不过是删除了地球的重力因素的材料"重量"。

4. 材料的密度

材料在一定体积中的质量大小，我们称之为密度。由于材料所表现出的体积性质不同，密度的性质也不同。相对于绝对密实体积、表观体积、堆积体积而言，材料的密度有绝对密度、表观密度、堆积密度。材料的密度也是指材料的质量与材料的体积的比值。材料的绝对密度是指材料质量与材料的绝对密实体积之比。材料的表观密度指材料质量与材料的表观体积之比。材料的堆积密度指材料质量与材料的堆积体积之比。

5. 材料的力学性能

材料具有抗破坏性、抗变形性及抗耐磨性等，统称为材料的力学性能。一根作为框架用的木材，由于其内部为纤维状结构，在顺纹方向具有很好的抗弯强度，抗拉强度也较好。而石块与木材相反，它的抗压强度比较高，抗拉与抗折强度却比较低。如果材料抵抗不住外力的作用，突然发生断折或碎裂，此时材料的最大承载能力叫做材料的极限强度，通常简称为强度。

有些材料虽然在使用时没有发生破坏，但却出现了很大的变形，这也是不允许的。材料的抵抗变形的能力，我们称之为刚度。有些材料的变形是悄悄地、慢慢地、持续地进行着，这个过程我们叫徐变变形。有些变形，在外力撤除后，还能够恢复材料的原来形状，叫弹性变形。而在外力撤除后，不能够恢复材料的原来形状，我们则叫塑性变形。需要说明的是，塑性变形是一种非破坏性质的变形。在实际建筑装修工程中，人们所遇到的绝对弹性或绝对塑性的材料是很少的，大多数材料既具有弹性变形，又具有塑性变形，或在某一阶段表现为弹性为主，而在另一阶段则表现为塑性为主。

综上所述，材料的力学性能是指材料在受外力作用下，表现出的强度与变形性。材料所表现出的由于抵抗外力而遭到破坏的能力，我们叫强度。材料所表现出的抵抗外力变形的能力，我们称之为刚度。材料或构件所能承受的最大轴向压应力，我们称之为抗压强度。材料或构件所能承受的最大轴向拉应力，我们称之为抗拉强度。材料或构件所能承受的最大剪应力，我们称之为抗剪强度。对于内部构造匀质的材料，其各项力学性能在材料的各个方向表现出一致的力学性能，我们称之为各向同性，如钢材、砂浆。对于内部非匀质构造的材料，其各项力学性能在材料的各个方向表现出不一致的力学性能，我们称之为各向异性，如木材在顺纹方向抗拉强度很高，而在横纹方向抗拉强度就很低。

钢材的抗拉强度比较高，而混凝土的抗压强度比较高，两者结合就可以发挥各自的优点，改变各自固有的不足，这就是我们所熟知的钢筋混凝土材料。

6. 硬度

建筑装饰装修材料用在建筑的表皮时，都有相应的硬度要求，以免因碰撞、压划、摩擦等所带来损害。石材、玻璃等的硬度以莫氏硬度来表示。莫氏硬度是以两种矿物相互对刻的方法来确定矿物的硬度。显然，这只能是一个相对硬度等级，而不是一个绝对硬度的等级。莫氏硬度的对比标准分为十级，由软到硬依次分别为：滑石、石膏、方解石、萤石、磷灰石、正长石、石英、黄玉、刚玉、金刚石。岩石的硬度取决于岩石矿物组成与构造。凡矿物组成致密，其硬度就高。一般抗压强度高的，硬度也大。岩石的硬度越高，其耐磨性和抗刻画性就越好，但表面加工也就越困难。混凝土等材料的硬度常用肖氏硬度表示。金属、木材等具有可塑性的材料以压入法检测其硬度，其方法分别有洛氏硬度与布氏硬度。肖氏硬度是以弹性回跳法（将装有金刚钻尖的撞销从一定高度落下，继而造成撞销在材料表面回跳），用测定回跳的高度值来表示材料的抗压强度。洛氏硬度是以金刚石圆锥或圆球的压痕深度计算求得，金刚圆锥压头以 HRC 表示，钢珠的以 HRB 表示。布氏硬度以压痕直径计算求得，以 HB 值表示。

7. 材料的耐老化性

有些材料一旦选用，人们总是希望它能"万古千秋"，但在恶劣的风吹雨淋，日晒雪融的自然环境中，材料总是不可避免地要接受"寿终正寝"的考验。材料在自然使用条件下，受热、氧、光及有害介质的介入等因素的作用，而必然要发生老化，材料如果能够抵御这种"衰老"，不断保持材料原有性能的能力，我们称之为材料的耐久性或材料的耐老化性。

8. 材料的其他特性

材料除了上述特性以外，还表现出其他的特性，如玻璃、瓷砖表现出脆性；地砖、石材具有很好的耐磨性；而金属、木材和塑料则表现出很好的韧性。砖、砌块、石材、砂浆灰层、岩棉表现出很好的耐火性；瓷砖、塑料卷材、有机涂层常常表现出很好的耐水性；膨胀蛭石、膨胀珍珠岩、聚苯乙烯板、岩棉具有很好的绝热性；而这些材料与一些膜状材料及板状材料一起又可以构成具备良好的吸声性等等。在外力作用下，材料没有产生明显的塑性变形，而发生突然破坏的性质，我们称之为脆性。

对于材料的其他特性，我们主要关注材料的耐水性、耐火性和导热性等。因为这些特性对于材料的选用也是至关重要的。材料这些特性的表现，极易符合设计的功能性与目的性要求。

材料在环境水的作用下，强度及其他特性不显著改变的性质，我们称为材料的耐水性。对于材料软化系数 K_R 大于 0.85 的材料叫耐水性材料。如铜板、三元乙丙橡胶等。

表示材料对于热量传递能力的大小，我们叫导热性。对于导热系数 λ 小于 0.23W/（m·K）的材料，叫绝热材料或叫保温材料，如聚苯乙烯泡沫板，岩棉等。材料绝热的原理是材料的丝或孔有效的阻断了空气的对流，而避免或减少了热量的散失。

材料的耐火性是指材料受到火的作用时，材料抵御火焰或高温能力的性质。一般用燃烧性能、氧指数［OI］、耐火极限等指标表示。材料按燃烧性能分为不燃材料，如花岗岩、大理石、玻璃、陶瓷等；难燃材料如装饰石膏板、阻燃塑料地板、阻燃壁纸等；可燃材料如胶合板、细木工板等；易燃材料如油漆、酒精、有机溶剂或稀释剂等。

材料的其他特性还表现在材料的亲水性、憎水性、吸湿性、抗冻性、热稳定性、吸音性、装饰性等等。

三、材料的选用原则

材料的选用原则与设计原则应该是一致的，在"建筑界的诺贝尔奖"—普利策建筑奖青铜奖章的背面，铭刻着"坚固、实用和美观"，这三个条件最初是由 2000 多年前的马库斯·维特鲁威在他献给罗马皇帝奥古斯塔斯的《建筑十书》中所提出来的。现在我们把它修正为"实用、经济、美观"。

实用是指在设计与选材时，一定要考虑目的性、功用性，要考虑材料的使用价值。如砌体材料一定要考虑错缝构造和至少一面（外观面）装饰性的要求，防水材料一定要考虑防水的要求，清洁的场所一定要考虑耐擦洗的要求等。

经济是指在设计与选材时，一定要考虑造价的因素，一种功用要求的设计可以用不同价位的材料及制品来实现它。这就要求设计师一般要在材料的成分上，以及附加值等因素上作出选择。

美观是指在设计与选材时，一定要考虑视觉审美的要求，由于工程作品的附加值的要求，形式与色彩，文化与品位也往往会成为时尚的因素。

在考虑"实用、经济、美观"这一设计与选材的原则要求时，一定不要忘了这三者的前后次序。实用在任何时候都要作为首要因素，再好看的东西，如果不实用，在经济的意义上就意味着浪费与失败。

第二章 材料的绿色评价与空气质量

由于二氧化碳过度排放，导致大气臭氧层的破坏。森林植被的减少导致土地沙漠化。现已测明，自然界有 3.4 万的动植物的物种面临灭绝。人类认识到地球村的生态平衡关系到人类本身的生死存亡。绿色材料日益成为人类关注的焦点。绿色材料总的来说，是指资源、能源消耗少，有利于人类的健康，可提高人的生活质量、卫生质量，易与环境相协调。绿色建筑装饰装修材料，不仅指装饰装修材料及产品在空间使用本身，还涉及材料的采掘过程、运输过程、生产过程，以及若干年后更新装修的全过程。不仅考虑到今天的生活的需要，而且要考虑到子孙后代的生活需要的可持续发展。

"病态建筑"和"有害装修"的出现，给室内空间带来了严重污染，同时也给在其中工作、学习、生活的人们带来"军团病"或其他各种疾病，严重地损害了入住者和公众的身体健康。使投诉案件不断出现并呈上升趋势。

1998 年北京首例住宅室内甲醛污染超标案于 2001 年 6 月 19 日宣判，装修公司赔偿原告拆除损失费、检测费、医疗补偿费、房租费共计 89000 元，并限在十日内清除污染的装饰材料。原装修款为 95716 元。2001 年 9 月 3 日国内（北京）首例住宅室内购买家具甲醛污染超标 6 倍案判决，家具厂办理退货并一次性付给退货款及连带损失共计 7000 元，而此前 3 月份购买的家具款为 6400 元。

2001 年 3 月 12 日，国内首例空气污染导致外商驻京机构与国内房地产商之间租房纠纷案开庭，外商要求赔偿房屋装修、员工身体伤害以及其他损失 100 万元。

还有一系列媒体公布的其他有关事件，引起了国家行政主管部门的高度重视。2001年 1 月 1 日后，国家一系列标准出台，涉及建筑室内工程、建筑装修装饰材料等，明确规定室内环境质量作为建筑工程质量验收的一部分，不符合标准规定的视为不合格工程，不得交付使用。

但是，工程一旦验收不合格，进行返修和治理是很困难而且是得不偿失的，所以必须力求在设计阶段保证竣工后的工程是合格的产品。这就要求在校的学生，在学习时，要对材料的化学组成、污染的来源以及污染给人带来的危害有一个基本的了解，不然，就会在以后的工作中，造成在设计阶段对材料的把握和运用意识不够、信心不足，片面的为了追求美而忽略了所采用材料有害物质释放所带来的卫生安全，给人的健康和财产带来严重损害和损失。可以预见，不懂材料环保的室内设计师将最终被市场所淘汰。一个明显的，不争的事实，是在地板下铺细木工板，结果在竣工验收进行室内空气质量检测后，100%超标。这表明，即使在装修中全部使用了 E_1 类人造板，A 类石材以及其他符合有害物质限量要求的材料，也会出现室内环境空气污染超标。原因是室内空间对材料有害物质释放量的承载度是有限的。所以，我们在对装修材料选用时，一要讲限量，二要讲科学。

第一节　材料对于室内空气的污染

一、正确认识污染的严重性

在新疆的帕米尔高原，由于水中有放射性物质，一个服役了十年的班长在离开时，诊断已患血癌。情况明了后，这个哨所战士每天都要到很远的地方去拉水，而冬季就只有靠化雪吃水。

在浙江、云南等地，过去大量种植葫芦草以解决封地绿化，环保治理。但后来这种草迅速蔓延，甚至小的水面都被其封满，水中长成一人高，上边可走人。云南滇池一度也有 10km^2 的水面被占，堵塞了水运交通，破坏了当地水生植被，污染了水资源与空气，给渔业、旅游业和人的生活造成了重大的损失。以 1999 年为例，浙江温州就投入 1000 万元人工打捞水面，而全国用于此项费用至少一亿元。有些镇政府还成立了办公室，专门拨款由专门队伍像扫大街似的常年干，但还是解决不了。无奈，要从原产地南美引进一种甲壳昆虫来吃它，那么这种我国没有的昆虫对环境又会带来什么样的影响，现正在试验大棚内控制观察。中国用于解决生物入侵，调节生态平衡的费用每年高达 574 亿人民币，而美国则高达 1500 亿美元。

这两个事实告诉我们，人类一直认为安全和美好的东西却这样侵害了人的生命，破坏了人的生活。人们突然猛醒，要捍卫我们的家园，仅有绿色是不够的，还必须有一个全新的生态观念。

"人类尚未揭开地球生态系统的谜底，生态危机却到了千钧一发的关头。用历史的眼光看，我们并不拥有自身所居住的世界，仅仅是从子孙处借得，暂为保管罢了。我们将把怎样的城市和乡村交给他们？建筑师如何通过人居环境建设为人类的生存和繁衍作出自身的贡献？"来自 21 世纪世界建筑师大会发表的《北京宪章》，尖锐感人的话语让我们深省。地球人真的应该都知道。

过去，建筑一直被定义为建房、筑路、架桥和垒坝的工程，三大力学把大楼推向摩天，评价它的是材料性能和结构安全。

现在，由生态定义的建筑与装修是材料物质资源与能源的临时整合。由资源有限、能源非再生和动植物共生出发，评价的是可持续、绿色无害化和卫生安全。

过去由于短见与认识的狭隘带来的是浪费、污染和有的动植物物种的灭绝，而现在我们正在走出盲目性。

世界卫生组织于 1979 年 4 月在荷兰召开"室内空气质量与健康"会议，首次在国际上讨论室内空气质量污染问题。1992 年"国际室内空气质量与气候协会"（ISIAQ）成立。自 1970 年起，日本、意大利、德国、加拿大、美国和澳大利亚等发达国家就投入了大量的人力、物力对空气污染进行研究，并制定出室内空气质量标准和室内空气监测标准方法。

关于建筑与装修给人带来的空气污染的严重性由以下几点事实可见：

1. 室内由于进行了现代化的装修所带来的污染同比室外要高出许多倍，而儿童和老人却要有 80% 以上的生活时光在室内度过。

2. 我国某地区地面空气中氡浓度约为全国平均值的 43 倍，造成当地的肺癌发病率达到 0.36%。

3. 2001 年 8 月中国消费者协会对北京 30 户装修后住宅检测，甲醛超标 73%。对杭州 53 户装修后住宅检测，甲醛超标 79%。

4. 大连 2002 年"3·15"消费日抽查 4 区 10 户，2001 年 11 月以后装修住宅（其中有一户时间稍早），甲醛全部超标，最高超出 17.25 倍，最低超出 3.28 倍。

室内污染给我国国民经济带来的经济损失，仅 1995 一年间的统计，就达到 107 亿美元，这是任何人都不能不关注的一个事实焦点。

二、室内污染来源及分类

室内污染主要来自：

1. 装饰装修与家具的有机材料：如泡沫塑料、塑料贴面、油漆、胶粘剂、胶合板、刨花板、细木工板、内墙涂料。这些材料主要产生甲醛、苯、挥发性有机化合物、氯仿等。

2. 无机建材：混凝土外加剂、石材、砂、石、含磷石膏、瓷砖、洁具等。主要产生氨、氡、γ 射线等。

3. 室外污染物：二氧化氮（NO_2）、二氧化硫（SO_2）等除本身污染空气外，其在大气中遇水（H_2O）还可以生成稀硝酸（HNO_3）与稀硫酸（H_2SO_4），PH 值可达到 3 左右，而标准水 PH 值为 5~6，如此就会引发酸雨，还有可吸入颗粒物等。

4. 燃烧产物：燃气、吸烟、汽车尾气中已分析出含有 CO_2、CO、SO 等 300 多种污染物，90% 为气态，许多致癌。

5. 人体代谢：呼吸、皮肤汗腺排出大量污染物，如由甲醛代谢甲酸等。据有关资料表明：人肺可排出 25 种有毒物质，呼出的气体中含有 16 种挥发性有毒物质。

6. 人活动：化妆、洗涤、灭虫、空气清洁等。

室内污染按污染属性分为三大类：

1. 物理性污染：噪声、电磁波、电离辐射（射线、射线机、放射性核素）等。

2. 化学性污染：《工业企业设计卫生标准》TJ36—79 中名列 140 种。部分为无机而大多数为挥发性有机化合物 VOC_s。北京在对一家公建装修后检出 300 多种 VOC_s，一户住宅装修一个月后检出 120 多种 VOC_s。

3. 生物污染：各种病原菌、寄生虫、花粉及尘螨等。由生活垃圾、不宜的花卉和宠物带来。

严格来讲几乎所有的建筑装修材料都会产生室内环境污染问题。来自国外的研究资料表明，我国目前每年由于室内空间污染造成的损失，如果按支付意愿价值估算，约为 106 亿美元。

目前，我国在验证测试的基础上，认为民用建筑工程室内最可能出现的化学污染物是甲醛、氨、苯系物、总挥发性有机化合物（TVOC），以及放射性气体氡、游离甲苯二异氰酸酯（TDI）、聚合物单体（丁烯、氯乙烯等）、可溶性重金属或其他元素（铅、镉、铬、汞、钡、砷、硒、锑），还有苯乙烯、4-苯基环己烯、丁基羟基甲苯、2-乙基己醇、石棉、玻璃纤维、矿纤维等。

三、材料绿色化与建筑空间分类原则

1. "3R"、"5 无" 原则

根据生态与可持续发展的要求，绿色材料应达到可重复使用、可循环使用、可再生使用的可能。玻璃、金属、PVC 塑料等都是可以满足这"3R"（Reuse、Recycle、Renew）原则要求的材料。

对于材料"5 无"原则要求指的是：无污染、无放射性、无挥发性、无毒、无害。对于建筑装饰装修的材料来说，除金属、石膏（不含磷）等外，大部分材料都在不同程度上对其环境的空气质量会造成危害。如木材及其人造木制品中的甲醛，涂料中的苯、甲苯及其衍生物等，花岗岩石材、瓷砖、粉煤灰制品等材料中的铀元素放射性衰变，塑料制品、黏合剂、地毯等的挥发性有机化合物等。

2. 建筑空间分类原则

为了考虑材料的绿色评价和选用的要求，我们对建筑的空间类型作出分类。一方面，根据甲醛指标形成自然分类（见表 2-1），另一方面，根据人们在建筑空间内停留时间的长短，同时考虑到建筑物内污染积聚的可能性（与空间大小有关），将民用建筑分为两类，分别提出不同要求。住宅、医院、老年建筑、幼儿园和学校教室等，人们在其中停留的时间较长，且老幼体弱者居多，是我们首先应当关注的，一定要严格要求，定为 I 类民用建筑。其他如旅馆、办公楼、文化娱乐场所、商场、公共交通等候室、餐厅、理发店等，一般人们在其中停留的时间较少，或在其中停留、工作的以健康人群居多，因此，定为 II 类民用建筑。分类既有利于减少污染物对人体健康的影响，又有利于建筑材料的合理利用，降低工程成本，促进建筑材料工业的健康发展。

根据甲醛指标形成的自然分类 表 2-1

标准名称	标准号	甲醛指标	适用的民用建筑	类别
《旅店业卫生标准》	GB 9663	≤0.12mg/m³	各类旅店客房	II
《文化娱乐场所卫生标准》	GB 9664	≤0.12mg/m³	影剧院（俱乐部）、音乐厅、录像厅、游艺厅、舞厅（包括卡拉 OK 歌厅）、酒吧、茶座、咖啡厅及多功能文化娱乐场所等	II
《理发店、美容店卫生标准》	GB 9666	≤0.12mg/m³	理发店、美容店	II
《体育馆卫生标准》	GB 9668	≤0.12mg/m³	观众座位在 1000 个以上的体育馆	II
《图书馆、博物馆、美术馆和展览馆卫生标准》	GB 9669	≤0.12mg/m³	图书馆、博物馆、美术馆和展览馆	II
《商场、书店卫生标准》	GB 9670	≤0.12mg/m³	城市营业面积在 300m² 以上和县、乡、镇营业面积在 200m² 以上的室内场所、书店	II
《医院候诊室卫生标准》	GB 9671	≤0.12mg/m³	区、县级以上的候诊室（包括挂号、取药等候室）	II
《公共交通等候室卫生标准》	GB 9672	≤0.12mg/m³	特等和一、二等站的火车候车室，二等以上的候船室，机场候机室和二等以上的长途汽车站候车室	II
《饭馆（餐厅）卫生标准》	GB 16153	≤0.12mg/m³	有空调装置的饭馆（餐厅）	II
《居室空气中甲醛的卫生标准》	GB/T 1627	≤0.8mg/m³	各类城乡住宅	I

第二节　我国室内污染实施控制的体系

一、行政管理制度的控制

行政管理是针对室内环境质量，对已有技术规范不执行或执行不利的行政执法。

目前国家建设部已颁布《住宅室内装饰装修管理办法》，2002年5月1日起执行。还有《关于加强室内环境管理的若干意见》，2002年3月1日起执行。其中规定：凡新建、改建和扩建工程，工程完工后，建设单位应组织室内环境质量验收，合格后再投入使用。

《最高人民法院关于民事诉讼证据的若干规定》对举证责任倒置适于环境污染致人损害，并于2002年4月1日起执行。

2002年6月29日全国人大常委会通过《清洁生产促进法》，规定建筑和装修材料必须符合国家标准，禁止生产、销售和使用有毒、有害物质超过国家标准的建筑和装修材料，违反这一规定，将被追究行政、民事、刑事法律责任。

二、建筑分类控制

Ⅰ类民用建筑室内：住宅、医院、老年建筑、幼儿园、学校教室等。

Ⅱ类民用建筑室内：办公楼、商店、旅馆、文化娱乐场所、书店、图书馆、展览馆、体育馆、公共交通等候室、餐厅、理发店等。

划分原则：（1）甲醛指标形成的自然分类

　　　　　　　　　原 GB/T 1627《居室空气中甲醛的卫生标准》。

　　　　　　　　　居室≤0.08mg/m³，其余空间 0.12mg/m³。

　　　　　　（2）人在其中停留时间的长短

　　　　　　　　　同时考虑到建筑物内污染积聚的可能性（与空间大小有关）。

三、全方位、全过程技术规范控制

涉及建筑勘察、设计、材料、施工、验收等全过程。涉及接触与非接触，室内与室外，空气质量与卫生安全。目前，国家已正式出台的技术规范有：

《室内装饰装修材料人造板及其制品中甲醛释放限量》GB 18580—2001

《室内装饰装修材料溶剂型木器涂料中有害物质限量》GB 18581—2009

《室内装饰装修材料内墙涂料中有害物质限量》GB 18582—2008

《室内装饰装修材料胶粘剂中有害物质限量》GB 18583—2008

《室内装饰装修材料木家具中有害物质限量》GB 18584—2001

《室内装饰装修材料壁纸中有害物质限量》GB 18585—2001

《室内装饰装修材料聚氯乙烯卷材地板中有害物质限量》GB 18586—2001

《室内装饰装修材料地毯、地毯衬垫及地毯胶粘剂有害物质释放限量》GB 18587—2001

《混凝土外加剂中释放氨的限量》GB 18588—2001

《建筑材料放射性核素限量》GB 6566—2010

《民用建筑工程室内环境污染控制规范》GB 50325—2010（2013 年版）。

《建筑装饰装修工程质量验收规范》GB 50210—2001，于 2002 年 3 月 1 日起实施。

《住宅装饰装修工程施工规范》GB 50327—2001，2002 年 5 月 1 日起实施。

《室内空气质量标准》GB/T 18883—2002，于 2003 年 3 月 1 日起实施。

第三节　常见污染物性质、危害、来源、检测及控制标准

一、氡气（R_n^{222}）

放射性惰性气体，无色无味，易被黏土、胶皮、活性炭等多孔材料所吸附。镭在衰变为氡时释放 α 粒子，其射线是（+2）价带电粒子，电离能量强。高速旋转运动，内照射致癌作用仅次于吸烟。其射线强度一片纸即可阻挡。

镭在其他有的环节衰变所释放的 β 射线是（+1）价带正电粒子，电离比 α 粒子弱，其射线强度可穿过几毫米厚的铅板。

γ 射线是在 α 或 β 粒子释放同时放出，为能量大的光子，电离能力比 α、β 射线弱。主要是外照射，其射线强度可穿过几片厚厚的铅板。几种常见放射性元素的 γ 射线能量见表 2-2。

常见放射性元素的 γ 射线能量　　　　　　　　表 2-2

元素名称	U^{238}	T_h^{232}	R_a^{226}	K^{40}
γ 射线能量（kev）	186	238	352.5	1460

注：ev—量子能量单位。

电离辐射是能导致生物组织电离的辐射。α、β、γ 射线都能产生电离辐射，由于镭在衰变为氡这唯一气体时只是释放了 α 粒子，并在空气中形成气凝胶，极易经呼吸进入人的肺部等体内器官，α 粒子可以零距离结合人体生物组织并溶于脂肪和进入血液循环。在它所经历的路径上，造成原子的电离密集，破坏细胞结构分子，在人体内对细胞的伤害集中，修复的可能性也较小，所以产生内照射的电离危害是非常大的。一般 α 粒子难以对人体外构成伤害，而 γ 射线的外照射危害是最大的，β 射线次之。

各种射线的电离辐射及对人损伤的效应见表 2-3、表 2-4。

电离辐射及其粒子　　　　　　　　表 2-3

粒子分类		粒子名称	符号	电荷 e	静止质量	电离辐射	电离辐射源
直接电离粒子	轻带电粒子	电子 正电子	e β e^+ $β^+$	−1 +1	$5.49×10^{-4}$ （~1/2000）	电子射线 β 射线 $β^+$ 射线	电子加速器 放射性核素
	重带电粒子	α 粒子 质子	α p	+2 +1	~4 ~1	α 射线 质子射线	放射性核素 加速器

粒子分类		粒子名称	符号	电荷e	静止质量	电离辐射	电离辐射源
间接电离粒子	中性粒子	中子	n	0	~1	中子射线	反应堆 中子源
	电磁辐射	光子	γ	0	0	γ射线 X射线	放射性核素 X射线

注解：原子是由电子、质子、中子、正电子、中微子、介子、超子、光子等几十种粒子组成，若含共振态可达300多种，其中电子、质子、中子是基本粒子。质子与中子可以相互转化。

质子带正电荷，电子一般带负电荷，中子、中微子不带电，介子可以带正电荷，也可以带负电荷。

关于质量，质子要大于电子1836倍，电子等于正电子，中微子近似等于电子的1/1000，超子的质量比质子还要大一些。

X射线可达到基准黄绿色波长（555nm）的1/1500~1/1000000（百万）。波长越短越具有穿透性。

电离辐射损伤效应分类　　　　　　　　　表2-4

		按效应出现的时间和规律分类	近期效应、远期效应		
按效应特点分类　靶器官		出现空间	非随机效应		随机效应
			急性效应	慢性效应	
躯体效应	整体效应	全身	急性放射病	慢性放射病	（辐射致癌）
	局部效应	生殖腺 红骨髓 眼睛体 皮肤 骨、甲状腺 肺、乳腺 其他器官	生育能力受损 造血机能障碍 急性皮肤损伤 炎症	生育能力受损 造血机能障碍 白内障 慢性皮肤损伤 坏死、萎缩等	白血病 皮肤癌 骨、甲状腺癌 肺、乳癌 其他癌症
遗传效应		生殖细胞	—		遗传疾病 （发生在后代身上）
胚胎效应		胚胎 胎儿	死产、畸形、生育障碍→白血病和其他癌症		

与日常生活有关的电离辐射还有：电视彩色显像管、电子束焊机等。

非电离辐射是不能导致生物组织电离的辐射，如紫外光、可见光、红外线、微波、高频电磁场、激光和射频辐射等。

与日常生活有关的非电离辐射还有微波炉等。

半衰期，是一种物质原子核的数目减少一半的衰变所需要的时间。半衰期短的只有千万分之一秒，长的则需几千万年。例如一克镭在1590年后，有一半会衰变为低原子量的原子，而再过1590年后，余下的一半又会如此变化。氡的半衰期则仅为3.82天。

同位素是原子核中质子数相同的叫同种元素，或叫同位素。同一种元素中，中子数的数目可以不同。

在地球经历了45亿年以后，至今我们还能找到几种半衰期非常长的几种原子核

（物质）例如：铀238（铀—235，铀—234），钍—232，镭—226，钾—40，氡—222等。

铀同位素中半衰期最长的是铀—238，其衰变过程：

$$U^{238}（铀）\xrightarrow{\alpha} T_h^{234}（钍）\xrightarrow{\beta} P_a^{234}（镤）\xrightarrow{\beta} U^{234}\xrightarrow{\alpha} T_h^{230}\xrightarrow{\alpha} R_a^{226}（镭）\xrightarrow{\alpha} R_n^{222}$$

$$（氡）\xrightarrow{\alpha} P_o^{218}（钋）\xrightarrow{\alpha} P_b^{214}（铅）\xrightarrow{\beta} B_i^{214}（铋）\xrightarrow{\beta} P_o^{214}\xrightarrow{\alpha} P_t^{210}（钋）\xrightarrow{\beta} B_i^{210}$$

$$\xrightarrow{\beta} P_o^{210}\xrightarrow{\alpha} P_b^{214}$$

从中可见：在这个衰变链中间，所有的原子核都是放射性的。最终铅是稳定的。α释放重量减少，但β释放重量不变，从始至终出现的元素都是同位素。在14级衰变中，唯有氡—222是气体的放射性元素，而且是惰性气体。

氡的放射性同位素有四个，它们分别是氡—222、氡—220、氡—219、氡—218，由于氡—220、氡—219、氡—218在自然界中的含量比氡—222要少得多（低三个数量级）所以，氡—222对人的危害最大。

氡对人的危害不仅表现在直接吸入氡，而且还主要表现在氡衰变过程中产生的半衰期比较短的、具有放射性的子体产物：钋—218、铅—214、铋—214、钋—214，这些子体粒子也可以吸附在空气中飘尘上形成气溶胶，被人体吸入后，沉积于体内，它们放射出的α、β粒子对人体，尤其是上呼吸道、肺部产生很强的内照射。

绝对不含天然放射性核素的物质是没有的，只是在一般情况下，它们在天然物质材料中的含量极低罢了。在我国，铀含量超过万分之几即可叫"矿"。我们常遇到的放射性元素还有铯—137，钴—60，碘—132，磷—32，碳—14等2000种左右。

现已查明，能对室内环境造成放射性污染的无机材料有两类。

1. 天然土、石、砂直接用来做材料，或以其为原料进一步完成制品。这一类直接采用的材料有三合土、回填土、河砂、石子、毛石、花岗石、艺术石、石膏、石灰、水泥等。这一类制品有砖、瓦、人造花岗石、石膏（含磷的天然石膏）板、线、饰品等。

2. 矿渣、工业废渣的综合利用。

煤矸石砖、粉煤灰制品（灰渣砖、掺粉煤灰的水泥、粉煤灰加气混凝土、砌块），赤泥（生产氧化铝之后的废矿渣）、铀矿山的废矿石等。

地下地质构造断裂也是民用建筑低层室内氡气污染的重要来源。据大量的研究测定，认为氡是随着地下水的对流，以及土壤中的气体上升，从基岩通过裂缝上升到居室的。因而得出"土壤氡高，则室内氡高"的结论。例如：河南郑州某大学，地质构造处在位于近东向西的须水断层附近，由于断裂的地质缝隙存在，使得深部的氡气上升而逸出地面，由于土壤氡高，相应环境氡就高，室内氡也提高，所以癌症发病率就比同是相当规模的河南其他大学要高许多。经调查，近期学校患有癌症的病者竟有26人之多（其中肺癌7例、白血病5例、肝癌8例、乳腺癌6例）。

在大量的使用含氡的水或天然气时，也可能使室内氡的浓度升高。

结论：氡及其子体致癌，不能说唯一，但是主要因素之一不容置疑。

控制：

建筑材料：$I_{Ra} \leqslant 1.0$，$I_\gamma \leqslant 1.0$；

空心率>25%的建筑材料：$I_{Ra} \leqslant 1.0$，$I_\gamma \leqslant 1.3$；

装饰材料： A　$I_{Ra} \leqslant 1.0$　$I_\gamma \leqslant 1.3$　　　　Ⅰ类室内

　　　　　　B　$I_{Ra} \leqslant 1.3$　$I_\gamma \leqslant 1.9$　　　　Ⅱ类室内

　　　　　　C　$I_\gamma \leqslant 2.8$　　　　　　　　外饰面，室外其他用途

在《民用建筑工程室内环境污染控制规范》中指出：

Ⅰ类民用建筑工程室内装修采用的无机非金属装修材料必须为 A 类。

Ⅱ类民用建筑工程宜采用 A 类无机非金属建筑材料和装修材料。当 A 类与 B 类无机非金属材料混合使用时，应按下式计算，确定每种材料的使用量。

$$\sum f_i \cdot I_{Rai} \leqslant 1.0 \qquad \sum f_i \cdot I_{\gamma i} \leqslant 1.3$$

f_i—i 种材料占总量份额的%。

由此看来，对于混合使用的无机非金属材料这一部分实质上还是按 A 类装修来控制。

比活度：每 1kg 该材料中分别 Ra^{226}、T_h^{232}、K^{40} 的放射性强度。

内照射指数：

$$I_{Ra} = C_{Ra}/200$$

外照射指数：

$$I_\gamma = C_{Ra}/370 + C_{Th}/260 + C_K/4200$$

式中 C_{Ra}、C_{Th}、C_K 分别为建筑材料中天然放射性核素镭—226、钍—232 和钾—40 的放射性比活度，单位：贝可/千克（Bq/kg）。Bq = 1 次衰变/S。

环境总控：氡（Bq/m^3）

　　　　　Ⅰ类民用建筑室内 ≤200；Ⅱ类民用建筑室内 ≤400

大气中的氡的浓度一般在 $0.37 \sim 3.7 Bq/m^3$，如果，氡浓度达到 $400 Bq/m^3$ 以上，就必须考虑强制疏散。

民用建筑工程室内空气氡的检测，所选用方法的测量结果不确定度不应大于 25%（置信度 95%），方法的探测下限不应大于 $10 Bq/m^3$。

本文中环境总控及检测凡未注明标准出处的均来自《民用建筑工程室内环境污染控制规范》GB50325—2010。

《室内空气质量标准》GB/T18883—2002，规定氡（Bq/m^3）≤400 年平均值（行动水平）。行动水平即达到此水平建议采取干预行动以降低室内氡浓度。

二、甲醛（CH_2O）

无色，具有强烈刺激性气味的气体，略重于空气，易溶于水，其 35% ~ 40% 的水溶液俗称"福尔马林"，具有消毒、防腐的作用。甲醛系挥发性有机化合物。但由于其污染源很多，污染浓度比较高。是室内环境的主要污染物之一，故单列控制。

危害：吸入高浓度的甲醛后：

　　　　呼吸道会出现严重刺激和水肿、眼刺痛、头痛、也可发生支气管哮喘；

　　　　经常吸入少量甲醛：

　　　　慢性中毒、出现黏膜充血、皮肤刺激症、过敏性皮类、指甲焦化和脆弱，全

身症状有头痛、乏力、胃纳差、心悸、失眠、体重减轻、植物神经紊乱等；

皮肤直接接触甲醛后：

引起皮炎、色斑、坏死。

据世界卫生组织 1987 年公布甲醛暴露与人体刺激作用的剂量关系见表 2-5。

甲醛暴露与人体刺激作用的剂量关系   表 2-5

报道浓度（mg/m³）	中位数	效应
0.06~1.2	0.1	嗅阈
0.01~1.9	0.5	眼刺激阈
0.1~3.1	0.6	咽刺激阈
2.5~3.7	3.1	眼刺激感
5.0~6.2	5.6	流泪（30min 暴露）
12~25	17.8	强烈流泪（1h 暴露）
37~60	37.5	危及生命：水肿、炎症、肺炎
60~125	125	死亡

甲醛来源：1. 来自室内生活燃料和烟叶的不完全性燃烧。汽车尾气、工业废气和光化学烟雾等污染室外并流动至室内。

2. 建筑装饰材料、装饰物品及生活用品等化工产品。其中：

建筑装修及家具材料：人造刨花板、纤维板、胶合板、细木工板等（脲醛树脂、三聚氰胺甲醛树脂、酚醛树脂等作粘合剂，这些都是以甲醛为主要原料）。以及，油漆涂料、化纤地毯、纺织纤维、木材（半纤维素分解而释放）、纸张、印刷油墨等。

粘合剂：家具制作、墙地面装饰铺装的饰面与基板粘合。

生活用品：化妆品、清洁剂、空气清新剂、杀虫剂、消毒剂、防腐剂、防水剂、防虫剂、织物阻燃整理剂、木材防火浸渍剂等。

作用时间：据检测，刨花板贴面的书柜，3 年后甲醛浓度：柜内 0.455mg/m³；柜外 0.098mg/m³。日本横滨国立大学研究表明，甲醛释放的作用时间一般是 3~15 年。我国公布的作用时间为 8~15 年。

甲醛也是人体内正常代谢产物之一，既是内生性物质（由蛋白质、氨基酸等正常营养成分代谢产生），也是外源性化学物质进入体内后的代谢分解产物，甲醛能在体内很快代谢成甲酸，并从呼出的气和尿中排除。

《民用建筑工程环境污染控制规范》对材料中可能的甲醛释放提出限制：

不应采用脲醛树脂泡沫作保温、隔热和吸声材料；

不得采用未经涂覆处理的 E_2 级人造板；

禁用聚乙烯醇水玻璃（106）内墙涂料，聚乙烯醇缩甲醛内墙涂料（107、803、108）和树脂以硝化纤维素为主、溶剂以二甲苯为主的水包油（O/W）多彩内墙涂料；

不应采用聚乙烯醇缩甲醛胶粘剂（107 胶），能释放甲醛的混凝土外加剂，其游离甲醛含量不应大于 0.5g/kg；

粘合木结构、壁布、帷幕中的游离甲醛释放量应≤0.12mg/m³。

室内装饰装修用人造板及其制品中甲醛释放量应符合表2-6的规定。

人造板及其制品中甲醛释放量试验方法及量值 表2-6

产品名称	试验方法	限量值	使用范围	限量标志b
中密度纤维板、高密度纤维板、刨花板、定向刨花板等	穿孔萃取法	≤9mg/100g	可直接用于室内	E₁
		≤30mg/100g	必须饰面处理后可允许用于室内	E₂
胶合板、装饰单板贴面胶合板、细木工板等	干燥器法	≤1.5mg/L	可直接用于室内	E₁
		≤5.0mg/L	必须饰面处理后可允许用于室内	E₂
饰面人造板（包括浸渍纸层压木质地板、实木复合地板、竹地板、浸渍胶膜纸饰面人造板等）	气候箱法a	≤0.12mg/m³	可直接用于室内	E₁
	干燥器法	≤1.5mg/L		

a. 仲裁时采用气候箱法。
b. E₁为可直接用于室内的人造板，E₂为必须饰面处理后可允许用于室内的人造板。

摘自《室内装饰装修材料人造板及其制品中甲醛释放限量》GB 18580—2001；

地　毯：≤0.05mg/m²h《室内装饰装修材料地毯、地毯衬垫及地毯胶粘剂有害物质释放限量》GB 18587—2001；

涂　料：≤100（mg/kg）《室内装饰装修材料内墙涂料中有害物质限量》GB 18582—2008；

粘合剂：≤0.5（g/kg）氯丁橡胶胶粘剂、SBS胶粘剂；水基型≤1.0（g/kg）《室内装饰装修材料胶粘剂中有害物质限量》GB 18583—2008；

木家具：≤1.5（mg/L）《室内装饰装修材料木家具中有害物质限量》GB 18584—2001；

壁　纸：≤120（mg/kg）《室内装饰装修材料壁纸中有害物质限量》GB 18585—2001。

散发率环境总控：甲醛　Ⅰ类民用建筑室内≤0.08（mg/m³）；Ⅱ类民用建筑室内≤0.10（mg/m³）。

三、氨（NH₃）

气体，极易溶于水、乙醇和乙醚，厕所味道。常温下1个体积的水能溶解700体积的氨，溶于水后形成氢氧化氨，俗称氨水。可燃，在空气中体积比达到16%~25%时可发生爆炸。

当空气中含0.3mg/m³时，人就会感觉到有异味和不适；0.6mg/m³时，可引起眼结膜刺激；1.5mg/m³时，可引起呼吸道黏膜刺激、咳嗽、流泪等。

氨气可通过皮肤及呼吸道引起中毒，因极易溶于水，对眼、鼻、喉和上呼吸道作用很快，刺激性强，开始引起充血和分泌物增多，进而可以引起腹水肿。

长时间接触低浓度氨，可引起喉炎、声音沙哑，重者，可发生喉头水肿，喉痉挛而引起窒息，也可导致呼吸困难、肺水肿、昏迷和休克或出现中毒性肝损害。

来源：冬季施工，混凝土中使用外加剂如含尿素的萘系防冻剂、亚硝酸盐防冻剂、掺三乙醇胺的早强剂、高碱混凝土膨胀剂、氨基磺酸盐减水剂、氨基羧酸盐减水剂、三聚氰胺萘系减水剂等。人造板胶粘剂（甲醛—尿素树脂），涂饰家具所用的添加剂、增白剂。防火木材的阻燃剂，床垫、帘布等织物的阻燃整理剂以及人散发的污染物和吸烟等。

作用时间：氨污染释放期比较短，不会在空气中长期大量积存，对人体的危害相应就小一些。

散发率控制：能释放氨的阻燃剂、混凝土外加剂中释放氨的量≤0.10%（质量分数），《混凝土外加剂中释放氨的限量》GB 18588—2001。

环境控制：Ⅰ类民用建筑室内≤0.2（mg/m³），Ⅱ类民用建筑室内≤0.2（mg/m³）。

《民用建筑工程室内环境污染控制规范》GB 50325—2010（2013年版）。

四、苯（C_6H_6）

具有特殊芳香气味的无色液体，能与醇、醚、丙酮和四氯化碳等互溶。微溶于水，易挥发、易燃，蒸汽具有爆炸性的特点。

苯的嗅觉阈值为4.8～15.0mg/m³。

甲苯、二甲苯属于苯的同系物，都是煤油或石油的裂解产物。目前室内装饰中多用甲苯、二甲苯代替纯苯作各种涂料、胶粘剂和防水涂料的溶剂或稀释剂。

二甲苯的最低可感浓度为0.6～16mg/m³。当达到423～2000mg/m³时，可引起人的眼睛及呼吸道系统刺激反应。

人短时间吸入高浓度的甲苯、二甲苯，可以出现中枢神经系统麻醉，轻者有头晕、头痛、恶心、乏力、意况模糊等症状，重者可导致昏迷以至呼吸衰竭而死亡。

长时期接触一定浓度的甲苯、二甲苯，会引起慢性中毒，出现头痛、失眠、精神萎靡，记忆力减退等神经衰弱样病候群。

苯的慢性中毒，主要表现为苯对皮肤、眼睛和上呼吸道的刺激作用。经常接触苯，皮肤可因脱脂而变得干燥、脱屑，有的出现过敏性湿疹、过敏性皮炎、喉头水肿，支气管炎及血小板下降病症等。

长期吸入苯能导致再生障碍性贫血。初期时齿龈和鼻黏膜处有类似坏血病的出血症，并出现神经衰弱样症状，表现为头昏、失眠、乏力、记忆力减退、思维及判断力降低等症状，以后出现白细胞减少和血小板减少，严重时可使骨髓造血机能发生障碍，导致再生障碍性贫血。若造血功能完全被破坏，可发生致命的颗粒性白细胞消失症，并可引起白血病。苯还能诱发人的染色体畸变。

女性对苯及其同系物危害较男性敏感，甲苯、二甲苯对生殖功能有一定影响，会导致胎儿先天性缺陷。

苯化合物已被WHO（世界卫生组织）确定为强致癌物质。

来源：用苯作为化工原材料的水性与溶剂性建筑装修涂料、各种溶剂、稀释剂、着色剂、催干剂、树脂、油类、固化剂等。

控制：《室内装饰装修材料溶剂型木器涂料中有害物质限量》GB 18581—2009《室内装

饰装修材料内墙涂料中有害物质限量》GB 18582—2008 腻子苯≤0.3%及《室内装饰装修材料胶粘剂中有害物质限量》GB 18583—2008 等都规定：

溶剂型木器涂料中，苯均应≤5g/kg。水基型胶粘剂中，苯≤0.2g/kg。

甲苯+二甲苯+乙苯：

水性墙面涂料、水性墙面腻子中，苯、甲苯、乙苯、二甲苯总和（mg/kg）≤300；

溶剂型木器涂料：

硝基漆类≤30%

聚氨酯漆≤30%

醇酸漆类≤5%

腻子≤30%

甲苯+二甲苯：

氯丁橡胶胶粘剂≤200g/kg

其他≤150g/kg

水基性胶粘剂≤10g/kg

环境总控：

苯（mg/m^3），Ⅰ类民用建筑室内、Ⅱ类民用建筑室内均≤0.09。

五、总挥发性有机化合物（TVOC）

TVOC 是指在指定的实验条件下测得材料或空气中挥发性有机化合物的总量，其中化学物质上百种。由于单独各项浓度较低，一般不予以逐个分别表示，以总挥发性有机化合物表示总量。

我国在调查资料的基础上，仅就目前建筑与装修材料中最可能出现的，而且室内空气中浓度普遍较高的污染物，选择甲醛、苯、二甲苯（对、间）、邻二甲苯、苯乙烯、乙苯、乙酸丁酯、十一烷作为应识别组分，其他未识别组分均以甲苯计（含甲苯），共计 9 种（德国 57 种）。

一般认为，TVOC 小于 0.2mg/m^3 时不会引起刺激反应，但如果大于 3mg/m^3 时，就会出现某些症状。接近 25mg/m^3 时，可导致头痛和其他弱神经中毒作用，而大于 25mg/m^3 时，则会出现毒性反应。

危害：有嗅味，表现出毒性、刺激性，而且有些化合物具有基因毒性。TVOC 能引起机体免疫水平失调，能影响中枢神经系统功能。出现头晕、头痛、嗜睡、无力，胸闷等自觉症状，还可能影响消化系统，出现食欲不振，恶心等。严重时甚至可损伤肝脏和造血系统，出现变态反应等等。

现在已从室内空气中鉴定出 500 多种有机物，其中有 20 多种为致癌物或致突变物。

来源：腻子胶、胶粘剂、刨花胶合板、乳胶漆涂料、油漆、地板抛光蜡、地板材料（尼龙地毯、漆布、橡胶地板、PVC 地板、强化木地板、乙烯地板）、地板胶（水基）、地毯衬垫等。

控制：材料，水性墙面涂料：　　　　　　≤120（g/L）

水性墙面腻子：　　　　15g/kg

水基型：缩甲醛类≤350（g/L）

聚乙酸乙烯酯≤110（g/L），橡胶类≤250（g/L）

聚氨酯类≤100（g/L），其他≤350（g/L）

水体胶粘剂：　　　　　　≤100（g/L）

溶剂涂料：　酚醛　防锈漆≤270（g/L）

磁漆≤380（g/L）

清漆≤500（g/L）

醇酸漆≤500（g/L）

其他溶剂型涂料：　　　　　≤600（g/L）

聚氨酯底漆≤670（g/L）

硝基清漆≤720（g/L）

胶粘剂（TVOC）：　SBS　≤650（g/L），其他≤700（g/L），腻子≤
550（g/L）

水性处理剂：　　　　　≤200（g/L）（阻燃、防水、防腐、防虫、
织物阻燃整理剂）

地毯系列	A级环保	B级合格
地毯：	≤0.5（mg/m²h）	≤0.6（mg/m²h）
地毯衬垫：	≤1.0（mg/m²h）	≤1.2（mg/m²h）
地毯胶粘剂：	≤10.0（mg/m²h）	≤12.0（mg/m²h）

聚氯乙烯卷材地板：

	玻璃纤维基材	其他基材
发泡类	≤75（g/m²）	≤35（g/m²）
非发泡类	≤40（g/m²）	≤10（g/m²）

摘自：《室内装饰装修材料溶剂型木器涂料中有害物质限量》GB 18581—2009；

《室内装饰装修材料内墙涂料中有害物质限量》GB 18582—2008；

《室内装饰装修材料胶粘剂中有害物质限量》GB 18583—2008；

《室内装饰装修材料木家具中有害物质限量》GB 18584—2001；

《室内装饰装修材料聚氯乙烯卷材地板中有害物质限量》GB 18586—2001；

《室内装饰装修材料地毯、地毯衬垫及地毯胶粘剂有害物质释放限量》GB 18587—2001。

材料禁用：木地板及其他木质材料严禁采用沥青类防腐、防潮处理剂；

Ⅰ类民用建筑室内贴塑料地板时，不应采用溶剂型胶粘剂；

Ⅱ类民用建筑室内地下室及不与室外直接通风的房间采用粘贴塑料地板时，
不宜采用溶剂型胶粘剂。

环境总控：Ⅰ类民用建筑室内≤0.5，Ⅱ类民用建筑室内≤0.6。

民用建筑工程室内空气中总挥发性有机化合物（TVOC）的检测方法，应符合《民

用建筑工程室内环境污染控制规范》GB50325—2010（2013年版）的规定。

《室内空气质量标准》GB/T18883—2002中规定，总挥发性有机化合物（TVOC）（mg/m³）≤0.6（8小时均值）。应当指出的是，此规范所指总挥发性有机化合物（TVOC）为正己烷到正十六烷之间的所有化合物。

六、甲苯二异氰酸酯（TDI）

其是苯环的2，4或2，6位含有—NCO基团的无色或淡黄色液体，挥发性大，易燃，有强烈的刺激性气味。不溶于水，溶于乙醚、丙酮、醋酸乙酯、甲苯或其他有机溶剂。

危害：2，4—二氨基甲苯，经动物试验表明确实具有致癌性。聚氨酯树脂的原料异氰酸酯单体毒性也很大。长期吸入其蒸气和气溶胶，可损害健康，引起喉咙干燥，呼吸不适，肺功能下降。眼角发干、发痛。严重时可引起头痛、气短、支气管炎、哮喘等呼吸系统的疾病，造成眼结膜充血，视力模糊和下降。皮肤接触，将引起皮肤干燥和发痒，导致皮肤炎症。严重时会引起皮肤开裂，溃烂等病症。

来源：聚氨酯类的漆、胶粘剂、密封膏、防水涂料、树脂和泡沫塑料等。

控制：聚氨酯漆≤0.4%，聚氨酯粘合剂≤10g/kg，聚氨酯腻子≤0.4%。

虽然TDI没有单独列入环境总控指标，但由于其严重的危害性，《民用建筑工程室内环境污染控制规范》GB 50325—2010（2013年版）与《室内装饰装修材料溶剂型木器涂料中有害物质限量》GB 18581—2009及《室内装饰装修材料胶粘剂中有害物质限量》GB 18583—2008等均作出上述规定。

七、重金属及其他元素

铅、铬、镉、汞、钡、砷、硒、锑等金属、非金属或离子元素存在于涂料、壁纸、聚氯乙烯卷材地板的防霉剂、防腐剂、稳定剂等助剂以及颜料中，具有杀菌、稳定和显色作用。虽然含量一般比较少，但有的具有可溶、直接接触和容易被儿童误食，尤其是其中有的是半挥发性物质，其毒性不亚于挥发性有机化合物。由于其具有长期慢性挥发作用，对人体的危害也比较大。有的厂家在生产聚氯乙烯卷材地板时使用了铅盐、镉盐做稳定剂，随着铅、镉不断的向表面迁移和使用磨损，在表面和空气中形成铅尘、镉尘，通过手接触、吸吮、呼吸而进入人的体内，损害人的健康。

我国这次对可溶性重金属限量值的规定与"欧共体生态标志产品——色漆和清漆生态指令"（1999/10/EC）相同，壁纸产品中甲醛、铅、镉、铬、汞、钡、锑和砷、硒的限量值等同于欧洲标准EN233-1999《卷筒壁纸—成品壁纸、乙烯壁纸和塑料壁纸的规范》中规定的限量指标。

1. 铅（Pb）

系银白色，延性弱、展性强的金属。铅白颜料（$2PbCO_3 \cdot Pb(OH)_2$）有毒性，与含有少量硫化氢的空气接触，即逐渐变黑，此种白色颜料现已被二氧化钛所替代。由于环境中的铅不能被生物代谢所分解，所以具有持久污染的属性。

铅进入人体的渠道有食入尘土、呼吸汽车尾气铅尘、喝铅管道自来水、用含铅的陶瓷食具及玻璃饮具，食爆米花、皮蛋、罐头食品及饮料，装修墙上贴壁纸、喷涂料、木器刷漆，使用化妆品、口红、爽身粉、铅皮牙膏等。

铅通过人的呼吸道、消化道以及皮肤进入人体溶于血液后直至心、脑、肝、肾等各个组织器官，而且有大约有90%会形成难溶物质沉积于骨骼中。铅对人体的大多数器官均有损害，尤其是骨骼造血系统、神经系统和肾脏等。

血中铅含量达40微克/分升时，即使人体暂时并未出现什么症状，也应当看作是一种严重的铅吸收。慢性铅中毒会引起高血压和肾脏损伤。若血中铅含量达80微克/分升时，就可以引起人痉挛、昏迷甚至死亡。

装饰材料控制：色漆、内墙涂料与壁纸铅≤90mg/kg，自《室内装饰装修材料溶剂型木器涂料中有害物质限量》GB 18581—2009；《室内装饰装修材料内墙涂料中有害物质限量》GB 18582—2008；《室内装饰装修材料木家具中有害物质限量》GB 18584—2001；《室内装饰装修材料壁纸中有害物质限量》GB 18585—2001。

聚氯乙烯卷材地板中杂质铅≤20（mg/m^2），不得使用铅盐助剂。自《室内装饰装修材料聚氯乙烯卷材地板中有害物质限量》GB 18586—2001。

2. 镉（Cd）

银白色金属，富延展性。CdS为淡黄色或橘黄色粉末颜料。镉红颜料为$3CdS \cdot 2CdSe$。镉化物不溶于水，而溶于酸。

镉毒性很大，而且蓄积性很强。吸入含镉烟尘、漆尘，食入含镉的食品、涂料等均可导致肺和肾的损害。如慢性中毒，可引起"骨痛症"。急性食物性中毒，主要表现为恶心、呕吐、腹痛与腹泻。严重者有眩晕、出汗并导致虚脱，上肢感觉麻木和迟钝，甚至导致抽搐和休克。发病时间一般为10~20min。急性吸入性中毒，表现为口干、咽痛、干咳、胸头痛、高热寒晕，发病时间一般2~10h，严重者经24~36h发展为中毒性肺水肿或化学性肺炎，并有致癌作用。

装修材料控制：壁纸≤25mg/kg《室内装饰装修材料壁纸中有害物质限量》GB 18585—2001。

色漆及内墙涂料≤75mg/kg《室内装饰装修材料溶剂型木器涂料中有害物质限量》GB 18581—2001；《室内装饰装修材料内墙涂料中有害物质限量》GB 18582—2008；《室内装饰装修材料木家具中有害物质限量》GB 18584—2001。

聚氯乙烯卷材地板中杂质镉≤20mg/m²《室内装饰装修材料聚氯乙烯卷材地板中有害物质限量》GB 18586—2001。

3. 铬（Cr）

银白色金属，硬度极高（铬绿Cr_2O_3；铬黄$PbCrO_4$；铬红$PbCrO_4 \cdot 2PbO$）。在室内装修中，一般会通过吸入漆尘或误食干状涂料而中毒。三价铬是动植物的必要元素，但六价铬有毒性，因它干扰多种酶的活动和损伤肝肾。红色晶体的CrO_3有毒，潮结或溶于水成铬酸，还可引起肺癌。急性中毒，几分钟至数小时即可出现恶心、吞咽困难、吐泻、便血及蛋白尿，甚至发生急性肾衰及休克。慢性中毒，可引起皮肤及黏膜过敏、溃疡、呼吸系统发炎、咽痛、咳嗽、哮喘等损害。由其导致的肺癌可有平均 10～20 年的潜伏期，比一般人群高发 10～30 倍的病率。

装修材料控制：色漆、内墙涂料、墙壁纸中的铬 ≤60mg/kg，《室内装饰装修材料溶剂型木器涂料中有害物质限量》GB 18581—2009；《室内装饰装修材料内墙涂料中有害物质限量》GB 18582—2008；《室内装饰装修材料木家具中有害物质限量》GB 18584—2001；《室内装饰装修材料壁纸中有害物质限量》GB 18585—2001。

4. 汞（Hg）

易流动的银白色液体金属，沸点 356.58℃，蒸气有剧毒，在空气中稳定，可溶于硝酸。颜料银朱（HgS）呈红褐色。汞盐溶液中通入硫化氢得黑色硫化汞。黑色硫化汞加热升华也可以转化为红色硫化汞。汞及其化合物在装修中通过吸入喷漆的尘雾或误食干状涂料而中毒，也可见于食入被汞污染的水或食物。汞可引起中枢和植物神经系统功能紊乱，也可能造成人的消化道及肾脏的损害。

急性中毒：发冷或发热，牙痛、口腔溃疡、恶心、呕吐、腹泻、尿少、头痛、头晕、肝肾受损。严重者可出现脱水、休克和急性肾功能衰竭。

慢性中毒：易兴奋，手指、眼睑和舌震颤，具有急躁、易怒、多汗为特征的神经衰弱综合症。少数患者出现口腔炎和肝、肾损坏。

装饰材料控制：壁纸 ≤20mg/kg，《室内装饰装修材料壁纸中有害物质限量》GB 18585—2001；

色漆、内墙涂料 ≤60mg/kg，《室内装饰装修材料溶剂型木器涂料中有害物质限量》GB 18581—2009；《室内装饰装修材料内墙涂料中有害物质限量》GB 18582—2008；《室内装饰装修材料木家具中有害物质限量》GB 18584—2001。

5. 钡（Ba）、砷（As）、硒（Se）、锑（Sb）

钡，银白色金属，有展性。化学性质活泼，易氧化，能与水及稀酸作用。硫酸钡（$BaSO_4$）白色颜料，不溶于水、稀酸和乙醇。与硫化锌（ZnS）可制成锌钡白颜料，俗称立德粉。氧化钡（BaO）是白色固体，有毒，俗称毒重石。碳酸钡（$BaCO_3$）则是用来做鼠药。

砷，有黄、灰、黑褐色三种同素异构体，灰色晶体有金属性，主要以硫化物形式存在，如雄黄（As_4S_4）、雌黄（As_2O_3）、砷黄铁矿（FeAsS）等。砷和砷的可溶性化合物都有毒。雌黄（As_2O_3）为白色固体，俗称"砒霜"，剧毒。

硒，无定形体呈红色，晶形体呈灰色。二氧化硒（SeO_2）白色针状晶体，镉红（硒硫化镉，$3CdS \cdot 2CdSe$）为红色颜料。

锑，普通锑系银灰色金属，性脆，有冷胀性。主要以辉锑矿（Sb_2S_3）形式存在，三氧化二锑（Sb_2S_3）为白色颜料。

以上元素主要作为颜料使用在壁纸、塑料及陶瓷制品中，也可产生于燃烧物质本身的杂质中。人误食或吸入中毒的症状可以砷为例：

急性中毒：口有金属味，表现为恶心、呕吐、腹痛、腹泻、便血、尿闭等症状，重者可出现中枢系统神经麻痹，肢体痉挛和昏迷。

慢性中毒：神经衰弱、多发性神经炎、吐、泻、皮肤黏膜病变等。

砷还可以引起肺、支气管、喉等呼吸道及皮肤癌变。

壁纸材料控制：钡≤1000mg/kg，砷≤8mg/kg，硒≤165mg/kg，锑≤20mg/kg，《室内装饰装修材料壁纸中有害物质限量》GB 18585—2001。

八、氯乙烯单体

氯乙烯单体在通常室内温度下为无色并拌有芳香味的气体，进入人体的途径主要是通过呼吸，也可以由皮肤进入，并继而在人体内通过生物转化途径被吸收。人在10mg/m^3浓度下，5min内并无感到不适；30mg/m^3时就会感到有头晕、恶心、呕吐等中毒症状出现，180mg/m^3以上时便可出现神经麻痹。氯乙烯慢性中毒，可致使人肝脏受损、上腹不适、食欲减退和浑身无力等。1970年，意大利科学家通过动物性实验发现了氯乙烯单体具有致癌性的事实，但直到1974年，美国发现从事氯乙烯生产的工人患有肝血管肉瘤后，才引起各国有关方面的高度重视。

目前，由聚氯乙烯生产的建筑装修材料及制品有塑料门窗、塑料扣板、塑料壁纸、塑料地板及塑料管材等。由于生产这些产品的主要原料聚氯乙烯树脂是由氯乙烯单体来合成的，所以在聚合反应后总会残留少量的氯乙烯单体。

材料控制：塑料壁纸≤1.0mg/kg，《室内装饰装修材料壁纸中有害物质限量》GB 18585—2001；

聚氯乙烯卷材地板≤5mg/kg，《室内装饰装修材料聚氯乙烯卷材地板中有害物质限量》GB 18586—2001；

给水用硬聚氯乙烯管材≤5mg/kg，《给水用聚氯乙烯（PVC—U）管材》GB/T10002.1—2006。

九、苯乙烯、4—苯基环己烯、丁基羟基甲苯、2—乙基己醇

国内地毯行业首次涉及有害物质限量的标准检测，相比其他行业此次制定的有害物质释放限量标准而言，省略了苯、甲苯、二甲苯和重金属元素的检测，增加了苯乙烯、4—苯基环己烯、丁基羟基甲苯、2—乙基己醇检测，并规定全部采用小型环境试验舱法。同时规定，TVOC为在气相色谱非极性柱分析保留时间在正己烷和正十六烷之间（包括正己烷和正十六烷）的所有已知和未知的挥发性有机化合物。

苯乙烯、4—苯基环己烯、丁基羟基甲苯、2—乙基己醇对人的危害类同于挥发性有机化合物，是对装修综合症起作用的刺激物。接触苯乙烯的母亲所生婴儿可能出现先天性异常率高。

地毯、地毯衬垫及地毯胶粘剂中的苯乙烯、4—苯基环己烯、丁基羟基甲苯、2—乙基己醇有害物质释放限量应分别符合表2-7～表2-9中的规定。表中A级为环保型产品，B级为合格产品。

地毯有害物质释放限量（mg/m²·h）　　　　　表 2-7

序号	有害物质测试项目	限量	
		A 级	B 级
1	苯乙烯（Styrene）	≤0.400	≤0.500
2	4-苯基环己烯（4-Phenylcyclohexene）	≤0.050	≤0.050

地毯衬垫有害物质释放限量（mg/m²·h）　　　　表 2-8

序号	有害物质测试项目	限量	
		A 级	B 级
1	丁基羟基甲苯（BHT-butylated hydroxytoluene）	≤0.030	≤0.030
2	4-苯基环己烯（4-Phenylcyclohexene）	≤0.050	≤0.050

地毯胶粘剂有害物质释放限量（mg/m²·h）　　　表 2-9

序号	有害物质测试项目	限量	
		A 级	B 级
1	2-乙基己醇（2-ethyl-1-hexanol）	≤3.000	≤3.500

见《室内装饰装修材料地毯、地毯衬垫及地毯胶粘剂有害物质释放限量》GB 18587—2001 标准。

十、其他污染物

1. 臭氧

臭氧 O_3 为氧的同素异形体，为臭味特殊的无色气体，性质活泼，本身易衰减，浓度可很快下降。臭氧在紫外线的光作用下与 NO_2 发生光化学反应，形成有刺激性的光化学烟雾。

来源：（1）室外：光化学烟雾；

（2）室内：复印机、激光打印机、负离子发生器、电视机、电子消毒柜、紫外光灯等。

毒性：大气中为 0.1mg/m³ 时可引起鼻部和喉头黏膜刺激，2mg/m³ 时引起哮喘、刺激眼睛，2mg/m³ 以上时引起肺气肿及肺水肿。由于强烈的刺激性存在，可引起呼吸道及中枢神经系统损害。

控制标准：《室内空气质量标准》GB/T 18883—2002 臭氧 O_3（mg/m³）≤0.16（1h 均值）。

2. 可吸入颗粒物

可进入人的呼吸道的空气动力学当量直径为 10μm、2.5μm 的颗粒物即为可吸入颗粒物。

颗粒物是空气中污染物的主体，由于其具有多形、多孔和可吸附性，成为成分复杂的多种污染物的载体，并且可以较长时间悬浮于空气中。

来源：室外：由于我国属于煤炭型污染，汽车尾气排放、土壤扬尘、海盐、植物花

粉、孢子、细菌等。还有大气反应也可生成二次颗粒物。所以大气中 PM10、PM2.5 值几乎全部超过 WHO 的指导值。

室内：（1）室外的可吸入颗粒经通风进入室内；

（2）居民生活做饭、采暖的燃料燃烧产生；

（3）吸烟。

危害：长期暴露于 PM10 浓度为 0.20mg/m³ 的环境中，可引起呼吸道疾病，小学生呼吸及免疫功能患病率增加。

控制标准：可吸入颗粒 PM10（mg/m³）≤0.15（日平均值）《室内空气质量标准》GB/T 18883—2002，规定；

国际卫生组织 WHO 指导值，PM10 日平均为 0.07mg/m³，PM2.5 日平均为 25μg/m³。

3. 二氧化碳（CO_2）、二氧化硫（SO_2）及氮氧化物（NO_2）

二氧化碳（CO_2）、二氧化硫（SO_2）及氮氧化物（NO_2）的来源、危害、控制标准见表 2-10。

CO_2、SO_2、NO_2 的来源、危害、控制标准　　　　　　表 2-10

污染物名称	室内来源	危害	室内空气质量标准 GB/T 18883—2002（mg/m³）
CO_2	植物光合作用、人体呼出气、物质燃烧和生物发酵	3000mg/m³ 为人体耐受程度，长时间大于 8000mg/m³ 可引起头痛等神经症状，16000 以上可造成死亡	0.10%（日平均值）
SO_2	煤、烟草等的不完全燃烧	刺激上呼吸道、眼和鼻黏膜，0.6mg/m³ 以上儿童呼吸功能轻度改变	0.5（1h 均值）
NO_2	烹饪及采暖中燃料燃烧产生	损害肺部，0.94mg/m³ 为侵害阈值	0.24（1h 均值）

4. 苯并［a］、芘 B（a）P

系以苯环为基础的多环芳烃。污染来自燃具燃烧的烹饪及吸烟、采暖和空调。具有很高的致癌性。

控制标准：苯并［a］、芘 B（a）P（ng/m³）≤1.0（日平均值）。《室内空气质量标准》GB/T 18883—2002。

5. 细菌及微生物

微生物来源：人的生活中及空调管道中的积尘等。

细菌来源：家中的地毯、家具、窗帘、卧具，角落中的细菌、真菌、病菌和螨虫等死的或活的有机体。

危害：它们可引起过敏性鼻炎、肺炎，呼吸道及皮肤过敏等疾病。在空气湿度大、通风不良、光照不足的情况下，对人有较长的致病作用。

控制标准：菌落总数≤2500cfu/m³。《室内空气质量标准》GB/T 18883—2002。

6. 石棉（玻璃丝棉、矿棉）

石棉是硅酸盐类矿物纤维，也是唯一的天然矿物纤维。具有良好的耐腐蚀性、隔热性、不燃性和抗张拉强度。

来源：石棉本身无毒，他的最大危害来自它的纤维尘，这是一种非常细小，肉眼几乎看不见的纤维，来自建筑与装修材料如石棉水泥、乙烯基塑料地板、石棉纤维耐火涂料、保温绝热制品、隔音材料、吊顶材料、空调管道等。当这些石棉材料被切割、装设、拆修时，就会有纤维尘飘散在空气中而被人吸入。

危害：石棉水泥输水管道会造成饮用水污染，石棉的微小纤维尘，一旦被吸入体内，就会附着并沉积在肺部致病。而且这种肺病的潜伏期一般都比较长，如石棉肺为15~20 年，胸膜及腹膜的间皮瘤20~40 年。

控制标准：石棉粉尘≤2mg/m³（也包括含有 10%以上的石棉粉尘）《工业企业设计卫生标准》TJ36—79 车间空气中粉尘最高容许浓度。

第四节　工程过程控制

一、 勘察设计

1. 我国有关的建筑及装饰装修标准第一次把防止室内环境污染列入设计要求，并按建筑分类来选用建筑材料及装修材料，超标则不允许使用。

2. 设计人员要了解土壤氡的勘察报告，以及建设地址对环境氡的要求，浓度超标，要采取降氡的工程措施。

（1）当工程场地土壤氡浓度不大于 20000Bq/m³ 或土壤表面氡折出率不大于 0.05Bq/m²·s 时，可不采取防氡措施。

（2）工程地点处于地质构造断裂带时：

a. 当工程场地土壤氡浓度测定结果>20000Bq/m³ 且<30000Bq/m³，或土壤表面氡折出率>0.05Bq/m²·s 且<0.1Bq/m²·s 时，建筑底层地面应采取抗开裂措施。

b. 当工程场地土壤氡浓度测定结果≥30000Bq/m³ 且<50000Bq/m³，或土壤表面氡折出率≥0.1Bq/m²·s 且<0.3Bq/m²·s 时，除采取建筑场内底层地面抗开裂措施外，还应按照国家标准《地下工程防水技术规范》GB 50108 中的一级防水要求，对基础进行处理。

c. 当工程场地土壤氡浓度测定结果≥50000Bq/m³，或土壤表面氡折出率≥0.3Bq/m²·s时，除采取 b 条处理措施外，还应增加采取综合建筑构造措施（详见《新建低层住宅建筑设计与施工中氡控制导则》GB/T 17785—1999 的有关规定）。

d. Ⅰ类民用建筑氡的浓度≥50000Bq/m³ 或土壤表面氡折出率≥0.3Bq/m³·s 时，应进行土壤中的 Ra、Th、K 放射性元素比活度的测定。当 I_{Ra}>1.0，I_γ>1.3 时，土壤不能作为工程回填土使用。

3. 室内装修设计应注意事项

（1）明确设计对象（建筑）属于什么类型，类型不同要求不同，以及前后类型是否一致，有无变动。特别是Ⅱ类改Ⅰ类尤其要注意条件（如基础，墙体）是否允许。

（2）了解对象的既有状况（如通风），有无必要对现有情况进行测试，以使设计有针对性，包括如何去除和如何避免污染叠加及增加新的污染。

（3）设计文件要注明材料的级别和性能指标，以便施工遵照执行。注意：Ⅰ类民用建筑室内装修采用的无机非金属装修材料和有机材料必须是A类及E$_1$类。除Ⅱ类装修可混合采用A类、B类无机非金属材料外，其余均不允许混用不同级别的材料。

（4）家装设计要将防止室内污染的情况向业主说清楚，并提出自己的设计意见，在合同中责任应明确，以免装修后超标索赔责任不清。

（5）同一设计方案用于多数客房或板材、涂料、胶粘剂使用数量多时，或材料档次不很高，这时应考虑设计样板间，并在进行施工作业后，按要求进行测试，以避免检测不合格所带来的"工程拷贝"的损失。

二、施工

1. 好多装修工程，设计与施工的界限不是很清楚，这样施工的责任就显得很大。

2. 过去的材料进场验收，只验性能指标，现在要增验环境性能指标，不符合设计及规范要求者必须严禁使用。

3. 施工方应按设计要求施工，不得擅自更改设计文件，当需要更改时，应经原设计单位同意。

4. 天然花岗石或瓷质砖使用面积≥200m^2，应对不同产品、不同批次材料分别进行放射性指标的复验。人造板或饰面人造板某一种产品面积≥500m^2，应对不同产品不同批次材料分别进行游离甲醛含量或游离甲醛释放量分别进行复验，并注意分类的检验方法。《建筑装饰装修工程质量验收规范》GB 50210—2001只提出复验，但未确定面积的数量。

5. 检测项目不全或对检测结果有疑问，必须将材料送有资格的检测机构进行检验。其资格的认证，应是质量技术监督机构认可，并经建设行政主管部门考核合格者。

6. 施工的技术措施应符合有关规定。

7. 室内装修施工不宜安排在冬季的采暖期内进行。

8. 饰面人造板拼接施工，除E$_1$芯板外，应对其断面及无饰面部位进行涂覆密封处理，单层涂覆经济适用，多层涂覆效果持久。

9. 不应使用苯、甲苯、二甲苯和汽油进行除油以及消除旧油漆的施工作业。

10. 涂料、胶粘剂、水性处理剂、稀释剂和溶剂等使用后，应及时封闭存放，废料应及时清除室内。

11. 禁止在室内用有机溶剂清洗施工用具。

三、验收

在空气质量环境控制标准中，验收规定的内容包括检测方法、取样方法、现场环境要求以及验收不合格判定及处理等。

1. 检测时间：至少完工7天后，交付使用前。

2. 有关报告：检测、复验、设计及变更、隐蔽、施工记录及样板间测试。

3. 工程类别与材料类别的数量、工艺是否符合。

4. 验收必须有室内环境五种污染物（甲醛、苯、氨、氡、TVOC）的浓度检测结果，并注意扣除同步测定的空白值。污染物浓度测量值的极限值制定，采用全数值比较法。

5. 甲醛检测对自然通风状态的房间，门窗关闭 1 小时后进行。氡则需要门窗关闭 24 小时后进行（半衰期 3.82d，3~4 个半衰期 15 天后平衡），考虑验收时氡得有一定积累并与生活还得有一定的状态吻合。而对于有通风换气的集中空调建筑工程，检测则可以在空调正常运转的状态条件下进行。在对甲醛、氨、苯、TVOC 检测时，固定式家具，应保持正常使用状态。

6. 合格标准：当全部检测结果符合《民用建筑工程室内环境污染控制规范》GB 50325—2010（2013 年版）规定时，可判定室内环境质量合格。

7. 不合格的室内装修工程严禁投入使用。

第五节　室内装修中不宜采用的做法

这里，有一个误区需要指明，就是即使在建筑室内装修中全部使用了 E_1 类人造板、A 类石材以及其他符合有害物质限量要求的材料，也会出现室内环境空气污染超标。原因是室内空间对材料有害物质释放量的装载度是有限的。所以，我们对装修材料的使用，一要讲限量，二要讲科学、讲卫生、讲安全、讲合理构造、讲合理搭配，也就是讲合理设计。鉴于目前存在的装修工程完工后的检测的结果，大多数都超标的事实。所以必须改造我们目前的设计、选材及构造作法，已经证明有问题的（如下列诸项）应该引起足够重视。

1. 地板下铺细木工板

80~90m² 地板下铺细木工板需近 30 张，加上施胶是造成甲醛、苯系物、VOC$_s$ 污染超标的重要根源，污染物从地板缝隙中逸出，而细木工板下由于通风不良，易腐烂生菌、生虫。2002 年 11 月 1 日实施的国家经贸委发布的《木地板铺设面层验收规范》中指出："严禁细木工板料作龙骨料。用针叶板材、优质多层胶合板（厚度>9mm）作毛地板料，严禁整张使用，必要时须进行涂防腐油漆处理和防虫害处理"。

2. 地板上打蜡

地板上大面积涂蜡是造成苯系物、VOC$_s$ 污染超标的重要来源。而且，地板蜡易招灰，易老化，不断摩擦与换蜡会造成持续性的污染。

3. 人造板做暖气罩

冬季，暖气近百度高温是造成甲醛、苯系物、高挥发性有机化合物（沸点 50~100℃）VVOC 污染超标的重要根源。宜采用不设暖气罩或设金属暖气罩。塑铝板暖气罩也不可取，因高聚物单体及有机化合物挥发同样会造成污染。而且，冬季不常开窗，通风不好，问题就更加严重。

4. 包窗套及管子

包窗套及管子没有功能上的作用。管子包装后的精度也远不及如管子本身的精度美，而且多余的人造板材只能给室内污染雪上加霜，而包热水管道带来的污染后果就更加严重。

5. 刷油只刷可见的表面

门及门套的上下边缘、窗帘盒的背面、暖气罩、柜及抽屉的里面等部位，由于没用油漆涂封，造成甲醛等有害气体长时间挥发，可造成十几年的污染期。

还有，使用浅水封地漏，在墙及管道保温不好的厨房设整体橱柜，浴室中设淋浴房并带有积水底盘等是造成氨、细菌等污染的重要根源。

6. 室内摆放对人体不宜的花卉草木

在客厅中摆上几盆花卉，不仅起到了美化环境的作用，也能让人身心愉悦。然而，有些花卉是不宜放在居室中的。如兰花，它的香气会让人过度兴奋，而引起失眠；紫荆花所发散出来的花粉如与人接触过久，会诱发哮喘症或是使咳嗽症状加重；含羞草，它体内的含羞草碱是一种毒性很强的有机物，人体过多接触后会使毛发脱落；月季花，它所散发的浓郁香味，会使一些人产生胸闷不适、憋气与呼吸困难；百合花，它的香味也会使人的中枢神经过度兴奋而引起失眠；夜来香，它在晚上会散发出大量刺激嗅觉的微粒，闻之过久，会使高血压和心脏病患者感到头晕目眩、郁闷不适甚至病情加重；夹竹桃，它可分泌出一种乳白色液体，接触时间一长，会使人中毒，引起昏昏欲睡、智力下降等症状；松柏及松柏类花木的芳香气味对人的肠胃有刺激作用，不仅影响食欲，而且会使孕妇感到心烦意乱、恶心呕吐、头晕目眩；洋绣球花，它所散发的微粒如与人接触，会使人的皮肤过敏而引发搔痒症；郁金香，它的花含有一种毒碱，接触过久，会加快毛发脱落；黄花杜鹃，它的花含有一种毒素，一旦误食，轻者会引起中毒，重者会引起休克，严重危害人的身体健康。一些有毒的植物见表2-11。

有毒植物 表2-11

植物名称	有毒部位	症状
孤挺花	球茎	恶心，腹泻，呕吐
安祖花，彩斑芋	叶和茎	唇、口、舌、喉有炎症，间或有水疱
马蹄莲（与同样有毒的喜林芋和花叶万年青同属）	叶	唇和口的严重炎症，往往不能大量吞咽
君子兰	所有部分	大量摄入会导致恶心、呕吐和腹泻
哑丛根芋（花叶万年青属）	叶	口和舌的严重炎症和刺激；若舌的根部过于肿胀而阻塞了喉部空气通过，可能致死
秋海棠，五彩芋	叶和茎，五彩芋的所有部分	唇、口、舌、喉部位炎症；突发疼痛导致说话困难；无法咽食
常春藤	叶和浆果	喉有灼烧感，呕吐，腹泻
毛地黄	所有部分	口腔疼痛，恶心，呕吐，腹痛，抽筋，腹泻，大量摄入可导致心率和脉搏不齐，精神错乱；可致死
风信子，水仙	球茎	接触球茎可导致皮肤刺激；恶心，呕吐，腹泻；可致死
黄水仙，铃花水仙，鸢尾	地下茎	消化不良，但通常不很严重；呕吐，腹泻
珊瑚樱	未成熟的果实	喉咙刺痛发痒，高烧，呕吐，腹泻

植物名称	有毒部位	症状
飞燕草，翠雀花	幼株，种子	消化不良，神经亢奋，忧郁，可致死
铃兰	所有部分，以及养过花的水	口腔疼痛，恶心，呕吐，腹痛，抽筋，腹泻，心率和脉搏不齐，精神错乱
槲寄生	叶和茎	浆果若大量食用会有毒，呕吐，腹部痉挛，腹泻，极少致命
银莲花	所有部分	口腔剧痛及炎症；呕血，伴有剧烈腹部痉挛的腹泻，汁液会刺激皮肤
毛茛	汁液和球茎	和银莲花相同
杜鹃花	所有部分	儿童嚼食叶片后会深度中毒；暂时性口腔炎症；数小时后，唾液异常大量分泌，呕吐，腹泻；皮肤有刺痛感；头痛，肌肉无力，视觉模糊，呼吸困难，昏迷，抽搐
西红柿	藤蔓和根出条，青果实	感知力和理解力迟钝，失去知觉；与叶接触可导致皮肤刺激
黄素馨，茉莉	花，叶，树枝	头痛，头晕，视觉障碍，口干；吞咽困难，有不适感或不快感

来源：约翰·M·金斯伯里，《美国及加拿大的有毒植物》（Englewood Cliffs, N.j.：Prentice-Hall，1964）；肯尼斯·F·兰普和玛丽·安·麦卡恩《美国医药学会有毒有害植物手册》（Chicago：Chicago Review Press，1985）

　　据中科院院士、中国疾病预防控制中心病毒病预防控制所曾毅教授和一些科研人员对1693种植物的研究发现，有52种含促癌物质。实验表明，这些物质可以诱导病毒对淋巴细胞的转化，并能促进肿瘤病毒或化学致癌物质引起的肿瘤生长。这52种植物包括；石栗、变叶木、细叶变叶木、蜂腰榕、石山巴豆、毛果巴豆、巴豆、麒麟冠、猫眼草、泽漆、甘遂、续随子、高山积雪、铁海棠、千根草、红背桂花、鸡尾木、多裂麻风树、红雀珊瑚、山乌桕、乌桕、圆叶乌桕、油桐、木油桐、火殃勒、芫花、结香、狼毒、黄芫花、了歌王、土沉香、细轴芫花、苏木、广金钱草、红牙大戟、猪殃殃、黄毛豆腐柴、假连翘、射干、鸢尾、银粉背蕨、黄花铁线莲、金果榄、曼陀罗、三棱、红凤仙花、剪刀股、坚荚树、阔叶猕猴桃、海南蒌、苦杏仁、怀牛膝。这些植物多属大戟科和瑞香科，其中铁海棠、变叶木、乌桕、红背桂花、油桐、金果榄等为一些居民家中和公园内常见的观赏性花木。

　　应该指出《民用建筑工程室内环境污染控制规范》GB 50325—2010所称室内污染是仅指建筑材料和装修材料使用之后所产生的，至于工程交付使用后的生活、工作环境等污染，如烧烤、烹调、吸烟、外购家具及家电等所造成的污染不在要求控制之内。而《室内空气质量标准》GB/T 18883—2002则适用住宅和办公建筑物室内环境，既包括建筑材料和装修材料使用之后所产生的，也包括工程交付使用后的生活、工作环境等污染，如烧烤、烹调、吸烟、外购家具及家电等所造成的污染，一切都在要求控制之内。

　　不论如何，科学装修、科学使用厨卫，不饮用早晨第一道自来水，不用豆油烹饪食品，慎用杀虫剂、空气清新剂、清洁剂等，养成科学生活的好习惯，对净化室内污染同样是重要的。

第三章｜木材

第一节　木材的基本性质

从人类进入文明时期开始有意识的建造活动起，木材就成为基本材料。在古埃及木材已经作为室内家具及其他人工制品的制作材料。中国公元前6000年，浙江余姚河姆渡村遗址干阑式四列木桩，离地1m高处的地板、柱、板、梁、枋等均采用木材，而且有榫卯构造。木材作为自然界中有生命树木的一部分，自然也成为有生命人类相伴使用的一部分。木材从森林中砍伐下来之后，我们将树干锯开，可以看到其所展现的美丽的木纹形态。（见图3-1）

图3-1　木纹形态

即使在现代铁制家具、塑料家具广泛使用的今天，在室内设计工程中，木材、木制品以及木制复合制品仍然占有重要的地位。这主要取决于木材所具有的美观、实用与经济的特性。木材具有取得便利、易于加工和表面涂饰保护方便，材质轻，但强度高，有一定的弹性与韧性。特别是木材难以捉摸的天然纹理，给人的温馨的触觉，的确令人赏心悦目。此外，木材对电有一定的绝缘性，电阻值较大，不易导电。木材导热系数小，一般为0.3W/（m·K），所以可以作保温绝热材料和吸声材料使用。当然，木材也有一些缺点与局限性，这主要表现在会因环境的湿度变化，发生膨胀、干缩和翘曲变形，容易腐朽，不抗虫蛀，易燃烧、不耐磨、抗冲击差等。

从环境保护角度考虑，木材作为一种资源，其数量也是有限的。一般使用必须来自可持续供给的林源，既不破坏生态植被，也有供后代子孙使用的发展林地。木材及其综合利用的制品，具有重复使用和循环再利用的价值，对可能的氢气释放可采取表面涂饰油漆的方法，这样做也可同时解决木材的防腐问题。

一、分类

在原木的木材横切面中，有深与浅相间的同心圆环，通常树木一年生长一圈，称为年轮。一轮中浅色部分为春材，木质松软，深色的部分为夏材，也称晚材，木质比春材坚硬。由于树木生长在地球的不同地带，春材与夏材成分的大小不同，所以木材的性格也表现出多种多样。

四季常青的树木我们称之为针叶树种，原木长一般1~8m。叶如针状，有松树、云杉、雪松、柏树、红杉等树种。针叶树材也叫软木，易加工，强度较高，变形较小，耐腐蚀性较强。由于树干通直高大，容易取得长度较大的木材。在建筑室内装修工程中，一般用作木门窗、窗框、屋架、隔栅、家具及受力结构构件等。由于其具有大而美丽的结疤，所以人们也喜欢用于表面装饰，以给人自然温馨、朴素的感受。

冬季落叶的树种，我们也叫阔叶树种，原木长一般1~6m。叶子较大，常用的有柞木、柚木、榉木、橄木、桦木等。阔叶树材也叫硬木，加工困难，强度大，胀缩和翘曲变形大，易开裂。由于树干通直部分较短，所以难得较长的木材。但由于它具有美丽的花纹、硬质与光泽，所以被广泛用于建筑室内装修的门、楼梯、地板、家具以及贴面装饰等。

二、木材的化学组成

木材是天然的有机高分子化合物，主要由木质纤维素和木素等组成，另外还有一些天然树脂等（见表3-1）。

木材的化学组成　　　　　　　　　　　　　　　　表3-1

组成名称	针叶树类	阔叶树类
纤维素	48%~56%	46%~48%
半纤维素	23%~26%	26%~35%
木素	26%~30%	19%~28%

三、木材的物理特性

1. 含水率

木材的含水由两部分组成：1）细胞壁内的物理吸附水；2）细胞腔和细胞间隙中的自由水。含水占干燥木材重量的百分比为木材含水率。无自由水的木材含水率为纤维饱和点含水率。吸附水存在与减少对木材强度与体积的影响见表3-2。

吸附水对木材强度与体积的影响　　　　　　　　　　表3-2

物理性能　　　　含水变化	有自由水 保持吸附水	无自由水 减少吸附水
强度	无变化	提高
体积	无变化	收缩

木材的纤维饱和点含水率，随树种而异，通常介于25%~35%之间，平均值为30%。新伐的木材含水率通常在35%以上；风干的木材含水率为15%~25%；室内干燥的木材含水率一般为8%~15%；窑干木材的含水率为4%~12%。

当木材长时间处于一定温度和湿度的空气中，则会达到相对稳定的含水率——平衡含水率。平衡含水率随大气的温度和相对湿度而变化，通常我国北方地区的平衡含水率为10%~14%，南方地区的平衡含水率为12%~20%左右。全国不同地区木材含水率见表3-3。

全国55个城市木材平衡含水率（%）　　　　　　　表3-3

城市　　　　月份	一	二	三	四	五	六	七	八	九	十	十一	十二	年平均
北京	10.3	10.7	10.6	8.5	9.9	11.1	14.7	15.6	12.8	12.2	12.0	10.8	11.4

续表

月份\城市	一	二	三	四	五	六	七	八	九	十	十一	十二	年平均
哈尔滨	17.2	15.1	12.4	10.8	10.1	13.2	15.0	14.5	14.6	14.0	12.3	15.2	13.6
齐齐哈尔	16.0	14.6	11.9	9.8	9.4	12.5	13.6	13.1	13.8	12.9	13.5	14.5	12.9
佳木斯	16.0	14.8	13.2	11.0	10.3	13.2	15.1	15.0	14.5	13.0	13.9	14.9	13.7
牡丹江	15.8	14.2	12.9	11.1	10.8	13.9	14.5	15.1	14.9	13.7	14.5	16.0	13.9
克山	18.0	16.4	13.5	10.5	9.9	13.3	15.5	15.1	14.9	13.7	14.6	16.1	14.3
长春	14.3	13.8	11.7	10.0	10.1	13.8	15.3	15.7	14.0	13.5	13.8	14.6	13.3
四平	15.2	13.7	11.9	10.0	10.1	13.8	15.3	15.7	14.0	13.5	14.2	14.8	13.2
沈阳	14.1	13.1	12.0	10.9	11.4	13.8	15.5	15.6	13.9	14.3	14.2	14.5	13.4
大连	12.6	12.8	12.3	10.6	12.2	14.3	18.3	16.9	14.6	12.5	12.5	12.3	13.0
呼和浩特	12.5	11.3	9.9	9.1	8.6	11.0	13.0	12.1	11.9	11.1	12.1	12.8	11.2
天津	11.6	12.1	11.6	9.7	10.5	11.9	14.4	15.2	13.2	12.7	13.3	12.1	12.4
太原	12.3	11.6	10.9	9.1	9.3	10.6	12.6	14.5	13.8	12.7	12.8	12.6	11.7
石家庄	11.9	12.1	11.7	9.9	9.9	10.6	13.7	14.9	13.0	12.8	12.6	12.1	11.8
济南	12.3	12.3	11.1	9.0	9.6	9.8	13.4	15.2	12.2	11.0	12.2	12.8	11.7
青岛	13.2	14.0	13.9	13.0	14.9	17.1	20.0	18.3	14.3	12.8	13.1	13.5	14.4
郑州	13.2	14.0	14.1	11.2	10.3	10.2	14.0	14.6	13.2	12.4	13.4	13.0	12.4
洛阳	12.9	13.5	13.0	11.9	10.6	10.2	13.7	15.9	11.1	12.4	13.2	12.8	12.7
乌鲁木齐	16.0	18.8	15.5	14.6	8.5	8.8	8.4	8.0	8.7	11.2	15.9	18.7	12.7
银川	13.6	11.9	10.6	9.2	8.8	9.6	11.1	13.5	12.5	12.5	13.8	14.1	11.8
西安	13.7	14.2	13.4	13.1	13.0	9.8	13.7	15.0	16.0	15.5	15.5	15.2	14.3
兰州	13.5	11.3	10.1	9.4	8.9	9.3	10.0	11.4	12.1	12.9	12.2	14.3	11.3
西宁	12.0	10.3	9.7	9.8	10.7	11.1	12.2	13.0	13.0	12.7	11.8	12.8	11.5
成都	15.9	16.1	14.4	15.0	14.2	15.2	16.8	16.8	17.5	18.3	17.6	17.4	16.3
重庆	17.4	15.4	14.9	14.7	14.8	14.7	15.4	14.8	15.7	18.1	18.0	18.2	15.9
雅安	15.2	15.8	15.3	14.7	13.8	14.1	15.6	16.9	17.0	18.3	17.6	17.0	15.3
康定	12.8	11.5	12.2	13.2	14.2	16.2	16.1	15.7	16.8	16.6	13.9	12.6	13.9
宜宾	17.0	16.4	15.5	14.9	14.2	11.2	16.2	15.9	17.3	18.7	17.9	17.7	16.3
昌都	9.4	8.8	9.1	9.5	9.9	12.2	12.7	13.3	13.4	11.9	9.8	9.8	10.3
拉萨	7.2	7.2	7.6	7.7	7.6	10.2	12.2	12.7	11.9	9.0	7.2	7.8	8.6
贵阳	17.7	16.1	15.3	14.6	15.1	15.0	14.7	15.3	14.9	16.0	15.9	16.1	15.4
昆明	12.7	11.0	10.7	9.8	12.4	15.2	16.2	16.3	15.7	16.6	15.3	14.9	13.5
上海	15.8	16.8	16.5	15.5	16.3	17.9	17.5	16.6	15.8	14.7	15.2	15.9	16.0
南京	14.9	15.7	14.7	13.9	14.3	15.0	17.1	15.4	15.9	14.8	14.5	14.5	14.9
徐州	15.7	14.7	13.3	11.8	12.4	11.6	16.2	16.7	14.0	13.0	13.4	14.4	13.9
合肥	15.7	15.9	15.0	13.6	14.1	14.2	16.6	16.0	14.8	14.2	14.6	15.1	14.8
芜湖	16.9	17.1	17.0	15.1	15.1	16.0	16.5	15.7	15.3	14.8	15.9	16.3	15.8
武汉	16.4	16.7	16.0	16.0	15.5	15.2	15.3	15.0	14.5	14.5	14.8	15.3	15.4

月份\城市	一	二	三	四	五	六	七	八	九	十	十一	十二	年平均
宜昌	15.5	14.7	15.7	16.3	15.8	15.0	11.7	11.1	11.2	14.8	14.4	15.6	15.4
杭州	16.3	18.0	16.9	16.0	16.0	16.4	15.4	15.7	16.3	16.3	16.7	17.0	16.5
温州	15.9	18.1	19.0	18.4	19.7	19.9	18.0	17.0	17.1	14.9	14.9	15.1	17.3
南昌	16.4	19.3	18.2	17.4	17.0	16.3	14.7	14.1	15.0	14.4	14.7	15.2	16.0
九江	16.0	17.1	16.4	15.7	15.8	16.3	15.3	15.0	15.2	14.7	15.0	15.3	15.8
长沙	18.0	19.5	19.2	18.1	16.6	15.5	14.2	14.3	14.7	15.3	15.5	16.1	16.5
衡阳	19.0	20.6	19.7	18.9	16.5	15.1	14.1	13.6	15.0	16.7	19.0	17.0	16.8
福州	15.1	16.8	17.6	16.5	18.0	17.1	15.5	14.8	15.1	13.5	13.4	14.2	15.6
永安	16.5	17.7	17.0	16.9	17.3	14.1	14.5	14.4	15.9	15.2	16.0	17.7	16.3
厦门	14.5	15.6	16.1	16.4	17.9	18.0	15.0	14.6	12.6	13.1	13.8	15.2
崇安	14.7	16.5	17.6	16.0	16.7	15.9	14.8	14.3	14.5	13.2	13.9	14.1	15.0
南平	15.8	17.1	16.6	16.3	17.0	16.7	14.8	14.6	15.6	14.9	15.8	16.4	16.1
南宁	14.7	16.1	17.4	16.6	15.9	16.2	16.1	16.5	14.8	13.6	13.5	13.6	15.4
桂林	14.7	16.1	17.4	16.6	15.9	16.2	16.1	16.5	14.8	13.6	13.5	13.6	15.4
广州	13.3	16.0	17.3	17.6	17.6	17.5	16.6	16.1	14.7	13.0	12.4	12.9	15.1
海口	19.2	19.1	17.9	17.6	17.1	16.1	15.7	17.5	18.0	16.9	16.1	17.2	17.3
台北	18.0	17.9	17.2	17.5	15.9	16.1	14.7	14.7	15.1	15.4	17.0	16.9	16.4

2. 湿胀干缩

木材的湿涨干缩变形是由于木材细胞壁内吸附水的变化引起的。木材低于纤维饱和点含水率时，继续干燥，体积收缩；干燥木材吸湿时，随着吸附水的增加，将发生体积膨胀，达到纤维饱和点含水率时止。如果再继续吸湿，自由水增加，木材的强度和体积不变。由于木材构造的不均匀性，随着木材体积的胀缩则可能引起木材的变形和翘曲。

通常表现密度愈大，晚材含量愈高变形则愈大。沿木材各构造方向的收缩情况一般是弦向大，径向小，木材纵向的纤维长度方向更小。木材径向、弦向、纵向的变形情况见图3-2。

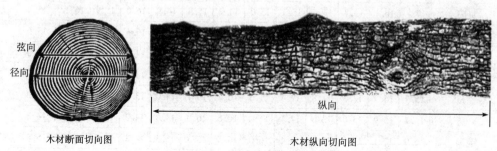

木材断面切向图　　　　　　　　　　　木材纵向切向图

图3-2　木材径向、弦向、纵向的变形图（一）

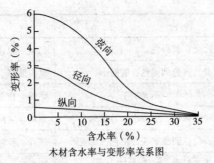
木材含水率与变形率关系图

图 3-2 木材径向、弦向、纵向的变形图（二）

3. 木材的强度

木材轻质、高强，具有弹性和韧性，抗震和抗冲击性能好。顺纹抗拉及抗弯强度均在 100MPa 以上，比强度高。我国木材是以含水率为 15% 时的木材实测强度作为木材的强度。所以 15% 木材的含水率称为木材标准含水率。由于木材内部构造的不均匀性，木材物理力学性能与木材构造有关，如顺纹与横纹强度就有很大差别，一般情况下：

顺纹抗拉强度 > 顺纹弯曲强度 > 顺纹抗压强度 > 横纹抗剪切强度 > 顺纹抗剪切强度 > 横纹抗压强度 > 横纹抗拉强度。

木材的长期强度只有瞬时强度的 50%~64%。木材长期处在干燥环境中耐久性好。但是，如果长期处于 50℃ 以上会导致木材强度下降。

4. 木材的密度

木材的表现密度通常为 450~650kg/m³，常用的木材容重见表 3-4。

常用部分木材密度（kg/m³） **表 3-4**

红松	黄花松	桦木	水曲柳	柞木	楠木	柚木	黑胡桃
440	460	635	686	576	610	625	870

第二节 常用木材性能及用途

一、木材的材质要求

木材的种类很多，也表现出各种各样的性能。在实际工程中，由于对各类木材的使用及要求不一样，对木材材质的了解与选用就显得非常重要。针阔叶类在建筑室内装修中常用的木材的品种及性能见表 3-5，中外木材名称、科别对照见表 3-6。

木材材质选用 **表 3-5**

树种	特性	用途
白松	软、色白、纹理直、质松、变形小、抗腐蚀、易加工	结构材、镶板、胶合板、细木工、家具
红松	软、浅红、纹理直、耐水、耐腐、易加工、轻度干缩	暖气罩、门框、细木工、家具
落叶松	略硬、纹理直而不匀、黄褐色、耐水、抗腐	木格栅、门窗框、地板、镶板、家具

树种	特性	用途
水曲柳	中等硬、纹理直、花纹美、黄褐色、	门窗、胶合板、家具、地板
黄菠萝	略硬、纹理直、花纹美、黄色到褐色、收缩小	室内装修、家具
柞木	硬、黄褐色、纹理斜、光泽美、不易加工	地板、扶手、家具
槭木	硬、纹理直、白色到浅红褐色、干缩小、易雕刻	地板、装修、胶合板、家具
桦木	硬、纹理斜、有花纹、白色到浅至深红褐色、易变形	装修、胶合板、家具
椴木	软、纹理直、色白、质坚耐磨、材质细密	胶合板、线条、雕刻
樟木	略软、纹理斜或交错、红褐色、有芳香	家具、装修
山杨	甚软、纹理直、白黄色、质轻、易加工	家具、装修、人造板
楠木	略软、纹理斜、黄褐色、材质细、有香气	装修、地板、胶合板
黄杨木	硬、纹理直、白色到黄褐色、结构细、材质有光泽	雕刻、装修
榆木	中等硬、纹理直、黄褐色、材质粗、花纹美	胶合板、装修、家具
柚木	略硬、纹理直或斜、褐色、耐磨、变形小、含油质	地板、高级装修
紫檀	硬、纹理斜、红褐色、质地坚硬最为珍贵	地板、家具
花梨	硬、纹理粗、花纹明显、色深、材质细密	装饰板、家具
影木	硬、取树木根或瘿瘤部分的横截面、黄色到黄红色	装饰板
沙比利	硬、材质粗、红褐色泽略深、花纹顺然	装饰板
榉木	硬、有直纹与花纹之分、颜色白黄到淡黄红	扶手、家具、装饰板
檀木	硬、纹理斜、质坚有光泽、黄红色泽纯美	地板、家具
樱桃木	硬度中等、纹理紧凑、浅到深红褐色、易雕刻	装饰板、镶板
桃花芯木	中等硬、纹理斜、花纹明显、浅到深红褐色	昂贵家具、装饰板

中外木材名称、科别对照表　　　　　　　　　　　表 3-6

木材名称	树种	名称		国外通用材名	科别
	中文名	拉丁名			
落叶松	落叶松	Larix spp.： L. gmelini		Larch	Pinaceae 松科
软木松	红松	Pinus. spp.： P. koraiensis		Soft pines	Pinaceae 松科
杉木	杉木	Cunninghamia lancea- Lata Hook		Chinese fir	Taxodiaceae 杉科
硬槭木	槭木	Acer spp.		Hard maple	Aceraceae 槭树科
任嘎漆		Gluta spp. Melanochyla spp. Melanorrhoea spp.		Rengas，Inhas， Thits，Burma	Anacardiaceae 漆树科

木材名称	树种	名称		国外通用材名	科别
	中文名	拉丁名			
重盾籽木		Aspidosperma spp.		Araracanga	Apocynaceae 夹竹桃科
桦木	白桦 西南桦	Betula spp.： B. platyphyila Suk. B. alnoides Buch. Ham.		Birch	Betulaceae 桦木科
重蚁木		Tabebuia spp.		Ipe，Lapacho	Bignoniaceae 紫葳科
铁苏木	平果铁苏木	Apuleia spp.： A. leiocarpa		Garapa， Pau mulato	Caesalpiniaceae 苏木科
红苏木	多小叶红苏木	Baikiaea spp.： B. plurijuga		Rhodessian，Teak， Umgusi，Zambesi， Redwood	Caesalpiniaceae 苏木科
摘亚木		Dialium spp.		Keranji，Nyamut	Caesalpiniaceae 苏木料
双柱苏木	双柱苏木	Dicorynia spp.： D. guianensis		Aagelique. Basralocus，Angelica	Caesalpiniaceae 苏木科
古夷苏木		Guiborutia spp.		Bubinga	Caesalpiniaceae 苏木科
孪叶苏木		Hymenaea spp.：		Courbaril，Jatoba	Caesalpiniaceae 苏木科
茚茄木	茚茄	Intsia spp.： I. bijuga		Merbau，Mirabow， 1pil	Caesalpiniaceae 苏木科
大甘巴豆	大甘巴豆	Koompassia spp.： K. excelsa		Kayu，Manggis， Tualang	Caesalpiniaceae 苏木科
马来甘巴豆	马来甘巴豆	Koompassia spp.： P. malaccensis		Kempas，Empas， Impas	Caesalpiniaceae 苏木科
紫心木		Peltogyne spp.：		Amarante， Purpleheart， Morado	Caesalpinaceae 苏木科
柯库木	柯库木	Kokoona spp.： K. reflexa		Mataulat，Bajan， Perupok	Celastraceae 卫矛科
龙脑香	龙脑香	Diperocarpu spp.： D. alatus		Apitong，Keroeing， Keruing	Dipterocarpaceae 龙脑香科
冰片香		Dryobalanops spp.		Kapur	Dipterocarpaceae 龙脑香科
轻坡垒		Hopea spp.		Merawan， Manggachapui	Dipterocarpaceae 龙脑香科
重坡垒		Hopea spp.		Giam，Selangan， Thingan-net	Dipterocarpaceae 龙脑香科

木材名称	树种	名称	国外通用材名	科别
	中文名	拉丁名		
重红娑罗双		Shorea spp.	Red balau, Balau merah, Guijo	Dipterocarpaceae 龙脑香科
白娑罗双		Shorea spp.	White meranti, Melapi, Meranti puteh	Dipterocarpaceae 龙脑香科
橡胶木	橡胶树	Hevea spp. : H. brasiliensis	Rubberwood, Para rubbertree	Euphorbiaceae 大戟科
鲍迪豆	鲍迪豆	Bowdichia spp. : B. uirgilioides	Sucupira	Fabaceae 蝶形花科
二翅豆	香二翅豆	Dipteryx spp. : D. odorata	Cumaru, Tonka bean	Fabaceae 蝶形花科
香脂木豆	香脂木豆	Myroxylon spp. : M. balsamum	Balsarno, Estoraque	Fabaceae 蝶形花科
美木豆	大美木豆	Pericopsis spp. : P. elata	Afromosia, Assamela, Obang	Fabaceae 蝶形花科
花梨	印度紫檀 大果紫檀	Pterocarpus spp. : P. indicus P. macrocarpus	Padauk, Xarra, Ambila	Fabaceae 蝶形花科
槐木	槐树	Sophora japonica L.	Japanese pagodatree	Fabaceae 蝶形花科
刺槐		Rohinla pseudoacacia L.	Black locust	Fabaceae 蝶形花科
白青冈	青冈 小叶青冈	Cyclobalanopsis spp. : C. glaucaoerst C. gracilis	Oak	Fagaceae 壳斗科
槲栎	槲栎 白栎 柞木	Quercus spp. : Q. aliena B1. Q. fabri Hance Q. mongolica Fisch	Oriental white oak, White oak, Mongolian oak	Fagaceae 壳斗科
水青冈	水青冈 米心树 欧洲水青冈	Fagus spp. : F. longipetiolata F. engleriana seem F. sylvatica	Beech, European beech	Fagaceae 壳斗科
红栎	苦栎 红栎	Quercus spp. : Q. cerris Q. rubra	Red oak, Turkey, Oak	Fagaceae 壳斗科
棱柱木	邦卡棱柱木	Gonystylus spp. : G. bancanus	Ramin, Lontunanbagio, Gaharu buaya	Gonystylaceae 棱柱木科
海棠木	海棠木	Calophyllum spp. : C. inophyllum	Bintangor, Bitaog, Bongnget	Guttiferae 藤黄科

木材名称	树种		名称	国外通用材名	科别
	中文名		拉丁名		
红苞木			Rhodoleia spp.	Rhodoleia	Hamamelidaceae 金缕梅科
香茶茱萸	角香茶茱萸		Cantleya spp. : C. corniculata	Dedaru, Seranai	lcacianaceae 茶茱萸科
坤甸铁樟木	坤甸铁樟木		Eusideroxylon spp. : E. zwageri	Belian, Ulin, Tambulian	Lauraceae 樟科
木莲	灰木莲		Manglietia spp. : M. glauca	Chempaka	Magnoliaceae 木兰科
米兰			Aglaia spp.	Goitia, Pasak	Meliaceae 楝科
筒状非洲楝	筒状非洲楝		Entandrophragma spp. : E. cylindricum	Sapele, Aboudikro, Sapelli-mahagoni	Meliaceae 楝科
楝木	苦楝		Melia azedarach L.	China berry	Meliaceae 楝科
木荚豆	木荚豆		Xylia spp. : X. X ylocarpa	Pyinkado, Cam xe, Deng	Mimosaceae 含羞草科
乳桑木	圭亚那乳桑		Bagassa spp. : B. guianensis	Tatajuba, Cow wood, Bagasse	Moraceae 桑科
黄饱食桑	麦粉饱食桑		Brosimum spp. : B. alicastrum	Capomo, Janita, Ojoche	Moraceae 桑科
绿柄桑			Chlorophora spp.	Iroko, Kambala, Oroko	Moraceae 桑科
蒜果木	蒜果木		Scorodocarpus spp. : S, borneensis	Kulim	Olacaceae 铁青树科
水曲柳	水曲柳		Fra X inus spp. : F. mandshurica Rupr.	Ash	Oleaceae 木犀科
巴福芸香			Balfourodendron spp. : B. riedelianum	Pau marfim, Ivorywood, Quntambu	Rutaceae 芸香科
比帝榄	马来亚子京		Madhuca spp. : M. utilis	Bitis, Betis, Masang	Sapotaceae 山榄科
铁线子			Manikara spp.	Macaranduba, Sawokecik, Kating	Sapotaceae 山榄科
纳托榄			Palaquium spp. : Payena spp.	Nyatoh	Sapotaceae 山榄科
白山榄			Planchonella spp. :	White planchonella, Kate	Sapotaceae 山榄科
黄山榄	肥果山榄		Planchonella spp. : P. pachycar pa	Goiabao	Sapotaceae 山榄科

木材名称	树种	名称		国外通用材名	科别
	中文名	拉丁名			
猴子果	猴子果	Tieghemeila spp.：T. heckelit		Douka，Makore	Sapotaceae 山榄科
船形木	长花船形木 大柄船形木	Scaphium spp.：S. longiflorum S. macropodum		Samrong，Kembang， Semangkok	Sterculiaceae 梧桐科
四籽木	光四籽木	Tetramerista spp.：T. glabra		Punah，Punak	Tetrameristaceae 四籽树科
荷木	红荷木 西南荷木	Schima spp.：S. wallichii		Schima	Theaceae 山茶科
榉木	榉树	Zelkova spp.：Z. schneideriana		Azad，Zelkova	Ulmaceae 榆科
柚木	柚木	Tectona spp.：T. grandis		Teak jati	Verbenaeae 马鞭草科

关于木质板材尺寸要求见表 3-7。

针叶、阔叶板材的宽度与厚度（单位：mm）　　表 3-7

分类	厚度	宽度	
		尺寸范围	进级
薄板	12、15、18、21		
中板	25、30、35	60~300	10
厚板	40、45、50、60		

二、木材的重要疵病

由于木材构造各向不均匀、异性，吸湿后膨胀可能会引起木制品的变形与开裂。木材易被虫蛀、易燃，干湿交替中会腐朽。天然木材从原木到加工成材都会存在一些疵病，这些疵病会直接影响木材的结构性能与装饰效果，所以有必要根据疵病的多少作出等级的规定。锯材的材质缺陷要求见表 3-8、表 3-9 所示。

针叶材质指标允许限度　　表 3-8

缺陷名称	检量与计算方法	允许限度			
		特等	一等	二等	三等
活节与死节	最大尺寸不得超过板材宽的	15%	30%	40%	不限
	任意材长 1m 范围内个数不得超过	4	8	12	
腐朽	面积不得超过所在材面面积的	不许有	2%	10%	30%
裂纹夹皮	长度不得超过材长的	5%	10%	30%	不限
虫眼	任意材长 1m 范围内的个数不得超过	1	4	15	不限

第三章　木材

缺陷名称	检量与计算方法	允许限度			
		特等	一等	二等	三等
钝棱	最严重缺角尺寸不得超过材宽的	5%	10%	30%	40%
弯曲	横弯最大拱高不得超过水平长的	0.3%	0.5%	2%	3%
	顺弯最大拱高不得超过水平长的	1%	2%	3%	不限
斜纹	斜纹倾斜程度不得超过	5%	10%	20%	不限

注：长度不足 1m 的锯材不分等级，其缺陷允许限度不低于三等材。

阔叶锯材缺陷允许限度　　　　　　　　　　表 3-9

缺陷名称	检量与计算方法	允许限度			
		特等	一等	二等	三等
死节	最大尺寸不得超过板材宽的	15%	30%	40%	不限
	任意材长 1m 范围内个数不得超过	3	6	8	
腐朽	面积不得超过所在材面面积的	不许有	2%	10%	30%
裂纹夹皮	长度不得超过材长的	10%	15%	40%	不限
虫眼	任意材长 1m 范围内个数不得超过	1	2	8	不限
钝棱	最严重缺角尺寸不得超过材宽的	5%	10%	30%	40%
弯曲	横弯最大拱高不得超过内曲水平长的	0.5%	1%	2%	4%
	顺弯最大拱高不得超过内曲水平长的	1%	2%	3%	不限
斜纹	斜纹倾斜程度不得超过	5%	10%	20%	不限

注：长度不足 2m 的锯材不分等级。其缺陷允许限度不低于三等材，其检量计算方法参照本标准执行。

针叶树锯材采用 GB/T153—2009；阔叶树锯材采用 GB/T4817—2009。木材的疵病与缺陷见图 3-3。

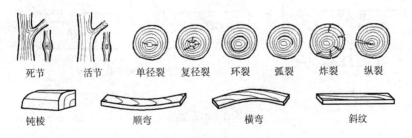

死节　　活节　　单径裂　复径裂　环裂　　弧裂　　炸裂　　纵裂

钝棱　　　　顺弯　　　　横弯　　　斜纹

图 3-3　木材的疵病与缺陷

三、承重结构木材

在有些场合由于把木材作为承重结构来使用，从安全的角度出发，提出对这类用材的缺陷的限制标准是非常必要的，不然就会带来对于生命的威胁和财产的损失。据《木结构工程施工质量验收规范》GB 50206—2012，其承重木结构方木材质标准如表 3-10 所示。

项次	缺陷名称		木材等级		
			Ⅰa	Ⅱa	Ⅲa
1		腐朽	不允许	不允许	不允许
2	木节	在构件任一面任何 150mm 长度上所有木节尺寸的总和与所在面宽的比值	≤1/3（连接部位≤1/4）	≤2/5	≤1/2
		死节	不允许	允许，但不包括腐朽节，直径不应大于 20mm，且每延米中不得多于 1 个	允许，但不包括腐朽节，直径不应大于 50mm，且每延米中不得多于 2 个
3	斜纹	斜率	≤5%	≤8%	≤12%
4	裂缝	在连接的受剪面上	不允许	不允许	不允许
		在连接部位的受剪面附近。其裂缝深度（有对面裂缝时，用两者之和）不得大于材宽的	≤1/4	≤1/3	不限
5		髓心	不在受剪面上	不限	不限
6		虫眼	不允许	允许表层虫眼	允许表面虫眼

摘自《木结构工程施工质量验收规范》GB 50206—2012。

木节尺寸应按垂直于构件长度方向测量，并应取沿构件长度方向 150mm 范围内所有木节尺寸的总和（图 3-4a），直径小于 10mm 的木节应不计，所测面上呈条状的木节应不量（图 3-4b）。

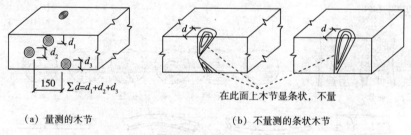

（a）量测的木节   （b）不量测的条状木节

图 3-4　木节量测法

根据《木结构工程施工质量验收规范》GB 50206—2012 的要求，各类构件制作及构件进场时，平均含水率应符合下列规定：

1. 原木或方木不应大于 25%；

2. 板材及规格材不应大于 20%；

3. 受拉构件的连接板不应大于 18%；

4. 处于通风条件不畅环境下的木构件的木材不应大于 20%。

第三节　木材的防腐与阻燃

一、木材的防腐

1. 木材的腐朽

木材发生腐朽一般为真菌侵害所致。真菌有变色菌、霉菌和腐朽菌等。变色菌、霉菌对木材的质量危害较小，而腐朽菌却危害很大。腐朽菌在木材的细胞纤维壁中，分泌出一种酵素，把细胞壁物质分解成简单的养分，供自身摄取，从而致使木材腐朽而遭破坏。

真菌在木材中生存和繁殖必须具备温度、水分和空气的条件，真菌繁殖适宜的温度为 25~35℃，温度低于 5℃时，真菌会停止繁殖，而当温度高于 60℃时，真菌就会死亡。当含水率在 20% 以下时木材一般不会发生腐朽，而木材含水率在纤维饱和点以上，含水率在 35%~50% 时最适宜真菌的繁殖生存，木材则会发生腐朽。空气中真菌的繁殖和生存需要一定的氧气，如果把木材完全浸入水中，真菌则会因缺氧而不易腐朽。

由此可见，防止木材腐朽的措施，一是破坏真菌生存的条件，二是把木材变成有毒的物质，使真菌无法寄生。当然，也有的木材本身就具有天然防腐、防虫的功效。

（1）自然防腐

红桧又称红雪松，是天然的防腐木材，是所有针叶树种中抗腐能力最强、重量最轻的一种。其具有出色的抵抗风、雨、虫害的性质。容易干燥，收缩率低，使用中表现出罕见的尺寸方面的稳定性，完全不含树脂，具有良好的粘接性能。红桧也可以在室内使用。用红桧制作的家具可有效地驱除蟑螂等蛀虫，是极好的天然防腐、防虫材料。

（2）构造防腐

利用自然通风进行防腐是简单、经济而且有效的方法。如山墙吊顶棚构造防腐；大屋顶、深挑檐遮雨的木构建筑防腐；地板木龙骨通风层、地板设缝构造防腐等都是这种方法的具体运用。

（3）化学防腐

利用化学方式对木材进行防腐，有水溶性防腐剂防腐系采用氟化钠、硼酚合剂；油溶性防腐剂防腐，采用五氯酚、林丹合剂可用于虫害严重地区；油类防腐剂防腐，采用煤焦油 50 等混合防腐油、五氯酚 3 等强化防腐油可用于木材长期受潮和白蚁经常出没的部位；膏类防腐剂防腐，采用氟（氟化钠）、砷沥青膏可用于经常受潮和通风不良处。

以上几种化学方法的防腐，都在不同程度上存在着环境污染和对人体造成侵害的问题。

ACQ 为 Ammoniacal Copper Quat 的缩写，是目前唯一对木材既能达到防腐目的，而又对环境与人体不造成损害的物质。ACQ 属于水溶性防腐剂，在环保方面更是优化了木材的多样性品格，这种防腐剂主要是利用有机碱（Alkline）和季铵盐（Quat）来杀灭对于铜有抵抗力的霉菌和白蚁。ACQ 不含 EPA（环保机构）列出的致癌物质，可广泛用于室外庭院和建筑等。ACQ 防腐剂为此荣获了美国环保机构颁发的绿色化学挑战奖。

用 ACQ 处理防腐木材的方法是在真空的容器里，通过 690~1380kPa 的高压把防腐剂渗透到木材的纤维组织里，最后用吸尘器清除木材表面上多余的化学品物质。防腐处理并不改变木材的基本特征，因而不影响木材本身的强度，相反可提高恶劣使用条件下木建筑材料的使用寿命。

带刻痕的规格材表面带有均匀的刻痕，使防腐剂更加深入的渗透到防腐木材里面，防腐性能更强。凡是跟土壤和水有接触的地方，使用此类产品可同时具有防滑和美观的效果。

尽管 ACQ 防腐木材在环保和卫生方面有值得称赞的地方，在使用时还是应该注意，在加工、切割过程中，应带上防尘口罩、护目镜；使用手套以防止被木材毛边刺伤；接触后应把手洗净；木碎物和废料应妥善处理好；不能燃烧任何防腐木材；不能与食品、饲料混放在一起以保证人的健康。

将天然木材运用在建筑与景观环境中，目前已形成潮流和风尚，符合现代人亲近自然、绿色环保的理念。在中国各大城市中，一些具有国际水平的建筑和园林景观建设中均采用了优质的防腐木材作材料，用于凉棚、铺地、栈桥和栏杆等处。

使用再生材料制成的"生态木材"保留了天然木材的手感，克服了天然木材的缺点，是扩大了使用范围的人造木材。没有天然木材具有的膨胀、翘棱和开裂的缺点，而且不会老朽、受白蚁的侵害。在室内外作为观赏材料使用时，为提高耐久性，采用了高耐久性的着色涂装，另外，还使用了透明颜料，借以实现材料质感的外表处理。这些都将为未来的木材防腐开辟出新的渠道。

二、化学防火剂防火

木材阻燃是将木材经过具有阻燃性能的化学物质处理后，变成难燃的材料，从而达到小火能自熄，大火能延缓或阻滞燃烧蔓延的目的。

木材燃烧的机理是木材在热的作用下发生热分解反应，温度升高，分解加快，当温度达到220℃木材燃点时，木材会燃烧并放出大量可燃气体。225~250℃为木材的闪火点，330~470℃时为木材的发火点。木材防火的方法早先采用防火涂料，现多用阻燃剂，以设法抑制木材在高温下的热分解，如磷化合物能够使木材的稳定性降低，在较低温度下木材便发生分解，减少了可燃气体的生成；含水的硼化物、氧化铝遇热则会吸收热量而放出水蒸气，从而减少了热传递。采用阻燃剂进行木材防火是通过浸注方法而实现的，浸注分为加压和常压，加压阻燃剂浸入量及深度大于常压，阻燃剂溶液浸注到木材内部便达到阻燃效果。

磷—氮系阻燃剂：主要有磷酸铵[$(NH_4)PO_4$]、磷酸二氢铵[$NH_4H_2PO_4$]、磷酸氢二铵[$(NH_4)_2HPO_4$]、聚磷酸铵等。

卤系阻燃剂：主要有氯化铵（NH_4Cl）、溴化铵（NH_4Br）、氯化石蜡等。

硼系阻燃剂：主要有硼酸（H_3BO_3）、硼酸锌[$Zn_3(BO_3)_2$]、硼砂（$Na_2B_4O_7 \cdot 10H_2O$）。

含铝、镁等金属氧化物或氢氧化物阻燃剂：主要有含水氧化铝（$Al_2O_3 \cdot 10H_2O$）、氢氧化镁[$Mg(OH)_2$]。

木材阻燃制品有木方、夹板、细木工板等。

第四节　木质人造板

对木材的综合利用是节约木材的重要措施，是保护自然、实现可持续发展、维护生态平衡的重要策略。对有缺陷的木材、边角料、木屑、刨花及速生木材加工，不仅提高了木材的利用率，而且改善了木制品的多种性能，成为建筑室内装修中的主要用材。这类制品主要包括胶合板、纤维板、刨花板、定向刨花板和细木工板等。各种装修用的人造板材见图3-5。

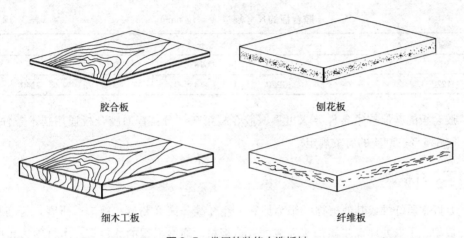

胶合板　　　　　　　　　　　　　　刨花板

细木工板　　　　　　　　　　　　　纤维板

图3-5　常用的装修人造板材

一、胶合板

由原木蒸煮后旋切成大张薄片单板，再通过干燥、整理、涂胶、热压、锯边而成。单板通常按相邻层木纹方向互相垂直组坯、胶合，其表板和内层板对称地配置在中心层或板芯的两侧，以增强胶合板的使用强度。胶合板是最早在建筑装修中使用的人造板，至今在建筑装修与家具生产中还广泛使用着。

胶合板按构成分：单板胶合板、木芯胶合板（层积板、细木工板）与复合胶合板；按表面加工状况分：未砂光板、砂光板、预饰面板与贴面板（装饰单板、薄膜、浸渍纸等）。

普通胶合板按成品板上可见的材质缺陷和加工缺陷的数量和范围分成三个等级，即优等品、一等品和合格品。这三个等级的面板均应（刮）光，特殊需求的可不（刮）光。

在正常干燥条件下，阔叶树材胶合板表板的厚度不得大于3.5mm，内层单板厚度不得大于5mm。针叶树材胶合板的均不得大于6.5mm。所有表板的厚度不得小于0.55mm。

胶合板的分类及特性见表3-11。胶合板的尺寸规格见表3-12。

胶合板的甲醛释放限量（mg/L）：$E_0 \leq 0.5$；$E_1 \leq 1.5$；$E_2 \leq 5.0$（饰面处理后方可用于室内）。

胶合板的分类、特性 表 3-11

种类	分类	特性	含水率（%）	胶合强度（Mp）	适用范围
热带阔叶	I	耐气候	6~14	≥0.7 或 ≥0.8	室外工程
	II	耐水	6~14	≥0.7 或 ≥0.8	室内外工程
	III	不耐潮	6~16	≥0.7	室内工程
针叶与非热带阔叶	I	耐气候	6~14	≥0.7 ≥0.8 ≥1.0	室外工程、长期使用
	II	耐水	6~14	≥0.7 ≥0.8 ≥1.0	室内外工程、耐潮湿用
	III	不耐潮	6~16	≥0.7	

注：I、II类椴木、杨木、拟赤杨、泡桐、橡胶木、柳桉、奥克榄、白梧桐、异翅香、海棠木≥0.7；水曲柳、荷木、枫香、槭木、榆木、柞木、阿必东、克隆、山樟≥0.8；马尾松、云南松、落叶松、云杉、辐射松≥0.8；桦木≥1.0，以上树III种类≥0.7。

胶合板的尺寸规格（单位 mm） 表 3-12

宽度	长度				
915	915	1220	1830	2135	—
1220	—	1220	1830	2135	2240

　　胶合板的其他技术条件要求可见《胶合板第3部分：普通胶合板通用技术条件》GB/T 9846.3—2004 的有关规定。

二、纤维板

　　是以木质纤维或其他植物纤维为原料，经纤维分离（粉碎、浸泡、研磨）、拌胶、湿压成型、干燥处理等步骤加工而成的人造板材。通常采用的原料有：木材的边角废料、木皮、树枝、小直径树、短轮伐期树种、刨花、稻草、麦秸、玉米杆、竹材等。胶料一般采用合成树脂。

　　按加工后体积的密度分：大于 0.8g/cm³ 的为高密度纤维板，0.65g/cm³ ~ 0.8g/cm³ 为中密度纤维板，小于 0.65g/cm³ 的为低密度纤维板。纤维板的幅面尺寸见3-13，中密度纤维板的分类见表 3-14。

幅面尺寸及偏差（单位 mm） 表 3-13

长度	宽度	厚度	极限偏差		
			长度	宽度	厚度（砂光板）
2440	1830，1220	≤12	±2.0	±2.0	±0.2
		>12			±0.3

中密度纤维板分类 表 3-14

类型	适用范围	适用条件
普通型	临时展板、隔墙板	用于非承重的情况，如：家具和装修构件等
家具型	家具制造、橱柜制作、装饰装修、新、细木工制品	
承重型	室内地板、棚架、建筑部件	承重状态下的小型结构部件

注：三种类型均有在干燥、潮湿、高湿度、室外适用条件下的类型。
　　附加分类还有阻燃、防虫害、抗真菌等。

中密度纤维板产品按质量外观分为：优等品、合格品两个等级。

中密度纤维板甲醛释放量（穿孔法）≤8.0mg/100g。含水率一般为3%～13%。其他性能指标应符合《中密度纤维板》GB/T 11718—2009 的有关规定。

三、刨花板

刨花板是木材碎料（木刨花、锯末或类似材料）或非木材植物碎料（亚麻屑、甘蔗渣、麦秸、稻草或类似材料）与胶粘剂一起热压制成的板材，在建筑装修中应用非常广泛。按用途分：在干燥条件下使用的有普通用板、家具及室内装修用板、结构用板、增强结构用板；在潮湿状态条件下使用的有结构用板、增强结构用板。刨花板的分类与用途见表3-15。

刨花板的分类与用途 表 3-15

类型	适用范围	适用条件
在干燥状态下普通用板	临时展板、隔板	非承重场合
在干燥状态下家具及室内装修用板	家具、室内装修	非承重场合
在干燥状态下结构用板	厨房、卫生间	短时间水浸或高湿度仍可承受一定荷载
在潮湿状态下结构用板	室外建筑用	具有经受室外气候条件的老化作用和水浸泡能力
在干燥状态下增强结构用板	厨房、卫生间	短时间水浸或高湿度仍可承受较大荷载
在潮湿状态下增强结构用板	室外建筑用	具有经受室外气候条件的老化作用和水浸泡能力，仍可承受较大荷载

刨花板按密度状况分类：

1. 低密度刨花板，表观密度值为 $0.4～0.6g/cm^3$；

2. 中密度刨花板，表观密度值为 $0.6～0.7g/cm^3$；

3. 低密度刨花板，表观密度值为 $0.7～0.9g/cm^3$。

按表面状况分类：

1. 未饰面：有砂光与未砂光；

2. 饰面：有浸渍胶膜纸、装饰层压板、单板、表面涂饰和薄膜等。

按所使用材料分类：

有木材、竹材、甘蔗渣、亚麻屑、麦秸等。

刨花板的幅面尺寸为 1220mm×2440mm。厚度有 4mm、6mm、8mm、10mm、12mm、14mm、16mm、19mm、22mm、25mm、30mm。刨花板的外观质量见表3-16，刨花板物理的共同指标见表3-17。

刨花板外观质量 表 3-16

缺陷名称	允许值
断痕、透裂	不允许
单个面积>40mm^{2}的胶斑、石蜡斑、油污斑等污染点	不允许
边角残损	在公称尺寸内不允许

刨花板物理的共同指标   表 3-17

序号	项目		单位	指标
1	公称尺寸偏差	板内和板间厚度（砂光板）	mm	±0.3
		板内和板间厚度（未砂光板）		-0.1, +1.9
		长度和宽度		0~5
2	板边缘不直度偏差		mm/m	1.0
3	翘曲度		%	≤1.0
4	含水率		%	4~13
5	密度		g/cm³	0.4~0.9
6	板内平均密度偏差		%	±8.0

注：1. 板内和板间厚度（砂光板）偏差要求更小者，由供需双方商定。
     2. 刨花板厚度≤10mm 的不测。

刨花板产品出厂的含水率要求为 4%~13%。E_1 游离甲醛释放量为 ≤9mg/100g。E_2 游离甲醛释放量为 >9mg/100g，≤30mg/100g。甲醛释放量（穿孔值）为试样含水率在 6.5% 时测得的值。

刨花板产品的其他技术指标应符合 GB/T 4897—2003 的规定要求。

定向刨花板是采用 95mm 左右长，0.65mm 左右厚的大刨花，按刨花板长度方向，定向排列，加少量树脂，高温高压轧成，所以有时又称木轧板。此板握钉力强，有比较高的板材强度，属于各向异性材料。产品执行标准为 LY/T 1580—2010《定向刨花板》。由于定向刨花板有大而一顺的漂亮的花纹，有时人们就直接作面板来装饰使用。定向木片层压刨花板性能见表 3-18。

定向刨花板的技术性能要求   表 3-18

项目		技术要求
含水率（%）		2~12
板内平均密度偏差（%）		10
甲醛释放量（mg/100kg）		≤8（穿孔法）
24 小时吸水厚度膨胀率（%）		12（潮湿状态下承重载板材）
潮湿状态下承重载板材煮沸试验后内结合强度（Mpa）的耐水性要求	厚度>6mm，≤10mm	0.15
	厚度>10mm，≤18mm	0.17
	厚度>18mm，≤25mm	0.15
	厚度>25mm，≤32mm	0.13
	厚度>32mm，≤40mm	0.06

四、细木工板

芯板用木板条或方格板芯制作，两面表层为胶贴横顺木质单板各两层热压而成的实心或空心板材，也称为实木板芯的胶合板。由于细木工板质轻、强度高、握钉力强、易加工，已成为当前制作家具和装修的主要用材。

细木工板的分类，按结构分为蕊板条不胶拼与胶拼两种；按表面加工状况分为一面砂光、两面砂光与不砂光三种；按层数分有三层、五层及多层细木工板。

厚度：12、15、18、20mm 等。有关细木工板厚度及幅面尺寸见表 3-19 所示。

细木工板尺寸（mm）　　　　　　　表 3-19

公称厚度	厚度偏差值（mm）		宽度	长度				
	砂光	不砂光		915	1220	1830	2135	2400
≤16	±0.4	±0.6	915	915	—	1830	2135	—
>16	±0.6	±0.8	1220	—	1220	1830	2135	2440

注：1. 细木工板的芯条顺纹理方向为细木工板的长度方向；
　　2. 长度和宽度允许公差为+5mm，不许有负公差。

三层细木工板两面胶贴木质单板的两面表板厚度不得小于1mm；细木工板的芯板条必须进行干燥，其含水率为6%～14%；芯板条之间的缝隙，在细木工板端面检查不能大于3mm；在侧面检查不能大于1mm；细木工板甲醛释放量限值同胶合板。

细木工板的产品质量等级有优等品、一等品、合格品，其翘曲度分别为≯0.1%、≯0.2%、≯0.3%。砂光表面的波纹度≯0.3mm，不砂光表面的波纹度≯0.5mm，边缘不直度≯1/1000。

其他技术要求及物理力学性能指标应符合 GB/T 5849—2006 有关规定。

五、装饰单板贴面人造板

装饰单板贴面人造板又称薄木贴面人造板，是以厚0.2mm以上，一般为0.3～0.5mm（特殊制门的芯板用0.9mm，边框用1.2mm）天然木质装饰单板为饰面材料，是采用旋切方法制成的单板，再以胶合板、刨花板，纤维板和细木工板实木松木板等为基材制成的未经涂饰加工的装饰单板贴面人造板。

按装饰面分：a. 单面装饰单板贴面人造板；b. 双面装饰单板贴面人造板。

按耐火性能分：Ⅰ类装饰单板贴面人造板；Ⅱ类装饰单板贴面人造板；Ⅲ类装饰单板贴面人造板。

按装饰单板的纹理分：a. 径向装饰单板贴面人造板；b. 弦向装饰单板贴面人造板。

国内常用装饰单板树种：阔叶树环孔材有，水曲柳、栎木（含柞木）、楸木、黄菠萝、克隆、山樟、扬木、枫春、荷木、桉树、柳安榆木、锥木、核桃木、酸枣木、梓木、檫木、柚木及泡桐等；阔叶树散孔材有，椴木、桦木、槭木、红青冈、白青冈、楠木及樟木等。针叶树材有，落叶松、马尾松、云南松、樟子松、辐射松、湿地松、陆均松、红松、红豆杉、云杉、冷杉及福建柏等。

进口常用装饰单板树种有，沙贝利、榉木、北欧猫眼、印度花樟、法国橡皮、阿必东、奥克榄、非洲白梧桐、黎丝木、安丽格、瑞士梨木、雀眼枫木、影木、乌木、麦当娜树根、枫木树根、桃花芯木等。表板用弦切单板含水率≯16%，内层用单板含水率≯12%。其他技术要求见《弦切单板》LY/T 1599—2011。装饰单板贴面构成的图案见图3-6。

顺纹　　　　　重复　　　　　自由　　　　　人字

书页　　　　　橄榄　　　　　靶形　　　　　杂文

正菱　　　　　反正菱　　　　顺式方格　　　交错方格

箱形　　　　　反箱形　　　　菱形　　　　　反菱形

放射　　　　　长菱形　　　　涡旋　　　　　旋转

图 3-6　装饰单板贴面构成的图案

第五节　地　板

地板是室内，尤其是居室装修的重要材料。过去国产地板只限于黄花松、水曲柳与柞木地板等。现在进口地板涌入市场，伴随涂料色精的生产，地板的花色品种大幅度增加。木材综合利用制成的各种地板也已经逐渐被人们所认识，极大地丰富了室内环境的設计。我们一般把地板分类为实木地板、实木复合地板和人造复合地板。

实木地板常用树种有，槐木、松木、水曲柳、桃木、柞木、檀木、白杨木、桦木、枫木、西洋杉、桃花芯木、桃木、榉木、象牙木、檀香木、楠木、柚木、苏木等。

一、实木地板

实木地板按加工方式可分为镶嵌地板块、榫接地板块、平接地板块、竖木地板块。由榫接或平接矩形六面体木条组成方形单元，再由一定数量的这些单元纵横拼装为方格图案地板，称为镶嵌地板块。侧端面有榫槽或榫舌的矩形六面体木条称为榫接地板块；无榫槽或榫舌的矩形六面体称为平接地板块；由矩形、正方形、正五角形、正六角形、正八角形等正多面体或圆柱体木块称为竖木地板块。目前市场上新近推出了独木地板块，是由原木直接等径加工而成的地板，长和宽的尺寸都比较大。

实木地板的物理力学性能指标见表3-20，实木地板的外观质量要求见表3-21，实木地板的尺寸偏差及形状位置偏差见表3-22。

实木地板的物理性能指标 表3-20

名称	单位	优等	一等	合格
含水率	%	0.7≤含水率≤我国各使用地区的木材平衡含水率		
		同批地板试样间平均含水率最大值与最小值之差不得超过4.0		
漆膜表面耐磨	g/100r	≤0.08	≤0.10	≤0.15
		且漆膜未磨透		
漆膜附着力	级	≤1	≤2	≤3
漆膜硬度	—	≥2H		≥H

实木地板的外观质量 表3-21

名称	表面			背面
	优等品	一等品	合格品	
活节	直径≤10mm 地板长度≤500mm，≤5个；地板长度>500mm，≤10个	10mm<直径≤25mm 地板长度≤500mm，≤5个；地板长度>500mm，≤10个	直径≤25mm 个数不限	尺寸与个数不限
死节	不许有	直径≤3mm 地板长度≤500mm，≤3个；地板长度>500mm，≤5个	直径≤5mm 个数不限	直径≤20mm 个数不限
蛀孔	不许有	直径≤0.5mm ≤5个	直径≤2mm ≤5个	不限
树脂囊	不许有		长度≤5mm 宽度≤1个 ≤2个	不限
髓斑	不许有	不限		不限
腐朽	不许有			初腐且面积≤20%，不剥落，也不能捻成粉末

续表

名称	表面			背面
	优等品	一等品	合格品	
缺棱	不许有			长度≤地板长度的30%，宽度≤地板宽度的20%
裂纹	不许有	宽度≤0.15mm，长度≤地板长度的2%，		不限
加工波纹	不许有	不明显		不限
榫舌残缺	不许有	残榫长度≤地板长度的15%，且残榫宽度≥榫舌宽度的2/3		
漆膜划痕	不许有	不明显		—
漆膜鼓泡	不许有			—
漏漆	不许有			—
漆膜上针孔	不许有	直径≤0.5mm，≤3个		—
漆膜皱皮	不许有			—
漆膜粒子	地板长度≤500mm，≤2个；地板长度>500mm，≤4个，倒角上漆膜粒子不计		地板长度≤500mm，≤4个；地板长度>500mm，≤6个，	—

注：1. 不明显——正常视力在自然光下，距地板0.4m，肉眼观察不易识别。
　　2. 榫舌残损长度是指榫舌累计残榫长度。

实木地板尺寸偏差及形状位置偏差（mm） 表3-22

名称	偏差
长度	公称长度与每个测量值之差绝对值≤1
宽度	公称宽度与平均宽度之差绝对值≤0.30，宽度最大值与最小值之差≤0.30
厚度	公称厚度与平均厚度之差绝对值≤0.30，厚度最大值与最小值之差≤0.40
槽最大高度和榫最大厚度之差	0.10~0.40
翘曲度	宽度方向凸翘曲度≤0.20%，宽度方向凹翘曲度≤0.15%
	长度方向凸翘曲度≤1.00%，长度方向凹翘曲度≤0.50%
拼装离缝	最大值≤0.40
拼装高度差	最小值≤0.30

其他技术要求见《实木地板》GB/T 15036.1—2009。

实木地板是高端的地面装修，不仅家用，而且练功房、舞台、球馆等也是普遍采用，为了防止地板"瓦变"的变形，要注意以下几点：

1. 实木地板材质要选择变形较小的，如檀木、铁线子、竹木等。

2. 要选择径切的地板块材，避免选用旋切的地板块材。纵切一般顺房间的长方向，板端可接木作制品，而不必搁置踢脚板掩盖变形缝带。

3. 固定的钉子最好明钉，其次凸榫处钉，避免凹榫处钉。

4. 每个房间的四角都要设置通风口，并采用装饰件掩蔽。也可利用壁柜、暖气罩等结合起来解决。

5. 潮湿季节地板要紧铺，干燥季节要松铺。

6. 最重要一点就是地板块边要留 1mm 的变形缝线。因为这一点没有足够认识，4m 面宽的房间就会累加 40mm 的变形量，而房间两端 20mm 的变形量是不够解决的，尤其是房间中部的变形量也不会"走动"移向墙端。由于钉的固定限制，地板只能原地伸展变形。这样就会导致"瓦变"产生。

实木地板铺设见图 3-7。

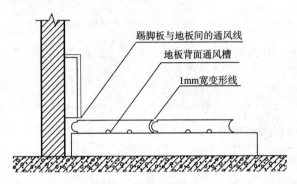

踢脚板与地板间的通风线
地板背面通风槽
1mm宽变形线

图 3-7　实木地板铺设

二、实木复合地板

实木复合地板面板的树种有栎木、核桃木、樱桃木、水曲柳、桦木、槭木、柚木、筒状非州棟等。芯层常用木材的树种有杨木、桦木、松木、泡桐、杉木等，同一批芯层木材的树种应一致或材性相近。底层常用木材的树种有杨木、桦木、松木等。三层木材的纤维应相互垂直粘接，以平衡抗弯曲的需要。

两层或三层实木复合地板的面板厚度应不小于 2mm；多层实木复合地板的面层厚度应不小于 0.6mm。三层实木复合地板芯层板条之间的缝隙应不大于 5mm。

实木复合地板的长度为 300~2200mm，宽度为 60~220mm，厚度为 8~22mm。

实木复合地板面板的外观质量要求见表 3-23，实木复合地板面板的尺寸偏差见表 3-24，实木复合地板面板的理化性能指标见表 3-25。其他的技术要求见《实木复合地板》GB/T 18103—2013。

实木复合地板的外观质量要求　　　　　　　　　　　　表 3-23

名称	项目	正面			背面
		优等	一等	合格	
死节	最大单个长径（mm）	不允许	2	面板厚度<2	4	50，应修补
				面板厚度>2	10	
		应修补，且任意两个死节间距≮50			
孔洞（含虫孔）	最大单个长径（mm）	不允许	不允许	2，需修补	25，应修补

续表

名称	项目	正面			背面
		优等	一等	合格	
浅色夹皮	最大单个长度（mm）	不允许	20	30	不限
	最大单个宽度（mm）		2	4	
深色夹皮	最大单个长度（mm）	不允许		15	不限
	最大单个宽度（mm）			2	
树脂囊和树脂道	最大单个长度（mm）	不允许		5，且最大单个宽度小于1	不限
腐朽	—	不允许			a
真菌变色	不超过板面积的百分比（%）	不允许	5，板面色泽要协调	20，板面色泽要大致协调	不限
裂缝	—	不允许			不限
拼接离缝	最大单个宽度（mm）	0.1	0.2	0.5	—
	最大单个长度不超过相应边长的百分比（%）	5	10	20	
面层叠层		不允许			—
鼓泡、分层		不允许			—
凹陷、压痕、鼓包	—	不允许	不明显	不明显	不限
补条、补片	—	不允许			不限
毛刺沟痕	—	不允许			不限
透胶、板面污染	不超过板面积的百分比（%）	不允许	1	不限	—
砂透	不超过板面积的百分比（%）	不允许			10
波纹		不允许		不明显	—
刀痕、划痕	—	不允许			不限
边、角缺损	—	不允许			b
榫舌缺损	不超过板长的百分比（%）	15			
漆膜鼓泡	最大单个直径不大于0.5mm	不允许	每块板不超过3个		—
针孔	最大单个直径不大于0.5mm	不允许	每块板不超过3个		—
皱皮	不超过板面积的百分比（%）	不允许		5	—
粒子	—	不允许		不明显	—
漏漆		不允许			—

　　a 允许有初腐；b 长边缺损不超过板长的30%，且宽不超过5mm，厚度不超过板厚的1/3；短边缺损不超过板宽的20%，且宽不超过5mm，厚度不超过板厚的1/3。

　　注：1. 在自然光或光照度300~600lx 范围内的近似自然光（例如40W 日光灯下），视距为700~1000mm，目测不能清晰地观察到的缺陷即为不明显。

　　2. 未涂饰或油饰面实木复合地板不检查地板表面油漆指标。

实木复合地板的尺寸偏差 表3-24

项目	要求
厚度偏差	公称厚度 t_n 与平均厚度 t_a 之差绝对值≤0.5mm； 厚度最大值 t_{max} 与最小值 t_{min} 之差≤0.5mm
面层净长偏差	公称长度 l_n ≤1500mm 时，l_n 与每个测量值 l_m 之差绝对值≤1.0mm 公称长度 l_n >1500mm 时，l_n 与每个测量值 l_m 之差绝对值≤2.0mm

项目	要求
面层净宽偏差	公称宽度 w_n 与平均宽度 w_a 之差绝对值 ≤0.1mm 宽度最大值 w_{max} 与最小值 w_{min} 之差 ≤0.2mm
直角度	q_{max} ≤0.2mm
边缘直度	≤0.3mm/m
翘曲度	宽度方向翘曲度 f_w ≤0.20%； 长度方向翘曲度 f_l ≤1.00%；
拼装离缝	拼装离缝平均值 o_a ≤0.15mm 拼装离缝最大值 o_{max} ≤0.20mm
拼装高度差	拼装高度差平均值 h_a ≤0.10mm 拼装高度差最大值 h_{max} ≤0.15mm

实木复合地板的理化性能指标　　　　　　　　　　　　　　　　**表 3-25**

检验项目	单位	优等品	一等品	合格品
浸渍剥离	—	每一边的任一胶层开胶的累计长度不超过该胶层长度的 1/3，6 块试件中有 5 块试件合格即为合格		
静曲强度	MPa	≥30		
弹性模量	MPa	≥4000		
含水率	%	5~14		
漆膜附着力	—	割痕交叉处允许有漆膜剥落，漆膜沿剥痕允许有少量断续剥落		
表面耐磨	g/100r	≤0.15，且漆膜未磨透		
表面耐污染	—	无污染痕迹		
甲醛释放量	—	应符合 GB 18580 的要求		

注：1. 未涂饰或油饰面实木复合地板不测漆膜附着力、表面耐磨、漆膜硬度和表面耐污染。
　　2. 当使用悬浮式铺装时，面板与底层纹理垂直的两层实木复合地板和背面开横向槽额实木复合地板不测静曲强度与和弹性模量。

实木复合地板构造见图 3-8。

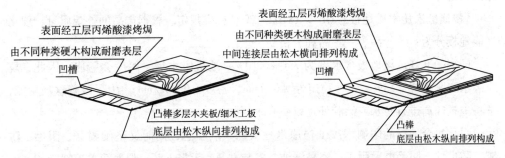

图 3-8　实木复合地板构造图

三、强化复合地板

强化复合地板是以一层或多层专用纸浸渍热固性氨基树脂，铺装在刨花板或高密度纤维板等人造基板表面，背面加平衡层，正面加耐磨层，经热压而成的人造复合地板。

强化复合地板分为两种，一种为高压复合地板、一种为低压复合地板。其构造见图 3-9。

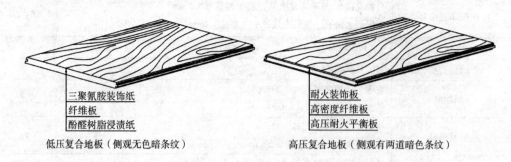

低压复合地板（侧观无色暗条纹）　　　　　高压复合地板（侧观有两道暗色条纹）

三聚氰胺装饰纸
纤维板
酚醛树脂浸渍纸

耐火装饰板
高密度纤维板
高压耐火平衡板

图 3-9　强化复合地板

高压人造复合地板在耐磨、耐冲击、耐污染以及防水性等方面优于低压人造复合地板。

人造复合地板厚度为 6.0mm、15.0mm；长宽尺寸：（600~2430）mm×（60~600）mm。人造木质复合地板的榫舌≥3mm。商用、公建场所要求耐磨 9000 转以上；住宅场合一级耐磨 6000 转以上，二级 4000 转以上。

强化复合地板中间层也称为基层，由高密度纤维板（HDF）组成。由于复合地板中所用的胶粘剂以脲醛树脂为主，进口强化复合地板要求甲醛挥发性标准应符合 EI 的标准。国际规定甲醛释放量为：8mg/100g。我国规定 E_0 浸渍纸层压木质地板甲醛释放量≤0.5mg/L，E_1 级浸渍纸层压木质地板甲醛释放量 1.5mg/L。

装饰层也称为饰面层，可设计成各种花纹图案，如仿各种高级名贵树木、仿大理石和图案印花等，由于色彩仿真使其具有强烈的装饰效果和选择性。

保护层又叫表层，也称为耐磨层，是保护装饰图案花色不受磨损，保证地板经久耐用的一层特殊材料，如三聚氰胺甲醛树脂、三氧化二铝等。浸渍纸层压木质地板表面耐磨性能与每平方米表面的三氧化二铝的用量成正比。为此，每平方米三氧化二铝的含量愈高质量愈好。

《浸渍纸层压木质地板》GB/T 18102—2007 标准规定，根据产品的外观质量、理化性能地板分为：优等品、一等品和合格品。

国家标准规定该地板含水率为 3.0%~10%。地板吸水后，厚度会膨胀。因此，规定吸水膨胀率应≤18%。尺寸稳定性≤0.9mm，密度≥0.85g/cm³。为了改善这项性能，常将地板四周进行防水或涂胶处理以防吸水膨胀。

强化复合地板的印刷木纹纸仿原木地板的天然质感，同时又坚硬耐磨、阻燃、防潮、防虫蛀、防静电、耐压、容易清洁、安装方便、无需上漆、保养简单等性能。

强化复合地板代替实木地板使用，适用于住宅和游乐、商场、健身房、写字楼、车间、实验室等公建场所的地面装饰。

为了降低强化复合地板在铺装时接缝胶粘剂所带来的有害物质释放，地板商推出了锁扣地板，以实现强化复合地板铺装的免胶化。其现场的铺装方法见图 3-10。

四、升降地板

升降地板也叫活动地板或装配式地板。它是由各种材质的方形面板块、桁条、可调支架，按不同规格型号拼装组合而成。升降地板按抗静电功能分有：不防静电板、普通抗静电板和特殊抗静电板；按面板块材质分有：木质地板、复合地板、铝合金地板、全

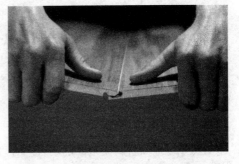

图3-10 锁扣强化复合地板铺装方法

钢地板、铝合金复合矿棉塑料贴面地板、铝合金聚酯树脂复合抗静电贴面地板、平压刨花板复合三聚氰胺甲醛贴面地板、镀锌钢板复合抗静电贴面地板等。活动地板下面的空间可敷设电缆、各种管道、电器、空调系统等。

活动地板具有优良的抗静电能力，下部串通、高低可调、尺寸稳定、承载力大、强度高、重量轻、表面平整、尺寸稳定、面层质感好、装饰性好，耐老化、耐污染、防火阻燃、组装方便、清洁容易、耐磨抗污、互换性强、方便维修、经久耐用等特性。

升降地板一般选用刨花板上贴三聚氰胺甲醛树脂层压制成的产品，周边镶金属角条。升降地板的规格、型号及性能指标见表3-26所示。

抗静电活动地板的规格型号及性能指标   表3-26

规格型号 性能指标	普通抗静电复合活动地板	三防抗静电复合活动地板	三防抗静电钢质活动地板
地板板幅尺寸、公差	500mm×500mm±0.2mm 600mm×600mm±0.2mm		600mm×600mm±0.2mm
地板板厚尺寸、公差	A±0.2mm		
地板对角线公差	最大0.4mm		
地板内层基材	高密度刨花板	高强度、非燃性复合材料	无机混合增强材料
地板贴面材质	耐压抗静电热固性树脂层压板国产与进口任选，厚0.8、1.0、1.2mm		
地板外沿封边材料	抗静电胶条 10^5 欧姆		
地板重量	21kg/m²	38.8kg/m²	45.5kg/m²
活动地板系统调节高度	150~350mm		
活动地板系统电阻	$1.0×10^5$ ~ $1.0×10^8$ 欧姆		
活动地板集中荷载	170kg，变形<2mm	300kg，变形<2mm	350kg，变形<2mm
活动地板均布荷载	>1600kg/m²		
支撑承载能力	>1000kg		
燃烧性能级别	B_2 级	B_1 级	

抗静电活动地板广泛用于电子计算机房、程控机房、载波机房、通信中心、电台播音室等各种有防尘、防静电要求的建筑物。

它的配件包括：

可调支架：有连网支架、编织支架、铝托挂式支架、铁托紧固式支架等四种，可供选择；

横　　梁：镀锌冷轧板冲压成型；

导电胶条：由导电橡胶制成，起缓冲作用。

五、麻油籽地板

不含聚氯乙烯及石棉的纯天然环保产品。主要成分：软木、木粉、亚麻籽和天然树脂。构造为单层材料，颜色与纹理保持性好，耐用及耐燃性好，可适合医院、学校和交通工具等对地面材料要求高的场合。有六十余种花色品种，具有温暖、柔软和平滑的特性，使用寿命为 20~30 年。

六、曲线木地板

通常的实木地板都是长条形，边线是直线，曲线木地板的边线为曲线。这样处理后，槽与榫之间的咬合力大大高于条形木地板。曲线木地板从木材本身的材性出发，改善了木地板受潮后起拱变形的弊端。产品推向市场就深受消费者的喜爱，该产品已获多项发明专利。

第六节　竹藤制品

回归自然的设计风格为天然植物竹藤及草编制品带来了广阔的市场。由凉席、家具扩大到地板、墙板、隔断、窗帘、胶合板、亭榭建筑及日韩风格装修等领域。在一些住宅别墅中，就连建筑的结构与家具一起全部采用了竹集成材，为竹木使用开辟了新渠道。

一、竹

竹主要分布在中国及东南亚地区，品种很多，如毛竹、石竹、淡竹、刚竹等。建筑装修中主要采用的是毛竹。毛竹的生长周期短，一般 4~6 年成材。材长约 10~12m，直径约 8~12cm，节距可达 30cm。竹筒壁厚约 8~12mm。

竹材经严格选材、制材、防霉、防虫、防裂、刮青、漂白、硫化、脱水、喷漆等处理可用于建筑装修中。经氧化处理可加深竹色的碳化色泽。毛竹的抗拉强度为 203MPa，是杉木的 2.48 倍；抗压强度为 79MPa，是杉木的 2 倍；抗剪强度为 161MPa，是杉木的 2.2 倍。硬度、抗水性都优于杉木。发展竹质地板、墙板有利于节约木材。

竹地板是采用中上等材料，经高温、高压下热固粘合而成，产品具有耐磨、防潮、防燃，铺设后不开裂、不扭曲、不发胀、不变形等特点。特别适合地热地板的铺装。

用竹来加工的地板，已经成为当今室内装修的时尚。竹地板花纹简洁、高雅、别致，足感舒适，物理力学性能与木地板相似，但湿胀干缩及稳定性优于实木地板。竹地板除具有上述功能及特点外，还具有保温隔热，富有弹性，漆膜耐磨性好，经久耐用等特点。

竹木地板按外形分为条形、方形、菱形与六边形；按颜色分有本色、漂白色和炭化程度不同的深色；按结构分为多层胶合竹地板、单层侧拼竹地板和木竹复合地板。竹木地板有优等品、一等品、合格品三个质量等级。竹材层压板主要工艺参数及技术指标见

表3-27，竹地板规格尺寸、允许偏差、拼装偏差见表3-28、竹地板外观质量要求见表3-29、竹地板理化性能指标见表3-30。标准引自《竹地板》GB/T 20240—2006。

竹材层压板主要工艺参数及技术指标 表3-27

工艺参数	指标	工艺参数	指标
竹材含水率（%）	5~8	热压温度（℃）	160~180
热压时间（min）	8~12	表观密度（kg/m³）	780（3层）；850（5层）
施胶量（g/m²）	500~600	静曲强度（MPa）	≥95
单位压力（MPa）	1.8~2.2	弹性模量（MPa）	≥10.1
层压板含水率（%）	≤10（3，5层）	胶合强度（MPa）	2.8~3.5（3，5层）

规格尺寸及其允许偏差、拼装偏差 表3-28

项目	单位	规格尺寸	允许偏差
面层净长 l	mm	900，915，920，950	公称长度 l_n 与每个测量值 l_m 之差的绝对值≤0.50mm
面层净宽 w	mm	90，92，95，100	公称宽度 w_n 与平均宽度 w_m 之差的绝对值≤0.15mm 宽度最大值 w_{max} 与最小值 w_{min} 之差≤0.20mm
厚度 t	mm	9，12，15，18	公称厚度 t_n 与平均厚度 t_m 之差的绝对值≤0.30mm 厚度最大值 t_{max} 与最小值 t_{min} 之差≤0.20mm
垂直度 q	—		q_{max}≤0.15
边缘直度 s	mm/m		S_{max}≤0.20
翘曲度 f	%		宽度方向翘曲度 f_w≤0.20 长度方向翘曲度 f_l≤0.50
拼装高差 h	mm		拼装高差平均值 h_a≤0.15 拼装高差最大值 h_{max}≤0.20
拼装离缝 O	mm		拼装离缝平均值 O_a≤0.15 拼装离缝最大值 O_{max}≤0.20

外观质量要求 表3-29

项目		优等品	一等品	合格品
未刨部分和刨痕	表、侧面	不允许		轻微
	背面	不允许	允许	
榫舌残缺	残缺长度	不允许	≤全长的10%	≤全长的20%
	残缺宽度	不允许	≤榫舌宽度的40%	
腐朽		不允许		
色差	表面	不明显	轻微	允许
	背面	允许		
裂纹	表、侧面	不允许		允许1条 宽度≤0.2mm 长度≤200mm
	背面	腻子修补后允许		
虫孔		不允许		
波纹		不允许		不明显
缺棱		不允许		

续表

项目		优等品	一等品	合格品
拼接离缝	表、侧面	不允许		
	背面	允许		
污染		不允许		≤板面积的5%（累计）
霉变		不允许		不明显
鼓泡（φ≤0.5mm）		不允许	每块板不超过3个	每块板不超过5个
针孔（φ≤0.5mm）		不允许	每块板不超过3个	每块板不超过5个
皱皮		不允许		≤板面积的5%
漏漆		不允许		
粒子		不允许		轻微
胀边		不允许		轻微

注：1. 不明显——正常视力在自然光下，距地板0.4m，肉眼观察不易辨别。
2. 轻微——正常视力在自然光下，距地板0.4m，肉眼观察不显著。
3. 鼓泡、针孔、皱皮、漏漆、粒子、胀边为涂饰竹地板检测项目。

竹地板理化性能指标 表3-30

项目		单位	指标值
含水率		%	6.0~15.0
静曲强度	厚度≤15mm	MPa	≥80
	厚度>15mm		≥75
浸渍剥离试验		mm	任一胶层的累计剥离长度≤25
表面漆膜耐磨性	磨耗转数	r	磨100r后表面留有漆膜
	磨耗值	g/100r	≤0.15
表面漆膜耐污染性		—	无污染痕迹
表面漆膜附着力		—	不低于3级
甲醛释放量		mg/L	≤1.5
表面抗冲击性能		mm	压痕直径≤10 无裂纹

1. 竹胶合板

把竹材黄篾加工成竹席，以竹帘添加少量竹碎料为芯层，施加胶粘剂，热压成型的竹编胶合板称为竹胶合板。竹编胶合板的种类可分为Ⅰ类：耐气候；Ⅱ类：耐水。竹编胶合板的级别可分为优等品、一等品、合格品三个等级。厚度为2、3、4、5、6、7、9、11、13、15mm，自7mm起按2mm递增。含水率≤15%。竹编胶合板的幅宽尺寸及偏差见表3-31所示。

竹胶合板幅宽尺寸（mm） 表3-31

长度	偏差	宽度	偏差
1830	+5	915	+5
2000		1000	
2135		915	
2440		1220	

见《竹编胶合板》GB 13123—2003

2. 竹材贴面板

竹材贴面板是一种高级装饰材料，可用作地板、护墙板，还可以制造家具。竹材贴面板一般厚度为 0.1~0.2mm，含水率为 8%~10%，采用高精度的旋切机加工而成。

基材应进行砂光除尘处理，含水率控制在 10% 左右。竹材单板可采用脲醛树脂或乳白胶与基材的连接。脲醛树脂的施胶量一般为 400~500g/m²，粘贴的压力一般为 0.6~0.8MPa，施胶粘接温度宜为 115~120℃。使用聚醋酸乙烯乳液胶时，在室温状态冷压贴合即可，但冷压时间应保证在 12h 以上。竹材单板可拼接成整幅竹板，亦可采用拼花方式。对竹材进行漂白、染色处理后，板材的饰面效果更佳。

3. 竹材碎料板

竹材碎料板是利用竹材和加工过程中的废料，经再碎、刨片、施胶、热压、固结等工艺处理而制成的人造板材。这种板材具有较高的强度和抗水性，可用于建筑物内隔墙、地板、顶棚、建筑模板、门芯板及建筑活动房屋等，也可以用于家具制造和包装材料用途等。

二、藤

藤材是柳子科蔓生植物，种类有 200 种以上，分布在亚洲、大洋洲、非洲等热带丛林地区。藤材质轻，富有韧性与弹性，一般长至 2m 左右，都还是笔直的。其很早就被用于制作藤制家具与室内装修中来，现在多用于窗帘与隔断。

使用前的藤材一般经日晒、硫磺烟熏防虫、漂白色质等处理。可用的藤材一般有藤皮、藤条、藤芯三种。

藤皮：藤表皮有光泽的部分。其规格尺寸如表 3-32 所示。

藤皮的规格（mm）　　　　　　　　　　　　　　　　表 3-32

品名	宽度	厚度
阔薄藤皮	6.0~8.0	1.1~1.2
中薄藤皮	4.5~6.0	1.0~1.1
藤条细薄藤皮	4.0~4.5	1.0~1.1

藤条按直径大小分类：Ⅰ类：直径 4~8mm；Ⅱ类：直径 8~12mm；Ⅲ类：直径 12~16mm；Ⅳ类：直径 16mm 以上。

藤芯：藤径去掉藤皮后的部分。由断面形状不同分为：圆芯、半圆芯、扁平芯、方芯与三角等。

第七节　其他木作成品

在建筑装饰装修中，对于收口的装修一般采用木线来制作，木线也是平面立线进行装饰的手法之一，尤其在古典装饰风格中，木线的设计更是十分普遍，平线、角线、半圆线、广线、棚线等各种样式不胜枚举。

在现今的木作成品装饰装修中，由于工业化进程的加快，成品构件在工厂制作范围越来越广，如成品橱柜、成品卫生间、成品门等。

第四章　石　材

用石材建筑与装修同样具有悠久历史，从古埃及和古希腊开始，建造活动就已经完成了木构向石构的转变。当时，人们就已经认识到天然石材具有良好的抗压强度、耐久性、抗冻性、耐磨性，有很好的硬度和丰富的天然纹理。由于石材取自山上，人们自然的会认为，这样的建筑会和山一样永恒，会给人类带来坚固感与安全感。

第一节　岩　石

目前，在建筑装饰装修工程中，使用的天然石材都是岩石。由于岩石形成的地质条件不一样，形成的岩种也不一样，因而所表现出的化学与物理性质也不一样。认识岩石的形成及分类，了解天然石材的技术性质，是我们掌握装修石材的前提。

岩石是天然矿物的集合体，是由地质作用不同而形成的。岩石的造岩矿物也叫做矿物组成。由一种矿物组成的岩石叫做单成岩，由两种或多种矿物组成的岩石称为复成岩。单成岩如石灰岩、白色大理石等，其数量很少。绝大部分岩种是复成岩，如印度红花岗石。岩石的性质由组成矿物的相对含量及结晶形式所决定。而单成岩的性质就只由矿物的化学成分及结晶形式所决定。

一、造岩矿物

造岩的每种矿物都是由一定化学成分组成的化合物或单体。现存的 3300 多种矿物，绝大多数是无机固体矿物。其中的主要造岩矿物约 30 余种，具有各自不同组成、颜色和特性。建筑及装修工程中常用石材的主要造岩矿物组成、颜色和特性见表 4-1。

主要造岩矿物的组成与特征　　　　　　　　　　　　　　表 4-1

矿物	组成	密度（g/cm³）	莫氏硬度	颜色	其他特性
石英	结晶 SiO_2	2.65	7	无色透明至乳白等色	坚硬、耐久，具有贝状断口、玻璃光泽、耐酸碱
长石	铝硅酸盐	2.5~2.7	6	白、灰、红、青等色	有正、斜长石，耐久性不如石英，在大气中长期风化后成为高岭土，解理完全、性脆
云母	含水的钾镁铁铝硅酸盐	2.7~3.1	2~3	无色透明至黑色	解理极完全，易分列成薄片，影响岩石的耐久性和磨光性，黑云母风化后形成蛭石
角闪石辉石橄榄石	铁镁硅酸盐	3~4	5~7	色暗，统称暗色矿物	坚硬，强度高，韧性大，耐久
方解石	结晶 $CaCO_3$	2.7	3	通常呈白色	硬度不大，强度高，遇酸分解，晶形呈菱面体，解理完全
白云石	$CaCO_3 \cdot MgCO_3$	2.9	4	通常呈白至灰色	与方解石相似，遇热酸分解

续表

矿物	组成	密度（g/cm³）	莫氏硬度	颜色	其他特性
高岭石	$Al_2CO_3 \cdot 2SiO_2 \cdot 2H_2O$	2.6	2~2.5	白至灰、黄	呈致密块状或土状，质软、塑性高、不耐水
黄铁矿	FeS_2	5	6~6.5	黄	条痕呈黑色，无解理，在空气中易氧化成氧化铁和硫酸，污染岩石，是岩石中的有害杂质

大部分岩石都是由多种造岩矿物所组成，是由长石、石英、云母及某些暗色矿物组成，因此颜色多样。少数单成岩的岩石是由一种矿物组成。岩石一般并无确定的化学成分，同种岩石产地不同，其矿物组成也均有差异，因而岩石的颜色等其他性能也会有所不同。

二、岩石的形成与分类

不同地质条件下的矿物会形成不同类型的岩石，通常可分为岩浆岩、沉积岩和变质岩三大类。

1. 岩浆岩

岩浆岩又称火成岩，它是因地壳变动，地壳深处的熔融岩浆上升到地表处或喷出地表在空气中经冷凝而形成的岩石。火成岩是地壳组成的主要岩石，占地壳总质量的89%。根据岩浆冷却条件的不同，岩浆岩可分为深成岩、喷出岩和火山岩三种。

深成岩是岩浆在地表深部，在所处地表覆盖层很大压力的作用下，缓慢地冷却而形成的岩石。其特点是矿物的大晶粒结晶，构造密实、容重大、抗压强度高、吸水率小、抗冻性好、耐磨性能好。建筑上常用的深成岩有花岗岩、辉长岩、闪长岩、橄榄岩等。

喷出岩是熔岩浆喷出地壳表面后，在压力迅速减低的环境条件下，快速冷却而形成的岩石。其特点是有细小晶粒结晶。当喷出岩形成的岩层较厚时，其结晶结构与深成岩相似；当喷出岩形成的岩层较薄时，由于冷却时间较快，岩浆中气体由于压力减少而膨胀，常呈现出多孔结构，与火山岩接近。建筑上常用的喷出岩有玄武岩、安山岩、辉绿岩等。

火山岩又称火山碎屑岩，火山爆发时，岩浆喷到空中，在落下以后过程中，急速冷却而形成的碎屑岩石。具有表观密度小，呈多孔结构的特点。建筑上常用的火山岩有火山灰、浮石、火山凝灰岩。火山灰在制作掺料硅酸盐水泥时被大量用来作为混合材料，浮石可作为混凝土的轻骨料。

2. 沉积岩

沉积岩又称水成岩。它是由露出地表被称之为"母岩"的岩石经风化、风力迁移、流水冲刷等作用沉淀堆积，在地表及距浅地表层所形成的岩石。沉积岩为层状构造，其各层的成分、结构、颜色、厚度等均不相同。与火成岩相比，沉积岩的结构致密性较差，表观密度小，吸水率较大，强度较低，耐久性也较差。沉积岩有机械沉积岩、化学沉积岩和生物沉积岩等。

机械沉积岩是风化后的岩石碎屑在流水、风、冰川等作用下，经机械性质的搬迁、沉积、自然胶结等方式固结而成。常用的砂岩、砾岩、火山凝灰岩、黏土岩等就是由机械力作用形成的沉积岩。而砂、卵石等则是未经固结的沉积岩。

化学沉积岩是岩石经风化溶于水后形成溶液、胶体经迁移沉淀而形成的沉积岩。如常用的某些石灰岩、石膏、菱镁矿等。

生物沉积岩是由淡水或海水中的生物遗骸沉积而成，常见的有石灰岩、白垩、硅藻土等。

沉积岩占地壳总质量的5%，但分布极广，约占地壳表面积的75%左右，由于存在于浅层地表，所以开采起来比较容易。沉积岩用途广泛，其中石灰岩是烧制石灰和水泥的主要原料，更是配制普通混凝土的重要骨料。石灰岩也是修筑堤坝和铺筑道路的结构或构造材料，其中致密者，经切割、打磨抛光后，可代替大理石板材来使用。

3. 变质岩

变质岩是由已经生成的岩浆岩或沉积岩在经过地壳环境内部高温、高压的作用后，致使原生岩石熔融再结晶，结构发生变化而形成新的岩石。岩石变质后，沉积岩结构较原岩致密，性能变好，而岩浆岩有时结构反而不如原岩坚实，性能变差。如花岗岩变质片麻岩后，易分层剥落，耐久性及耐候性变差。建筑上常用的变质岩为大理岩、石英石、片麻岩等。

三、天然石材的技术性质

1. 表观密度

天然石材的容重与其结晶构成和孔隙率有关。花岗岩、大理石等表观密度接近于绝对密实条件下的密度，约为 $2500\sim3100kg/m^3$，而孔隙率大的火山凝灰岩、浮石等表观密度仅约为 $500\sim1700kg/m^3$。

天然石材按容重可分为重石和轻石两类，表观密度大于 $1800kg/m^3$ 的为重石，小于 $1800kg/m^3$ 的为轻石。重石可用于建筑物的基础、贴面、地面、路面、桥梁及水工构筑物等，轻石主要用作墙体的围护结构材料。

2. 吸水性

石材的吸水性主要与孔隙率及孔特征有关。深成岩、变质岩孔隙率一般较小，因而吸水率也较低。例如花岗岩的吸水率通常小于0.5%。沉积岩由于形成的条件不同，密实度不一样，孔隙率和孔隙结构特征的变化也很大，吸水率也不同。例如结构致密的石灰岩，吸水率小于1%，而多孔贝壳石灰岩吸水率可高达15%。

石材中的孔隙结构特征对吸水性的影响，主要表现在孔隙是开口状态还是闭口状态。如果孔隙相互封闭又不连通，即使孔隙率大，吸水率也小；孔隙开口，水分易进入，吸水量大，但不能留存，只能润湿孔壁，所以吸水率仍然较小，而对于微细连通的开口孔隙，孔隙率愈大，则吸水率也愈高。

3. 耐水性

石材的耐水性用软化系数 K_R 表示。软化系数是指石材在吸水饱和条件下的抗压强度与干燥条件下的抗压强度之比，反映了石材的耐水性能。$K_R>0.90$ 的石材称为高耐水性石材，$K_R = 0.70 \sim 0.90$ 的为中耐水性石材，$K_R = 0.60 \sim 0.70$ 的为低耐水性石材。K_R 值越高，反映出石材的抗压强度越高。$K_R < 0.80$ 的石材，一般不允许用于重要的，有承重结构要求的建筑。

4. 抗冻性

石材在吸水饱和状态下，经过规定的冻融循环，若无贯穿裂纹，且质量损失不超过 5%，强度损失不大于 25%，则为抗冻性合格。

石材的抗冻性主要与岩石的矿物组成、晶粒大小、分布均匀性及天然胶结物质的胶结性质等有关。严寒、寒冷地区使用的石材，应经抗冻性试验合格后才可以选用。

5. 抗压强度

石材的抗压强度是划分其强度等级的依据。测定抗压强度的试件尺寸为 50mm×50mm×50mm 的立方体。天然石材的强度等级分为 MU100、MU80、MU60、MU50、MU40、MU30、MU20、MU15 和 MU10 等 9 个等级。

天然石材的抗压强度大小取决于岩石的矿物组成、结晶构造特征、胶结物质的种类因素等。加荷的方式对试验测定也有影响。

6. 耐磨性

耐磨性是指石材在使用条件下抵抗摩擦、边缘剪切以及抗冲击等复杂作用的综合性质。石材的耐磨性以单位面积磨耗量表示。石材的耐磨性与矿物组成、硬度、结构特征以及石材的抗压强度和冲击韧性等有关。作为铺地的石材材料，必须要求其具有较高的耐磨性。

7. 可加工性

天然石材必须经过一定的使用目的而进行加工的过程，才能成为建筑材料或建筑装饰材料的制品，这就要求天然石材应具有一定的可加工性。如石材荒料的开采、锯切、磨光等，加工后的石材也要有一定的可钻性，以便于安装施工。

此外，石材的耐热、导热、抗冲击韧性等性能，根据用途不同，要求也有所不同。

第二节　石材分类

石材有天然石材与人造石材两类。天然石材主要有：大理石、花岗石、石灰岩、板岩等。而人造石材则是利用天然石材的边角料为骨料，与水泥、树脂等拌合加工成型的材料，以及玻璃颗粒焙烧晶化的总称。

石材主要用于薄板装修，也有用于块状砌筑承重或条块状铺砌。天然石材大理石与花岗石的化学成分、物理性能及适用场合见表 4-2、表 4-3 所示。

天然石材化学成分　　　　　　　　　　　　　　　　　表 4-2

名称	岩状	主要化学成分	肖氏硬度 HS	磨耗（g/cm²）	抗压（MPa）	纹理	酸碱性	结构
大理石	沉积岩、变质岩	CaO、$MgO50\% \sim 67\%$	$38 \sim 63$	$16.3 \sim 25$	$67 \sim 156$	条状纹	碱性	全隐晶
花岗石	岩浆岩、深层岩	$SiO_2 65\% \sim 75\%$	$86 \sim 103$	$0.31 \sim 12.2$	$103 \sim 214$	点或斑	酸性	全晶质

天然石材物理性能及适用场合　　　　表 4-3

加工	吸水率	体积密度（g/cm³）	干燥抗压（MPa）	抗弯强度（MPa）	适用场合	
湿磨	<0.5%	>2.60	>50	>7.0	室内	地面、墙面柱面、台面、踢脚线、楼梯、踏步、壁画、雕塑等
干磨	<0.6% <0.4% （功能用途）	>2.50	>100	>8.0	室内外	饰面、基础、路面、踏步栏杆、雕塑等

　　天然的太湖石为溶蚀的石灰岩，有白色，浅灰色，深灰色，灰黑，浅黄，浅红等颜色，可用于置石造景。

　　石灰岩属沉积岩，密度为 2.6～2.8T/m³，抗压强度为 20～120MPa，吸水率 2%～10%以下，黏土含量<3%～4%，用于墙、地、柱面、置石等装饰。当天然的青石石灰岩 CaO≥48%，MgO≤3%时，可用于生产水泥。

　　板岩是由沉积岩变质而成的黏土页岩，易于分裂成片状结构。有黑、蓝黑、灰、蓝灰、紫等色，可用于墙、地面的装饰。

　　人造石材的分类有水泥型、聚酯型、烧结型或微晶型等。

　　天然石材必须经过加工才能达到使用的目的。关于石材的九种加工工艺如表 4-4 所示。

石材加工的九种工艺　　　　表 4-4

定厚度	定长宽	光亮表面		粗糙表面				
锯	裁	磨	抛	刨	烧	琢	锤	斧
框架锯加工荒料；中等硬度以下的小规格荒料则用盘式锯加工	用金刚石小圆盘锯，切割裁边	粗磨、细磨、半细磨、精磨。设备采用大型桥式自动研磨机和中小型摇臂式手扶研磨机	理石采用毛毡草酸法湿抛；花岗石采用干抛	单臂刨床机刨使表面具有各种沟槽	利用火焰喷射器对石材表面烧毛；钢丝刷刷掉岩石碎片后用玻璃渣和水的混合液高压喷吹	手工钻或用机械在石材表面琢出点状或沟等其他形状的花纹	在石材表面敲击，主要用于旧石材表面翻新	对石材表面剁斧处理成粗犷的表面如：蘑菇石、剁斧石等

第三节　石材的放射性

　　无论是天然石材还是以天然石材为成分制成的人造石材，或多或少都存在放射性辐射的问题。1993 年中国建材业提出《天然石材产品放射防护分类控制标准》JC 518—93。标准中关于天然石材氡浓度分类控制标准和使用场合见表 4-5 所示。

天然石材氡浓度分类控制标准和使用场合　　　　表 4-5

分类	标准值（Bq/m³）	使用场合
A	≤70	居室装修可使用

续表

分类	标准值（Bq/m³）	使用场合
B	≤90	可用于建筑室内外装修
C	≤100	建筑物外装修，海堤、桥墩、碑石

注：国际放射防务委员会（ICRP）规定内照射氡浓度不得高于100Bq/m³，可见中国标准高于世界标准。

2001 年，我国《建筑材料放射性核素限量》GB 6566—2001 标准颁布，用内照射指数 I_{Ra}，外照射指数 I_r 两项指数同时定义三类装修材料使用范围。

A 类装修材料：

装修材料中天然放射性核素镭-226、钍-232、钾-40 的放射性比活度同时满足 $I_{Ra} \leq$ 1.0 和材料 $I_r \leq 1.3$ 要求的为 A 类装修材料。A 类装修材料产销与使用范围不受限制。

B 类装修材料：

不满足 A 类装修材料要求但同时满足 $I_{Ra} \leq 1.3$ 和 $I_r \leq 1.9$ 要求的为 B 类装修材料。B 类装修材料不可用于 I 类民用建筑的内饰面，但可用于 I 类民用建筑的外饰面及其他一切建筑物的内、外饰面。

C 类装修材料：

不满足 A、B 类装修材料要求但同时满足 $I_r \leq 2.8$ 要求的为 C 类装修材料。C 类装修材料只可用于建筑物的外饰面及室外其他用途。

放射性元素是由铀、钍、镭，以及钾、铷、铯共六个天然放射性元素族构成，由于这些元素原子核不稳定，在自然界的自然状态下不断进行核衰变。在衰变过程中放射出 α、β、γ 三种射线和有放射性特点的惰性气体氡。由于氡气是仍具有放射性特点的惰性气体，它还要继续衰变，所以对人的危害性就很大。关于射线及氡对人体的主要危害见表 4-6 所示。自然中铀钍放射性元素平均含量见表 4-7。

射线及氡对人体的主要危害   表 4-6

放射性元素核衰物	特点	危害
α	氦元素原子核质量大，电离能力强，高速旋转运动	对人体形成内照射伤害的主要射线
β	带负电荷电子流	
γ	波长很短的电磁波，穿透能力强	对人体形成外照射伤害的主要射线
氡气	具有放射性和不断连续衰变特点	被吸入肺部后，会对人体，特别是对肺造成内照射

由上表可看出，只要不超过地表中的平均含量就不会对人类健康造成影响。大理石类、绝大多数的板石类、暗色系列（包括黑色、蓝色、暗色中的绿色）和灰色系列的花岗石类，一般都可确认为"A 类"产品。可直接使用于家庭室内和其他场合。其占天然石材的 85%。

花岗石从岩石种类上看，片麻花岗岩与花岗片麻岩放射性超标比较严重，从色彩来看，白色系列、红色系列、浅绿系列、花斑系列问题较多。经检测，印度红、南非红、细啡珠、皇室啡、猫石灰、新金钻麻、加州金麻、伯郎网花等进口石材，杜鹃红、杜鹃绿等国产石材的放射性超标均较严重。

自然中铀、钍放射性元素平均含量　　表4-7

放射性元素	各类天然石材中平均含量 / 地壳中的平均含量（克拉克值，重量百分数）	火成岩及火成变质岩类				沉积变质岩类		土壤中的平均含量	海水中的平均含量
		浅色系列花岗岩		暗色系列花岗岩					
		花岗岩类（白色、红色、绿色和花斑系列等）	闪长岩类（灰色系列）	玄武岩辉长岩类	超基性岩、蛇纹岩类	大理石类	板石类		
铀		3.5×10^{-4}（万分之三点五）	1.8×10^{-4}（万分之一点八）	8×10^{-5}（十万分之八）	3×10^{-6}（百万分之三）	很微量	3.2×10^{-4}（万分之三点二）	1×10^{-4}（万分之一）	2×10^{-7}（千万分之二）
钍	1×10^{-3}（千分之一）	1.8×10^{-3}（千分之一点八）	7×10^{-4}（万分之七）	6×10^{-4}（万分之六）	3×10^{-4}（万分之三）	很微量	1.1×10^{-3}（千分之一点一）	6×10^{-4}（万分之六）	4×10^{-8}（一亿分之四）

　　严格的科学选用则需经"石材放射性探测仪"测定外。保证室内每天通风 $0.5 \sim 1$ 小时，也是清除辐射物质简单而有效方法。有实验表明，门窗完全关闭的一间房屋，经一夜后的积累，氡气的含量可高达 151（Bq/m^3），开窗 1 小时后，氡气的含量可下降至 49（Bq/m^3）。当然，这些污染不只是石材一个来源，还有来自其他建筑材料，装饰材料和家用电器等。

第四节　大理石

　　天然大理石主要是指石灰岩或白云岩在高温高压作用下，矿物重新结晶变质而成的变质岩。其具有致密的隐晶结构，有纯色与花斑两大类。纯色如汉白玉等，花斑有网式花纹，如黑白根、紫罗红、大花绿、啡网纹等；还有条式花纹，如木纹石、红线米黄、银线米黄等。大理石材质细腻、色泽艳丽，花纹颜色品种多，耐久性好，一般使用年限 $40 \sim 150$ 年，是极具装饰性的中等硬度的碱性石材。碱性石材是氧化镁、氧化钙含量较高的石材，可以耐碱性物质的侵蚀。

　　所谓大理石是具有广义概念的大理石之称，与岩石学中概念有所不同，其包括了大理岩、白云岩、灰岩、砂岩、页岩、板岩等在内的碳酸盐类岩石。大理石矿物成分主要由方解石（$CaCO_3$）和白云石（$CaCO_3 \cdot MgCO_3$）组成，一般可能含有石墨、云母、二氧化硅、氧化铁以及有害黄铁矿等矿物杂质。大理石的主要化学成分是氧化钙（CaO）和氧化镁（MgO）。纯净的大理石为白色如汉白玉。

　　大理石在变质过程中混入杂质，使大理石呈现出各种色彩及花纹。如含炭则呈黑色，含氧化铁呈现玫瑰红、橘红色，含氧化亚铁、镍、铜则呈绿颜色。

天然大理石的缺点是抗风化能力差，除了极少数杂质含量少，性能稳定的大理石如汉白玉、艾叶青等以外，大理石板材一般是不宜用于建筑物外墙面和其他露天部位的装饰，原因之一是由于工业废气过度排放产生的二氧化氮、二氧化硫，在雨天时与水生成稀硝酸、稀硫酸，这些含酸水溶剂与理石中的碳酸钙反应，生成易溶于水的硫酸钙，使石材表面变得粗糙多孔，失去了光泽与装饰效果。

大理石装饰板材是从天然岩体中开采出来的大理石荒料，经过切锯、磨抛等加工后制成。分为普型板材又称定形板（PX）；有正方形板和矩形板材及圆弧板（HM）；还有异型板材又称非定形板（YX），即除方、矩形定型板与弧形板材之外的其他形状的石板材料。

天然大理石的规格尺寸，长度一般取 300mm 至 1220mm 不等；宽度一般取 150mm 至 900mm 左右；厚度一般取 10mm 至 30mm 上下。天然大理石板材质量等级及正面的外观缺陷如表 4-8，典型大理石的化学成分见表 4-9，大理石板材按化学成分控制板材的镜面光泽度见表 4-10 所示。

天然大理石板材正面的外观缺陷限制　　　　表 4-8

缺陷名称	优等品	一等品	合格品
裂纹长度>10mm，允许条数	0	0	0
砂眼直径 2mm 以下	0	不明显	有，但不影响使用
色斑面积≯6cm²（面积<2m² 不计）每块板允许个数（个）	0	1	2
正面棱缺陷长≤8mm，宽≤1.5mm，（长度≤4mm，宽度≤1mm 不计）每米长允许个数（个）	0	1	2
缺角沿板材边长顺延方向，缺陷长度≤3mm，宽度≤3mm（长度≤2mm，宽度≤2mm 不计）允许个数（个）	0	1	2

典型大理石的化学成分（%）　　　　表 4-9

CaO	MgO	SiO_2	Al_2O_3	Fe_2O_3	SO_3	其他（Fe^{2+}、Mn^{2+}、K^{2+}、Na^{2+}）
28~54	13~22	3~23	0.5~2.5	0~3	0~3	微量

大理石板材按化学成分控制板材镜面光泽度　　　　表 4-10

化学成分含量				镜面光泽度、光泽单位		
氧化钙	氧化镁	二氧化硅	灼烧减量	优等品	一等品	合格品
40~56	0~5	0~15	30~45	90	80	70
25~35	15~25	0~15	35~45	90	80	70
25~35	15~25	10~25	25~35	80	70	60
34~37	15~18	0~1	42~45	80	70	60
1~5	44~50	32~38	10~20	60	50	40

注：以抛光完善的黑玻璃作为参照标准板，折射率为 1.567，对于 20°、60°、85°几何角度镜向光泽度定标为：GS（θ）= 100 光泽单位（GB/T 13891—2008）。

大理石板材允许粘接和修补，但不要影响板材的装饰质量和物理性能。其他平面允许极限公差，角度允许极限公差等应符合 JC/T 79—2001 与 GB/T 9766—2005 标准的有关规定。

　　大理石板材规格尺寸允许偏差见表 4-11，大理石板材平面度允许极限公差见表 4-12，大理石板材角度允许极限公差见表 4-13。引自《天然大理石建筑板材》GB/T 19760—2005。

大理石板材规格尺寸允许偏差（mm）　　　　表 4-11

部位		优等品	一等品	合格品
长度、宽度		0 -1.0	0 -1.0	0 -1.5
厚度	≤12	±0.5	±0.8	±1.0
	>12	±1.0	±1.5	±2.0
干挂板材厚度		+2.0 0	+2.0 0	+3.0 0

大理石板材平面度允许极限公差（mm）　　　　表 4-12

板材长度范围	允许极限公差值		
	优等品	一等品	合格品
≤400	0.20	0.30	0.50
>400～<800	0.50	0.60	0.80
≥800	0.70	0.80	1.00

大理石板材角度允许极限公差（mm）　　　　表 4-13

板材长度范围	允许极限公差值		
	优等品	一等品	合格品
≤400	0.30	0.40	0.50
>400	0.40	0.50	0.70

　　中国天然大理石有汉白玉、黑白根、海浪花、丹东绿、雪浪、秋景、雪花、艾叶青、东北红、珍珠黑、建平黑等。进口的天然大理石有大花绿、大花白、细花白、米黄、卡拉拉白、啡网纹、巴西蓝、挪威蓝等。其通用代号、名称及光泽度参见表 4-14。

大理石板材通用代号、产品名称及光泽度　　　　表 4-14

板材代号	板材名称	光泽度指标（不低于）（度）	
		优等品	一等品
101	汉白玉	90	80
102	艾叶青	80	70
104、078、234、075	墨玉、桂林黑（品黑）、大连黑、残雪	95	85
105	紫豆瓣	95	85
108—1	晚霞	95	85
110	螺丝转	85	75

板材代号	板材名称	光泽度指标（不低于）（度）	
		优等品	一等品
112	芝麻白	90	80
117、061、310—1、311、413	雪花	85	75
058、059	奶油	95	85
076	纹脂奶油	70	55
056、322	杭灰、齐灰	95	85
063	秋香	95	85
064	橘香	95	85
052	咖啡	95	85
320、312	莱阳绿、海阳绿	80	70
217、217—1、217—2	丹东绿	55	45
219	铁岭红	65	55
055、218	红皖罗、东北红	85	75
405	灵红	100	90
022	雪浪	90	80
023	秋景	80	70
028	雪野	90	80
031	粉荷	90	80
073、401、402、403	云花	95	85

注：未列入此表中的品种和新品种的光泽度由设计、使用单位和生产厂家共同选定品种的标准样板，
按 JC79—92 规定的检验方法所测定的该样板的光泽度作为标准。

大理石板材主要用于建筑室内的墙面、柱面、台面，也可用于地面、楼梯踏步，但须加强保养。大理石还可以加工成雕刻制品、壁画和工艺品。目前，天然石材装饰板的标准厚度为 2cm，为了资源的可持续发展，世界上不少国家已开始生产和使用薄型板材，厚度为 1.2~1.5cm，最薄的厚度达到 7mm。

第五节　花岗石

天然花岗石具有全晶质结构，外观呈均匀粒状，颜色深浅不同的斑点样花纹，属酸性岩石。酸性岩石一般是指氧化硅含量高的石材，可以较好的耐酸性物质的腐蚀。中国的花岗石主要品种有，济南青、将军红、岑溪红、芝麻白、中华绿等。进口的石材主要有印度红、巴西红、巴西黑、蓝麻、红钻、啡钻、黑金砂、绿星石等。

我们所说的花岗石是具有广义花岗石概念的称谓，是指各类火成岩，包括花岗岩、拉长岩、辉长岩、正长岩、闪长岩、辉绿岩、玄武岩、安山岩等在内的岩种。花岗石具有硬石材的特点。按结晶颗粒大小，通常分为细粒、中粒和斑状等几种。

花岗石矿物组成的主要矿物成分为长石、石英及少量暗色矿物和云母。其中长石含量为 40%~60%，石英含量为 20%~40%，可能含有少量黄铁矿等杂质，主要化学成分

是 SiO_2，含量占 65%～75%。

花岗石的颜色取决于所含长石、云母及角闪石、辉绿石、橄榄石等暗色矿物的种类、颜色和数量。外观色彩有黑、灰、黄、绿、红、蔷薇、棕、金、蓝和白等，其中尤以深色花岗石为名贵。优质的花岗石常表现出石英的含量较多，云母的含量少，构造紧密，不含黄铁矿等杂质，晶粒细而均匀，长石光泽明亮，没有风化的迹象。

花岗石具有石质坚硬致密，抗压强度高，吸水率小、耐酸、耐腐、耐磨、抗冻、耐久的特点，以及独特的装饰效果。缺点是硬度大，开采困难，材质为脆性，耐火性较差。花岗石的耐久年限一般为 75～200 年。由于花岗石中所含的石英类矿物成分，当燃烧温度达到 573℃ 和 870℃ 时，石英产生晶型转变，导致石材爆裂，强度也因此下降。典型花岗岩的化学成分见表 4-15。

典型花岗岩的化学成分（%）　　　　表 4-15

CaO	MgO	SiO_2	Al_2O_3	Fe_2O_3	SO_3	MnO	P_2O_3	其他
1.99	0.02	76.72	17.29	2.87	0.15	0.02	0.02	微量

天然花岗石板材加工的尺寸一般同天然大理石，正面的外观缺陷如表 4-16 所示。引自《天然花岗石建筑板材》GB/T 18601—2009。

天然花岗石板材正面的外观缺陷限制　　　　表 4-16

名称	规定内容	优等品	一等品	合格品
缺棱	长度不超过 10mm，宽度不超过 1.2mm（长度小于 5mm，宽度小于 1.0mm 不计），周边每米长允许个数（个）	0	1	2
缺角	沿板材边长，长度≤3mm，宽度≤3mm（长度≤2mm，宽度≤2mm 不计）每块板允许个数（个）			
裂纹	长度不超过两端顺延至板边总长度的 1/10（长度小于 20mm 的不计）每块板允许条数（条）			
色斑	面积不超过 15mm×30mm（面积小于 10mm×10mm 不计）每块板允许个数（个）		2	3
色线	长度不超过两端顺延至板边总长度的 1/10（长度小于 40mm 不计）每块板允许条数（条）			

注：干挂板不允许有裂纹存在。

从天然岩体中开采出来的花岗石荒料经过锯片、磨抛、切割等工艺加工而成建筑板材。天然花岗石按形状分类有普通型板材（PX），异型板材（YX），圆弧板（HM）。按表面加工分类有亚光板、镜面板与粗面板。亚光板（YG），即表面平整、细腻，能使光线产生漫反射现象的板材；镜面板（JN），其表面平整，具有镜面光泽，板材的镜面光泽不低于 75 光泽单位；粗面板（CM），表面平整、粗糙、有序，端面锯切整齐的板材，制品有机刨板、剁斧板、锤击板、烧毛板等。花岗石的质量等级有优等品（A）、一等品（B）和合格品（C）之分。

天然花岗石普型板规格尺寸允许偏差见表 4-17，花岗石板材普型板平面度允许公差见表 4-18，花岗石板材普型板角度允许公差见表 4-19。

花岗石板材普型板规格尺寸允许偏差（mm） 表 4-17

分类		细面和镜面板材			粗面板材		
等级		优等品	一等品	合格品	优等品	一等品	合格品
长度、宽度		0～-1.0	0～-1.0	0～-1.5	0～-1.0	0～-1.0	0～-1.5
厚度	≤12	±0.5	±1.0	+1.0～-1.5	—		
	>12	±1.0	±1.5	±2.0	+1.0～-2.0	±2.0	+2.0～-3.0

注：用于干挂的普型板材厚度允许偏差+3.0～-1.0mm。

花岗石板材普型板平面度允许公差（mm） 表 4-18

板材长度	镜面和细面			粗面板材		
	优等品	一等品	合格品	优等品	一等品	合格品
≤400	0.20	0.35	0.50	0.60	0.80	1.00
>400，≤800	0.50	0.65	0.80	1.20	1.50	1.80
>800	0.70	0.85	1.00	1.50	1.80	2.00

花岗石板材普型板角度允许公差（mm） 表 4-19

板材长度	优等品	一等品	合格品
≤400	0.30	0.50	0.80
>400	0.40	0.60	1.00

建筑装饰石材板材常用规格见表 4-20。

石材建筑装饰板材常用规格 表 4-20

产品	规格（mm）			规格（mm）		
	长	宽	厚	长	宽	厚
墙面板	600	500	20	1200	500	20
	800	800	20	2000	500	20
	1000	500	20	2000	2000	20
地面板	305	305	20	600	300	20
	400	400	20	600	500	20
	500	250	20	700	350	20
	500	300	20	500	250	15
	500	500	20	400	200	15
				300	300	15
楼梯踏步板	1000	300		1200	300	
窗台板	800	400	30～40	1000	400	30～40
	900	400	30～40	1200	400	30～40

产品	规格（mm）			规格（mm）		
	长	宽	厚	长	宽	厚
裙脚板	100	80	7~10	200	80	7~10
	150	80	7~10	250	80	7~10
薄型板材	200	100	7	300	300	10
	300	150	7	150	75	10
	300	150	7.5	400	200	10
	152.5	152.5	9.5	400	200	8
	305	152.5	9.5	600	600	10
	305	305	9.5			

第六节　文化石

文化石又称为板石，主要有石板、砂岩、石英岩、蘑菇石、艺术石、乱石等。

石板类石材有锈板、岩板等，主要用于地面铺放，墙面镶贴和做屋面石板瓦用等。砂岩分硅质砂岩、钙质砂岩、铁质沙岩和泥质砂岩四种。其中以硅质砂岩性能最佳，而最差的是泥质砂岩，其遇水则发生软化。砂岩主要用于室内外墙面与地面装饰装修。石英岩是硅质砂岩的变质岩，强度大、硬度高、抗老化性能好，用途与砂岩相同。蘑菇石有凹凸变化很大的表面，石块厚重立体感强，艺术感染力大，用于墙面勒角、花坛等装饰效果好。艺术石有层状岩石结构的装饰效果，用于外墙、内墙和重点装饰部位。乱石包括卵石、乱形石板等，在外墙面、地面及园林场合使用颇多，以渲染自然、乡土的景观氛围。

韩国文化石以天然石材粉料为基料，以水泥，石膏等为胶结剂，配以氧化铁系等颜料和少量发泡剂，在模具中浇注成型，具有轻质的天然石材感。

文化石吸水率在17%~18%，表现密度为710kg/m³，产品平均厚度为45mm，用于室内墙面、壁炉、视觉中心装饰等。一些文化石的拼贴样式见图4-1。

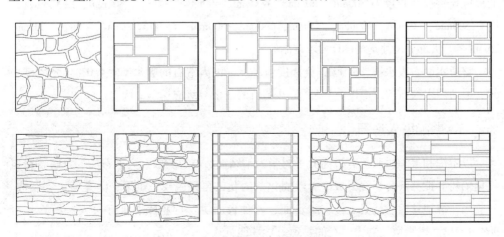

图4-1　文化石的拼贴样式

第七节　人造石

一、水泥型人造石

以水泥或石灰、磨细砂为胶结料，砂为细骨料，碎大理石、碎花岗石、碎玻璃彩色石子为粗骨料，经配料、搅拌、成型、加压、蒸养、磨光、抛光而成，亦称水磨石。骨料可大小级配，一般作地面、踏步、台面板、花阶砖等，具有价格低廉、强度高、耐久性好、美观环保、方便实用等特点。

水磨石按抗折强度和吸水率分为普通水磨石（P）与水泥人造石（R），按使用部位不同分有墙柱面水磨石（Q），地楼面水磨石（D），立板、三角板和踢脚板水磨石（T），隔断板、台面板和窗台板水磨石（G）。

水磨石按制品表面加工程度分有磨面水磨石（M），抛光面水磨石（P）。

按行业标准，水磨石外观质量、尺寸偏差和物理性能等指标应符合《建筑装饰用水磨石》JC/T 507—2012 的规定。水磨石装饰面的外观缺陷技术要求见表 4-21。

水磨石装饰面的外观缺陷技术要求　　　　　　　　　　　表 4-21

缺陷名称	技术要求	
	普通水磨石	水泥人造石
裂缝	不允许	不允许
反浆、杂质	不允许	不允许
色差、划痕、杂石、气孔	不明显	不允许
边角缺损	不允许	不允许
图案偏差	≤3mm	≤2mm
越线	越线距离≤2mm，长度≤10mm，允许 2 处	不允许

水泥型人造石除水磨石外，还有花街砖、人造艺术石、人造蘑菇石等。水泥型人造石的板材规格尺寸长度有 300mm、305mm、400mm、500mm、600mm、800mm、1200mm；宽度有 300mm、305mm、400mm、500mm、600mm、800mm；厚度有 19mm、20mm、21mm、25mm 等。大部分尺寸是按设计要求定制的。

普通水磨石吸水率≤8.0%，光泽度≥25。水泥人造石的吸水率≤4.0%，光泽度≥60。地面用水磨石的耐磨度≥1.5。公共场所的防滑等级应达到 2 级。

二、聚酯型人造石

以不饱和聚酯树脂等有机高分子树脂为粘结剂，与石英砂、大理石粉、方解石粉氢氧化铝粉等搅拌混合、浇铸成型，经固化剂固化，再经脱模、烘干、抛光等工序制成。一般用作墙地柱面、洁具、楼梯踏步面、各种台面等。行业标准执行《人造石》JC/T 908—2013。树脂型人造大理石的物理力学性能见表 4-22 所示。

树脂型人造大理石的物理力学性能　　　表 4-22

压缩强度（MPa）	耐磨性（mm³）	弯曲强度（MPa）	比重（g/cm³）	表面光泽度（%）	表面巴氏硬度	吸水率（%）	热变形温度（℃）	线膨胀系数（×10⁻⁵）	马丁耐热温度（℃）
>80	<500	15~40	2.2	70左右	55~65	<0.35	141.5	4~5	62.5

聚酯型人造石材按仿制天然石材品种分有人造大理石、人造花岗岩、人造玉石、人造玛瑙等，俗称为人造石岗石。按成型工艺分有浇注成型聚酯合成石、压制成型聚酯合成石及人工成型聚酯合成石等。

聚酯型人造石品种多、花纹好、颜色艳、色调均、光泽好、仿真性强，装饰效果好，可按需求来加工。聚酯型人造石比天然石材表观密度小，抗压强度大于100MPa，抗弯强度>38MPa，强度高、不易碎、抗冲击，可以制成大幅面的薄板。聚酯型人造石的耐磨、耐腐、耐污染性能好。可按设计要求加工出各种形状尺寸的制品，具有可锯切、可钻孔、可磨抛、可粘接等特性。聚酯型人造石的缺点是耐热性和耐候性较差。

人造石对醋、酱油、食油、鞋油、口红、红墨水、蓝墨水、红药水、紫药水等不会着色或着色轻微，最大污迹深度<1.12mm。人造石对锯割、钻孔、打磨等加工和处理，相对天然石材来说要容易许多。

人造大理石板材边长（mm）有 400、600、760、800、900、1000、1200、1400、1450、1500、1600、2000、2440、3050、3600 等。厚度（mm）有 8、10、12、15、16、18、20、25、30 等。目前生产的人造石的树脂品种及花色有几十种之多。

三、微晶玻璃型人造石

这种产品又称微晶板或微晶石，与陶瓷工艺相似。以石英石（砂、粉）、硅砂、石灰石、萤石、尾矿渣等工业废料等为原料，在助剂的作用下，高温熔融形成微小的玻璃结晶体，并进而在高温晶化处理后模制成仿石材料。这是一种质地坚实致密的玻璃陶瓷，玻璃相与晶相均匀的复相材料。虽然微晶体颗粒只有 0.01 微米至几微米大小，但玻璃相均匀析出的晶体可占到材料总量的 50%~90%。该板具有天然石材的柔和光泽，色差微小，有较高的硬度与机械强度，由于不到 0.2% 的吸水率，表现出极好的抗冻性能，耐酸碱、耐腐蚀、抗污染、抗老化性能好，可制成平板与曲板，制成品占用空间少，故广泛用于墙面与台面，缺点是生产时能耗较大。

微晶板有镜面板（JM）与亚光板（YG）之分。按形状分有普通型板（P）、异型板（Y）。根据建材行业标准《建筑装饰用微晶玻璃》JC/T 872—2000，按板材的规格尺寸允许误差、平面度允许误差、角度允许公差和光泽度分为优等品（A）、合格品（B）两个等级。微晶玻璃人造石材的种类、性质和用途见表4-23，微晶板规格尺寸允许偏差见表4-24，微晶板平面度公差见表4-25，微晶板的外观质量见表4-26，微晶板的化学稳定性（耐酸、碱性能）见表4-27。

微晶玻璃人造石材的种类、性质和用途　　　　表 4-23

种类		性能	用途
建筑微晶玻璃	$GaO\text{-}Al_2O_3\text{-}SiO_2$	高强度和硬度、耐磨性、耐腐蚀	用于建筑装饰材料，代替大理石或花岗岩作内墙、外墙、地面等各种构造材料
	$CaO\text{-}MgO\text{-}Al_2O_3\text{-}SiO_2$		
	$CaO\text{-}MgO\text{-}Fe_2O_3\text{-}Al_2O_3\text{-}SiO_2$		
	$CaO\text{-}MgO\text{-}SiO_2$		
	$Na_2O\text{-}Fe_2O_3\text{-}SiO_2$		

微晶板规格尺寸允许偏差　　　　表 4-24

等级	优等品	合格品
长度、宽度	0 -1.0	0 -1.5
厚度	±2.0	±2.5

注：以干挂方式安装时参照 JC830.1~JC 830.2—1998，可将长度、宽度数值调整为优等（-0.5，-1.0），合格（+0.5，-1.5）。

微晶板平面度公差　　　　表 4-25

长度、宽度范围	优等品	合格品
≤600×900	1.0	1.5
>600×900~≤900×1200	1.2	2.0
>900×1200	由供需双方商定	

微晶板的外观质量　　　　表 4-26

缺陷名称	规定内容	优等品	合格品
缺棱	长度、宽度不超过 10mm×1mm（长度小于5mm 不计），周边允许（个）	不允许	2
缺角	面积不超过 5mm×2mm（面积小于 2mm×2mm不计）		
气孔	直径 ϕmm $\phi>2.5$ $2.5≥\phi≥1$	不允许 5 个/m^2	不允许 ≤10 个/m^2
杂质	在距离板面 2m 处目视观察，≥3mm²	不大于 3 个/m^2	不大于 5 个/m^2

微晶板的化学稳定性（耐酸、碱性能）　　　　表 4-27

项目	条件	质量损失率（K）
耐酸性	1.0%硫酸溶液室温浸泡 650h	K≤0.2%且外观无变化
耐碱性	1.0%氢氧化钠室温浸泡 650h	K≤0.2%且外观无变化

第五章 — 陶 瓷

在人类文明的早期，人们就知道用泥土来做房子的维护结构，但这不可避免要受到雨水的冲刷。早在公元前四世纪，两河流域下游的中东地区就开始烧制圆锥陶钉，钉入还处于潮软状态的土坯墙，以保护墙基。大约在公元前三世纪，当地的人们在烧砖的过程中发明了琉璃，从陶钉到琉璃砖，饰面的技术与艺术手法都产生于土坯墙的实际功能的需要，正是这种需要，才得以使这种饰面技术及其他陶瓷制品传至今天，并得到不断地开发和利用。现在陶瓷建筑制品遍及室内室外，砖瓦及设施设备。卫生间的墙砖、地砖、坐便以及暖气片的搪瓷表面，都是陶瓷材料制作的。

第一节　陶瓷的原料与釉料

陶瓷的生产先后经历了由简单到复杂，由粗糙到精细，由无釉到施釉，由低温到高温，再到降温节能的发展过程。

传统的陶瓷产品是用黏土类及其他天然矿物原料经过粉碎加工、成型、煅烧等过程而得到，原料主要是硅酸盐矿物。随着科学技术的发展，陶瓷原料的组成也发生了变化，氧化物陶瓷等新品种也不断推出，但它们的原料处理—成型—煅烧的传统的生产工艺过程并没有大的改变，不同的只是采用了现代化生产设备和生产方式。

一、建筑陶瓷的原料

陶瓷坯体的主要原料有可塑性原料、瘠性原料、熔剂原料等三类。可塑性原料即黏土，它是陶瓷坯体的主体原料。瘠性原料用来降低黏土的塑性，减少坯体收缩和烧成时坯体的变形。常用的瘠性原料有石英砂、熟料和瓷粉。将黏土煅烧后磨细而成为熟料，也可将普通黏土的砖角料磨细后作为熟料，碎瓷片经磨细后叫瓷粉。熔剂原料在高温下熔融后呈玻璃熔体，是可溶解部分石英颗粒及高岭土的分解产物，并可粘结其他结晶相。熔剂原料还具有降低烧结温度的作用。熔剂原料常用的有长石、滑石以及钙、镁的碳酸盐等。

1. 黏土

可塑性原料黏土是很复杂的一类矿物原料，其化学组成、矿物成分、技术特性以及生成条件，都是复杂而且是不完全固定的。

（1）黏土的形成。黏土是由含长石类的岩石经风化而成。风化作用分机械风化、化学风化以及有机物风化。这三种风化常常是交错重叠进行的。

（2）黏土的分类。按地质构造分，有残留黏土和沉积黏土两类。按构成黏土的主要矿物分，有高岭石类、水云母类、蒙脱石类、叶蜡石类和水铝英石类等。按耐火度可分为耐火黏土（耐火度1580℃以上）、难熔黏土（耐火度1350~1580℃）和易熔黏土（耐火度1350℃以下）。按习惯分类，有高岭土、黏性土、瘠性黏土和页岩等。

（3）黏土的化学组成。黏土的矿物组成主要为高岭石类，包括高岭石（$Al_2O_3 \cdot SiO_2 \cdot H_2O$）与多水高岭土（$Al_2O_3 \cdot 2SiO_2 \cdot nH_2O$）等；微量高岭石类，包括蒙脱石（$Al_2O_3 \cdot 4SiO_2 \cdot 2H_2O$）与叶蜡石（$Al_2O_3 \cdot 4SiO_2 \cdot H_2O$）等；还有水云母类及水铝英石类等。

黏土的主要化学组成是含水硅酸铝（$xAl_2O_3 \cdot ySiO_2 \cdot 2H_2O$）。因其矿物组成的不同，三者之间的分子比各有不同，以高岭土为例，其理论化学式为：$Al_2O_3 \cdot 2SiO_2 \cdot 2H_2O$，理论化学成分为：

SiO_2 46.5%；Al_2O_3 39.5%；H_2O 14.0%

实际上黏土中除 SiO_2、Al_2O_3 和 H_2O 外，还含有一些其他氧化物如 CaO、MgO、Fe_2O_3、K_2O、Na_2O 及 TiO_2 等。

（4）黏土的颗粒组成。是指黏土中不同大小颗粒的百分数。经一定方法分散后的黏土通常是小于 $10\mu m$ 的胶体颗粒。而大于 $10\mu m$ 的颗粒大都是游离石英和其他杂质。$10\mu m$ 以下的颗粒愈多，黏土的可塑性愈强，干燥后收缩愈大，强度愈高，而且烧成温度会降低。

（5）黏土的工艺性质。主要是指可塑性与结合性。黏土的可塑性是指黏土加水和搅拌揉练之后，形状可任意塑制及可能带来的变化，同时还要不发生黏土的裂纹和破裂，黏土的使用形状还能得以保持的性能。

塑性限度是指黏土由固态进入塑性状态时的含水量。液性限度是黏土由流动状态进入塑态时的含水量。可塑性指数是液限与塑限之差，可塑性指标是指黏土在工作状态水分下，受外力作用出现裂纹时应力与应变的乘积。

黏土的结合性是指将非可塑性原料粘合一起，成型为泥团，并在干燥后具有一定的强度的性能。黏土的可塑性愈强，其结合性也愈好。

根据可塑性指数或可塑性指标，黏土的可塑性能可以分为指数>15 或指标>3.6 的强塑性黏土；指数为 7~15，指标为 2.5~3.0 的中等塑性黏土；指数为 1~7，指标<2.4 的低塑性黏土；指数<1 的非塑性黏土。

黏土在干燥过程中，由于水分挥发，分子互相靠拢，便会发生收缩。在烧结过程中，由于发生了一系列的化学变化与物理变化，也会发生收缩。总之，黏土在干燥及烧结过程中，胚体或制品产生的变形叫收缩。现在土坯制作由于采用机械干压工艺，收缩率已大为减少。

此外，黏土的稀释性能、烧结性能、耐火度都会影响其工艺性质。

2. 瘠性原料

（1）石英。石英的主要成分是 SiO_2。作瘠性原料的石英有脉石英、石英岩、石英砂岩、硅砂等四种。

石英在烧结过程中会发生多次晶型转变，随着晶型转变，其体积也会发生很大变化，一般说来，温度升高，SiO_2 密度变小，结构松散，体积会膨胀；冷却时，密度增大，体积会收缩。因此在生产工艺上必须引起注意并加以控制。

晶型转化时体积的变化会形成相当大的应力，并导致陶瓷产品开裂。这就要求在拟定烧结工艺时，在石英晶型转化的温度范围内往往采取缓慢升温的措施，以避免产品发生过大的体积变化以致开裂。

（2）熟料和废砖粉。加入含废砖粉的熟料和瓷粉目的是为了减少坯体的收缩和烧成收缩。

3. 熔剂原料

（1）长石

长石是陶瓷制品中常用的熔剂，也是釉料的主要原料。釉面砖坯体中一般都要加入少量的长石。长石的种类分为四种，分别为钾长石（$K_2O \cdot Al_2O_3 \cdot 6SiO_2$）；钠长石（$Na_2O \cdot Al_2O_3 \cdot 6SiO_2$）；钙长石（$CaO \cdot Al_2O_3 \cdot 2SiO_2$）；钾微斜长石［（K、Na）$_2O \cdot Al_2O_3 \colon \cdot 6SiO_2$］。长石的共生矿物有石英、云母、霞石、角闪石和石榴子石等。

长石的焙熔温度：钠长石 1120℃ <钾长石 1170~1530℃ <钙长石 1550℃；由此可见，长石的焙熔温度范围：钾长石>钠长石>钙长石。

长石与石英一样也是瘠性原料，可以缩短坯体干燥时间，减少坯体干燥时的收缩和变形。长石作为熔剂原料，它的主要作用是降低陶瓷坯体的烧结温度。长石在高温下熔化为长石玻璃，填充于坯体颗粒的空隙间，粘结颗粒使坯体致密，并有助于改善坯体材料的力学性能。

（2）硅灰石

硅灰石是硅酸钙类矿物，它的化学通式为 $CaO \cdot SiO_2$，一般蕴藏在变质的石灰岩中。除含 CaO 和 SiO_2 外，硅灰石还含有少量 Fe_2O_3、TiO_2、Al_2O_3 和 MgO 等。

硅灰石的热膨胀系数较低，在室温至 800℃ 之间只有 $6.7×10^{-6}/℃$。硅灰石原料具有降低烧成温度、减少收缩的作用，坯体的热稳定性好，便于快速烧成，且吸水膨胀也小。

另外，熔剂原料还有碳酸盐、滑石、萤石、透辉石及其他矿物原料。

4. 辅助原料

辅助原料有氧化锆、锆石英和电解质等，电解质如碳酸钠、硅酸钠、腐殖酸钠及丹宁酸等。

二、釉料

1. 釉的组成和分类

釉是指附着于陶瓷坯体表面的连续玻璃质层，与玻璃相有类似的某些物理与化学性质，但二者并不完全相同。

坯釉料的组成最常见的方法是生产工艺规程中直接列出坯、釉配方中各种原料的重量百分比，即配料比。

坯釉料所用的矿物组成，又称坯釉料示性组成，把各种天然原料中所含的同类矿物含量合并在一起，用黏土矿物、长石类矿物及石英三种矿物含重量的百分比表示坯釉体的组成。

根据化学分析结果，也可用各种氧化物及烧失量的重量百分比来表示坯、釉料的组成。如某种釉面砖坯料化学组成为 SiO_2：59.40%，Al_2O_3：19.81%，Fe_2O_3：0.45%，CaO：6.79%，MgO：1.63%，（K，Na）$_2O$：0.80%，烧失量11.53%。利用这些数据可初步判定坯、釉料的一些基本性质。

釉无固定熔点而只有熔融范围，有光泽、透明等均质玻璃体所具有的一般性质，而且这些随温度和组成变化的规律也与玻璃极其相近。但釉在熔化时必须很黏稠，而且不发生流动，只有这样才能保证在烧成时，保持它原有的形态，而不流淌和下坠。当然，某些艺术釉除外，因为这时，釉需要在坯体表面流动，以获得理想的艺术装饰效果。

施釉的目的在于改善坯体的表面性能和提高强度。陶瓷坯体的表面通常是粗糙的，即使坯体烧结后，由于它的玻璃相中含有晶体，所以坯体表面仍然是无光、粗糙，易于吸湿和污染，影响美观和清洁。坯体施釉后，表面平整、光滑、发亮、不吸湿、不透气，釉层还具有保护画面，防止彩料中的有毒元素溶出。釉的着色、析晶、乳浊等还可以掩盖坯体的颜色和缺陷，增加陶瓷制品的装饰性。釉的分类见表5-1。

釉的分类 表 5-1

分类方法	种类
按坯体种类	瓷器釉、陶器釉、炻器釉
按化学组成	长石釉、石灰釉、滑石釉、混合釉、铅釉、无铅釉、硼釉、食盐釉、土釉等
按烧成温度	易熔釉（1100℃以下） 中温釉（1100～1250℃） 高温釉（1250℃以上）
按制备方法	生料釉、熔块釉
按外表特征	透明釉、乳浊釉、有色釉、光亮釉、无光釉、结晶釉、砂金釉、碎纹釉、花釉等

2. 釉料的性质

釉料必须在坯体的烧成温度下成熟。为了让釉在坯体上顺利铺展，一般要求釉的成熟温度与之接近或略低。为了便于一次烧成，釉应具有较高的始熔温度与较宽的熔融温度范围。

釉料的组成要适当选择，釉料熔化后的釉层要与坯体牢固结合，并使釉的热膨胀系数接近或稍小于坯体的热膨胀系数，从而使釉层不易发生破裂或剥离的现象。

釉料在高温熔化后，要具有适当的黏度和表面张力，以便冷却后形成的釉面具有平滑、光亮、无流釉、堆釉、针孔等缺陷。烧成的釉层应质地坚硬，不易磕碰或磨损。

第二节　陶瓷的类别及制品

陶瓷产品从种类来说是陶器与瓷器的总称。陶器通常有一定的吸水率，材质粗糙无光，不透明，敲起来声音粗哑，有无釉与有釉之分。瓷器的材质致密，吸水率极低，半透明，一般施有釉层。介于陶器与瓷器之间是炻器，也有半瓷之称，吸水率小于8%。

陶器有粗陶和精陶两种。粗陶坯料是由一种或多种含杂质较多的黏土组成，有时还需要掺瘠性原料或熟料以减少收缩。建筑上的砖、瓦、陶管、盆、罐等均属于这一类。精陶的坯体呈白色或象牙色，原料为可塑性黏土、高岭土、长石、石英等。精陶通常要通过两次的烧结过程，最终的素烧温度为1250～1280℃，吸水率为9%～12%，最大可达20%。建筑精陶制品有釉面砖、美术精陶等。

建筑上炻器按其坯体的致密性，均匀性以及粗糙程度分为炻质、细炻质和炻瓷三类。建筑装饰上用的外墙砖、地砖等制品均属此类。

实际上，陶、炻、瓷的原料和制品性能的变化一般是连续和交错的，很难有非常明确的界定。从陶、炻到瓷，原料从粗到精，烧成温度及结果由低到高，坯体结构由多孔到致密。建筑用陶瓷多属陶质至炻质的产品范围。

建筑装修用的陶瓷制品主要有墙地砖、洁具陶瓷、陶瓷锦砖和琉璃陶瓷四大类。

陶瓷优点是表面硬度高，耐磨、耐用、耐久、耐热、耐水、耐腐蚀，保色性好，便于清洁。除主要用于卫生间、厨房外还广泛用于建筑的墙、地面及园林特色装饰等。

陶瓷制品表面经过施釉与涂饰各种彩饰是陶瓷装饰的重要途径。这种附着于陶瓷坯体表面形成一层连续的玻璃质层的艺术加工，不仅能大大提高制品的外观效果，而且还可以使表面孔粗糙的制品平滑光亮，釉层不吸水、不透气，提高了制品的耐污性、吸湿性、抗冻性和抗冲击强度，同时保护了釉层下的釉下彩画，并阻止了彩内有毒元素的可溶性溶出造成的污染，见表5-2。

陶瓷的类别及应用制品　　　　　　　　　表5-2

类别	断面粗糙度	击声频率	坯体致密度	透明度	吸水率	应用制品
陶器	↑				10%~21%	砖、瓦、彩陶、日用器皿、室内墙地砖、卫生器皿
炻器		↓	↓	↓	0.5%~10%	缸器、室外用墙地砖、锦砖、日用器皿、有釉室内瓷质砖
瓷器					<0.5%	餐饮具、陈设艺术品、釉瓷质砖、抛光砖

常用的建筑装饰装修面砖，一般有陶制砖、炻质砖、细炻砖、炻瓷砖、陶瓷锦砖、抛光砖、劈离砖等，常用各种面砖的含水率见表5-3。

常用面砖的含水率　　　　　　　　　表5-3

陶制砖	>10，<21%	炻瓷砖	<3%	无釉陶瓷锦砖	<0.2%
炻质砖	<10%	瓷质砖（玻化砖）	<0.5%	抛光砖	<1.0%
细炻砖	<6%	有釉陶瓷锦砖	<1.0%	挤压砖（劈离砖、方砖）	<6.0%

一、陶瓷砖

早期的陶瓷砖是釉面砖，釉面砖按形状分为通用砖（正方形、长方形）和异形配件砖。按色彩图案分有白色釉面砖、彩色釉面砖、装饰釉面砖、图案砖、字画砖等。

传统国产大白砖尺寸为108mm×108mm，152mm×152mm，以及相应配套的边角配饰品。现已发展到200mm×150mm，200mm×200mm，250mm×150mm，300mm×150mm，300mm×200mm，500mm×300mm等规格。颜色由白向白、黄、红、绿、蓝等彩色釉面砖发展，装饰图案砖品种也越来越多。

进口砖与国产砖的尺寸有些不一样。以意大利进口砖为例：主要规格有300mm×300mm，150mm×300mm，150mm×150mm，200mm×200mm，220mm×220mm，220mm×270mm，80mm×220mm等。

釉面砖厚度为5mm或大于5mm的规格不等。

常用腰线尺寸：150mm×55mm、200mm×50mm、200mm×55mm、200mm×65mm、200mm×70mm、200mm×80mm、300mm×90mm、330mm×100mm等。

后来生产的陶瓷砖包括建筑室外墙地装饰贴面用砖和室内墙地用砖，不过用于地面上的砖要注意耐磨性的级别。墙地砖是以优质耐熔陶土或瓷土为主要原料，在高温下焙烧加工制成，结构致密。陶瓷墙地砖按其表面是否施釉分为无釉墙地砖与彩色釉面墙地砖。

通过不同配料与工艺制作可改变陶瓷砖的表面质感，如：平面、麻面、毛面、磨光面、抛光面、纹点面、仿石材面、压花浮雕面、无光釉面、金属光泽面、防滑面、玻化瓷质面、耐磨面等多种。也可经过丝网印刷、套色印花、单色、多色等工艺获得多样装饰效果。

根据《陶瓷砖》GB/T 4100—2015规定，陶瓷砖按成型的方法分干压砖和挤压砖，挤压砖又分为精细与普通两种。按照吸水率（E）分类，分为低吸水率砖（Ⅰ）、中吸水率砖（Ⅱ）和高吸水率砖（Ⅲ）三种。关于陶瓷砖的分类与代号见表5-4，干压陶瓷砖的厚度见表5-5。

陶瓷砖分类及代号　　　　　　　　　　　　表5-4

按吸水率（E）分类		低吸水率（Ⅰ类）		中吸水率（Ⅱ类）		高吸水率（Ⅲ类）
		$E \leq 0.5\%$（瓷质砖）	$0.5\% < E \leq 3\%$（炻瓷质砖）	$3\% < E \leq 6\%$（细炻质砖）	$6\% < E \leq 10\%$（炻质砖）	$E > 10\%$（陶质砖）
按成型方法分类	挤压（A）	AⅠa类	AⅠb类	AⅡa类	AⅡb类	AⅢ类
		精细　　普通	精细　　普通	精细　　普通	精细　　普通	精细　　普通
	干压（B）	BⅠa类	BⅠb类	BⅡa类	BⅡb类	BⅢ类[a]

注：a—BⅢ类仅包括有釉砖。

干压陶瓷砖的厚度（mm）　　　　　　　　　　表5-5

表面积 S	厚度值
$S \leq 900cm^2$	≤10.0
$900cm^2 < S \leq 1800cm^2$	≤10.0
$1800cm^2 < S \leq 3600cm^2$	≤10.0
$3600cm^2 < S \leq 6400cm^2$	≤11.0
$S > 6400cm^2$	≤13.5

注：微晶石、干挂砖等特殊工艺和特殊要求的砖或有合同规定时，厚度由供需双方协商。

由于室内温度一般在15℃以上，没有砖含水冻涨从而爆砖破坏的事情发生，一般含水率大于10%的砖是可以用在室内的。干压陶瓷砖 $E > 10\%$ BⅢ类陶质砖产品的尺寸、表面质量、物理性能和化学性能的技术要求可见表5-6的规定。

干压陶瓷砖（$E > 10\%$ BⅢ类）技术要求　　　　表5-6

技术要求				试验方法
外观质量		名义尺寸		
		$70mm \leq N < 150mm$	$N \geq 150mm$	
长度和宽度	每块砖（2条或4条边）的平均尺寸相对于工作尺寸（W）的允许偏差（%）	±0.75mm	±05，最大±2.0mm	GB/T 3810.2
	制造商选择工作尺寸应满足以下尺寸：模数砖名义尺寸连接宽度允许在1.5~5mm之间[a]；非模数砖工作尺寸与名义尺寸之间的偏差不大于±2%，最大5mm			GB/T 3810.2
厚度[b] 厚度由制造商确定。每块砖厚度的平均值相对于工作尺寸厚度的允许偏差（%）		±0.5mm	±10，最大±0.5mm	GB/T 3810.2

技术要求		名义尺寸		试验方法
外观质量		70mm≤N<150mm	N≥150mm	
边直度c（正面）相对于工作尺寸的最大允许偏差（%）		±0.5mm	±0.3，最大±1.5mm	GB/T 3810.2
直角度c相对于工作尺寸的最大允许偏差（%）		±0.75mm	±0.5，最大±2.0mm	GB/T 3810.2
表面平整度最大允许偏差（%）	相对于由工作尺寸计算的对角线的中心弯曲度	+0.75%，−0.5%	±0.5，−0.3 最大值+2.0mm，−1.5mm	GB/T 3810.2
	相对于工作尺寸的边弯曲度	+0.75%，−0.5%	±0.5，−0.3 最大值+2.0mm，−1.5mm	GB/T 3810.2
	相对于由工作尺寸计算的对角线的翘曲度	±0.75%	±0.5，最大±2.0mm	GB/T 3810.2
	边长>600mm的砖，表面平整度用上凸下凹表示，其最大偏差≤2.0mm			GB/T 3810.2
背纹（有要求时）	深度	≥0.7mm		GB/T 4100
	形状	背纹形状由制造商确定		GB/T 4100
表面质量d		至少砖的95%主要区域无明显缺陷		GB/T 3810.2
物理性能		要求		试验方法
吸水率（质量分数）		平均值>10%，单个最小值>9%。当平均值>20%时，制造商应说明		GB/T 3810.3
破坏强度（N）	厚度（工作尺寸）≥7.5mm	≥600		GB/T 3810.4
	厚度（工作尺寸）<7.5mm	≥350		
断裂模数［N/mm²（MPa）］不适用于破坏强度≥3000N的砖		平均值≥15，单个最小值≥12		GB/T 3810.4
耐磨性，有釉地砖表面耐磨性e		报告陶瓷砖耐磨性级别和转数		GB/T 3810.7
线性热膨胀系数f	从环境温度到100℃	参见附录Q		GB/T 3810.8
抗热震性f		参见附录Q		GB/T 3810.9
有釉砖抗釉裂性g		经试验应无釉裂		GB/T 3810.11
抗冻性f		参见附录Q		GB/T 3810.12
地砖摩擦系数		单个值≥0.5		附录M
湿膨胀g（mm/m）		参见附录Q		GB/T 3810.10
小色差f		纯色砖，有釉砖ΔE<0.75，无釉砖ΔE<1.0		GB/T 3810.16
抗冲击性f		见附录Q		GB/T 3810.5
化学性能		要求		试验方法
耐污染性有釉砖		最低3级		GB/T 3810.14

技术要求		名义尺寸		试验方法
外观质量		70mm≤N<150mm	N≥150mm	
抗化学腐蚀性	耐低浓度酸和碱有釉砖	制造商应报告耐化学腐蚀性等级		GB/T 3810.13
	耐高浓度酸和碱[f]	见附录 Q		GB/T 3810.13
	耐家庭化学试剂和游泳池盐类（有釉砖）	不低于 GB 级		GB/T 3810.13
铅和镉的溶出量[f]		见附录 Q		GB/T 3810.15

注：a 以非公制尺寸为基础的习惯用法也可用在同类型砖的连接宽度上。

　　b 在适用情况下，陶瓷砖的厚度包括背纹的高度。

　　c 不适用于有弯曲形状的砖。

　　d 在烧成过程中，产品与标准板之间的微小色差是难免的。本条款不适用于在砖的表面有意制造的色差（表面可能是有釉的、无釉的或部分有釉的）或在砖的部分区域内为了突出产品的特点而希望的色差。用于装饰目的的斑点或色斑不能看作缺陷。

　　e 有釉地砖耐磨性分级附录 P。

　　f 表中所列"见附录 Q"涉及项目是否有必要进行检验，参见本标准附录 Q。

　　g 制造商对于为装饰效果而产生的裂纹应加以说明，这种情况下，GB/T 3810.11 规定的釉裂试验不适用。

劈离砖又称劈裂砖，属于挤压砖的一种。是将一定配比的原料，经粉碎、炼泥、真空格压成型、干燥、高温烧结制成。砖成型时为双砖坯体背连，烧成后使用时再将其劈裂成两块砖，故称劈离砖。劈离砖也是墙地砖的一种。

劈离砖制造工艺简单，能耗低，使用效果好，其强度高、抗冻性强、防潮防腐、耐磨、耐压、耐酸、耐碱、防滑；色彩丰富，自然柔和，表面质感变化多样，没有反射弦光，装饰效果好。劈离砖的吸水率<6%。

产品主要规格有：240mm×52mm×11mm、240mm×115mm×11mm、194mm×94mm×11mm、190mm×190mm×13mm、240mm×115/52mm×13mm、194mm×94/52mm×13mm 等。

劈离砖适用于各类建筑物外墙装饰，也适合用作楼、堂、馆、所等处室内地面铺设。也适用于广场、公园、停车场、走廊、人行道等露天地面铺设，也可作游泳池、浴池的贴面材料。

二、陶瓷锦砖

陶瓷锦砖又称陶瓷什锦砖或陶瓷马赛克。

陶瓷锦砖有正方形、长方形和其他形状。边长不大于 95mm，表面的面积小于 55cm^2。这些形状与色彩不同的小块砖镶拼在<325mm（305mm、295mm、284mm）见方的牛皮纸上，故也有纸皮砖的俗称。

陶瓷锦砖表面有无釉和有釉之分，无釉陶瓷锦砖的吸水率≯0.2%，有釉陶瓷锦砖的吸水率<1%。砖联分单色与拼花两种。质量等级有优等品与合格品两种。

陶瓷锦砖的尺寸允许偏差要求见表 5-7，其他要符合《陶瓷马赛克》JC/T456—2005 行业标准的要求。

陶瓷锦砖的尺寸允许偏差　　　　表 5-7

项目	允许偏差（mm）	
	优等品	合格品
边长和宽度	±0.5	±1.0
厚度	±0.3	±0.4
线路	±0.6	±1.0
联长	±1.5	±2.0

三、建筑琉璃

琉璃制品是用难熔黏土经制坯，干燥，素烧，施釉，釉烧而成。建筑琉璃制品分为瓦类（板瓦、滴水瓦、筒瓦、沟头等），脊类（正脊筒瓦、正当沟等）和饰件类（吻、兽、博古等）三类。琉璃主要用于室内庭院与中式饭店内部装修。质量等级有优等品、一级品与合格品。建筑琉璃制品的有关技术要求按 GB 9197—88 执行。建筑琉璃制品的外观质量要求见表 5-8，建筑琉璃制品的规格及允许偏差见表 5-9。

建筑琉璃制品是属于精陶制品。琉璃制品属于高级建筑饰面材料，它表面有多种纹饰，色彩鲜艳，有金黄、宝蓝、翠绿、橘红、白、赤青、玫红、灰蓝、艳黑和黛青等 40多种颜色。造型多有固定格式，样态古朴而典雅，充分体现了中国传统建筑风格和民族特色。产品表面釉质光滑，耐污性好，耐老化性好。建筑琉璃制品可分为传统建筑琉璃制品和现代建筑琉璃制品。古典建筑中的琉璃瓦件、脊件、吻兽大约有数百种。作为宫殿、庙宇、园林古建筑的亭、榭、楼、台、牌坊、装饰照壁、屋面等处装饰以及现代建筑的檐口、栏杆、柱头等，建筑立面的局部等也有所采用。

建筑琉璃制品外观质量　　　　表 5-8

缺陷名称	单位	合格品			
		瓦类（a 为件长）		脊类和饰件（吻、博古）类	
		显见面	非显见面	显见面	非显见面
磕碰	mm²	总面积 225，最大 120	最大 450，2 处	总面积 400，最大 150	
粘疤	mm²				
缺釉	mm²		不计		
裂纹	mm	总长度 30，深度≮1/3 厚度	总长度 75，深度不允许贯穿开裂	最大长度 50，深度≮1/3 厚度，总长度<120	不计
釉泡	mm				
落脏	mm	2<φ≤5，3 处	不计	3<φ≤8，5 处	
杂质	mm				
变形	mm	a≥350，10；350>a>250，9；a≤250，8		单块最大外形≥400，18；单块最大外形<400，15	
色差	—	稍有色差			

尺寸允许偏差（mm）　　　　　　　　　　　　　　表 5-9

外形尺寸范围	类别	产品名称	允许偏差			
			长 a	宽 b	厚/高 c	弧度 d
$a \geqslant 350$	瓦类	板瓦	±10	±7	+2 −1	±3
		筒瓦		±5		
		滴水瓦		±7		
		沟头		±5		
$350 > a > 250$		板瓦	±8	±6		
		筒瓦		±4		
		滴水瓦		±6		
		沟头		±4		
$a \leqslant 250$		板瓦	±6	±5		
		筒瓦		±3		
		滴水瓦		±5		
		沟头		±3		
单块最大外形≥400，单块最大外形<400	脊、吻、博古		±15 ±11	±8 ±6	±12 ±8	

注：表中 c 分别代表瓦类的厚度和脊、吻、博古的高度。

四、洁具陶瓷

洁具陶瓷主要用于卫生间、厨房的卫生设施用品，其便于清洁、洗涤及耐酸碱等试剂的腐蚀。卫生洁具的质量主要取决于陶瓷的含水率。一般卫生陶瓷的含水率小于1%，而高档的卫生陶瓷的含水率必须小于 0.5%。以控制陶瓷吸水带来的气体所挥发的异味。卫生洁具的洗净面要求具有光滑的表面，不易沾污，易清洁。陶瓷和玻璃材料的卫生洁具耐急冷急热性能必须达到标准要求。

用精密陶瓷片的阀芯的水龙头，可保证使用 50 万次以上不漏水。

建筑装饰装修工程中常用卫生洁具有洗面器、便器、妇女洗洁器和浴缸等。

1. 洗面器

按安装方式可归为立柱式、挂式、台式三种。

立柱式洗面器是指瓷盆下部有立柱，进排水管道沿立柱中心穿过，并与水盆上的龙头连接；挂式洗面器是指盆靠墙悬挂安装，给排水管道一般是入墙式的；台式洗面器是盆镶嵌于天然大理石、人造石材或其他材质的台面板下（上），随着卫生间的空间面积的增加，目前大多数居室的装修也多采用台式安装。

除了陶瓷材质外，洗面器还有人造大理石、人造玛瑙、亚克力、玻璃、不锈钢、搪瓷、金属、木材等材料制成。表达了不同的文化渊源与科学技术的发展。也为人们的选用提供了不同的取向。

2. 便器

便器种类包括大便器、男用小便器（也称挂斗）、女用洗洁器（也称净身器或坐便洗洁器）。大便器按使用方式可分为蹲式便器和坐式便器两种。

按便器与水箱的连接形式不同，可分为分体式便器和连体式便器，分体式又包括挂箱式便器和坐箱式便器两种。坐便器坑距一般有 200mm、300mm、400mm 和特殊的 210～240mm、305mm 等几种。安装时一定要先测定设备尺寸后，再布置上下水管道，并考虑到抹灰、贴砖、便器水箱与墙面之间的留空等相应的构造尺寸。

带洗手盆坐便器是一种坐箱式便器，水箱盖设计为一小型的洗手盆，盆上的非控龙头的下边水管与水箱的进水阀直接连通，在用厕完毕冲水之后，浮控阀漂下降，受控进水阀门开启，水通过水箱上的出水管流出，洗手后的中水由箱盖洗手盆中间的小孔流进水箱，浮控阀漂上升，直至受控水箱进水阀关闭，这种便器具有减少使用空间和费用、卫生、节水等综合功效。

自动冲洗坐便洗涤器是一种专用于清洗肛门和妇女阴部的卫生装置，由电脑自动控制多功能盖圈，喷头具有前后自动伸缩、自动调节水温、自洁、喷口自动清洗、热风吹干和静音跌落，节约了手纸的使用，没有使用过程的交叉感染，是便器洗涤的新族上品。与卫生洁具直接连接的电器装置应采用直流电源，避免水意外带电造成的触电事故发生。在日本几乎所有的家庭与公共场所的卫生间都采用了这种自动式冲洗坐便的洗涤器装置。

按冲水方式分，有冲落式坐便器、虹吸式坐便器、喷射虹吸式坐便器和旋涡虹吸式连体坐便器。冲落式坐便器，水直冲，排污快，池内水封较低，不易堵塞，但冲水噪音较大。虹吸式坐便器，存水弯大，池内水封较高，冲洗动作安静，更不容易堵塞。喷射虹吸式坐便器是在虹吸式基础上增加了一个喷射孔，虹吸管内的喷水产生由外向里的推力，改善了排污虹吸，由于喷水是在水面下进行排水，所以噪音更小、池内封水面积大，便于阻隔异味。旋涡虹吸式连体坐便器，有双重排水作用，冲水时噪声最小，池内水封面积大，可阻隔臭气。

节水型便器的水箱一次冲水量应小于 6 升，非节水型便器的水箱一次冲水量也不应大于 9 升。水箱配件要有防止倒虹吸结构，水位调节装置、溢流装置、补水装置操作轻便、可靠、不漏水，排水阀的密封面要平整，溢流管要高出水位线 20mm。高档坐便器圈盖一般采用优质 ABS 工程塑料。

3. 浴缸

浴缸有钢板搪瓷、铸铁搪瓷、人造树脂、不锈钢等材料浴缸。有裙板（固定、活动、左、右）浴缸、坐角式浴缸、配淋浴屏式浴缸等。按浴缸的规格有长 1000～1860mm，宽 650～920mm、角形 1230～1530mm，高 290～740mm 等尺寸，以适应正常人与有行为障碍人的使用。由于浴缸是一个经常洗热水澡的设备，要具有耐污染性、耐热水性、吸水率极低、耐渗水性、耐荷重、满水挠度极小、耐落球击打、耐沙袋冲击、硬度高、耐磨性好等 10 项基本性能指标的要求。一般要求浴缸底部要有防滑纹，也可配防滑垫，放在浴缸中起防滑作用。无机或有机材料浴缸溶水后的可溶出物质不应引起皮肤过敏或对人体造成伤害。

第六章　玻　璃

在人类早期的建筑活动中，窗户的采光材料使用的是羊皮、纸、薄大理石石材等，在古代埃及发明玻璃材料后，人类才得以在风雨交加的天气中，让建筑有了一种真正的庇护感。即使在寒冷的冬天，不开窗，也可以实现与室外有一个良好的"视线的对话"，因为人们似乎感觉玻璃让物质仿佛"消失"。

玻璃在建筑上的功能作用较多，主要品种分为普通玻璃、安全玻璃和特种玻璃三个大类。

普通建筑玻璃是普通无机类玻璃的总称，按照普通玻璃在建筑装饰装修中所起的作用不同，可分为普通平板玻璃和装饰玻璃。

普通平板玻璃也叫门窗玻璃，它是玻璃进行深加工的基础用料。装饰玻璃，是在普通平板玻璃的基础上，进行一些简单的物理加工，如喷毛、压花、乳化。还有的在普通玻璃用料的基础上再加入一些氧化物试剂，变成颜色玻璃等，使其具有较好的装饰功能。

安全玻璃是指能够保障人安全使用的玻璃。安全玻璃的品种有钢化玻璃、夹层玻璃、夹丝玻璃等。这一类玻璃具有超出普通玻璃的强度，即使玻璃发生破碎，产生的碎片也不致伤人。

特种玻璃是指某种性能特别显著，能够满足建筑物某些特殊功能需要的玻璃，如防火玻璃、膜热反射玻璃、色彩吸热玻璃、光致变或电致变颜色玻璃、中空玻璃和曲面玻璃等。

第一节　玻璃的特性及应用

玻璃是用石英砂、纯碱、长石及石灰石等主要原料和助熔剂等一些辅助性材料，在1550℃~1600℃高温下熔融后成型，并经冷却而成固体，是一种无定型的非结晶体的匀质透明的材料。

玻璃的化学组成很复杂，其主要成分为 SiO_2（含量72%左右），Na_2O（含量15%左右），CaO（含量9%左右），此外还含有少量的 Al_2O_3、MgO 及其他化合物组成。常常在玻璃生产中加入某些辅助性材料或经特殊工艺处理，使玻璃具有特殊的性能，如滤光、反射、保温、装饰、安全、反光、控光、隐形等。玻璃的孔隙率接近零，密度为 $2450~2550kg/m^3$，通常视玻璃为绝对密实材料。

玻璃最主要的性能是透光、吸收和反射光线，洁净的普通平板玻璃透光率可达85%~90%。其质地均匀而且耐冷、耐热、耐水、耐老化，可加工性强。现代的玻璃不仅起采光作用，同时还可以调节热量、节约能源、控制噪声、提高安全性能并改善装饰效果。

玻璃的导热系数为 $0.76W/（m·K）$，保温绝热作用差。玻璃的抗压强度高、抗拉与抗折强度低，为脆性材料。如果玻璃局部受冷或受热，易产生内应力不均或应力传递不及时，而导致破裂。

玻璃具有很好的化学稳定性，除氢氟酸外，对大多数的酸具有抗腐蚀性能。玻璃在潮湿环境中与 CO_2 作用生成碳酸盐，随着水分的蒸发，在玻璃表面形成一层白色的发霉斑点。可采取酸洗和加热的方法解决。玻璃遇水会水解成碱与硅酸，硅酸由玻璃表面吸附，形成一层 $SiO_2 \cdot nH_2O$ 胶膜，在玻璃表面阻止玻璃的继续水解与风化。

玻璃的隔声性能与玻璃的化学成分、构造方式及生产工艺有关，常用平板玻璃平均透过声音的损失为 $25 \sim 30dB$，而一般构造的中空玻璃可使噪声下降 $30 \sim 40dB$。

玻璃中主要氧化物的作用见表 6-1，玻璃主要辅助原料及其作用见表 6-2，玻璃的导热系数见表 6-3。

玻璃中主要氧化物的作用   表 6-1

氧化物名称	在玻璃中含量	所起作用	
		增加	降低
二氧化硅（SiO_2）	铅玻璃含 52% 以上，石英玻璃可达 100%	熔融温度、化学稳定性、热稳定性、机械强度	密度、热膨胀系数
氧化钠或氧化钾（Na_2O 或 K_2O）	工业玻璃含 13%~16.5%	热膨胀系数	化学稳定性、耐热性、熔融温度、析晶倾向、退火温度、韧性
氧化钙（CaO）	允许含量达 13%，含量过多将使玻璃析晶	硬度、机械强度、化学稳定性、析晶倾向、退火温度	耐热性
氧化硼（B_2O_3）	一般硼硅玻璃含 16.5%，耐热玻璃可达 23.5%	化学稳定、耐热性、折射率、光泽	熔融温度、析晶倾向、韧性
氧化镁（MgO）	特殊用途耐热玻璃可达 9%、窗玻璃、瓶玻璃应在 5.5% 以下	耐热性、化学稳定性、机械强度、退火温度	析晶倾向、韧性（含量 2.5% 以下时）
氧化钡（BaO）	一般不超过 15%	软化温度、密度、光泽、折射率、析晶倾向	熔融温度、化学稳定性
氧化锌（ZnO）	锌玻璃可达 10%，普通玻璃可达 2%~4%	耐热性、化学稳定性、熔融温度	热膨胀系数
氧化铅（PbO）	铅玻璃可含 33%，晶质玻璃、光学玻璃可达 60%	密度、光泽、折射率	熔融温度、光学稳定性
氧化铝（AL_2O_3）	普通玻璃可达 15%，矿石熔制的瓶玻璃可达 14%~15%，超过此含量则熔制困难	熔融温度、化学稳定性、机械强度	（含量介于 2%~5% 时）析晶倾向

玻璃主要辅助原料及其作用   表 6-2

名称	常用化合物	作用
助熔剂	萤石、硼砂、硝酸钠、纯碱等	缩短玻璃熔制时间，其中萤石与玻璃液中杂质 FeO 作用后，可增加玻璃透明度
脱色剂	硒、硒酸钠、氧化钴、氧化镍等	在玻璃中呈现与原来颜色的补色，达到使玻璃无色的作用
澄清剂	白砒、硫酸钠、铵盐、硝酸钠、二氧化锰等	降低玻璃液黏度，有利于消除玻璃液中气泡
着色剂	氧化铁（Fe_2O_3）、氧化钴、氧化锰、氧化镍、氧化铜、氧化铬等	赋予玻璃一定颜色，如 Fe_2O_3 能使玻璃呈黄或绿色，用氧化钴能呈蓝色等
乳浊剂	冰晶石、氟硅酸钠、磷酸三钙、氧化锡等	使玻璃呈乳白色和半透明体

名称	密度 （kg/m³）	导热系数 （W/m·k）	名称	导热系数 （W/m·k）
平板玻璃	2500	0.75	充氮夹层玻璃（D=12.03mm，一层氮气）	0.097
化学玻璃	2450	0.93	充氮夹层玻璃（D=21.42mm，二层氮气）	0.0916
石英玻璃	2200	0.71	充氮夹层玻璃（D=30.16mm，三层氮气）	0.0893
石英玻璃	2210	1.35	干空气夹层玻璃（D=12.06mm，一层干空气）	0.0963
石英玻璃	2250	2.71	干空气夹层玻璃（D=21.04mm，二层干空气）	0.0893
玻璃砖	2500	0.81	干空气夹层玻璃（D=29.83mm，三层干空气）	0.0863
泡沫玻璃	140	0.052	夹层玻璃（D=8.6mm. 中间空气 3mm，四周玻璃条）	0.103
泡沫玻璃	166	0.087	夹层玻璃（D=15.92mm，中间空气 10mm，四周玻璃条）	0.094
泡沫玻璃	300	0.116	夹层玻璃（D=15.92mm，中间空气 6mm，四周橡胶条）	0.128

第二节　玻璃制品

一、普通玻璃

普通玻璃也叫普通平板玻璃，是指引上法、平拉法和浮法等生产工艺生产的板状玻璃。属于钠玻璃，又叫净片。普通平板玻璃是平板玻璃中生产量最大，使用量最多的一种。普通平板玻璃挡风、遮雨、保温、隔声，有一定的机械强度，材质为脆性材料。玻璃面平整，紫外线透光率较低，有较好的透明度，可见光透过率可达到85%左右。

1. 平板玻璃的生产工艺方法

普通平板玻璃有多种的制造方法与工艺，如垂直引上法、水平引拉法、对辊法等，现在以浮法生产玻璃居多。

（1）垂直引上法

垂直引上法是传统的玻璃生产方法之一，它又分有槽引上法和无槽引上法两种。有槽引上法又称弗克法，是用耐火砖砌成槽子，在槽子中，当高温的玻璃溶液从熔窑中引出后，经过这个砖槽垂直向上引拉，拉成连续的玻璃平带，通过冷却变硬，便成为平板玻璃。这种方法的主要缺点是容易产生波筋。

无槽引上法又称匹兹堡法，是以浸没在玻璃溶液中的耐火"引砖"代替原来的槽子砖。耐火"引砖"砌筑在玻璃溶液表面下的 70~150mm 处，以使冷却器能集中冷却在引砖之上流向玻璃原板起始线的玻璃液层，并迅速达到玻璃带的成型温度。相比有槽引上法，此法工艺简单，质量有所改进，但玻璃的厚薄不好控制。

（2）水平引拉法

水平引拉法是在玻璃熔液垂直引上约 1m 处，通过转向轴改为水平方向引拉，再经退火冷却而制成的平板玻璃，水平引拉法有柯尔本法（K 平拉法）和格拉威伯尔法（G 平拉法）。水平引拉的方法不需要高空间的厂房便可进行大面积玻璃的切割。但水平运行中的板面易落灰、产生麻点等，玻璃的厚薄也难以控制。

（3）浮法

通过对普通玻璃进行单面或双面研磨、抛光来得到磨光玻璃。这种玻璃表面平整、光滑、有光泽，透光率>84%，透过玻璃观看到的景物不变形，有良好的透光、透视效果。磨光玻璃的成本较高，一般用于镜子产品的制作。

后来出现的浮法玻璃，由于其成本低，表面平整光洁，厚度均匀，光学畸变极小，具有机械磨光玻璃的质量。所以，现已基本替代磨光玻璃。

浮法玻璃是用海砂、硅砂、石英砂岩粉、白云石、纯碱等原料，在熔窑中经过1500~1570℃高温熔化后，将玻璃液体引入锡槽，在干净的锡液（锡的熔点231.89℃）面上自由摊平，经过延伸进入退火窑，逐渐降温退火、切割而成。浮法玻璃熔窑的燃料可以采用重油、煤气或天然气，但目前世界上最先进的生产方法是全部用电来加热，使玻璃原料熔化来进行生产，称为全电熔法。

浮法玻璃是英国人 B·皮尔金顿与 K·凯尔斯塔夫于 1940 年在实验室里最早发现的一种新工艺，于 1952 年进入中间试验阶段，1959 年获得成功，并取得了专利权。1962 年，建成 400t 级的浮法生产线进入了工业化阶段。

我国的浮法玻璃生产线是自主开发设计的，并于 1978 年在河南洛阳玻璃厂投产并获得成功。

2. 普通平板玻璃的等级与质量要求

浮法玻璃通常用作橱窗玻璃、展柜玻璃或用来制作镜面，也可直接作为门窗玻璃使用，并作为各种装饰玻璃或特种玻璃的基础产品来再加工。

浮法工艺生产的玻璃，按厚度（mm）不同分为 2、3、4、5、6、8、10、12、15、19、22、25。浮法玻璃幅面尺寸一般要大于 1000mm×1200mm，但也不得大于 2500mm×3000mm。

平板玻璃分为优等品、一级品、合格品三个等级。按颜色属性分为无色透明平板玻璃和本体着色平板玻璃。平板玻璃等级及外观质量要求见表 6-4。

平板玻璃外观质量   表 6-4

缺陷种类	质量要求		
	合格品	一等品	优等品
	L 尺寸（mm）允许个数限度	L 尺寸（mm）允许个数限度	L 尺寸（mm）允许个数限度
点状缺陷[a]	$0.5 \leq L \leq 1.0$，$2 \times S$	$0.3 \leq L \leq 0.5$，$2 \times S$	$0.3 \leq L \leq 0.5$，$1 \times S$
	$1.0 < L \leq 2.0$，$1 \times S$	$0.5 < L \leq 1.0$，$0.5 \times S$	$0.5 < L \leq 1.0$，$0.2 \times S$
	$2.0 < L \leq 3.0$，$0.5 \times S$	$1.0 < L \leq 1.5$，$0.2 \times S$	$L > 1.0$，0
	$L > 3.0$，0	$L > 1.5$，0	
点状缺陷密集度	尺寸≥0.5mm 的点状缺陷最小间距不小于 300mm；直径 100mm 圆内尺寸≥0.3mm 的状缺陷不超过 3 个	尺寸≥0.3mm 的点状缺陷最小间距不小于 300mm；直径 100mm 圆内尺寸≥0.2mm 的状缺陷不超过 3 个	尺寸≥0.3mm 的点状缺陷最小间距不小于 300mm；直径 100mm 圆内尺寸≥0.1mm 的状缺陷不超过 3 个

缺陷种类	质量要求								
	合格品			一等品			优等品		
线道	不允许								
裂纹	不允许								
划伤	允许范围，允许条数限度			允许范围，允许条数限度			允许范围，允许条数限度		
	宽≤0.5mm，长≤60mm；3×S			宽≤0.2mm，长≤40mm；2×S			宽≤0.1mm，长≤30mm；2×S		
光学变形	公称厚度	无色透明平板玻璃	本体着色平板玻璃	公称厚度	无色透明平板玻璃	本体着色平板玻璃	公称厚度	无色透明平板玻璃	本体着色平板玻璃
	2mm	≥40°	≥40°	2mm	≥50°	≥45°	2mm	≥50°	≥50°
	3mm	≥45°	≥40°	3mm	≥55°	≥50°	3mm	≥55°	≥50°
	≥4mm	≥50°	≥45°	4~12mm	≥60°	≥55°	4~12mm	≥60°	≥55°
	—	—	—	≥15mm	≥55°	≥50°	≥15mm	≥55°	≥50°
断面缺陷	公称厚度不超过8mm时，不超过玻璃板的厚度；8mm以上时，不超过8mm								

注：S 是以 m² 为单位的玻璃板面积数值，按GB/T 8170修约，保留小数点后两位。点状缺陷的允许个数限度及划伤的允许条数限度为各系数与S相乘所得的数值，按GB/T 8170修约至整数。

　　a 光畸变点视为 0.5~1.0mm 的点状缺陷。

引自：《平板玻璃》GB11614—2009，代替《浮法玻璃》GB11614—1999。

二、磨砂玻璃

　　磨砂玻璃又称毛玻璃，由普通玻璃或浮法玻璃用硅砂、金刚砂、石榴石粉等材料，加水研磨而成的玻璃称为磨砂玻璃；用压缩空气将细砂喷射到玻璃表面而制成的玻璃称喷砂玻璃；用氢氟酸溶蚀的玻璃称酸蚀玻璃。

　　由于毛玻璃表面粗糙，光照后漫射，使透过光线不反射，不眩目、不刺眼，透光而不能透视，质感特别，朦胧浪漫，一般用于有私密性要求的房间，如建筑物的卫生间、浴室、办公室等门窗、隔断和衣柜家具柜门等装修，也可在玻璃表面磨制、溶蚀、喷蚀成各种图案，通过对比质感，增加玻璃的装饰效果。见图6-1。由于磨砂玻璃的表面的沾水程度会影响到磨砂玻璃的透光透视性能，因此玻璃磨砂面宜安装在无水一侧的室内空间，以免水溅到玻璃上。

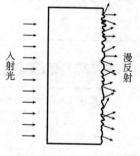

图6-1 毛玻璃的光漫射图

三、压花玻璃

　　又称滚花玻璃，是将熔融的玻璃液在冷却硬化之前经过刻有花纹的滚筒，在玻璃一面或两面同时压上凹凸图案花纹，使玻璃在受光照时漫射而不可透视。压花可选用透明玻璃也可选用颜色玻璃等。

　　压花玻璃有单辊法和双辊法的制造工艺方法。单辊法工艺是将玻璃液引浇在铸铁或铸钢材料压延成型台上，台面或辊轴上刻有一定的花纹图案，辊轴在玻璃液面上碾压形成花纹，再将制成的压花玻璃送入退火窑内进行退火处理。双辊法工艺又分半连续压延和连续压延两种方法。通过水冷的一对辊轴，玻璃液随着辊子转动向前拉引至退火窑。下辊的表面有凹凸花纹，上辊是抛光辊，这样可制得单面有图案的压花玻璃。如上下滚轴的表面都带有凹凸花纹，便可制得双面有图案的压花玻璃。

压花玻璃的物理和化学性能与普通平板玻璃相同，但压花玻璃具有透光不透视的特点，能够起到对隐私的视线遮挡作用。可用于卫生间的门窗、走廊的隔断等处。有些花纹的压花玻璃在人靠近玻璃时，还是能够看到玻璃内侧的情况，因此，使用这类花纹的玻璃时，应根据使用具体情况再处理一下。

压花玻璃相比毛玻璃来说便于清洁，最适宜用于厨房，也可用于卧室、卫生间，在办公室、会议室、游泳馆、图书馆等空间也可使用。压花玻璃的图案有布纹、香梨等。

我国压花玻璃有 3mm、4mm、5mm、6mm 及 8mm 五种厚度。外观质量分一等品、合格品。压花玻璃规格及技术性能见表 6-5，压花玻璃外观质量要求见表 6-6。其他技术要求见《压花玻璃》JC/T 511—2002。

压花玻璃规格及技术性能   表 6-5

规格（mm）	技术性能
1800×900	1. 允许偏差（mm）：长度允许偏差±2、±3，厚度允许偏差±0.3、±0.4、±0.5、±0.6
1650×900	2. 透光率：60%～70%
1200×900	3. 弯曲率：≤0.3%
1100×900	4. 抗拉强度：60MPa
900×900	5. 抗压强度：700MPa
	6. 弯曲强度：40MPa

压花玻璃外观质量   表 6-6

缺陷类型	说明	一等品			合格品		
图案不清	目测可见	不允许			不允许		
气泡	长度范围 mm	2≤L<5	5≤L<10	L≥10	2≤L<5	5≤L<15	L≥15
	允许个数	6.0×S	3.0×S	0	9.0×S	4.0×S	0
杂物	长度范围 mm	2≤L<3		L≥3	2≤L<3		L≥3
	允许个数	1.0×S		0	2.0×S		0
线条	长度范围 mm	不允许			长度 100≤L<200，宽度 W<0.5		
	允许个数				3.0×S		
皱纹	目测可见	不允许			边部 50mm 内轻微的允许存在		
压痕	长度范围 mm	不允许			2≤L<5		L≥5
	允许个数				2.0×S		0
划伤	长度范围 mm	不允许			长度 L≤60，宽度 W<0.5		
	允许个数				3.0×S		

缺陷类型	说明	一等品	合格品
裂纹	目测可见	不允许	不允许
断面缺陷	爆边、凹凸、缺角等	不应超过玻璃板的厚度	不应超过玻璃板的厚度

注：1. 上表中，L 表示相应缺陷的长度，W 表示其宽度，S 是以 m^2 为单位玻璃板的面积，气泡、杂物、压痕和划伤数量允许上限值是以 S 乘以相应系数所得的数值，此数值应按 GB/T 8170 修约至整数。

2. 对于 2mm 以下的气泡，在直径为 100mm 的圆内不允许超过 8 个。

3. 破坏性的杂物不允许存在。

四、颜色玻璃

颜色玻璃是在玻璃原料中添加着色剂，使玻璃对可见光谱某一组光波透射、反射或向外消散，因此具有滤光、吸热、消散，反射等效能，用于幕墙、门窗、拼花与镜装饰等。

颜色玻璃按着色方式不同分为金属离子着色、金属胶体着色与半导体着色（本征着色）三大类。

1. 金属离子着色玻璃

以钒、钛、钴、镍、铬、锰、铜、铈、铀、钕等过渡金属和稀土元素氧化物作为着色剂。这些常用的着色剂离子价态及所呈颜色如表 6-7 所示。如用混合色剂可制得比单一色剂更为鲜艳的彩色玻璃。

几种常用的着色离子玻璃的颜色　　　　　　　　表 6-7

着色剂	离子价态	玻璃所呈颜色
钛	Ti^{4+} Ti^{3+}（仅存在于磷酸盐玻璃）	棕黄色、紫色（还原条件下）
钒	V^{3+}	绿色（随钠含量和溶制条件的变化可产生蓝、青绿、绿、棕色及无色等）
铬	G^{3+} G^{6+}	绿色 黄色
锰	Mn^{3+}	紫色（在钠磷酸盐玻璃中） 棕红色（在铅硅酸盐玻璃中）
铁	Fe^{2+}	淡蓝色
钴	Co^{2+}	蓝紫（随玻璃成分不同而变化）
镍	Ni^{2+}	灰黄、紫色（随玻璃成分不同而变化）
铜	Cu^{2+}	湖蓝
铈	Ce^{3+} Ce^{4+}	淡黄 含钛时呈金黄色
钕	Nd^{3+}	紫红色
铀	U	黄绿色并呈美丽的荧光

2. 胶体着色玻璃

胶体着色玻璃可分为金属胶体与化合物胶体着色两种。金属胶体着色玻璃粒子通常采用金、银、铜等，化合物胶体着色玻璃是向含锌的玻璃料中添加硫、硒化合物等着色剂。

3. 半导体着色玻璃

半导体着色玻璃是向玻璃料中添加硫化镉、硒化镉，碲化镉等着色剂。颜色不随着色剂粒子大小而变化，而是随两种着色剂的比值而变化。如 CdS、CdSe 具备半导体性能，随着在玻璃中 CdS/CdSe 的比值变小，相应混晶的禁带宽度随 CdSe 的相对增加而逐渐下降，导致玻璃颜色由黄向橙黄、红、深红的系列变化。

颜色吸热玻璃按外观质量分为优等品、一等品、合格品。各种颜色的透光率及热工性能见表6-8，表6-9。其他技术要求见《吸热玻璃》JC/T 536—94 行业标准。

吸热玻璃的透光率 表 6-8

色调	可见光透过率（%）不小于	太阳辐射透过率（%）不大于
蓝色	45	70
茶色	42	60
灰色	30	60

吸热玻璃的隔热性能及规格 表 6-9

项目	平板玻璃	灰绿色吸热玻璃	茶色吸热玻璃
厚度（mm）	4.66	4.96	4.63
隔热量（%）	22.9	42.0	47.6
产品规格（mm）	厚度：2、4、5、6、8、10、12；长度2200；宽度1800		

五、膜反射玻璃

膜反射玻璃也叫膜彩色玻璃，最近还有称作低辐射玻璃（Low-E 玻璃）。是指通过特定的工艺方法，在玻璃表面形成彩色膜的玻璃。这种玻璃显著的特点就是能够反射太阳光，节约室内能源。彩色膜玻璃一般具有导电、吸热、热反射、选择吸收、单向透视、耐磨、耐化学腐蚀性及耐气候性等性能。除用于建筑门窗、玻璃幕墙外，还用作室内装饰与采光。

1. 膜彩色玻璃加工方法

膜彩色玻璃是指通过化学热解法、磁控阴极真空镀膜法、真空溅射镀膜法、化学浸渍法、气相沉积法、真空涂层法、电浮法、溶胶凝胶法及粘贴等工艺，在玻璃表面形成彩色膜的玻璃。按工艺方法彩色膜玻璃的分类与品种见表6-10。采用这些方法，可以在玻璃表面涂以金、银、铜、铝、镍、铁、铬、钛等金属或金属氧化物薄膜，或采用电浮法等离子交换的方法，向玻璃表层渗入金属离子以置换玻璃表面层原有的离子而形成的热反射的彩色薄膜。

膜彩色玻璃按工艺方法分类 表 6-10

分类	说明	品种
化学热分解法	将玻璃加热到一定温度，喷涂含金属着色离子的溶液或干粉，在高温下分解，氧化成金属氧化物，附着在玻璃表面，根据所用离子可形成不同颜色的彩色膜玻璃	钢化型膜 退火型膜

分类	说明	品种
真空阴极溅射法	在真空条件下通过阴极溅射、反应溅射等方法，蒸镀金属或金属氧化物膜，膜可为多层	热反射膜 热吸收膜 低辐射膜
溶胶凝胶法	采用浸渍法或喷涂法涂敷含有金属化合物的膜层，经热处理可制得难熔金属离子等氧化物膜层及特殊性能的彩色膜层	普通胶膜 特殊胶膜
涂塑法	用含典型色素的热塑性树脂和溶剂配制成胶液，通过浸渍、涂刷或静电喷涂等工艺形成均匀膜层，经加热挥发溶剂聚合制得	热塑性树脂膜

膜彩色玻璃的遮光系数以太阳光通过 3mm 厚透明玻璃射入室内的量作为 1，在同样条件下，得出太阳光通过各种玻璃射入室内的相对量。玻璃的遮光系数是衡量膜彩色玻璃的一个重要指标。

在日本，膜彩色玻璃主要采用热分解法生产热反射玻璃。其产品的可见光透光率为 45%~65%，反射率为 30%~40%，遮光系数为 0.6~0.8。

欧美主要采用化学浸渍法、真空镀膜法及溅射法，热反射玻璃的透光率为 20%~80%，反射率为 20%~40%，辐射率为 0.4~0.7，遮光系数为 0.3~0.4。欧美还生产出一种辐射率很低的玻璃，可见光的透光率达到 60%~80%，辐射率仅为 0.1~0.2。考虑到膜面强度和隔热性能，一般以双层玻璃的形式使用，涂有金属或金属氧化物的薄膜置于双层玻璃的中间，且热带地区薄膜置于双层玻璃中间的外侧，冷带地区薄膜置于双层玻璃中间的内侧。这样炎热地区可把太阳光及时反射出去，而寒冷地区可在双层玻璃窗的中间形成一个热幕空气层，使透光率、遮光性和隔热性能俱佳。

2. 热反射玻璃的性能与应用

玻璃的遮光系数愈小，透射进入室内的阳光热能就愈少，空调房间空调的效果就愈好。不同材质玻璃的遮光系数为 8mm 厚的透明浮法玻璃为 0.93；8mm 厚茶色吸热玻璃为 0.77；8mm 厚热反射玻璃为 0.60~0.75；膜彩色热反射双层中空玻璃可达到 0.24~0.49。而不同材质玻璃的阳光反射率为 6mm 厚透明浮法玻璃第一次反射 7%，第二次反射 10%，总反射率 17%；6mm 厚茶色反射玻璃第一次反射 30%，第二次反射 31%，总反射 61%。6mm 厚膜彩色热反射玻璃对太阳辐射热的透过率比同样厚度的透明浮法玻璃减少 65% 以上，比吸热玻璃减少 45%。6mm 厚膜彩色热反射玻璃对可见光的透光率比同厚度的浮法玻璃减少 75% 以上，比茶色吸热玻璃还减少 60%，因此，膜彩色热反射玻璃因其卓越的隔热性能成为避免太阳辐射增热的首选，并广泛应用在设置空调的建筑物的围护结构中。

热反射玻璃在室内侧的光线柔和，可减少眩光，可使日晒时室内温度保持稳定，节约空调的运行费用。镀金属膜的热反射玻璃，白天能在室内看到室外的景物，而在室外却看不到室内的景象，具有单向透像的功能。

热喷涂彩色热反射玻璃的规格性能见表 6-11，国外热反射玻璃的太阳光谱及辐射性能见表 6-12。

颜色玻璃与膜彩色玻璃的缺点是太阳光通过后，发生光的波长过滤，这对人及植物的生长是不利的，除了茶色光之外，其他光尤其是冷光对于人的眼睛的黄斑是有损害的，这也是近年来住宅建筑大多采用无彩色玻璃，淘汰宝石蓝、海洋蓝玻璃的主要原因。膜反射所产生的室外光污染，也是城市环境管理部门所不愿意看到的。

热喷涂彩色热反射玻璃的规格性能　　　　　　　　　表 6-11

产品颜色	规格（mm）	可见光透过率（%）	太阳辐射反射率（%）	整体翘曲系数	局部翘曲值（mm）	抗冲击性	抗磨强度	化学稳定性
茶色	厚 3~6 长×宽 <1500 ×1000	30~50	30~50	≤0.01	≤2（每 300 长）	为普通平板玻璃的 3~4 倍	在 50g/cm³ 荷载下，经过 565 次/min 摩擦未见变化	耐酸、耐碱性能高于普通平板玻璃

国外热反射玻璃的太阳光谱及辐射性能　　　　　　　　　表 6-12

玻璃名称	厚度（mm）	光谱透射率（%）			光谱反射率（%）			光谱吸收率			太阳辐射（%）		遮光系数
		紫外光	可见光	红外光	紫外光	可见光	红外光	紫外光	可见光	红外光	透射光	反射光	
比利时茶色吸热玻璃	5	14.4	53.0	53.8	8.0	7.1	8.0	77.5	40.9	38.2	—	—	—
日本银白色镀膜热反射玻璃	6	—	24.0	—	—	28.1	—	—	47.9	—	—	—	—
美国匹兹堡透明热反射玻璃	6	—	21.0	—	—	35.0	—	—	44.0	—	23.0	30.0	0.44
美国匹兹堡透明浮法玻璃	6	—	39.0	—	—	29.0	—	—	32.0	—	44.0	29.0	0.59
美国匹兹堡灰色热反射玻璃	6	—	17.0	—	—	35.0	—	—	48.0	—	25.0	30.0	0.44
美国茶色热反射玻璃	6	—	49.0	—	—	—	—	—	—	—	66.0	10.0	0.76

六、镭射玻璃

又称光栅玻璃，采用特殊工艺处理使玻璃表面（背面）构成全息或其他几何光栅。在阳光、灯光、月光照后能产生光衍射的七彩光玻璃。品种有透明、印刷图案、半透明半反射与金属质感等。结构上有单层与夹层之分。如半透半反单层（5mm）、半透半反夹层（5+5mm）、钢化半透半反图案夹层地砖（8+5mm）等。镭射玻璃的颜色有白色、蓝色、红色、紫色、灰色等多种，由于其具有宝石光芒与梦幻之感，极具装饰性，被广泛用于酒店、宾馆、舞厅、KTV等娱乐场所和商业设施中的墙面、柱面、地面、桌面、台面、隔断、屏风、招牌、喷泉、灯饰及装饰画等部位。

七、镶嵌玻璃

又叫拼装玻璃。是玻璃经切割、磨边、工型铜条镶嵌、焊接等工艺，重新加工组装的玻璃。拼装玻璃完成后，用已准备好两块钢化玻璃把做好的拼装玻璃镶在中间，再在玻璃周边涂上密封胶，等胶凝固后，抽取层中空气，注入惰性气体以防止铜条日后氧化锈蚀而产生绿斑等。

镶嵌玻璃集彩绘、镀膜、磨边等多种工艺为一体，是高档装饰装修玻璃中艺术的佳品，广泛用于酒店、宾馆、餐饮、KTV及公共场馆的门厅、餐厅、会客室的门窗、屏风及内墙饰面等，在住宅装饰装修的门饰工程也有采用。

八、安全玻璃

安全玻璃是指具有承压、防火、防暴、防盗和防止伤人功能的特殊加工的玻璃。主要有夹丝玻璃、钢化玻璃、夹胶玻璃和夹层玻璃。

1. 夹丝玻璃

也称防碎玻璃、钢丝玻璃或防火玻璃。由于玻璃内有夹丝，当受外加作用破裂或遇火暴碎后，玻璃碎片不脱落，可暂时隔断火焰，属二级防火玻璃，与其他材料构造在一起可完成不同级别的防火门窗要求，具有防火性。丝网可编成几何图案，具有装饰性。

玻璃夹丝是在玻璃生产时，将普通平板玻璃加热到红热软化状态，玻璃液在进入压延棍的同时，将经过预热的金属丝（网）嵌入玻璃板中，表面可以是磨光或压花的，颜色也可以是透明或彩色的。

与普通平板玻璃相比，夹丝玻璃具有耐冲击性和耐热性，在外力作用和温度应力急剧变化导致玻璃破裂时，碎片粘附在丝网上，不至于脱落伤人，因而具有安全性。夹丝玻璃常用于建筑物的天窗、屋棚、顶盖及易受震动的门窗等处。彩色夹丝玻璃因其具有良好的装饰功能，可用于楼梯、阳台、电梯前室等处。

夹丝玻璃厚度一般为6、7、10mm之间，幅宽为1200mm×2000mm、600mm×400mm。产品等级为优等品、一等品与合格品。

夹丝玻璃由于在玻璃中嵌入了金属丝，因而破坏了玻璃的均质性，降低了玻璃的使用强度。以抗折强度为例，普通平板玻璃为85MPa，而夹丝玻璃仅为67MPa，因此使用时必须注意以下几点：

（1）由于夹丝玻璃的钢丝网与玻璃的热膨胀系数、热传导系数等性能差异较大，应尽量不要用于两侧空间温差大或局部热变比较频繁的部位。如寒冷、严寒地区建筑维护结构的窗玻璃，容易因玻璃与钢丝的热性能不同而产生温度应力，导致夹丝玻璃损坏。

（2）夹丝玻璃的安装尺寸必须适宜，注意玻璃不要受到挤压，玻璃不要与窗框直接接触，要用塑料及橡胶等填充物在玻璃四周作留空或缓冲。

（3）夹丝玻璃极难裁割，因为上下玻璃在裁切时很难对齐，这样就不能保证玻璃的裁口整齐一致，所以夹层玻璃在使用时一般是根据有关尺寸要求向厂家订制。如果自行切割，玻璃已断而丝网还扯连时，需要上下往复掰多次才能掰断，这时要格外小心，防止玻璃边缘处造成微小的口伤，以免使用时引起裂纹的延伸。

（4）夹丝玻璃裁割后会造成玻璃外缘处丝网露出，易造成金属锈蚀。随着锈蚀由外向内的蔓延，玻璃会由于锈蚀物的体积增大而导致玻璃的胀裂。所以，夹丝玻璃裁割后，要注意裁切边缘部位的防水与防锈处理。

夹丝玻璃的外观质量规定见表6-13。

夹丝玻璃的外观质量规定 表 6-13

项目	说明	优等品	一等品	合格品
气泡	直径 3~6mm 的圆泡每 m^2 面积内允许个数	5	数量不限，但不允许密集	
	长泡，每 m^2 面积内允许个数	长 6~8mm	长 6~10mm，10	长 6~10mm，10 长 10~20mm，4
花纹变形	花纹变形程度	不允许有明显的花纹变形		不规定
异物	破坏性的	不允许	不允许	不允许
	直径 0.5~2.0mm 非破坏性的，每 m^2 面积内允许的个数	3	5	10
裂纹		目测不能识别		不影响使用
磨伤		轻微	不影响使用	
金属丝	金属丝夹入玻璃内状态	应完全夹入玻璃内，不得露出表面		
	脱焊	不允许	距边部 30mm 内不限	距边部 100mm 内不限
	断线	不允许		
	接头	不允许	目测看不见	

注：密集气泡是指直径 100mm 圆面积内超过 6 个。

摘自《夹丝玻璃》JC 433—91。

2. 钢化玻璃

钢化玻璃又称强化玻璃，是将玻璃均匀加热到接近软化温度，用高压气体等冷却介质使玻璃骤冷或用化学方法对其进行离子交换处理，使其表面形成压应力层的玻璃，达到提高玻璃强度的目的。建筑装饰用途的钢化玻璃有平面与曲面两种。钢化玻璃的特点是机械强度高，抗震、耐热性能好，碎时形成没有尖棱角的匀质细小的颗粒，对人不产生伤害。被广泛用于高层建筑门窗，宾馆及商店的门窗、橱窗、柜台，浴室的隔断、门窗、桌面等。

钢化玻璃不能切割、磨削，边角不能碰撞和敲击，钢化玻璃板在定尺后需按实际使用的规格来制作加工。

（1）玻璃钢化处理的方法和原理

钢化玻璃是将普通平板玻璃通过物理钢化和化学钢化的方法来制取的。

物理钢化也叫淬火钢化，是在加热炉中将普通平板玻璃加热到接近软化点650℃左右，移出加热炉，并用多头喷嘴同时向玻璃的两面喷吹冷空气，让其快速均匀地冷却至室温，这样就得到了高强度的钢化玻璃制品。

玻璃由于在冷却过程中表面首先冷却硬化，内部随后才开始逐渐冷却，这时内部的体积欲要收缩，却遭到已经硬化外表的阻止，结果使玻璃处于内部受拉，两侧外表受压的应力状态。当钢化玻璃受力抗弯时，两侧与中间的应力状态发生变化，玻璃板的抗拉表面处于较小的拉应力状态，而抗压表面处于较大的压应力状态，玻璃板发挥材料本身所具有的优势，抗压性能抵制了直接接触作用的荷载，这样就不易造成钢化玻璃板的损坏。一般状态下，钢化玻璃内部处于较大的拉应力状态中，这也是钢化玻璃板平常不易遭到破坏的主要原因。

化学钢化是应用离子交换的方法进行钢化。制作原理是将含碱金属钠离子（Na^+）或钾离子（K^+）的硅酸盐玻璃浸入在熔融状态的锂（Ni^+）盐中，使钠或钾离子在玻璃的表面发生离子交换而形成锂离子面层。由于锂离子膨胀系数小于钠或钾离子，造成在冷却过程中，玻璃的外层收缩较小，而内层收缩较大。最终冷却到室温后，化学钢化玻璃便制成。由于钢化玻璃内层处于受拉应力状态，而外层处于受压应力的状态，其效果与物理钢化的结果相同，同样使玻璃的强度得到提高。

钢化玻璃的强度比普通玻璃要高出3~5倍，弹性也要比普通玻璃大得多。如一块1200mm×350mm×6mm的钢化玻璃在受力后挠度可达10mm而不破坏，外力撤除后，即可恢复原状。而普通玻璃在挠度达到几毫米便发生破坏。

钢化玻璃由于其卓越的性能在建筑业得到广泛的使用。如高层建筑的门窗、幕墙、隔墙、商店橱窗、桌面玻璃等。

（2）钢化玻璃的规格及技术要求

钢化玻璃有普通钢化玻璃、吸热钢化玻璃、磨光钢化玻璃等品种。钢化玻璃最大安全工作温度为287.78℃，而且能经受204.44℃的温差，这些出色的性能，使钢化玻璃在抗震、耐温度骤变要求的采光工程等场合都有很好的应用。

目前，钢化玻璃正在向大尺寸方向发展，美国钢化玻璃的最大规格尺寸为3500mm×2400mm，我国钢化玻璃可生产的最大幅面尺寸已达3600mm×2440mm。有的国家可以生产4000~6000mm幅度的钢化玻璃。

用浮法玻璃加工平面型的厚度（mm）有3、4、5、6、8、10、12、15和19，曲面型的厚度（mm）有5、6mm和8mm，总的来讲厚度在2mm~19mm。>19mm厚由供需双方商定。

平面钢化玻璃的弯曲度，弓形时不得超过0.3%，波形时不得超过0.2%，边长大于1.5m的钢化玻璃的弯曲度由供需双方商定。曲面钢化玻璃的形状和边长允许偏差、吻合度由供需双方商定。厚度允许偏差，应符合《建筑用安全玻璃第2部分：钢化玻璃》GB 15763.2—2005的规定。

钢化玻璃的等级分为优等品与合格品两个等级。

钢化玻璃的其他技术性能及试验方法详见表6-14，钢化玻璃的外观质量见表6-15。

技术要求及试验方法　　　　　　　　　　　　　　　　　　　　　　表 6-14

名称		技术要求
安全性能要求	抗冲击性	取 6 块钢化玻璃进行试验，试样破坏数不超过 1 块为合格，多于或等于 3 块为不合格。 破坏数为 2 块时，再另取 6 块进行试验，试样必须全部不被破坏为合格
	碎片状态	取 4 块玻璃试样进行试验，每块试样在任何 50mm×50mm 区域内必须满足平面厚度 3mm 与 ≥15mm，最少碎片数为 30；厚度 4~12mm，最少碎片数为 40；曲面厚度 ≥4，最少碎片数为 30 的要求。且允许有少量长条形碎片，其长度不超过 75mm
	霰弹袋冲击性能	取 4 块平型玻璃试样进行试验，应符合下列两条中任意一条的规定。 1. 玻璃破碎时，每块试样的最大 10 块碎片质量的总和不得超过相当于试样 65cm^2 面积的质量，保留在框内的任何无贯穿裂纹的玻璃碎片的长度不能超过 120mm。 2. 弹袋下落高度为 1200mm 时，试样不破坏
一般性能要求	弯曲度	平面钢化玻璃的弯曲度，弓形时应不超过 0.3%，波形时应不超过 0.2%
	表面应力	钢化玻璃的表面应力不应小于 90MPa。 以制品为试样，取 3 块试样进行试验，当全部符合规定为合格，2 块试样不符合则为不合格，当 2 块试样符合时，再追加 3 块试样，如果 3 块全部符合规定则为合格
	耐热冲击性能	钢化玻璃应耐 200℃温差不破坏。取 4 块试样进行试验，当 4 块试样全部符合规定时认为该项性能合格。当有 2 块以上不符合时，则认为不合格。当有 1 块不符合时，重新追加 1 块试样，如果它符合规定，则认为该项性能合格。当有 2 块不符合时，则重新追加 4 块试样，全部符合规定时则为合格

钢化玻璃的外观质量　　　　　　　　　　　　　　　　　　　　　　表 6-15

缺陷名称	说明	允许缺陷数
爆边	每片玻璃每米边长上允许有长度不超过 10mm，自玻璃边部向玻璃板表面延伸深度不超过 2mm，自板面向玻璃厚度延伸深度不超过厚度 1/3 的爆边个数	1 处
划伤	宽度在 0.1mm 以下的轻微划伤，每平方米面积内允许存在条数	长度 ≤100mm 时 4 条
	宽度大于 0.1mm 的划伤，每平方米面积内允许存在条数	宽度 0.1~1mm 长度 ≤100mm 时　4 条
夹钳印	夹钳印与玻璃边缘的距离 ≤20mm，边部变形量 ≤2mm（见图 6-2）	
裂纹、缺角	不允许存在	

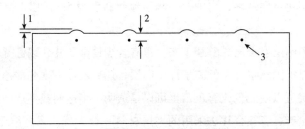

图 6-2　夹钳印示意图

1-边部变形；2-夹钳印与玻璃边缘的距离；3-夹钳印

钢化玻璃的表面应力不应小于90MPa。

钢化玻璃应耐200℃温差不破坏的耐热冲击性能。

由于玻璃中存在着微小的硫化镍结石，在热处理后一部分结石随着时间会发生晶态变化，体积增大，在玻璃内部引发微裂纹，从而可能导致钢化玻璃自爆。

常见的减少这种自爆的方法有三种：

①使用含较少硫化镍结石的原片，即使用优质原片；

②避免玻璃钢化应力过大；

③对钢化玻璃进行二次热处理，通常称为引爆或均质处理。进行二次热处理时，一般分为3个阶段：升温、保温和降温过程。升温阶段为玻璃的表面温度从室温升至280℃的过程；保温阶段为所有玻璃的表面温度均达到290℃±10℃。且至少保持2h这一过程；降温阶段从玻璃完成保温阶段后开始降至室温75℃时的过程；整个二次热处理过程应避免炉膛温度超过320℃，玻璃表面温度超过300℃，否则玻璃的钢化应力会由于过热而松弛，从而影响其安全性。

3. 夹层玻璃

夹层玻璃也叫夹胶玻璃，是在两片或多片玻璃间嵌夹柔软强韧的透明胶膜，经加压、加热粘合而成的平面或曲面复合玻璃。原片玻璃可以是普通平板玻璃、钢化玻璃、浮法玻璃、颜色玻璃或热反射玻璃等，厚度一般采用3、5mm。夹层透明胶膜通常采用赛璐珞、聚乙烯醇缩丁醛、聚氨酯、丙烯酸酯类等高分子聚合物，厚度0.2~0.8mm。夹层不仅起粘接与分隔作用，还可起到抗冲击，控阳光和隔音等性能。夹层玻璃总厚度为5~24mm，幅面的长宽尺寸一般小于2400mm。夹层玻璃一般可做到2~9层，建筑装修中常用2层或3层夹胶。

夹层玻璃具有耐久、耐寒、耐湿、耐热等特性。夹层玻璃透明度好，抗冲击性能比平板玻璃高几倍，破碎时不易裂成分离的碎块，产生辐射状或同心圆形裂纹而不易穿透。碎片不会脱落而伤人，夹层玻璃属于高性能安全玻璃类。

夹层钢化玻璃的强度较高，这类夹层玻璃除了玻璃原片本身就具有很高的抗冲击性能以外，它所使用的胶片可用聚碳酸酯高强有机高分子材料，因此，这种夹层玻璃可用于采光屋面、玻璃幕墙、动物园的透明围挡、水族馆的水下观景窗等处。

夹层玻璃一般用于建筑防弹玻璃、特殊要求的门窗、隔墙、天窗、陈列馆、防盗门等安全性能要求高的场所。当屋面玻璃最高点离地面大于5m时，必须使用夹层玻璃，夹层胶片厚度不应小于0.76mm。屋面玻璃必须使用安全玻璃。护栏玻璃应使用≮12mm厚的钢化玻璃或钢化夹层玻璃，当护栏一侧距地面高度为5m及以上高度时，应使用钢化夹层玻璃。

夹层玻璃的中间层有聚乙烯醇酯丁醛，也有含少量金属盐，以乙烯—甲基丙烯酸共聚物为主，是可以牢固粘接玻璃的离子性中间层，还有乙烯—聚醋酸乙烯共聚物为主的中间层等。中间层可以是无色或有色，也可以是透明、半透明或不透明的。常用直接合片法和预聚法来生产，直接合片法采用的夹层材料一般为聚乙烯醇缩丁醛（PVB），预聚法则一般采用丙烯酸酯作为夹层粘结材料。

（1）夹层玻璃的品种与性能

①减薄夹层玻璃

减薄夹层玻璃是采用厚度为 2mm 的薄玻璃和弹性胶片制成的。该产品重量轻，能见度好，具有较高的强度、挠曲性及破坏时的安全性。

②遮阳夹层玻璃

遮阳夹层玻璃是制作时在膜彩色热反射或吸热玻璃之间夹入有色条图案的膜片。这种制品可有效遮蔽太阳光的辐射，避免眩光，提高玻璃视觉的舒适性与使用的安全性。

③电热夹层玻璃

电热夹层玻璃有三种类型，一是玻璃表面镀有导电透明薄膜；二是将硅酸盐银膏条带排列在玻璃表面，通过加热粘结而制成线状的电热丝；三是将很细的金属丝电热元件压在夹层玻璃之间。这种玻璃通电后加热可保持玻璃表面温度，不易结露，适用于寒冷地区有大型采光口的建筑维护玻璃、商店的橱窗、瞭望所、观光塔、淋浴间等场合的玻璃与镜子。

④防弹夹层玻璃

防弹夹层玻璃是由多层夹胶玻璃组成，能够承受很大的水的静压力和一定的动压力，可握固子弹阻止穿过，在一定的时间内阻止暴力行动的空间越入等。主要用于特种车辆玻璃、银行建筑维护玻璃、收银口玻璃、水下观景通道玻璃等。

⑤报警夹层玻璃

报警夹层玻璃是在玻璃的中间胶层内嵌入警报驱动装置，一旦玻璃破碎，报警装置就会发出警报，并迅速传递到相关部门。主要用于珠宝店、银行、信息中心和其他有特殊要求的建筑玻璃。

⑥防紫外线夹层玻璃

防紫外线夹层玻璃是由具有特殊化学成分的玻璃与胶层组成。这种夹胶玻璃可以有目的地阻止紫外线的射入，防止展品、书籍等褪色，主要用于展览馆、档案馆、博物馆、书店等建筑玻璃。

⑦隔声玻璃

隔声玻璃是在两片玻璃间加入能承受大负荷的胶片，经粘合成为具有良好隔声效果的复合制品，其总厚度约为 20mm，隔声值可在 38dB，如结合充气构造，效果更好。

⑧玻璃纤维增强玻璃

玻璃纤维增强玻璃是在两层平板玻璃之间夹一层玻璃纤维，为非透视材料制品。玻璃板的周边用密封剂和抗水性好的弹性带封护。这种玻璃可以提供散射光，减少阳光辐射，主要用于天窗、公共建筑的隔断墙等。

（2）夹层玻璃的技术要求

夹层玻璃按形状、抗冲击性和抗穿透性分类。按形状可分为平面和曲面夹层玻璃；按抗冲击性及抗穿透性分为Ⅰ类、Ⅱ-1、Ⅱ-2、Ⅲ类，其抗冲击性和抗穿透性应符合《建筑用安全玻璃第 3 部分：夹层玻璃》GB 15763.3—2009（代替 GB 9962—1999）有关规定。

夹层玻璃的技术要求见表 6-16，霰弹袋冲击性能见表 6-17。

夹层玻璃的技术要求　　　　　　　　　　表 6-16

名称	技术要求
弯曲度	平面夹层玻璃的弯曲度，弓形时应不得超过 0.3%，波形时应不得超过 0.2%
可见光透射比	由供需双方商定
可见光反射比	由供需双方商定
抗风压性能	由供需双方商定是否有必要进行此项试验，或进行验证性要求实验
耐热性	试验后允许试样存在裂口，但超出边部或裂口 13mm 部分不能产生气泡或其他缺陷
耐湿性	试验后超出原始边 15mm、新切边 25mm、裂口 10mm 部分不能产生气泡或其他缺陷
耐辐射性	试验后要求试样不可产生显著变色、气泡及浑浊现象。且试验前后可见光透射比相对变化率 ΔT 应不大于 3%
落球冲击剥离性能	试验后中间层不得断裂，或不得因碎片的剥落而暴露

霰弹袋冲击性能　　　　　　　　　　表 6-17

种类	冲击高度（mm）	结果判定	适用场合
Ⅰ类	—	不做要求	不做要求
Ⅱ-1类	300、750、1200	全部试样未破坏/安全破坏	门玻璃部分或全部距地 1500mm 以内，玻璃短边≤250mm 时，最大面积<0.5 m²，且公称直径<6mm； 门侧边区域玻璃部分或全部距地 1500mm 以内，且距门边<300mm
Ⅱ-2类	300、750	试样未破坏/安全破坏。但另一组试件在冲击 1200mm 高度时，任何试件非安全破坏	门玻璃部分或全部距地 1500mm 以内，玻璃短边>900mm 时； 门侧边区域玻璃部分或全部距地 1500mm 以内，且距门边<300mm，玻璃短边>900mm 时
Ⅲ类	300	试样未破坏/安全破坏，但另一组试件在冲击 750mm 高度时，任何试件非安全破坏	门玻璃部分或全部距地 1500mm 以内，玻璃短边≤900mm 时； 门侧边区域玻璃部分或全部距地 1500mm 以内，且距门边<300mm，玻璃短边≤900mm 时； 距地面较近的玻璃部分或全部距地 800mm 以内； 浴池、泳池、体育馆

注：1. 破坏时允许出现裂缝或开口，但是不允许出现使直径为 76mm 球在 25N 力作用下通过的裂缝或开孔。

2. 冲击后碎片出现碎片剥离时，称量 3min 内从试样上剥离下来的碎片，碎片总质量不得超过 100cm² 试样的质量，最大剥离碎片质量应小于 44cm² 面积试样的质量。

九、异形玻璃

异形玻璃品种主要有槽形、波形、箱形、肋形、三角形、Z 形与 V 形等品种，产品有无色与彩色、配筋与不配筋、表面带花纹与不带花纹、夹丝与不夹丝等。异形曲面玻璃是一种适应新型建筑装饰需要而特别加工的产品，具有强度高、抗冲击性好、自承重性好、大角度视野、形体美观等特点，主要用于天窗、隔墙、柜类、灯具、围护结构等。

十、空心玻璃砖

生产空心玻璃砖的原料与普通玻璃的相同，由两块压铸成凹形的玻璃经加热熔融或胶结而结成整体的玻璃空心砖。由于经高温加热熔接，后经退火冷却，使玻璃空心砖的内部控制有 2/3 个大气压，最后用乙基涂料涂饰侧面而成。按正观效果不同，在砖内壁做成不同的花纹。使其具有特殊的采光性。如透光不可透视，透光可有一定透视等。其颜色一般是无色的，也可以做成装饰性的彩色。

空心玻璃砖具有抗压强度高，耐急热急冷性能好，隔声、隔热、保温性能好、防火性能好，耐磨、耐腐、采光性能好，能满足一定的自承重结构要求，被誉为现代建筑的"透光墙壁"，是时尚的装饰装修建材制品，可广泛应用于室内隔墙、门厅、通道、浴室等处，还可用于外围护结构装修等。

空心玻璃砖有矩形、异形产品，最常用的还是正方形。规格为 115mm×115mm×80mm、145mm×145mm×80mm、190mm×190mm×80mm、240mm×150mm×80mm、240mm×240mm×80mm 等，其中 190mm×190mm×80mm 是常用规格。

空心玻璃砖有单腔和双腔之分。在两个凹形半砖之间夹有一层玻璃纤维网，这样便可形成两个空气腔，双腔的优点是热绝缘性更好。但单腔玻璃空心砖的用量还是要多一些。

空心玻璃砖的技术性能见表 6-18。其他技术要求及外观质量等见《空心玻璃砖》JC/T 1007—2006。

空心玻璃砖的技术性能　　　　　　　　　　　　　　　表 6-18

性能	试验项目		试样	试验结果
材料特性	密度			$2.5g/cm^3$
	热膨胀率		5mm 圆棒	$(85\sim89)\times10^{-7}/℃$
	硬度			莫氏硬度为 6
	光谱透过率		4mm 厚磨光玻璃板	平均透光率 92%
	褪色性		50mm×50mm×10mm（两张叠合）	经阳光照射 4000h 无变化
	热冲击强度		5mm 圆棒	温差 116℃时破损
	透光率		145mm×145mm×95mm 劈开石花纹	28%
			190mm×190mm×95mm 劈开石花纹	38%
	直接阳光率		190mm×190mm×95mm 劈开石花纹	1.44%
	间接阳光率		190mm×190mm×95mm 劈开石花纹	1.07%
	全阳光率		190mm×190mm×95mm 劈开石花纹	2.51%
隔声性能	透过损失	单嵌板	145mm×145mm×95mm	约 50dB
			145mm×145mm×50mm	约 43dB
			190mm×190mm×95mm	约 46dB
			145mm×300mm×60mm	约 41dB
		双嵌板	145mm×145mm×95mm	
压缩强度	单体压缩强度		145mm×145mm×95mm	平均 9.0MPa
			190mm×190mm×95mm	平均 7.0MPa
	接缝剪断强度（脉动试验）		145mm×145mm×95mm，5 块	平面压：263MPa 纵向压：142.4MPa

续表

性能	试验项目	试样	试验结果
防水性能	单嵌板	115mm×115mm，115mm×240mm 145mm×145mm，145mm×300mm 190mm×190mm，240mm×240mm （厚度：60、80、95mm）	工种防火
	双嵌板	145mm×145mm×95mm	非承重墙，耐火 1h
耐冷热性		145mm×145mm×95mm	45℃以上
绝热性	导热率	各种规格的空心玻璃砖	2.94W/m·K，室内温度20℃，相对湿度50%，室外-5℃，水蒸气量在 6g/h·m³ 下结露
	表面结露	各种规格的空心玻璃砖	

十一、中空玻璃

中空玻璃是两片或多片平板玻璃在周边用间隔条分开，并用气密性好的密封胶密封，在玻璃中间形成干燥气体空间的玻璃制品。空气层厚度一般为 6~12mm，以使其具有良好的保温、隔热、隔声性能，是美国人在 1865 年发明的。

中空玻璃的平板玻璃可采用吸热、夹胶、夹丝、钢化、压花、低辐射反射膜等功能玻璃。中空玻璃主要用于要求隔热、隔声、不结露围护结构的幕墙、门窗、天窗等，见图6-3。

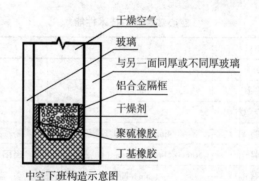

中空下班构造示意图

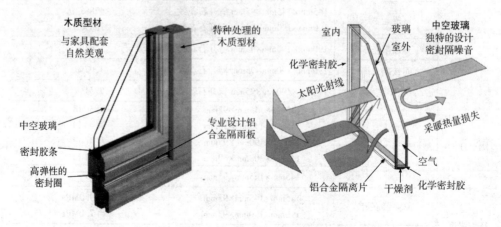

图6-3 中空玻璃节能降噪构造

中空玻璃四周用高强度、高气密性复合粘结剂将两片或多片玻璃与铝合金框、橡胶条粘结密封，中间充以干燥气体，为防止空气结露，边框内常放有分子筛干燥剂，以保证玻璃原片间空气的干燥度。

中空玻璃颜色一般为无色、茶色、蓝色较多，还有绿色、灰色、紫色、金色、银色等。由于玻璃片之间留有一定的空隙，内充满干燥气体，除具有优良的保温、隔热效果外，还有很好的隔声性能。自问世以来就得到广泛应用。

德国政府规定："所有建筑物必须全部采用中空玻璃，禁止采用普通平板玻璃作窗玻璃。"在德国，几乎所有建筑都已经采用双层或多层的中空玻璃，对旧建筑由国家实行补贴，限期改用中空玻璃，以降低噪声、节约能源、改善居住环境和工作环境状况。

美国1990年开始新建房屋采用中空玻璃的比例，已由1970年的24%，上升到90%以上。

在中空玻璃的空腔中除充以干燥空气外，也可充以惰性气体，如氩气或六氟化硫气体等，这样空腔厚度即使很小也能达到保温绝热的目的。

1. 中空玻璃的加工方法

中空玻璃加工有胶接法、焊接法、熔接法三种。

（1）胶接法

把玻璃与间隔框直接粘接在一起形成中空玻璃的方法称为胶结法。德国于1934年首先采用这种方法制造了中空玻璃，之后，法国、比利时、美国、俄罗斯、意大利、芬兰等国家相继采用这种胶接方法。

中空玻璃胶接的密封胶一般采用丁基橡胶和聚硫橡胶，现在也有采用中空玻璃硅酮密封材料，同样具有很好的气密性。

中空玻璃为防止室内外温差过大，玻璃空间中的空气发生结露，需要在铝合金微孔间隔框中填充3A型人工合成分子筛等干燥剂。橡胶框带的出现，使中空玻璃加工更为简便。

（2）焊接法

将玻璃板以金属焊接的方式使其周边相连和密封。焊接所选用的材料有锡合金或低熔点金属，边框可以采用金属或槽形金属加工焊接。当加热的金属和熔融的玻璃在接触中，彼此直接融合在一起时，氧化物的薄膜扩散或溶于玻璃体内，形成密封接头，达到焊接目的。

焊接法相比胶结法的优点是中空玻璃能够长久使用，缺点是使用有色金属，难以实现机械化生产，成本也高。目前，中空玻璃焊接法产量只占世界中空玻璃产量的30%左右。

（3）熔接法

熔接法是通过加热使玻璃边部达到软化温度，玻璃平板的四周经热弯曲后，彼此熔接于一体并留出熔接缝。熔接玻璃产生的形变量要由玻璃本身承担。玻璃原片的厚度一般控制在3~4mm，空气层厚度不超过12m，中空玻璃的面积最好不要大于$2.2m^2$。

由于熔接法工艺复杂，严格要求遵循每道工序的制度进行作业，如玻璃原片的化学成分不同，工艺也不同，对每个构件的密封性要一一检查。因此，熔接法生产的中空玻璃只占总产量的10%左右。熔接法制作的中空玻璃绝对不透气，耐久性与玻璃等同，但生产过程难以实现机械化，所以效率不高。

2. 中空玻璃的性能与技术标准

中空玻璃的中间空气层厚度（mm）为6、9、12三种尺寸。颜色有无色、绿色、茶色、蓝色、灰色、金色、棕色等。中空玻璃的性能主要有：光学性能、隔声性能、热工性能和装饰性能等。

（1）光学性能

中空玻璃的光学性能取决于所选用的玻璃原片的性能，由于中空玻璃所选用的玻璃原片有无色、茶色、蓝色、绿色、灰色、紫色、金色、银色等，具有不同的光学性能，因此，制成后的中空玻璃的光透射率、太阳能反射率、吸收率也在很大的范围内变化，可满足工程的不同要求。

中空玻璃的可见光透射范围一般在10%~80%，光反射率一般在25%~80%，光总透射率一般在25%~50%左右。

（2）热工性能

中空玻璃比单层玻璃具有更好的隔热性能。厚度3~12mm的无色透明玻璃，其传热系数为6.5~5.9W/（m·K），而以6mm厚玻璃为原片，玻璃空气层厚度间隔为6mm和12mm的普通中空玻璃，其传热系数分别为3.4W/（m·K）与3.1W/（m·K），大体相当于100mm厚普通混凝土的保温效果。中空玻璃与墙体材料保温性能对比见表6-20。

双层热反射玻璃或低辐射玻璃制成的中空玻璃，隔热保温性能更好，适用于寒冷、严寒地区和需要恒温绝热、降低采暖、空调能耗的建筑物。

（3）防结露性能

在室内相对湿度一定的情况下，当玻璃表面达到某一温度时，就会出现结露，直至0℃以下结霜。玻璃结露后会严重地影响采光、视线和保温隔热性能。

中空玻璃的露点很低，这是由于中空玻璃的干燥空气起着良好的隔绝作用。在通常情况下，中空玻璃接触室内高湿度空气的时候，玻璃表面温度较高，在露点以上。而外层玻璃虽然温度低，但接触的空气湿度也低，所以不会结露。高质量的中空玻璃在室外-40℃以下也不会产生结露现象。

（4）隔声性能

中空玻璃具有较好的隔声性能，一般可使噪声下降30~40dB，交通噪声下降31~33dB，可将噪声降低到居住、学习和工作所需要的安静程度。

（5）装饰性能

中空玻璃的装饰性主要决定于所用的玻璃原片，选用不同的原片玻璃可使所制成的中空玻璃装饰效果不同。

中空玻璃的密封性、结露性、耐紫外线照射、耐候循环性和高温高湿循环等性能必须符合国家标准《中空玻璃》GB 11944—2002的规定。中空玻璃的技术性能要求见表6-19，中空玻璃与墙体材料保温性能对比见表6-20。

中空玻璃的技术性能要求　　　　　　　　表 6-19

项目	试验条件	性能要求
密封	在试验压力低于环境气压 10±0.5kPa，厚度增长必须≥0.8mm。在该气压下保持 2.5h 后，厚度增长偏差<15%为不渗漏	全部试样不允许有渗漏现象
露点	将露点仪温度降到≤-40℃，使露点仪与试样表面紧密接触≤4mm 厚玻璃，接触时间 3min；5mm 厚玻璃，接触时间 4min	全部试样内表面无结露或结霜
紫外线照射	紫外线照射 168h	试样内表面上不得有结雾或污染的痕迹
气候循环及高温、高湿	气候试验经 320 次循环，高温、高湿试验经 224 次循环，试验后进行露点试验	总计 12 块试样中至少 11 块无结露或结霜

中空玻璃与墙体材料保温性能对比　　　　　　　表 6-20

材料	厚度（mm）	热传导系数（W/m·K）
单片平板玻璃	3	6.84
单片平板玻璃	5	6.72
单片平板玻璃	6	6.69
双层中空玻璃	3+A6+3	3.59
双层中空玻璃	3+A12+3	3.22
双层中空玻璃	5+A12+3	3.17
三层中空玻璃	3+A6+3+A6+3	2.43
三层中空玻璃	3+A12+3+A12+3	2.11
混凝土墙	100	3.26
砖墙	270	2.09
木板	20	2.67

十二、玻璃马赛克

又称玻璃锦砖，表面光滑、色泽鲜艳、亮度好，有足够的化学稳定性和耐急冷、耐急热性能，主要用于外墙装饰，也可用于室内墙柱面装饰的壁画，可拼成多种图案和色彩。玻璃马赛克单块尺寸为：20mm×20mm×4.0mm、25mm×25mm×4.2mm；30mm×30mm×4.3mm，联长 321mm×321mm、327mm×327mm 等，每块边长不得超过 45mm，联上每行或列马赛克的缝距为 2.0mm、3.0mm 等。

玻璃马赛克背面略带沟槽，以利于增加镶贴的粘结面积与粘结力，保证玻璃锦砖粘贴牢固。

玻璃马赛克的生产方法有熔融压延法和烧结法两种。

熔融压延法是将玻璃粉与石英砂和纯碱组成的生料按比例要求混合，加入辅助材料和颜料，在炉中经过 1300~1500℃ 的高温熔融后，引入制作机压延而成。

烧结法是将原料、颜料、淀粉或糊精等粘结剂与水拌合，压制成坯料，在 650~

800℃的高温下，经过快速烧结制成。

玻璃马赛克是以玻璃为基料，料中含有石英砂玻璃相微小晶体，由于烧结熔融的温度较低，时间又短，没有来得及完全熔融的石英颗粒与玻璃相熔结在一起，制成玻璃马赛克。

玻璃马赛克具有较高的强度、优良的热稳定性和化学稳定性。体内存在微小气泡，导致表观密度小。非均匀材质对光的折射率不同所形成的散射，使玻璃马赛克表现出光泽柔和的品质。

玻璃马赛克的产品制作是将单块正面按设计图案，用糊精等胶粘剂粘贴到牛皮纸上成为一联。施工铺贴时，将水泥浆薄薄地抹入一联马赛克的背面，填满缝隙，联联相接铺设，每个施工面铺就后，再将牛皮纸洒水润湿，适时揭去。

玻璃马赛克的物理化学性能应符合表6-21的规定。

玻璃马赛克的物理化学性能　　　　　　表6-21

项目	试验条件	指标
玻璃马赛克与铺贴纸粘贴牢固度		均无脱落
脱纸时间	5min	无单块脱落
	40min	≥70%
热稳定性	90℃—18~25℃ 30min，10min 循环3次	全部试样均无裂纹、破损
化学稳定性	1mol/L 盐酸溶液，100℃，4h 1mol/L 硫酸溶液，100℃，4h 1mol/L 氢氧化钠，100℃，4h 蒸馏水，100℃，4h	k≥99.90，且外观无变化 k≥99.93，且外观无变化 k≥99.88，且外观无变化 k≥99.96，且外观无变化

引自：《玻璃马赛克》GB/T 7697—1996。

玻璃马赛克表面光滑、不吸水、抗污性好。玻璃马赛克的颜色有乳白、姜黄、赭石、红、黄、蓝、白、黑等颜色，还有的做成银色或金色斑点与条纹的形式，可拼成各种花纹图案，是一种很好的饰面材料，应用于建筑物的外墙、内墙局部、地面局部装饰工程等。

十三、防火玻璃

现代建筑用于围护结构的玻璃有多种，如钢化玻璃、夹层玻璃、中空玻璃、浮法玻璃、镀膜玻璃等等，这些玻璃性能各异，但是这些玻璃制品本身均不具备耐热防火的功能，一旦发生火灾，玻璃将在很短的时间内发生爆裂，使烟火由缝隙或裂洞得以蔓延，使人们的生命安全和财产受到严重的威胁。

高强度单片铯钾防火玻璃是一种具有防火功能的建筑外墙用的幕墙或门窗玻璃。它是采用物理与化学的方法，对浮法玻璃进行处理而得到的。它在1000℃火焰冲击下能保持84~183min不炸裂，从而有效地阻止火焰与烟雾的蔓延，有利于第一时间发现火情，使人们有足够的时间撤离现场，消防人员也可有效地进行救灾工作。它的出现解决了普通玻璃外墙防火安全性差这个致命的弱点，阻止了火焰由下层扑向上层的连锁蔓延，大大提高了玻璃外墙的安全系数。

高强度单片铯钾防火玻璃不但具备卓越的防火功能，而且在强度上更胜一筹，在同样的厚度下，它的强度是浮法玻璃的 6~12 倍，是钢化玻璃的 1.5~3 倍。因此在同样风压的情况下，它能采用较薄的厚度或较大的面积，由此增加了建筑的通透感。

高强度单片铯钾防火玻璃与传统的化学灌浆或夹层防火玻璃相比，除了强度高之外，最大的特点是高耐候性。化学灌浆或夹层防火玻璃在紫外线照射下很快就变成乳白色或产生气泡，失去了玻璃通透这个基本功能，这也是长期困扰防火玻璃不能用于外墙的主要原因。

高强度单片铯钾防火玻璃同普通玻璃一样，在紫外线照射下，不发生任何变化。它同时还有很好的可加工性，能加工成为夹层安全玻璃、中空玻璃、镀膜玻璃和点式幕墙玻璃等。它还可以作为室内的防火隔断和逃生通道。在单片使用面积上可以高达 3m，宽 2m。在安装方法方面也简单易操作与普通玻璃接近。铯钾防火玻璃的设计值见表 6-22，铯钾防火玻璃与钢化玻璃物理性能比较见表 6-23。

铯钾防火玻璃的设计值　　　　　　　　　　　　表 6-22

类型		浮法玻璃	钢化玻璃	单片铯钾
厚度（mm）		6~12	6~12	6~12
强度设计值	大面上的强度	28.0	84.0	126
	边缘强度	19.5	58.8	88

铯钾防火玻璃与钢化玻璃物理性能比较　　　　　　表 6-23

物理指标	铯钾防火玻璃	钢化玻璃
透光率%	相同	
线膨胀率×10^{-6}	8.5	
密度 g/cm^3	2.5	
3000mm×2000mm 点式玻璃支撑挠度比较	荷载为 5500kg，挠度 326mm 不破坏	荷载为 900kg 玻璃破坏

《建筑用防火玻璃 第 1 部分：防火玻璃》GB 15763.1—2009 适用于建筑用复合防火玻璃及经钢化工艺制造的单片防火玻璃。防火玻璃原片可选用镀膜玻璃或非镀膜的浮法玻璃、钢化玻璃。复合防火玻璃原片还可选用单片防火玻璃。

防火玻璃的耐火极限等级应分别满足 0.5h、1.0h、1.5h、2.0h、3.0h。h 为小时单位。

第七章──无机胶凝材料

无机胶凝材料也叫矿物胶结材料，建筑上将砂、石等散粒材料，砖、石等块状材料能混合粘结成一个整体的材料叫做建筑胶凝材料。建筑胶凝材料按化学性质不同可分为有机和无机两大类。有机建筑胶凝材料是天然或人工合成高分子化合物的一类胶凝材料，而无机建筑胶凝材料则是无机化合物的一类胶凝材料。无机建筑胶凝材料按硬化所处环境条件的不同又分为气硬性和水硬性胶凝材料两大类。

气硬性的无机建筑胶凝材料只能在空气条件下发生凝结、硬化和产生强度，并且在工程操作条件下使强度得以保持和发展。这一类材料有石灰、石膏、菱苦土、水玻璃等。水硬性无机建筑胶凝材料不但可以在空气中硬化，而且还可以在水中硬化、产生强度，继续保持并发展，如各种水泥等。

第一节 石 灰

石灰是人类最早使用的建筑材料之一，且具有良好的技术性能，目前仍广泛用于建筑装修工程中。

石灰是以碳酸岩类的石灰石为主要原料，经高温煅烧得到的一种产品，其主要成分为氧化钙（CaO）和氧化镁（MgO）。碳酸岩类的石灰石碳酸钙（$CaCO_3$）和碳酸镁（$MgCO_3$）的煅烧分解温度一般为900℃左右，但实际生产温度一般控制在1000~1200℃左右，以加快分解成为石灰的反应速度。

碳酸钙（$CaCO_3$）和碳酸镁（$MgCO_3$）为碳酸岩类石灰石的主要矿物成分，煅烧过程中放出二氧化碳（CO_2）。煅烧过程有几方面会对石灰的质量产生影响。当石灰岩块尺寸过大，煅烧温度过低，煅烧时间不足时，石灰石的分解就会不够完全，生石灰中残留有未分解的石灰石，叫欠火石灰。欠火石灰实际上是石灰中的废品。若煅烧温度过高、煅烧时间过长，原料中的二氧化硅和氧化铝等杂质发生熔结，则会形成过火石灰。过火石灰质地密实，熟化速度缓慢，很小的颗粒就有可能在抹灰施工完后水化而造成体积膨胀，致使已硬化的砂浆产生"崩裂"或"起盖"现象，严重影响砌筑与抹灰的工程质量。所以，这就要求石灰必须要经过预先消化，使石灰的体积提前经过膨胀，热量提前释放，消除过活石灰的潜在危害，以保证工程质量无后顾之忧。

一、生石灰

生石灰的主要化学成分是氧化钙，氧化镁的含量少。氧化镁的含量≤5%的生石灰称为钙质石灰，氧化镁含量>5%的生石灰称为镁质石灰。而消石灰粉则在钙质、镁质划分的基础上，增加一个高镁石灰，即白云石消石灰粉。生石灰通常呈白色疏松多孔的块状，因此，又称为块灰。

二、生石灰的熟化

由于生石灰煅烧不均匀，会产生过火石灰和欠火石灰。过火石灰表面有一层深褐色的熔融物，水化缓慢，它将在石灰浆体硬化后才发生水化作用，体积会有1~2.5倍的膨胀，这样便会引起抹灰层或制品许多局部的起翘或崩裂。为消除过火石灰所带来的危害，生石灰使用之前必须要进行陈伏半个月以上的熟化时间。随着熟化过程的进行，生石灰与水反应生成氢氧化钙，并伴随释放出大量的热。生石灰熟化（消解）之后，转为熟石灰，又称为消石灰粉。如果石灰加入生石灰体积的 3~4 倍量的水，石灰则变成石灰膏。为了防止氢氧化钙（$Ca(OH)_2$）与空气中的二氧化碳（CO_2）反应生成没有胶性的碳酸钙（$CaCO_3$），陈伏期间应注意在陈伏池石灰体的上表面覆盖 ≮2cm 的水层，以隔绝空气，阻止化学反应的发生。

熟石灰的硬化分为干燥硬化与碳化硬化，干燥硬化是石灰膏在干燥的过程中，水分蒸发或被砌体吸收，氢氧化钙从过饱和溶液中析出并形成结晶；碳化硬化是氢氧化钙吸收空气中的二氧化碳，生成不溶于水的碳酸钙结晶并放出水分。熟石灰早期的强度来源主要靠干燥硬化提供，后期强度形成主要是靠碳化硬化来完成的。

三、石灰的特性

石灰保水性好，水不容易从中析出，与水泥制成混合砂浆，可以克服水泥砂浆保水性差的缺点。石灰浆体硬化后的强度不高，耐水性差，受潮后强度则会更低。另外，石灰硬化过程中体积的收缩大，易导致变形和开裂。因此，石灰一般不宜单独使用，常加入细集料或纤维材料，如砂子、纸筋、麻刀等。

生石灰和消石灰粉在使用前一般都要进行陈伏处理，消石灰粉陈伏目的是使石灰体具有良好的可塑性。对于石灰膏可将陈伏期转化为储存期，只要有水的覆盖和封闭作用，石灰膏的胶凝性就不会降低。

石灰在运输与贮藏中，应特别注意防止受潮或碳化，防止失去石灰胶结能力。一般粉状石灰的有效储存期为一个月，否则胶凝性会明显降低。过期石灰应重新检验其有效成分含量。

钙质石灰分为 CL90、CL80、CL75；镁质石灰分为 ML85、ML80。生石灰的化学成分、技术性能分别见表 7-1、表 7-2。其他要求见《建筑生石灰》JC/T479-2013 行业标准的规定。

生石灰的化学成分含量（%）　　　　　　　　　　　　表 7-1

项目	钙质生石灰			镁质生石灰	
	CL	CL	CL	ML	ML
有效氧化钙+有效氧化镁	90	80	75	85	80
CO_2 ≤	4	7	12	7	7
氧化镁	≤5			>2	
三氧化硫	≤2				

生石灰的技术性能　　　　　　　　　　　　表 7-2

名称	产浆量（dm^3/10g）	细度	
		0.2mm 筛余量（%）	90μm 筛余量（%）
CL 90-Q CL 90-QP	≥26 —	— ≤2	— ≤7
CL 80-Q CL 80-QP	≥26 —	— ≤2	— ≤7

名称	产浆量（dm³/10g）	细度	
		0.2mm 筛余量（%）	90μm 筛余量（%）
CL 75-Q	≥26	—	—
CL 75-QP	—	≤2	≤7
ML 85-Q	—	—	—
ML 85-QP	—	≤2	≤7
ML 80-Q	—	—	—
ML 80-QP	—	≤7	≤2

注：Q 为生石灰块，QP 为生石灰粉。

石灰是生产灰砂砖、硅酸盐砌块、硅钙板、无熟料水泥及混凝土制品的胶结材料。石灰可用来配制灰土、三合土，作为建筑物基础垫层，石灰还可以拌制石灰砂浆或混合砂浆，进行建筑物表皮的粗装修。拌成麻刀白灰可作为建筑物内表皮装饰抹灰的罩面层。此外，石灰石还是生产硅酸盐水泥的原材料之一。

第二节　水　泥

水泥是一种由多组分矿物磨细而成的粉料，属于水硬性胶凝材料。水泥可与钢筋、石子、砂子和水混合，经化学反应及物理变化制成混凝土或钢筋混凝土制品，是装饰抹灰、贴砖、贴石材及砌筑工程所采用的基本材料。水泥是可塑性很强的工程材料之一，依模板不同，可流变成姿态各异、表面材料质地多彩的人工石制品。

早在古罗马时期，人们就发现了天然火山灰可制作天然混凝土的妙用，直到 1824 年英国生产出波特兰胶性水泥。目前，各种水泥有 60～70 余种。我国的水泥品种分类有两种方法，一种是按水泥的技术性能来分，如快硬水泥、膨胀水泥、抗硫酸盐水泥等，水泥按技术性能分类详见表 7-3；另一种是按水泥的化学成分范畴来分，如硅酸盐水泥系列、铝酸盐水泥系列、硫铝酸盐水泥系列等。

水泥按技术性能分类　　　　　　　　　表 7-3

类别	主要品种举例	主要性能	用途
通用水泥	硅酸盐水泥、普通硅酸盐水泥、矿渣硅酸盐水泥、火山灰硅酸盐水泥、粉煤灰硅酸盐水泥	强度较高或一般，凝结硬化速度中等或稍慢	适用于一般土木工程和环境温度在 100℃ 以下的工程
早强水泥	快硬硅酸盐水泥、浇筑水泥、硫铝酸盐水泥	凝结硬化快、早期强度高、快硬水泥干缩较大，浇筑水泥有微膨胀	要求早强的工程，抢修工程，冬季施工等
膨胀水泥	硅酸盐膨胀水泥、明矾石膨胀水泥、膨胀硫铝酸盐水泥	有一定膨胀性，使用时必须加强养护	地下工程、防渗工程、堵漏、管道接头
水工水泥	中热水泥、低热矿渣水泥、抗硫酸盐水泥、低热微膨胀水泥	水化热低、强度中等，有一定抗硫酸盐侵蚀能力	大体积混凝土、水中、海港工程、环境中有硫酸盐侵蚀的工程

续表

类别	主要品种举例	主要性能	用途
自应力水泥	硅酸盐自应力水泥、铝酸盐自应力水泥、硫铝酸盐自应力水泥	具有比较大的膨胀	用于生产钢筋混凝土自应力管子；不宜用于无约束状态下的混凝土工程
其他特性水泥	道路水泥、浇注水泥、白水泥和彩色水泥	浇注水泥快硬高强微膨胀；道路水泥强度高、抗冲击好、抗冻性好；白水泥与彩色水泥早期强度低	浇注水泥用于抢修、锚固、补强；道路水泥用于路面、机场跑道；白水泥和彩色水泥用于装修

一、硅酸盐水泥

凡是由硅酸盐熟料或加0%~5%石灰石、粒状高炉矿渣及适量石膏磨细制成的胶凝材料称为硅酸盐水泥。硅酸盐水泥分为两种类型，代号为P-Ⅰ和P-Ⅱ，P-Ⅰ表示磨细时不掺混合材料，P-Ⅱ表示磨细时掺入不超过水泥质量的5%的石灰石、高炉矿渣。

1. 水泥的凝结硬化

硅酸盐水泥加水后成为塑性的水泥浆，水泥颗粒随着"水化"反应的进行，水泥浆开始变稠并逐渐失去可塑性，这一过程叫做"凝结"。初凝后产生强度，并随着后来明显的强度增加，逐渐发展成为坚硬的人工水泥石，这一过程叫做"硬化"。在实际反应过程中，凝结硬化是一个连续复杂的物理化学变化，没有明显的凝结与硬化的分界。

水泥的水化、凝结和硬化过程，除与水泥化学组成有关以外，和水泥的细度、拌和用的水量、温度、湿度、养护时间及石膏掺量等也有关系。

如果硅酸盐水泥中未掺石膏或石膏掺量不足，水泥加水后将会出现瞬凝现象。为了解决这一问题，常在水泥生产时加入少量石膏，以起缓凝作用，使水泥正常地水化、凝结和硬化，保证工程的顺利进行。

2. 硅酸盐水泥技术性质

国家规定，凡水泥安定性指标中的有一项不符合标准或凝结时间不符合规定，均按废品对待。废品水泥严禁在建筑工程中使用。

（1）细度

水泥颗粒的大小为水泥的细度。水泥的颗粒越细，与水起水化反应的接触表面积愈大，水化就愈快，反应也较完全。水泥颗粒越粗，水泥的活性就越低。但如果水泥颗粒过细，则水泥在空气中的硬化收缩也大，水泥粉磨能量消耗成本也高，所以水泥的细度应适当，一般为7~20μm之间。

水泥的细度用表面积仪来测定水泥的比表面积，即单位重量水泥颗粒的总表面积。国家标准规定硅酸盐水泥的比表面积应大于300m²/kg。

（2）凝结时间

水泥的凝结时间有初凝和终凝。初凝是标准稠度水泥净浆自加水拌和起至水泥浆开始失去可塑性的时间。终凝是标准稠度水泥净浆，自加水拌起到水泥完全失去可塑性并开始产生强度的时间。硅酸盐水泥的初凝时间不早于45min，终凝时间不迟于6.5h。实际上国产硅酸盐水泥的初凝时间一般在 1~3h，终凝时间一般在 5~6h。

水泥浆体硬化后，体积变化是否均匀的性质称为水泥的体积安定性。如果水泥在硬化后产生膨胀裂缝或翘曲变形等不均匀体积变化，它的体积安定性就属不良。引起体积安定性不良的原因，一般是水泥熟料中含过多的游离氧化钙或游离氧化镁或掺入过多石膏引起的，这些物质使水泥浆体在硬化后产生不均匀的体积膨胀，导致水泥石的开裂和变形。水泥的体积安定性可用煮沸法检验。国家标准规定水泥熟料中的游离 $MgO \not> 5.0\%$，水泥中 $SO_3 \not> 3.5\%$，以控制水泥的安定性。安定性中任何一项不符合标准规定时，均为废品。废品水泥严禁在工程施工中使用。

（4）强度

水泥的强度用标号表示。它与熟料的矿物组成和细度等有关。硅酸盐水泥的强度有 42.5、42.5R、52.5、52.5R、62.5、62.5R 六个等级，按过去硅酸盐水泥的标号分为 425、425R、525、525R、625、625R 六个标号。其中有代号 R 者为早强水泥。

二、普通硅酸盐水泥

普通硅酸盐水泥，简称普通水泥，代号 P·O，是由硅酸盐水泥熟料，6%~15%混合材料及适量二水石膏共同磨细而成的水硬性胶凝材料，是主要用于建筑装修的水泥。

掺活性混合材料时，最大掺量不得超过15%，其中允许用不超过水泥质量5%的窑灰或不超过水泥质量10%的非活性混合料来代替。

用于建筑装饰工程的普通硅酸盐水泥强度等级（指抗压强度等级）有 42.5、42.5R、52.5、52.5R 四个标号。其中有代号 R 者为早强水泥。普通硅酸盐水泥具有强度发挥较快，抗冻性、耐磨性、和易性好等特点。普通硅酸盐水泥初凝≥45min，终凝≤10h。普通硅酸盐水泥与硅酸盐水泥不同，硅酸盐水泥主要适合于早强、高强的钢筋混凝土及预应力混凝土工程。普通硅酸盐水泥与硅酸盐水泥都不适应大体积混凝土及有化学侵蚀性的工程。

水泥的标号是由水泥的 28 天抗压强度来定义的，过去采用kg/m²单位，现在采用国际标准单位 MPa。值得注意的是，过去的水泥的抗压强度与标号值是一致的。而现在水泥的抗压强度与标号值是不一致的。例如，标号 425 的水泥，抗压强度过去是 425kg/m²，而现在的抗压强度表示为 42.5MPa，所以标号是成沿用的一种习惯的称谓。另外，水泥胶砂强度检验 ISO 法与原来的 CB 法相比，其灰砂比小了，而水灰比大了，导致同样的水泥试验所得强度值降低了，大量试验表明，基本上是降了一个水泥等级。但也并非所有厂生产的水泥一律通过准确降低一个等级就过渡到了 ISO 等级，而且实际上各厂降得多少不一，所以使用时应加以注意。

硅酸盐水泥熟料由主要含 CaO、SiO_2、Al_2O_3、Fe_2O_3 的原料，按适当比例磨成细粉烧至部分熔融所得以硅酸钙为主要矿物成分的水硬性胶凝物质。其中硅酸钙矿物含量不小于 66%，氧化钙和氧化硅质量比不小于 2.0。

天然石膏应符合规定的 G 类或 M 类二级（含）以上的石膏或混合石膏。工业副产石膏是以硫酸钙为主要成分的工业副产物。采用前应经过试验证明对水泥性能无害。

第七章 无机胶凝材料

活性混合材料应符合标准要求的粒化高炉矿渣、粒化高炉矿渣粉、粉煤灰、火山灰质混合材料。

非活性混合材料的活性指标应分别低于标准要求的粒化高炉矿渣、粒化高炉矿渣粉、粉煤灰、火山灰质混合材料；石灰石和砂岩，其中石灰石中的三氧化二铝含量应不大于2.5%。

窑灰也要符合行业标准的有关规定。

助磨剂是水泥粉磨时允许加入助磨剂，其加入量应不大于水泥质量的0.5%，助磨剂应符合行业标准的有关规定。

通用水泥的细度，硅酸盐水泥和普通硅酸盐水泥以比表面积表示，宜不小于300m²/kg；矿渣硅酸盐水泥、火山灰质硅酸盐水泥、粉煤灰硅酸盐水泥和复合硅酸盐水泥以筛余表示，其80μm方孔筛筛余不大于10%或45μm方孔筛筛余不大于30%。

通用水泥中的碱含量按$Na_2O+0.658K_2O$计算值表示。若使用活性骨料，用户要求提供低碱水泥时，水泥中的碱含量应不大于0.60%或由买卖双方协商确定。

为了调整水泥强度，扩大水泥使用范围，改善水泥某些性质，增加水泥品种和产量，降低成本，可以在硅酸盐水泥中加入一定的混合材料。表7-4列出除硅酸盐水泥外，还有其他五种掺混合材料的硅酸盐水泥，分别为普通水泥、矿渣水泥、火山灰水泥、粉煤灰水泥、复合硅酸盐水泥的特性。其他见《通用硅酸盐水泥》GB 175—2007。

六种通用水泥的特性　　　　　　　　　　　　　　　　　表7-4

水泥名称	硅酸盐水泥		普通水泥	矿渣水泥		火山灰水泥	粉煤灰水泥	复合硅酸盐水泥
	P·Ⅰ	P·Ⅱ	P·O	P·SA	P·SB	P·P	P·F	P·C
主要成分	以P·Ⅱ硅酸盐水泥熟料为主，掺0~5%的粒化高炉矿渣，或0~5%的石灰石		在硅酸盐水泥熟料中允许掺入不超过15%的混合材料	在硅酸盐水泥熟料中掺入占水泥质量（P·SA）20%~50%或（P·SB）50%~70%的粒化高炉矿渣		在硅酸盐水泥熟料中掺入占水泥质量20%~40%的火山灰质混合材料	在硅酸盐水泥熟料中掺入占水泥质量20%~40%的粉煤灰	在硅酸盐水泥熟料中掺入占水泥质量20%~50%的粒化高炉矿渣、粉煤灰、石灰石、火山灰质混合材料
特性	硬化快，早期强度高，水化热大，耐冻性较好，干缩性小，耐磨性好，耐热性差，耐腐蚀与耐软水性差		早期强度较高，水化热较大，耐冻性较好，干缩性小，耐磨性好，耐热性稍好，耐腐蚀与耐软水性差	早期强度低，后期强度增长快，抗渗性差，耐冻性差，耐硫酸盐侵蚀及耐软水性较好，抗碳化能力差，耐热性与耐磨性均较好，干缩较大，保水性较差		抗渗性较好，内表面积大，因而干缩性大，其他同矿渣水泥	干缩性好，抗裂性较好，流动性较好，其他同矿渣水泥	水化热低，耐腐蚀性、抗渗性与抗冻性较好，其他接近普通水泥
二氧化硫（质量分数）	≤3.5		≤3.5	≤4.0		≤3.5	≤3.5	≤3.5
氧化镁（质量分数）	≤5.0		≤5.0	≤6.0	—	≤6.0	≤6.0	≤6.0

水泥名称	硅酸盐水泥		普通水泥	矿渣水泥		火山灰水泥	粉煤灰水泥	复合硅酸盐水泥
	P·I	P·II	P·O	P·SA	P·SB	P·P	P·F	P·C
氯离子（质量分数）	≤0.06							
初凝时间（min）	≥45							
终凝时间（h）	≤6.5		≤10					
强度等级（MPa）	42.5、 42.5R、52.5、 52.5R、62.5、 62.5R		42.5、42.5R52.5、52.5R	32.5、32.5R、42.5、42.5R、52.5、52.5R				

注：1. 硅酸盐水泥、普通硅酸盐水泥压蒸试验合格，则氧化镁的含量（质量分数）允许放宽至 6.0%。

2. 除硅酸盐水泥、普通硅酸盐水泥外，其他水泥如果氧化镁的含量（质量分数）大于 6.0%，需进行水泥压蒸安定性试验并合格。

3. 当水泥中氯离子（质量分数）有更低要求时，该指标有买卖双方协商确定。

水泥放置中不得受潮并防止混入杂物，贮存时间也不宜过长，一般不应超过 3 个月。因为在一般贮存条件下，三个月后强度会下降 10%～20%，过期水泥必须进行检验，以便重新确定其强度等级，并按实际的强度来使用。

三、白色硅酸盐水泥

白色硅酸盐水泥简称白水泥，是建筑装饰常用的水泥。白水泥是以适当成分的生料烧至部分熔融成为熟料，在以硅酸盐为主要成分的熟料中，加入适量优质石膏磨细而成的水硬性材料。白水泥能白，主要体现在氧化铁的含量比灰水泥要少到十分之一（氧化铁含量：灰水泥 3.0%～4.0%，白水泥 0.35%～0.40%）。白水泥的初凝时间为 ≥45min，终凝时间为 ≤10h。

白水泥的性质与硅酸盐水泥基本相同，只是氧化铁与呈色氧化物含量低，根据规定要求熟料中氧化镁的含量不宜超过 5.0%，如果水泥经压蒸安定性试验合格，则熟料中氧化镁的含量允许放宽到 6.0%。天然二水石膏应符合行业规定 G 类或 A 类二级（含）以上的石膏或硬石膏。工业副产石膏指工业生产中以硫酸钙为主要成分的副产品。采用工业副产石膏时应经过试验证明对水泥性能无害。其中混合材料是指石灰石或窑灰。混合材料掺量为水泥质量的 0～10%。石灰石中的三氧化二铝含量应不超过 2.5%。窑灰也应符合建材行业的规定。水泥粉磨时允许加入助磨剂，加入量应不超过水泥质量的 1%。助磨剂也要符合建材行业的规定。水泥中三氧化硫的含量应不超过 3.5%。细度 80μm 方孔筛筛余不得超过 10%。白水泥白度值应不低于 87。

由于白水泥早期强度比较低，施工后应加强养护，减少微裂缝，提高强度，增强装饰性与耐久性。

白色硅酸盐水泥材料主要用于建筑装饰装修，白水泥标号按强度等级分为 32.5、

42.5、52.5 三种。其用途是用来配置白水泥灰浆、彩色砂浆、混凝土、人造大理石、人造花岗石和地墙砖抹缝等。白水泥的抗压强度与抗折强度见表 7-5。其他技术指标应符合《白色硅酸盐水泥》GB/T 2015—2005 规定。

白水泥各龄期强度等级的抗压强度和抗折强度（MPa）　　　　表 7-5

强度等级	抗压强度		抗折强度	
	3d	28d	3d	28d
32.5	12.0	32.5	3.0	6.0
42.5	17.0	42.5	3.5	6.5
52.5	22.0	52.5	4.0	7.0

四、彩色水泥

是以白水泥或普通水泥为基料，加入无机或有机颜料磨细而成的有色水泥。也有加入金属氧化物为着色剂，烧成熟料后再粉磨。更简单的方法就是直接把颜料掺入白水泥或普通水泥之中。

目前彩色水泥只有 32.5、42.5 两种抗压等级。掺入颜料后，对水泥净浆性能的影响，主要是凝结时间提前，强度下降，所以对掺色量要进行控制。彩色水泥颜料品种及掺量见表 7-6 所示。装饰彩色水泥初凝≥45min，终凝≤10h。

彩色水泥颜料品种及掺量　　　　表 7-6

水泥颜色	颜料名称和掺量%			适用场所
大红	大红粉　0.05~1.2			室内
砖红	铁红　0.15~0.80			室内、室外
中黄	铁黄　0.2~1.0			室内、室外
杏黄	铁黄　1	铁红 0.4		室内、室外
浅绿	铬绿　1			室内、室外
深绿	铬绿　1	酞青蓝 0.5~0.6		室内、室外
浅蓝	酞青蓝　0.02~0.2			室内
赫色（浅）	铁红　1	铁黄　1		室内、室外
赫色（深）	铁红 1.5	铁黄 0.7	群青 2.0	室内、室外
藕荷色	丽索尔红 0.25	群青 1.95		室内

注：有机颜料虽色泽鲜艳，但不耐久、易褪色，所配制的彩色水泥只能用于室内。而无机矿物颜料配制的彩色水泥可用于室内外。

彩色水泥主要用于建筑室内外装饰、小品、雕塑和人造石材、人造砖等。

1. 彩色玻纤水泥

该产品是我国对彩色水泥研究的一项成果。它具有快硬、早强、微膨胀、防收缩、低碱度、色彩持久，抗冻性、韧性、耐久性及装饰性好等特点。初凝>30min，终凝小于 2h。

该水泥加少量添加剂后，可做装饰涂料，可刷可喷，有较强的抵抗空气中的酸、碱腐蚀能力。

2. 铝酸盐彩色水泥

为了改变硅酸盐系彩色水泥色泽发灰的问题，我国对铝酸盐系统彩色水泥进行了试验研究，并成功地研制出咖啡色、天蓝色、苹果绿、嫩黄、暗黄等色彩的水泥。这种水泥具有色彩鲜艳，早期强度高，耐高温等特点。初凝 3h，终凝 8h。

3. 工程颜料

用于制作彩色水泥、彩色水泥嵌缝料、彩色砂浆、彩色装饰混凝土和彩色涂料的颜料叫工程颜料。工程颜料有无机材料，如氧化铁红、氧化铁黄等，还有有机颜料，如酞青蓝、群青等。工程颜料包括白色、黄色、红色、蓝色、绿色、棕色、紫色、黑色和金、银色十个色系。常用颜料名称、化学成分及注意事项见表7-7。

常用颜料名称、化学成分注意事项　　　　　　　　　　　　表 7-7

色系	颜料名称	特点	应用
白色系	钛白粉 （二氧化钛，TiO_2）	钛白粉的化学性质相当稳定，遮盖力及着色率都很强，折射率很高。纯净的钛白粉无毒，能溶于硫酸，不溶于水，也不溶于稀酸。钛白粉有两种：一种是金红石型，比重为 4.26，折射率为 2.72，耐光性非常强；另一种是锐钛矿型，比重 3.84，折射率 2.55	钛白粉在粉刷颜料中为最好的白色颜料之一，遮盖力强，不易变色。 金红石型适用于外粉刷；锐钛矿型适用于内粉刷，外粉刷亦可用但遮盖力及耐光性较差
	立德粉 （锌钡白，$ZnS+BaSO_4$）	立德粉是硫化锌和硫酸钡的混合颜料。硫化锌含量较高，遮盖力越强，质量越高。一般立德粉含硫化锌 29.4%，密度为 4.136~4.34。遮盖力比锌白粉强，但次于钛白粉。立德粉为中性颜料，能耐热，不溶于水，与硫化氢和碱溶液不起作用	由于立德粉遇酸雨分解而产生硫化氢气体，经日光长久曝晒能变色。所以不宜用于外粉刷
	锌白 （氧化锌，ZnO）	锌氧粉是一种白色六角晶体无臭极细粉末。密度为 5.61，熔点为 1975℃。溶于酸、氢氧化钠和氯化铵溶液，不溶于水或乙醇	由于高温下或储存日久时色即变黄及不耐酸雨，所以不宜用于外粉刷
	滑石粉 $[Mg_3(Si_4O_{10})(OH)_2]$	滑石粉为白色、淡灰白色或淡黄色，有滑腻感，极软，化学性质不活泼。建筑用滑石粉的细度为 140~325 目，白度为 90%	刮大白主要用料，不宜用于白色纯度要求较高的粉刷之中
	白铅粉 碱式碳 $2PbCO_3·Pb(OH)_2$	铅白为白色粉末，密度为 6.14，不溶于水和乙醇，耐气候性良好。与含有少量硫化氢的气体接触，即逐渐变黑	不宜用于含有硫化氢空气场所及内外粉刷中。铅有毒，所以很少用
	锑白 （三氧化二锑，Sb_2O_3）	锑白，为白色无味结晶粉末，密度为 5.67，加热变黄，冷却又变白色，不溶于水、乙醇，溶于浓盐酸、浓硫酸、浓碱、草酸等	装饰用很少
	碳酸钙 （$CaCO_3$）	碳酸钙为极细白色晶体粉末，密度为 2.70~2.85，极难溶于水，天然矿产有石灰石、方解石、白垩和大理石等，化工产品有轻质沉淀碳酸钙（密度为 2.5~2.6）及重质沉淀碳酸钙（密度为 2.7~2.8）两种	由于碳酸钙的价格高，故粉刷中多用各种含大量碳酸钙的石粉代替

色系	颜料名称	特点	应用
白色系	大白粉 （白垩，$CaCO_3$）	白垩，系由昆虫、软骨动物和球菌类的方解石质碎屑与方解石组成的沉积岩，经粉碎加工而成，色白或灰白，其有不同的成分和性质	大白粉遇二氧化硫褪色。故只宜用于内粉刷
	老粉 （方解石粉，$CaCO_3$）	方解石和 $CaCO_3$ 含量高的石灰岩石粉碎加工而成，含碳酸钙 98% 以上，一般过筛规格为 320 目。$CaCO_3$ 遇二氧化硫及水即生硫酸与石膏	由于城市空气中常含二氧化硫，外粉刷会因反应生成石膏脱落而露底斑驳，故不宜使用，只宜作内粉刷用
	银粉子（$CaCO_3$）	呈微云母颗粒状闪光，白色	只宜用于内粉刷
黄色系	氧化铁黄 （铁黄、$Fe_2O_3xH_2O$）	氧化铁为黄色粉末，颗粒细度为 $1\sim3\mu m$，遮盖力不大于 $15g/m^2$，高于其他黄色颜料，着色力、耐候性、耐污浊气体以及耐碱性等都非常强。产品密度为 4，吸油量在 35% 以下，耐光性可达 7~8 级	氧化铁黄既稳定性好又最经济，尤其在外粉刷中，宜大量采用
	铬黄 （$PbCrO_4$）	铬黄系含有铬酸铅的黄色颜料，着色力高，不溶于水和油，不耐强碱。铬黄色泽鲜艳，但随铬酸铅含量增加，色泽加深，遮盖力也由 $90g/m^2$ 增至 $50g/m^2$	可用于内外粉刷，但价格较铁黄贵，含铅不宜于儿童房装饰
	锌黄 （锌铬黄 $ZnCrO_4$）	锌黄系含有铬酸锌的淡黄色颜料，耐光性较好，耐热可达 150℃，能部分溶于水，不耐酸碱，遮盖力一般为 $120g/m^2$，比铬黄低，着色力也差	由于不耐酸碱，且价格又高于铬黄，故一般内外粉刷很少采用，但特殊高温场合可考虑
	镉黄 （硫化镉，CdS）	镉黄的耐光、耐热、耐碱性优良，但耐酸性能较差，颜色有浅有深，遮盖力一般为 $50g/m^2$	镉黄价格高
红色系	氧化铁红 （Fe_2O_3）	氧化铁红粉粒粒径为 $0.5\sim2\mu m$，密度为 $5\sim5.25$，遮盖力和着色力都很大，有优越的耐光、耐高温、耐气候、耐污浊气体及耐碱性能，抗紫外线好，耐光性为 7~8 级，有天然的和人造的两种	氧化铁红是既稳定性好又经济的红色颜料，尤其在外粉刷中可大量采用
	银朱 （硫化汞，HgS）	银朱系颗粒极细，略显黄、蓝亮光，密度为 $7.8\sim8.1$，具有高度的遮盖力、着色力、耐酸、耐碱性，仅溶于王水	银朱价格高
	镉红 （硒硫化镉，$3CdS\cdot2CdSe$）	镉红，具有优良的耐光、耐热、耐酸性能，但耐碱性较差	可用于内外粉刷
蓝色系	群青 （$Na_7Al_6Si_6S_2O_{24}$ $Na_8Al_6Si_6S_2O_{24}$ $Na_6Al_4Si_6S_2O_{20}$）	群青颗粒平均约为 $0.5\sim3\mu m$，色泽鲜艳，呈半透明状，密度为 $2.1\sim2.35$，耐高热及碱，但不耐酸，耐光、耐气候性很强	价格经济，尤其在外墙施工中，可大量采用
	钴蓝 $[Co(AlO_2)_2]$	钴蓝略带绿光，耐热、耐光、耐碱、耐酸性能好	适用于内外粉刷

色系	颜料名称	特点	应用
绿色系	铬绿	铬绿是铅铬黄和普鲁士蓝的混合,颜色随两种组分的比例变动,遮盖力强,耐气候性、耐光性、耐热性均好,但不耐酸和碱	不宜采用水泥及石灰为胶凝材料,不宜用于外粉刷
	群青及氧化铁黄配用	分别详见上述"群青"及"氧化铁黄"栏	由于群青及氧化铁黄均能耐碱,故在绿色粉刷中多用此方法
棕色系	氧化铁棕 (铁棕,Fe_2O_3 及 Fe_3O_4)	氧化铁棕不溶于水、醇及醚,仅溶于热强酸中,三氧化二铁含量约在85%以上	氧化铁红及氧化铁黑配用可代替。掺入氧化铁黄可调深浅,用于室内外工程
紫色系	氧化铁紫 (铁紫,Fe_2O_3)	氧化铁紫不溶于水、醇及醚,仅溶于热强酸中,三氧化二铁含量>96%	氧化铁红及群青配用可代替,用于室内外工程
黑色系	氧化铁黑 (铁黑,Fe_3O_4 或 $Fe_2O_3 \cdot FeO$)	氧化铁黑,遮盖力高,着色力大,耐碱,但能溶于酸,具有一定的磁性,耐候性好	它是经济的黑色颜料,尤其外粉刷中可大量采用
	炭黑 (乌烟,C)	炭黑,密度为 1.8~2.1,不溶于水及各种溶剂。槽式法制成的槽黑(俗称硬制炭黑),炉式法制成的炉黑(俗称软制炭黑)。粉刷中常用炉黑一类,炭黑遮盖力强	价格经济,由于密度小,配料时不易搅匀
	锰黑 (二氧化锰,MnO_2)	锰的密度为 5.026,不溶于水和硝酸,有很强的遮盖力	可用于室内外工程
	松烟	松材、松根、松枝等在窑内进行不完全燃烧而熏得的黑色烟炱,遮盖力及着色力均好	可用于室内外工程
金色系	金粉 (铜粉)	金粉为铜锌合金的细粉。依铜、锌的比例不同,有青金色、黄金色、红金色等。金粉的金属颗粒为平滑的鳞片状,遮盖力非常高,反光性很强,可见光线及紫外线、红外线均不能透过。为了使金粉能不受氧化、硫化和水气浸蚀,所以一般在金粉涂层上另加清漆覆盖。金粉规格以细度表示,一般为 170~400 目,有的产品达到 1000 目以上	金粉在建筑工程上用于代替"贴金"或作装饰涂料(涂金)之用
银色系	银粉 (铝粉)	银粉在建筑装修工程上配作装饰涂料或防锈涂料银浆	可用于室内外工程

4. 石粒

石粒是由天然的大理石、花岗石、白云石和方解石等经机械破碎加工而成的石材颗粒。由于石粒具有不同的颜色,又称其为色石渣、色石子或石末等,用来作石粒装饰砂浆中的骨料。石粒规格及质量要求见表7-8。

石粒规格及质量要求　　　　　　　　　　　表 7-8

规格与粒径的关系		颜色	质量要求
规格	粒径（mm）		
大八厘	约 8	桃红、翠绿及肝石、松香石、黑石渣、白石渣、莺石渣等	颗粒坚硬、有棱角、洁净不含风化石渣
中八厘	约 6		
小八厘	约 4		
米粒石	2~6		

五、砂浆

建筑砂浆是由胶凝材料、细骨料和水按一定比例混合配制而成的建筑材料。

建筑工程砂浆按胶凝材料可分为石灰砂浆、水泥砂浆、混合砂浆。按用途可分为砌筑砂浆、抹面砂浆、防水砂浆和特种砂浆。

1. 建筑砂浆技术性质

建筑砂浆具有以下的技术性质：

（1）流动性

流动性是指砂浆在自重力作用下是否易于流动的性质，其大小用稠度值 mm 单位来表示。

（2）保水性

保水性是指拌和砂浆保存水分的能力，保水性差的砂浆会影响胶凝材料正常硬化，从而降低砌体质量。保水性以分层度（mm）表示，砂浆分层度以 10~20mm 为宜。为改善砂浆保水性能，经常采取掺入石灰膏、粉煤灰、微末剂、塑化剂等措施。

（3）强度等级

建筑砂浆分为 M20.0、M15.0、M10.0、M7.5、M5.0、M2.5 六个级别。单位为 MPa，抹灰与砌筑可采用后两个等级。

（4）粘结力

粘结力是指砖石砌体依靠砂浆粘结成坚固整体的能力，砂浆与基层之间的粘结力用粘结强度表示，砂浆强度愈高粘结能力愈强。

2. 抹面砂浆

抹面砂浆用来涂抹建筑物或构筑物的表面，对建筑物表面起保护作用，可提高耐久性。通常分二层或三层进行施工，各层要求不同。

底层抹灰：主要起与基层粘结作用的抹灰，不同基层底层抹灰不同。砖墙的底层抹灰多用石灰砂浆，有防水要求的抹灰多用水泥砂浆，板条墙、顶棚的底层抹灰用麻刀石灰砂浆，混凝土墙、梁、柱、顶板等底层抹灰多用混合砂浆；

中层抹灰：主要为了起找平作用的抹灰，多用混合砂浆或石灰砂浆；

面层抹灰：主要起装饰作用的抹灰，多用细砂配制的混合砂浆、麻刀石灰砂浆或纸筋石灰砂浆。

在容易碰撞或防潮湿部位面层抹灰应采用水泥砂浆，如墙体阳角、墙裙、地面、窗台及水井等处可用 1∶2.0（水泥∶砂）水泥砂浆。要十分注意的是三层的抹灰强度，应是底层大于中层，中层大于面层，以改善粘结牢度和防止抹灰面裂缝。

六、水泥制品

水泥与废纸浆、玻璃纤维、矿棉、天然植物纤维、石英砂磨细粉、硅藻土、粉煤灰、生石灰、消石灰等无机非金属材料或有机纤维材料的混合，添加适当调制的试剂，经过一定的工序，便可制成各种水泥制品。这些水泥制品的最大优点是防火、不燃，有着水泥的一般特性。加入纤维后可制成薄板，以适应装饰装修工程的需要。常见的水泥薄板制品有埃特板、中碱玻璃纤维短矿棉低碱度水泥平板、天然植物纤维水泥板、矿棉水泥装饰板和木屑刨花水泥板等。

1. 纤维水泥板（埃特板）

埃特板是不燃平板产品，是采用废纸浆植物纤维与水泥制成的装饰板材，为不燃性材料。这种板材与纸面石膏板相比具有更为优异的防火、防潮、隔声、隔热、防虫、防鼠、耐腐蚀、强度高的性能特点。此外，埃特板还可锯、可刨、可钉等。作为基材，埃特板可方便地与各种表面装饰面层，如油漆、喷涂、墙纸或其他装饰材料结合，广泛应用于室内的吊顶，建筑内、外墙的隔墙、壁板等处的装饰装修。不燃平板的规格与技术性能见表7-9。

埃特板规格及技术性能   表7-9

类型	型号	110	210	240	240	140	310	410	430
规格（mm）	长×宽	2440×1220	2440×1220 3000×1220	605×605 598×598	2440×1220	2400×1220	2440×1220	2440×1220	2440×1220
	厚度	8~18	8~12	4.5	6	4.5~10	8~18	8~12	6
质量（kg/m²）		8.1~18.4	10~12	6.8	9.1	6.8~15	8.1~18.4	8.1~12	8.1
密度（kg/cm³）		0.9	0.9	1.35	1.35	1.45	0.9	0.9	1.25
吸水率（%）		55	60	38	35	32	55	60	40
热膨胀[m/(m.K)]		$10×10^{-6}$	$9×10^{-6}$	$8×10^{-6}$	$8×10^{-6}$	$10×10^{-6}$	$6×10^{-6}$	$5×10^{-6}$	$6×10^{-6}$
湿膨胀（mm/m）		1.30	0.80	0.50	0.05	1.20	1.80	0.50	0.70
横向抗折强度（N/mm²）		10	10	18	22.5	22.5	9.5	7.5	13
纵向抗折强度（N/mm²）		7	7	12	15	15	6.5	5.5	7.5
持续抗冻性（℃）		−30	−30	−30	−30	−30	−30	−30	−30
持续抗热性（℃）		150	150	150	150	150	150	150	150
防火性能		按 ISO1182：1990 检验，不燃性合格；按 GB 9978—88 检验，耐火极限 2h							
用途		墙板或吊顶板		吊顶板			墙板或吊顶板		

2. TK 板

TK 板是中碱玻璃纤维及短矿棉低碱度水泥平板的简称。TK 板具有表面平整、防火、隔声、轻质、高强、易加工、表面可涂刷各种颜色涂料或贴面材料等优点。

TK 板与轻钢龙骨配套使用，广泛应用于各类高层、低层等公共建筑室内防火要求高的内隔墙和吊顶，尤其适用于加层的建筑装饰装修工程，具有较好的装饰效果。TK 板的耐火性能及隔声性能见表 7-10 及表 7-11。

TK 板耐火性能　　　　表 7-10

试件编号	TK 板隔墙		石膏板隔墙	
	构造形式	耐火极限（h）	构造形式	耐火极限（h）
1	上层：6mmTK 板 中层：5mm×75mmTK 板非金属龙骨 下层：6mmTK 板	非燃烧体 0.48	上层：12mm 石膏板 中层：80mm 石膏板 下层：12mm 石膏板	非燃烧体 0.3
2	上层：6mmTK 板 中层：5mm×75mmTK 板金属龙骨+矿棉 20mm 下层：6mmTK 板	非燃烧体 1.05	上层：12mm 石膏板 中层：80mm 石膏板+矿棉毡 下层：12mm 石膏板	非燃烧体 0.75
3	上层：6mmTK 板×2 中层：55mm×75mmTK 板非金属龙骨 下层：6mmTK 板×2	非燃烧体 1.12	上层：12mm 石膏板 中层：80mm 石膏龙骨 12mm 石膏板×2 80mm 石膏龙骨 下层：12mm 石膏板	非燃烧体 1.05
4	上层：6mmTK 板×2 中层：55mm×75mmTK 板轻钢龙骨 下层：6mmTK 板	非燃烧体 1.38	上层：12mm 石膏板 中层：50mm×75mm 轻钢龙骨 下层：12mm 石膏板	非燃烧体 1.05

TK 板隔声性能　　　　表 7-11

试件编号	构造形式	隔声量（dB）	试件编号	构造形式	隔声量（dB）
1	上层：6mmTK 板 中层：50mm×75mm 轻钢龙骨 下层：6mmTK 板	41	4	上层：6mmTK 板 中层：55mm×75mmTK 板非金属龙骨 下层：6mmTK 板×2	46
2	上层：6mmTK 板 中层：55mm×75mmTK 板非金属龙骨 下层：6mmTK 板	41	5	上层：6mmTK 板 中层：55mm×75mmTK 板非金属龙骨 下层：6mmTK 板×2	52
3	上层：6mmTK 板 中层：55mm×75mmTK 板非金属龙骨加石棉隔声层 20mm 下层：6mmTK 板	50			

3. 硅钙板

硅钙板也叫硅酸钙板，硅钙板是采用硅质原料石英砂磨细粉、硅藻土、粉煤灰，钙质原料生石灰、消石灰、水泥和电石泥，增强材料矿棉、纸浆等经配料、制浆、成型、蒸压养护、烘干、砂光等工序制成板材。硅酸钙板的原料来源非常广泛，制成的硅酸钙板的产品具有质轻、高强、不燃、防水、隔声、隔热等性能。硅酸钙板易加工，是一种理想的室内隔墙或吊顶装修材料，广泛用于建筑室内装修。在交通空间中，如远洋船只、列车车厢的隔舱板、防火门等也多有应用。硅酸钙板产品的防火性能可达不燃指标 A 级。

硅钙板板面可涂刷各种颜色涂料或覆贴各种壁纸或墙纸，以获得完美的装饰装修效果。

4. 水泥木屑刨花装饰板

水泥木屑刨花装饰板是以水泥为胶凝材料，以木料加工过程的下脚料木屑、刨花或非木质原料棉杆、蔗渣为增强材料，外加适量的化学助剂和水，经混合搅拌、铺装成型、加压固结、调湿处理而成的装饰板材。具有防火、隔声、防虫、轻质、高强、耐老化等功效。本身表面的可装饰性好，与其他表面装饰材料的结合性好。但水泥木屑刨花装饰板有一定的变形性，在实际使用中要注意分块和留缝。

5. 石粒装饰砂浆

石粒装饰砂浆是在水泥砂浆的基层上抹出水泥石粒浆面层作为装饰层，主要用于建筑外墙、室内庭院、地面装饰等。这种装饰面层的石粒具有色泽明亮、质感丰富和耐久性好等特点。本色和质感极具装饰性，装饰层的主要做法有水刷石、干粘石、剁假石、水磨石、机喷砂石等。石屑是比石粒粒径更小的骨料，是破碎石粒过筛筛下的小石渣，用于面层的砂浆，如常用的松香石屑、白云石屑等。

6. 聚合物水泥砂浆

在普通水泥砂浆中掺入适量的有机聚合物，改善水泥砂浆的粘结力，叫做聚合物水泥砂浆。聚合物水泥砂浆可作为装饰抹灰砂浆，也可以用于饰面层的喷涂、滚涂砂浆。

当前在装饰工程中掺入的有机聚合物主要有以下两种。

（1）聚醋酸乙烯乳液

聚醋酸乙烯乳液是一种白色水溶性胶状体，熟称大白胶。主要成分由醋酸乙烯、乙烯醇和其他外掺剂经高压聚合而成。按要求比例掺入砂浆后，可改善砂浆的粘结力、韧性和弹性，有效地防止装饰面层开裂、粉酥和脱落等。这种聚合物在操作性能和耐久性等方面都要比过去长期室外使用的聚乙烯醇缩甲醛胶（107 胶、108 胶）要好得多。

（2）甲基硅酸钠

甲基硅酸钠是一种无色透明的水溶液，一种有机分散剂。喷涂装饰砂浆时，在砂浆中掺入适量的甲基硅醇钠，可改善砂浆的操作性能，还可以提高饰面的防水、防风化和抗污染能力。

7. 干粉商品砂浆

是近年来最新发展的商业品种。将砂浆及各种类型和强度等级的砂浆预先配制包装，可在商场出售。普通干粉砂浆分三类：DM—干粉砌筑砂浆、DS—干粉地面砂浆、DP—干粉抹面砂浆。

第三节　石　膏

建筑石膏是将天然二水石膏等原料在 107~170℃ 温度下煅烧磨细成熟石膏。主要成分是 β 型半水硫酸钙（$\beta CaSO_4 \cdot 1/2H_2O$），其质量分数应不小于 60%。石膏粉生产流程见图 7-1。

建筑石膏密度为 $2.50g/cm^3$ ~ $2.75g/cm^3$，用水调合（一般水量相当于石膏重量的60%~80%）形成流动可塑性很好的浆体，并能很快硬化，同时体积会产生约1%的微小膨胀。

石膏轻质，有一定强度，绝热吸音性能好。对湿度有一定调节作用，防火性能好。

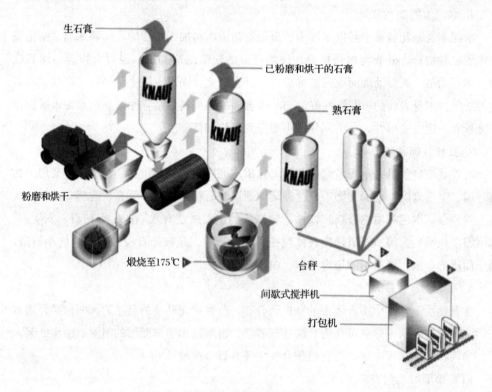

图 7-1　石膏粉生产流程图

由于石膏可循环再利用，其在室内使用过程中所排放的污染物极少，尤其是非含磷石膏是绿色的、理想的装饰材料。因此应用十分广泛。建筑石膏物理力学性能见表 7-12。其余见《光石石膏》GB 9776—2008。

建筑石膏物理力学性能　　　　　　　　　　　　表 7-12

等级	0.2mm 方孔筛筛余细度（%）	凝结时间（min）		2h 强度（MPa）	
		初凝	终凝	抗折	抗压
3.0				≥3.0	≥6.0
2.0	≤10	≥3	≤30	≥2.0	≥4.0
1.6				≥1.6	≥3.0

根据《民用建筑工程室内环境污染控制规范》GB50325—2010（2013 年版）要求，

磷石膏制品必须有放射性指标检测报告，并符合有关规定要求。

目前主要应用建筑石膏生产纸面石膏板、装饰石膏板、嵌装式装饰石膏板、空心石膏板、石膏棚线及装饰件。墙面找平、堵缝、固结石材等。石膏制品不能用于室内温度高于65℃以上的高温环境。

嵌缝石膏加白胶一是为了缓凝，二是为了增加与木材或大白墙之间的粘合度。石膏制品与大白墙之间有色差，一般通过刷乳胶漆统一处理，同时起到保护墙面作用。

目前用于建筑装饰装修的石膏板种类主要有以下几种。

一、纸面石膏板

在石膏粉中加水、外加剂、纤维等搅拌成石膏浆体，注入板机或模具成型为芯材，并与护面纸牢固地结合在一起，最后经锯割、干燥成材。纸面石膏板生产流程见图7-2。

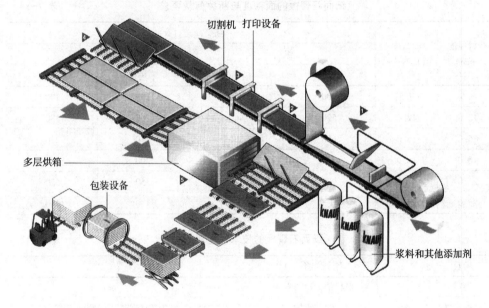

图7-2　纸面石膏板生产流程图

纸面石膏板的边形处理样式见图7-3。

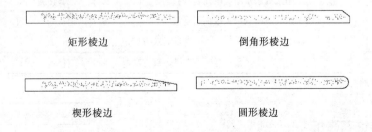

图7-3　纸面石膏板的边形处理样式

纸面石膏板按其用途有：普通纸面石膏板、耐水纸面石膏板、耐水耐火纸面石膏板三种。普通纸面石膏板，掺入适量轻集料等；耐水纸面石膏板，掺加耐水外加剂等；耐火纸面石膏板，掺入适量轻集料、无机耐火纤维增强材料与外加剂等。

纸面石膏板板材长度（mm）为 1500、1800、2100、2400、2440、2700、3000、3300、3600；宽度有 600、900、1200、1220；板厚（mm）为 9.5、12、15、18、21、25。外观纸面石膏板的质量，板面应平整，不应有影响使用的波纹、沟槽、亏料、漏料和划伤、破损、污痕等缺陷。纸面石膏板的允许偏差见表 7-13，纸面石膏板的面密度与断裂荷载要求见表 7-14，纸面石膏板的技术性能要求见表 7-15。纸面石膏板的其他要求见《纸面石膏板》GB/T9775—2008。

纸面石膏板的允许偏差（mm）　　　　　　表 7-13

项目	长度	宽度	厚度		对角线长度差
			9.5	≥12.0	
尺寸偏差	−6~0	−5~0	±0.5	±0.6	≤5

纸面石膏板的面密度与断裂荷载要求　　　　　　表 7-14

板材厚度（mm）	面密度（kg/m²）	断裂荷载（N）			
		纵向		横向	
		平均值	最小值	平均值	最小值
9.5	9.5	400	360	160	140
12.0	12.0	520	460	200	180
15.0	15.0	650	580	250	220
18.0	18.0	770	700	300	270
21.0	21.0	900	810	350	320
25.0	25.0	1100	970	420	380

纸面石膏板的技术性能要求　　　　　　表 7-15

项目	说明	要求
硬度	板材的棱边与端头	≥70N
抗冲击性	经冲击后	板材的背面无径向裂纹
粘接性	护面纸与芯材	应不剥离
吸水率	仅适用于耐水或耐水耐火纸面石膏板	≤10%
表面吸水率	仅适用于耐水或耐水耐火纸面石膏板	≤160g/m²
遇火稳定性	仅适用于耐水或耐水耐火纸面石膏板	板材的遇火稳定时间≥20min
受潮挠度		由供需双方商定
剪切力		由供需双方商定

摘自《纸面石膏板》GB/T9775—2008。

二、装饰石膏板

装饰石膏板是以建筑石膏为主要原料，掺入适量纤维材料和外加剂，与水一同搅拌成均匀的料浆，浇注成型，干燥后制成装饰薄板。由于石膏中掺入了纤维材料，所以用于纸面石膏板为保证石膏强度用的护面纸便可取消。装饰石膏板有平板、孔板、浮雕板，并可将这些装饰石膏板添加防水剂制作成防潮等品种。平板、孔板和浮雕板是根据板面样态来取名的。穿孔装饰石膏板构成吸声腔共振结构，所以具有一定的吸声性能。防潮板有时也称为防水板，但石膏制品一般是不防水的，即使在装饰石膏板中掺入防水剂或外涂防水材料，作了防水处理，也只限于空气相对湿度较高的场所。因此，即使对于做了防水处理的装饰石膏板，称为防潮板也许更准确一些。

装饰石膏板为正方形，其棱边断面形式有直角形和倒角型两种。市场规格有500mm×500mm×500mm；600mm×600mm×600mm 两种。

装饰石膏板主要用于建筑室内墙面和吊顶装饰，根据《装饰石膏板》JC/T 799—2007 建材行业标准规定，其外观质量见表 7-16，物理性能见表 7-17。

装饰石膏板外观质量（mm）　　　　　　　　　　　　表 7-16

项目	指标
边长	+1，−2
厚度	±1.0
不平度	2.0
直角偏离度	2.0

装饰石膏板的物理力学性能　　　　　　　　　　　　表 7-17

序号	项目		指标					
			普通平板与孔板、防潮平板与孔板			普通浮雕板、防潮浮雕板		
			平均值	最大值	最小值	平均值	最大值	最小值
1	单位面积质量（kg/m²）	9 厚	≤10.0	≤11.0	—	≤13.0	≤14.0	—
		11 厚	≤12.0	≤13.0	—	—	—	—
2	含水率（%）		≤2.5	≤3.0	—	≤2.5	≤3.0	—
3	吸水率（%）		≤8.0	≤9.0	—	≤8.0	≤9.0	—
4	断裂荷载（N）		≥147	—	≥132	≥167	—	≥150
5	受潮挠度（mm）		≤10	≤12	—	≤10	≤12	—

注：普通浮雕板、防潮浮雕板的厚度系指棱边厚度。

三、嵌装式装饰石膏板

石膏板的四边加厚并带有嵌装企口。板正面为平面、带孔或带浮雕图案。在穿孔板背面复合吸声材料，可使其具有一定吸声特性，这种石膏板称为嵌装式吸声石膏板。其剖面见图 7-4。

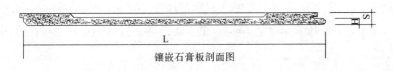

镶嵌石膏板剖面图

图 7-4　嵌装式石膏板剖面

《嵌装式石膏板》JC/T800—2007 建材行业标准中规定：其尺寸偏差见表 7-18，物理力学性能见表 7-19。

嵌装式装饰石膏板尺寸及允许偏差（mm） 表 7-18

项目		偏差要求
边长		±1.0
铺设高度		±1.0
边厚	边长 500mm	≥25
	边长 600mm	≥28
不平度		≤1.0
直角偏离度		≤1.0

嵌装式装饰石膏板物理力学性能 表 7-19

项目		技术要求
单位面积重量（kg/m²）	平均值	≤16.0
	最大值	≤18.0
含水率（%）	平均值	≤3.0
	最大值	≤4.0
断裂荷载（N）	平均值	≥157
	最小值	≥127

四、纤维石膏板

纤维石膏板又称 GF 板或无纸石膏板，是一种以建筑石膏粉为主要原料，纸纤维为主和其他各种纤维为增强材料的一种新型建筑石膏板材。在中心层有时加入矿棉、膨胀珍珠岩等保温隔热材料，可加工制成三层或多层纤维石膏板。

纤维石膏板是继纸面石膏板之后开发出的新型石膏板制品，有着综合的优越性能。纤维石膏板除具有纸面石膏板的一般优点外，还具有一定的内部粘结力、抗冲击能力、抗压痕能力，在防火、防潮等方面性能突出，保温隔热性能也比纸面石膏板好。应用范围比纸面石膏板有所增加，虽然产品成本略高。但投资的内部回收率大于纸面石膏板，所以，总的来看综合效益还是好的。

生产纤维石膏板的石膏原料为建筑石膏，与纸面石膏板石膏用料一样。作为增强用的纤维主要是废旧报纸和废旧杂志纸浆纤维。膨胀珍珠岩、氧化钙、天然淀粉等用作填充料。为能使纤维石膏板表面减少水分吸收，不发生化学反应，采用密封剂材料。

纤维石膏板的厚度为 6~25mm，幅宽规格尺寸有三类：大幅尺寸，如 2500mm（6000~7500mm）供房屋预制厂方使用；标准尺寸 1250mm 或 1200mm，供一般建筑装修使用；小幅尺寸如 1000mm×1500mm，供市场销售及特殊用途，也可以按用户要求生产特殊的规格。

纤维石膏板从板型上分为均质板、三层标准板、轻板、结构板、覆层板、特殊板等。从应用方面来看，可作干墙板、墙衬、隔墙板、预制板外包层、顶棚板、护墙板等。平面的板面，可与各类墙纸、墙布、涂料结合进行装饰。纤维石膏板可经机械加工做成各种图案形状，压制成凹凸不平的图案效果。

纤维石膏板的施工安装方法与纸面石膏板相同。如果将纤维石膏板与硅钙板、GRC板、泰柏板相比较，其无污染、易于二次装修、室内湿度可调节等性能也是较为突出的。

表 7-20 为纤维石膏板、纸面石膏板、增强硅酸钙板性能比较。由于石膏纤维板目前尚无国家标准和行业标准，现在有的按德国工业标准 DIN 执行。表 7-21 为纤维石膏板与其他板材性能的比较。可以作为选用材料的参考。

三种轻质板材产品性能对比 表 7-20

性能指标	石膏纤维板	纸面石膏板	增强硅钙板
抗折强度（MPa）	6.0~8.0	4.0~5.0	—
抗压强度（MPa）	22~28	—	—
含水率（%）	0.3	2	10
单位面积质量（kg/m²）	11.5~12.0	9~12	9~12
断裂荷载（N）	518	纵向 353，横向 176	570
吸水率（%）	3.1	防水板 5~10	
受潮挠度（mm）	5.3~7.9	防水板 48~56	
螺钉拔出力（N/mm）	75.1~86.1	—	80
表面吸水量（g）	2.5	2.0	
耐火性能（级别）	不燃	难燃	不燃
耐火极限（min）	85	45	54
导热系数［W/（m·K）］	0.35	0.194~0.209	0.24
隔声（dB）	52	45	48
伸缩性（%）	0.07		0.1
可加工性	可锯、可刨、可粘	可锯、可刨、可粘	可锯、可刨、可粘
环保性	好	好	含石棉

纤维石膏板与其他板材性能比较 表 7-21

产品性能	某公司生产的纤维石膏板		一般均质石膏纤维板	一般纸面石膏板	木质板	矿棉板	轻质纤维石膏板
	3 层标准板	均质板					
尺寸厚度	范围广	范围有限	范围有限	范围有限	大范围	小范围	范围有限
厚度公差	小	小	砂磨后小	中等	砂磨后小	大	小
密度	中	高	高	中	低—中	很低	低
弯曲强度	中	中—高	中	中	高	很低	低—中
强度差异（横向/纵向）	低	低	高	很高（1:3）	低/高	低	低
弹性变形	最佳	最佳至刚性	最佳至刚性	中	弹性	中	中
抗冲击	12 次	高出约 30%	高出约 30%	2 次	更高	不要求	不要求
装卸搬运	中等	容易损坏	容易损坏	中等	好	好	好
板边部抗夹紧固定能力	标准尺寸					小尺寸	
	100%	125%	125%	50%	高	不可能	50%
	板边不崩坏	板边有可能损坏		可能纸板损坏		—	—

产品性能	某公司生产的纤维石膏板		一般均质石膏纤维板	一般纸面石膏板	木质板	矿棉板	轻质纤维石膏板
	3层标准板	均质板					
圆钉螺钉夹持荷载下抗剪能力	100%不要求榫结合	100%不要求榫结合	100%不要求榫结合	50%不要求榫结合	高	不可能	30%
内部粘结	可以叠层	可以叠层	可以叠层	有限制	可以	不要求	不要求
抗压痕能力	中	中	中	低	中	不要求	不要求
抗压强度	高	高	高	低	高	不要求	不要求
湿润挠度	低	低—中	低—中	很高	高	中	低
线性变化	低	低—中	低—中	低	很高膨胀及收缩	中	低
抗水性	高（已密封）	高（已密封）	高（已密封）	特殊板高	低	非常低（浸水）	高（已密封）
浸水	不分层、不脱层	不分层、不脱层	不分层、不脱层	可能分层	翘曲变形	翘曲变形	不分层
保温	100%	30%	30%	70%	—	很高	高
不可燃性	不可燃	不可燃	不可燃	特殊板	可燃	不可燃	不可燃
防火等级	高	高	高	较高	低	高	高
隔声	好	好	好	好	—	很好	好

　　玻璃纤维石膏板是以建筑石膏为基料，掺入中、低碱玻璃纤维，纤维质量为 40～80g/1000m，纤维直径 18μm，配以短切玻璃纤维和水按比例拌和后，经过振动成型、凝结硬化、切割、干燥、堆垛等工序制成。也可用刨花、纸纤维来代替其中的玻璃纤维。

　　玻璃纤维石膏板具有良好的防火性能，为不燃性材料。由于使用玻璃纤维作增强材料，抗折强度力学性能在 6MPa 以上，略高于纸面石膏板。这种板具有较好的握钉能力，约为纸面石膏板的 3～5 倍。施工时，不易开裂，运输或施工搬运过程中也不易引起断裂。

　　玻璃纤维石膏板属于无纸石膏板，不受纸板规格尺寸的限制，产品规格灵活可变，板宽可达 2500mm，使用时，墙面或吊顶的拼接缝减少，施工安装方便。

　　植物纤维板石膏中的纤维来自于农作物的稻草、秸秆、木、竹、甘蔗等。植物纤维石膏板经特殊处理后防火防潮等性能优良，具有质量轻、强度高、可加工性好等特点。属于这类制品的有刨花石膏板、甘蔗渣碎料石膏板、稻草碎料石膏板、麦秸碎料石膏板、竹材碎料石膏板等，在建筑室内隔墙和吊顶装修工程中有着广泛的应用。

　　对于吸声用穿孔石膏板的板背吸声材料一般采用：桑皮纸、玻璃布、微孔布、岩棉、矿棉、玻璃棉等吸声好、透气好的多孔材料。各种石膏板的技术性能应符合有关规定。

　　石膏浮雕装饰制品是以石膏为基料，掺入玻璃纤维及添加剂加工制成的装饰线、灯圈、花角、圆柱、方柱等各种装饰构件。

第四节　水玻璃

水玻璃俗称泡化碱，由硅酸钠（$Na_2O \cdot nSiO_2$）、硅酸钾（$K_2O \cdot nSiO_2$）等碱金属氧化物和二氧化硅组成。

建筑上常用的水玻璃为硅酸钠（$Na_2O \cdot nSiO_2$）的水溶液，是一种无色、近灰白或淡黄色的黏稠液体，n 为水玻璃模数，为 SiO_2 与 Na_2O 摩尔数的比值。n 值愈大，则水玻璃黏度愈大，强度、耐热性、耐酸性也愈高，但水溶性也愈差，此外黏度太大也不利于施工。水玻璃模数相同，如果浓度愈高，黏度和黏结性等也会愈好。建筑工程中常用的水玻璃的模数一般为 2.2~3.0，密度一般为 $1.3 \sim 1.5 g/cm^3$。

一、水玻璃的硬化

水玻璃溶液吸收空气中的二氧化碳，同时析出二氧化硅凝胶，凝胶脱水成为氧化硅而完成硬化。由于空气中的 CO_2 含量有限，所以上述的反应过程进行得很缓慢。为了加速硬化的反应速度，常加入氟硅酸钠（Na_2SiF_6）作为促硬剂，以促使硅酸凝胶加速析出。氟硅酸钠（Na_2SiF_6）的适宜掺量为水玻璃的 12%~15%。其用量如果太少，硬化速度会慢，强度也会降低，而且未参加反应的水玻璃易溶于水，导致耐水性差。其用量如果太多，则会引起凝结过快，施工操作困难，而且会造成渗透性大，强度同样也会降低。

硬化后的水玻璃主要是由硅酸凝胶和氧化硅组成，其中还会含有氟化钠、未来得及反应的氟硅酸钠、硅酸钠，由于后三者为可溶性盐，所以其含量的多少会直接影响水玻璃的耐水性能。

二、 水玻璃的性质和应用

1. 特性

硬化后的水玻璃具有黏结力强、强度高，硬化时析出的硅酸凝胶有堵塞毛细孔的作用；硬化后的水玻璃耐酸性好，能抵抗大多数无机酸和有机酸的作用；硬化后的水玻璃不燃烧，耐热性高，高温下硅酸凝胶干燥得很快，强度也并不降低，甚至还会有所增加。硬化后的水玻璃缺点是耐碱性和耐水性较差。

2. 用途

由于水玻璃具有的特殊性能，工程中可有如下用途：

（1）配制耐酸材料，如耐酸混凝土和耐酸砂浆

硬化后的水玻璃的主要成分为 SiO_2，除了氢氟酸、过热磷酸外，它几乎在所有的酸介质中都具有较高的稳定性。用水玻璃为胶凝材料配制的胶泥、砂浆及混凝土是建筑防腐工程中的重要材料和制品。

（2）配制耐热材料

水玻璃硬化后的 SiO_2 形成空间网状结构，具有良好的耐热性。采用耐热的砂、石子可配制成耐热水玻璃混凝土，耐热温度可达 1200℃。

（3）配置涂料

用密度为 1.35g/cm³ 的水玻璃浸渍或涂刷烧结砖、混凝土、硅酸盐制品、石材等，可提高其密实度、强度、抗渗性、抗冻性及耐水性。这是因为水玻璃与空气中的二氧化碳反应生成硅酸钙凝胶，而且水玻璃与上述材料中的氢氧化钙作用也能生成硅酸钙凝胶，硅酸钙凝胶填充于材料孔隙，使材料变得密实，因而改善了材料的性能。

但水玻璃不能用于浸渍或涂刷石膏制品，这是因为硅酸钠会与硫酸钙作用生成硫酸钠，而它在制品孔隙中的结晶会引起体积膨胀，从而导致石膏制品的破坏。

水玻璃也是建筑涂料的重要组成材料。调制液体水玻璃建筑涂料时，可加入耐碱颜料和填料，以使涂料具有遮盖力和装饰效果。

（4）作为灌浆材料，用以加固地基

用水玻璃和氯化钙水溶液交替灌入土壤中，反应生成的硅胶起胶结作用，能包裹土粒并填充其孔隙，而氢氧化钙也能与掺入的 $CaCl_2$ 起反应，生成氯氧化钙，同样也会起到胶结和填充孔隙作用。这不仅可以增强其不透水性，而且也能提高地基的承载能力，

（5）配制快凝防水剂

因水玻璃能促进水泥凝结，所以可用来配制各种促凝剂，掺入水泥浆、砂浆或混凝土中，用于堵漏、抢修等工程，故称为快凝防水剂。如在水泥中掺入约为水泥重量 0.7 倍的水玻璃，初凝为 2min，可直接用于堵漏。

以水玻璃为基料，加入两种、三种、四种或五种矾配制成的防水剂，分别称为二矾、三矾、四矾或五矾防水剂。

以水玻璃为基料，掺入 1%硫酸钠和微量荧光粉配成的快燥精，改变水玻璃在水泥中的掺入量，可使其凝结时间在 1~30min 之间进行调节。

3. 模数要求

工程的应用条件不同，水玻璃的模数要求也有不同。用于地基灌浆时，模数宜取 2.7~3.0；材料表面涂刷，模数宜取 3.3~3.5；配制耐酸混凝土或配制水泥促凝剂，模数宜取 2.6~2.8；碱矿渣水泥配制，模数宜取 1~2。

水玻璃模数的大小可根据要求配制。降低模数可在水玻璃溶液中加入 NaOH；提高模数可以加入硅胶或硅灰。另外，也可以采用模数不同的两种水玻璃掺和调配使用。

第八章 涂　料

在 15000 年前，在法国蒙特奈克附近的拉斯科洞中的岩壁上，人们就已经开始用涂料作画。如今在建筑的内外墙上做涂料已是非常普遍的事了。涂料生产简单、施涂方便、经济实用，是一种非常受欢迎的装饰材料。当然涂料也有一些缺点，一是用涂料涂刷建筑颜色太纯，二是时间不耐久，虽然现在氟涂料已开始用于建筑的饰面，但也不过只有 20 年左右的耐候期。

涂敷于物体表面能干结成膜，具有防护、装饰、防锈、防腐、防水或其他特殊功能的物质称为涂料。建筑室内涂料主要用于金属、木材及抹灰表面的涂饰。

涂料一般由主要成膜物质、次要成膜物质、稀释剂和助剂四类组成。目前习惯上把溶剂型涂料称作油漆，把乳液型涂料称作为乳胶漆，这些与天然树脂漆、水性漆等一并构成涂料。

醛类油漆已停止生产；强化油漆，溶剂油漆和酸化油漆能长时间释放污染物；乳胶漆释放污染物是短期的，在几天或几周内就能把释放量降低至很少部分。由于在助剂和颜料中含铅、水银、六价铬和镉等有毒物质，需对涂料核查。油漆的溶剂的挥发给施工人员带来的健康危害是十分严重的，现场油漆以后将采用尿烷与丙烯酸混合制成的低挥发性防水尿烷，以改善施工人员的操作条件。

建筑涂料的分类有：

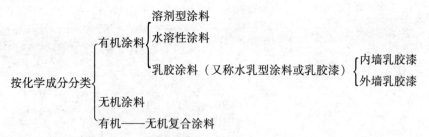

按建筑物使用部位分类：内墙涂料、外墙涂料、地面涂料、特种涂料。在下面对墙面涂料将重点介绍内墙涂料以及木器涂料。

第一节　常用木器涂料

一、天然树脂漆

中国古建筑及家具用漆是从天然的漆树上的树汁中提取的天然树脂，经过加工制成的一种涂料，所以叫做天然树脂漆类，有时也叫大漆、生漆、土漆、国漆或天然漆。

天然树脂漆类漆膜坚硬、光亮滑润，具有独特的耐水性、防潮性、防渗性、耐化学腐蚀性、耐磨及抗老化性能，与竹木的结合力好，缺点是漆膜色深，成膜的性能发脆，黏度高，不易施工，不耐阳光的直射，施工时有使人易发生皮肤过敏性毒性反应等。近年来，对生漆进行了改性处理，其成品称之为熟漆。

二、油脂漆

工业生产油漆最早使用的成膜物质，主要成分是植物油，按成膜与否和干结速度的快慢，分为干性油（亚麻油、桐油、苏子油等）、半干性油（豆油、葵花子油、棉籽油等）和不干性油（花生油、蓖麻油等）三种。油脂漆类的主要产品是脂胶漆，是以干性油和甘油松香为主要成膜物质制成，虽然耐水性好，漆膜光亮，但干燥性差，光泽不持久，涂刷室外门窗半年就开始粉化。

三、醇酸漆

是以干性油和改性醇酸树脂为主要成膜物质制成的油漆。由于漆膜干燥快、硬度高、色泽光亮，又称瓷漆。这种漆的耐候性明显好于脂胶漆或脂胶调和漆，主要用于涂刷门窗、地板和家具等，但也不宜用于室外。醇酸漆所采用的稀释剂是松香水。醇酸树脂改性制成的醇酸树脂漆是一种高档涂料，市场销售的英国的 ICI 多乐士漆就属此种产品。

四、硝基漆

硝基漆又称蜡克漆，是一种高档的木器清漆。硝基清漆以消化棉为主要成膜物质，加入其他合成树脂、增韧剂、挥发性稀释剂制成。具有干燥快、漆膜光亮、坚硬、耐磨、耐久等特点。主要用于家具、壁板、扶手等木做装饰。由于硝基漆施工遍数多、表面涂抹精细，带来的施工的成本就比较高。现在，有的采用硝基漆施工工艺时，大量减少施涂遍数，以达到木材防护为目的，漆膜的厚度和平整光亮度考虑的很少，这也是出于环保目的的要求。硝基漆的稀释剂是香蕉水。如果醇酸漆、硝基漆的稀释剂使用发生错误，就会发生化学反应，导致涂刷前的油漆就会失效。

五、聚酯漆

是以不饱和聚酯树酯为主要成膜物质的一种高档涂料。过去一直用于钢琴木器表面的涂饰，所以又叫钢琴漆。由于不饱和聚脂树脂漆必须是在无氧的条件下成膜干燥，所以隔氧材料与工艺一直是不饱和聚脂树脂漆推广使用的障碍。过去，在不饱和聚酯树酯漆涂装后，采用玻璃纸覆盖，树脂成膜干燥后打磨抛光。后来又产生了浮蜡法。现在采用了苯乙烯催化固化，使不饱和聚酯树脂固化变得简单，这才使得钢琴漆向其他家具木器漆的使用方面推广。国产最早的不饱和聚酯树酯与苯乙烯固化剂分装的市场产品是华润聚酯漆。

六、聚氨酯漆

聚氨酯漆是由三聚氰胺甲醛树脂、脲醛树脂的氨基树脂与固化剂分装构成的现场配置使用的涂料。聚氨酯漆涂膜坚硬，富有韧性，涂层耐磨，与木、竹、金属等材料的附着力好，膜面可高光，亦可亚光。膜质既坚硬耐磨，亦可弹缩柔韧。聚氨酯漆可高温固化，亦可常温或低温固化，可现场施工，亦可工厂化操作，具有优良的耐化学腐蚀性。聚氨酯漆的缺点是大家关注的 TDI 问题。TDI 是甲苯二异氰酸脂，污染环境，对人体有害。异氰酸脂遇水受潮易胶凝起泡，受紫外线照射后易分解，泛黄。目前，市场供应的聚氨酯漆的产品主要有上海申真水晶漆、美国的卡宝拉因漆和日本的立邦漆等。有关聚氨酯漆的性能见表 8-1。

聚氨酯清漆（分装）性能指标 表 8-1

项目			指标	
			一等品	合格品
原漆外观			浅黄至棕色透明体、无机械杂质	
漆膜外观			平整光滑	
不挥发物含量（%）				
组分一			≥42	≥45
组分二			≥40	≥45
干燥时间，h（不大于）		表干	4	
		实干	24	
		烘干（120±2℃）	1	
光泽，60°不小于			90	
划格试验，级			1	
弯曲性，mm			2	3
硬度，不小于			H	HB
耐水性（浸于 GB6682 三级水中，23±2℃）			72h 不起泡、不起皱、不脱落、允许漆膜变白，2h 恢复	48h 不起泡、不起皱、不脱落、允许漆膜变白，2h 恢复
耐酸性（浸入 50%乙醇）			72h 不起泡、不起皱、漆膜无异常变化	4h 不起泡、不起皱、漆膜无异常变化
耐醇性（浸入 5%硫酸中 12h）			不起泡、不起皱、不脱落	
耐醇（750g/500r），g 不大于			0.03	
闪点℃，不低于			26	
游离 TDI 单体%，不大于			2	—

七、混合树脂漆

由两种以上树脂混合、生产的涂料叫混合树脂漆。如果采用氨基树脂和丙烯酸树脂构成，其溶剂为可挥发性的水，也称环保漆。

常用木器油漆成分及性能见表 8-2。

常用木器油漆 表 8-2

涂料名称	主要成分	性能特点及适用范围
油脂漆类	天然植物油、动物油（脂）、合成油等	一般需打腻子处理基层，干性慢，不能打磨抛光，不耐碱
天然树脂漆类	松香及其衍生物，虫胶、乳酪素、动物胶、大漆及衍生物	木器及家具用。干燥快，短油度的漆膜坚硬易打磨。长油度的漆膜不能打磨但耐候性好
醇酸漆类	甘油醇酸树脂、季戊四醇醇酸树脂、其他醇类的醇酸树脂、改性醇酸树脂类	漆膜光亮，有清漆与颜料漆。漆膜较软，耐水、耐候性差，不能打磨，用于木、铁表面的涂饰
硝基漆类	硝基纤维素（酯）等	挥发快，漆膜薄、硬、耐磨，涂刷遍数多，有清漆与颜料漆

涂料名称	主要成分	性能特点及适用范围
聚酯漆类	饱和聚酯树脂、不饱和聚酯树脂、苯乙烯固化剂	漆膜厚,分底油与面漆,双组分、三组分、有清漆、瓷漆、腻子
聚氨酯漆类	聚氨(基甲酸)酯树脂等	漆膜厚,分底漆与面漆,附着力强、耐水性好,单组分、双组分两种,分清漆与瓷漆
混合树脂漆类	氨基树脂与丙烯酸树脂混合	透明漆木材表面装饰用,瓷漆用于金属、塑料等涂装

第二节 内墙涂料

虽然内墙涂料用于室内,不会受到室外恶劣气候的影响,但由于它和人每天的近距离接触,所以对于它的有害物质的限量和挥发性的要求就比较高。2001年1月,国家明令禁止了聚乙烯醇水玻璃内墙涂料(106内墙涂料),聚乙烯醇缩甲醛内墙涂料(107、803、108),多彩内墙涂料(树脂以硝化纤维素为主,溶剂以二甲苯为主的水包油型涂料)的生产。其他的涂料也必须执行《内墙涂料中有害物质限量》GB18582—2008的标准规定。

合成树脂乳液内墙涂料制作的关键是采用了乳化剂,乳化剂包裹的0.1~0.5μm的合成树脂,在高速离心机的作用下形成,并以极细微粒子状态分散于水中。施工后,乳化膜破裂,水分蒸发,树脂连接成膜。乳胶漆以水作溶剂介质,不污染环境,不易燃,透气性好,涂膜具有呼吸功能,不易结露和鼓泡,成本也可降低。由于以水作为溶剂,所以,在低温状态下不易形成优质涂膜,通常要求施工温度在10℃以上。涂膜的耐水、耐碱、耐候性良好,涂布时基层不需要很干燥,一般基层的含水率小于9%即可。乳胶漆的外观色彩丰富、细腻,具有很好的表面装饰效果。在内墙涂料的装饰装修中有一种较厚涂料的装饰,为了达到设计的视觉要求,使用泵、滚子、齿板、刮板、板刷等工具,做出划痕、刷痕、擦痕、仿石、图形、肌理等效果。

一、聚醋酸乙烯内墙乳胶漆

聚醋酸乙烯内墙乳胶漆以聚醋酸乙烯乳液为主要成膜物质的内墙水乳性涂料。具有无毒、无味、干燥快、透气性好、附着力强、颜色鲜艳、施工方便、耐水性、耐碱性、耐候性等均良好的一种涂料。通常用于内墙、顶棚装饰,不宜用于厨房、浴室、卫生间等湿度较高的部位。

二、乙丙内墙乳胶漆

乙丙内墙乳胶漆是以聚醋酸乙烯与丙烯酸酯共聚乳液为主要成膜物质的涂料。具有无毒、无味、不燃、透气性好,外观细腻、保色性好,有半光或全光的光泽,耐碱性、耐水性好,价格适中,适宜用于内墙(顶棚)装饰,一般不宜用于湿度较高的部位。耐久性好于聚醋酸乙烯内墙乳胶漆,但不超过5年。

三、苯丙乳胶漆

是以苯乙烯-丙烯酸酯-甲基丙烯酸三元共聚乳液为主要成膜物质。具有丙烯酸酯类的高耐光性、耐候性、漆膜不贬黄等特点。漆膜外观细腻色泽鲜艳、质感好，与水泥基层附着力好，它的耐碱性、耐水性、耐洗刷性都优于上述涂料，可以用于湿度较高部位的内墙装饰。是一种中档内墙涂料，价格适中，耐候年限为10年左右。

四、有机硅-丙烯酸共聚乳液涂料

其耐擦洗性是苯丙乳胶漆的十倍，乙丙内墙乳胶漆的50倍左右。可覆盖墙体基层的微裂纹，防霉性、保色性均好，耐久年限可达15年左右。与纯丙烯酸乳液均属于高档内墙涂料。

五、硅溶胶水性无机涂料

硅溶胶是一种具有胶凝性的无机硅酸盐材料，也可以说是胶态结构的二氧化硅，以硅酸超微粒子的形式在水中分散，颗粒呈球形结构，内部是 SiO_2 的多聚体，表层上则分布有许多硅醇基。当水分蒸发时，SiO_2 超细微粒逐渐聚集，通过表面能结合成连续涂膜。硅溶胶涂料无毒、无味，施工性能好，耐污性强，质感细腻致密坚硬，耐酸碱腐蚀，与基层有较好的粘结力，装饰性也较好。

合成树脂乳液内墙涂料分为底漆与面漆两部分。面漆的有关性能指标见表8-3，其他涂料特点见表8-4。

合成树脂乳液内墙涂料面漆性能指标 表8-3

项目	性能指标		
	优等品	一等品	合格品
容器中状态	无硬块、搅拌后呈均匀状态		
施工性	刷涂二道无障碍		
低温稳定性（3次循环）	不变质		
表干干燥时间h≤	2		
涂膜外观	正常		
对比率（白色和浅色1）≥	0.95	0.93	0.90
耐碱性	24h无异常		
耐洗刷性次≥	5000	1000	300

浅色是指以白色涂料为主要成分，添加适量色浆后配制成的浅色涂料形成的涂膜所呈现的浅颜色

引自：《合成树脂乳液内墙涂料》GB/T 9756—2009

常用内墙及顶棚涂料的特点及用途 表8-4

名称	主要成分及性能特点	适用范围及施工注意事项
苯乙烯—丙烯酸酯有光乳胶涂料	无嗅、无着火危险，施工性能好，能在潮湿表面施工，保光性和耐久性能较好	用于混凝土、石灰质、木质等基面。刷、喷施工均可。最低施工湿度8℃，相对湿度≤85%

名称	主要成分及性能特点	适用范围及施工注意事项
苯乙烯—丙烯酸酯滚花涂料	耐水性 2000h，耐碱性 1500h，耐刷洗性>1000 次	适用于滚花装饰。要求基层平整度较好，小孔及凹凸部位应用砂浆或腻子批嵌刮平
丙烯酸耐擦洗涂料	无毒、无味、耐酸、不燃、保色性能好。耐水性 500h，耐擦洗性 100~250 次	可采用刷、喷施工。可用水稀释，最低成膜温度 5℃
聚乙烯醇乳液涂料	无毒、无味、涂膜坚硬、平整光滑。耐水性 168h，遮盖力<300g/m²	用于水泥或石灰砂浆，混凝土基面、石膏板、纤维水泥板等基层。喷、刷、滚施工均可。不宜用铁桶盛装，最低施工温度 10℃
醋酸乙烯—丙烯酸酯涂料	具有耐久、保色、无毒、不燃、外观细腻等特点	可采用喷、滚、刷施工方法。水为溶剂，可一遍成活。最低施工温度为 15℃，表干时间 30min，实干时间 24h
聚乙烯醇滚花涂料	无毒、无味、质感好，具有墙布和壁纸的装饰效果。耐水性：48h；耐碱性：48h；耐擦洗：200 次	适用于多种内墙表面滚花及弹涂
聚乙烯醇、聚醋酸乙烯膨胀珍珠岩喷浆涂料	质感好，类似小拉毛，可喷出彩色图案	适用于木材、水泥砂浆等基层，采用喷涂施工。涂料应避免长期置于铁桶内，也不宜长期暴露在空气中。最低施工温度 5℃
氯乙烯、偏氯乙烯涂料	无毒、无味、耐水、耐碱、耐化学性能。对各种气体、蒸汽等只有极低的透过性	可在稍潮湿的基层上施工。涂料分两组份，配比为：色浆：氯—偏清漆=4:1
过氯乙烯涂料	属溶剂型涂料，具有较好的防水、耐老化性	施工中有刺激性气味
钠水玻璃无机涂料	含少量有机树脂，属水溶性涂料。耐热、不燃、耐气候性能好	不适用石膏基层
硅溶胶水性无机高分子涂料	具有消光装饰作用。耐水性：96h；耐碱性：48h；耐擦洗性：300 次	适用于潮湿空间的墙。可喷涂施工，最低施工温度 5℃

第三节　地面涂料

地面涂料相对于内墙涂料来说应更具有耐水、耐磨、耐冲击、粘结力好、装饰性好、耐化学腐蚀性好、重涂性好等特点。

一、聚氨酯地面涂料

用聚氨酯厚质地面涂料刷涂水泥地面可形成无缝耐磨涂层，具有弹性、步感舒适，光洁而不滑，不积尘、易清洁、色彩丰富、重涂性好等特点，涂膜具有优良防腐性能、耐酸、耐水、耐油、耐碱、耐磨，与水泥地面粘结力强等优点。聚氨酯地面涂料为双组分，但由于存在 TDI 问题，现已很少使用。

二、聚醋酸乙烯地面涂料

此种涂料是聚醋酸乙烯乳液、水泥及颜料、填料配制而成的聚合物水泥地面涂料。

这种地面涂料，有机与无机相结合，具有无毒，无味，早期强度高，与水泥地面结合力强，不燃、耐磨、抗冲击、有一定的弹性、装饰效果较好、价格适中等特点。一般用于实验室、仪器装配车间等水泥地面的涂刷。

三、环氧树脂地面涂料

环氧树脂地面漆又称环氧树脂地面厚质涂料，是以环氧树脂为主要成膜物质加入颜料、填料、增塑剂和固化剂等，经过一定的工艺加工而成的。它是一种双组分常温固化型的涂料。甲组分有清漆或色漆，乙组分为固化剂，可在施工现场调配使用，是目前使用最多的一种涂料。施工时现场应注意通风、防火，注意环保要求。

环氧树脂地面涂膜坚硬，有较好的耐磨性，具有耐水、耐酸、耐碱、耐有机溶剂、有韧性等特点。适用于机场、车库、实验室、化工厂以及有耐磨、防尘、耐酸、碱、盐，耐有机溶剂、耐水要求的水泥地面装饰。耐候期 5~10 年。

环氧树脂厚质自流平地面涂料，现已广泛使用于住宅、公建及商用建筑中。

常用地面涂料特性见表 8-5。

常用地面涂料的特点及用途 表 8-5

涂料名称	技术性能特点	适用范围及施工注意事项
聚氨酯弹性涂料	肖氏硬度 74~91，断裂强度 3.8~19.2MPa 永久变形 0~12%，阿克隆磨耗 0.108~0.160	适用于公建及住宅建筑地面。一般采用刷涂施工
苯乙烯—丙烯酸酯涂料	涂料质厚，耐水、耐老化、耐一般酸、碱及化学药品	用于水泥砂浆地面，刮涂施工，最低施工温度 5℃。表干：2h；实干：8h
聚醋酸乙烯地面涂料	粘结力强，具有一定的耐酸碱性，耐水性：96h 无变化	用于木质、水泥地面。一般三遍成活。最低施工温度 5℃
氯乙烯、偏氯乙烯地坪涂料	自流平性较好，耐磨、耐水 96h 无变化。遮盖力：150g/m²	地面要求平整、干净。最低施工温度 10℃，表干时间 2h，实干时间 24h
尼龙树脂漆	具有一定弹性、无毒、耐水、耐磨，但不耐酸碱。人工老化实验 1000h 无变化	适用于水泥地面刷涂施工。施工时周围不能有明火。表干时间 2h，实干时间 24h

第四节　防火涂料

防火涂料的主要作用就是涂布在需进行火灾保护的基材表面上，一旦遇火，具有延迟和抑制火焰蔓延作用。防火涂料除了具有保护基体材料，阻止燃烧或对燃烧扩展起延滞作用的功能外，一般也要考虑装饰功能。同时，本身也要具备不燃性或难燃性。

防火涂料按防火原理分类为膨胀型防火涂料、非膨胀型防火涂料。按用途分类有木结构防火涂料、钢结构防火涂料、混凝土防火涂料。

膨胀型防火涂料的阻燃机理是涂料受热时会形成多孔状（蜂窝状或海绵状）的炭

焦，不但减少了可燃性挥发物质的形成，而且膨胀的炭焦也有绝热作用，从而降低了聚合体的分解速率。防火作用主要由以下几点因素所控制，一是利用焦碳层阻绝热传导，二是涂膜在高温下发生软化熔融蒸发膨胀及基料碳源的分解吸收了大量的热，三是焦碳化层形成覆盖作用，阻绝氧气，四是稀释了空气中氧气的浓度及产生不燃气体释放。

膨胀型防火涂料是由难燃性树脂、阻燃剂及成炭剂+脱水成炭催化剂、发泡剂等组成。膨胀型防火涂料的难燃树脂既要有常温下良好的使用性能，又要有遇火状态下良好的高温发泡性。常用的有丙烯酸乳液、聚氨酯、聚醋酸乙烯乳液、环氧树脂、醇酸树脂等。成炭剂常用的有含高碳的淀粉、季戊四醇、多羟基化合物及含羟基的树脂等，可以在高温及火焰作用下迅速炭化形成炭化层。常用的发泡剂为三聚氰胺、磷酸二氢铵和有机磷酸酯等，高温下它们可以分解出大量灭火性气体，涂层迅速膨胀为泡沫，最终成为泡沫炭化层。

非膨胀型防火涂料是由难燃性阻燃剂、防火填料等组成。难燃的涂膜，可以阻止火焰的蔓延。非膨胀厚质防火涂料常掺入大量的轻质无机填料，因为涂层的导热系数小，具有良好的隔热作用，从而起到保护基层材料的防火作用。

常用的难燃性树脂为含有卤素、氮、磷类的合成树脂，如卤化的醇酸、环氧、酚醛、聚酯、氯丁橡胶、丙烯酸乳液等。

常用的阻燃剂为含磷、卤素的有机化合物，如氯化石蜡、十溴联苯醚等。铝系有氢氧化铝等，硼系有硼酸、硼酸锌、硼酸铝等无机化合物。

防火涂料常用的无机填料和颜料均具有耐燃性，如云母粉、滑石粉、高岭土、氧化锌、钛白、碳酸钙等，常用的轻质填料为膨胀珍珠岩、膨胀蛭石等。水玻璃、硅溶胶、磷酸盐等无机材料也可作为防火涂料的基料。

饰面型防火涂料技术性能指标见表8-6，其他要求详见国家标准《饰面型防火涂料》GB12441—2005 的有关规定。

饰面型防火涂料技术指标 表8-6

序号	项目		技术指标
1	在容器中的状态		无结块，搅拌后呈均匀状态
2	细度 μm		≤90
3	干燥时间	表干（h）	≤5
		实干（h）	≤24
4	附着力（级）		≤3
5	柔韧性（mm）		≤3
6	耐冲击性（cm）		≥20
7	耐水性（h）		经24h实验，不起皱，不剥落，起泡在标准状态下24h能基本恢复，允许轻微失光和变色
8	耐湿热性（h）		经48h试验，涂膜无起泡，无脱落，允许轻微失光和变色
9	耐燃时间（min）		≥15
10	火焰传播比值		≤25
11	质量损失（g）		≤5.0
12	炭化体积（cm³）		≤25

防火涂料常用的有三种类型：一是含铝粉的有机涂料；二是含锑、硼、磷等阻燃物质化合物的氯化橡胶、氯乙烯树脂等为基料的难燃性聚合物涂料；三是膨胀型涂料。防火涂料有溶剂型与水乳型两种。

一、木结构防火涂料

膨胀型防火涂料涂于木材及人造板表面，在持续高温或火焰作用下形成多孔状炭焦隔热层，隔绝了氧气，阻止了热量向木材可燃基层上传递，从而达到阻燃目的，减少了可燃性挥发物质的形成，降低了有机体的分解速率。不燃气体的释放同时也稀释了空气中的氧的浓度，降低助燃效果。涂膜在高温下发生软化熔融蒸发膨胀及基料的碳源分解的同时，也吸收了大量的热，缓解了热燃的条件。

木结构防火涂料的产品有 D70 水溶型与溶剂型两种。

不论对木材采用什么防火形式的处理，同时还要注意空气质量的要求，不能顾此失彼。

二、钢结构防火涂料

钢材虽然是一种不燃材料，但是它本身不耐火。钢结构在火灾温度下，15min 后自身温度就升至 540℃，强度下降 50% 以上，继之很快就软化变形，失去结构的支撑能力，导致钢结构垮塌。

钢结构防火涂料分为有机与无机两类。有机膨胀型防火涂料属薄型，适用于涂装保护裸露的钢结构，同时兼顾美观效果。无机防火涂料属厚型，一般用于隐蔽钢结构的火灾保护。

钢结构防火涂料的产品目前有 S315 薄型、S330 隔热型、SB60—2 膨胀型等。

三、混凝土楼板防火涂料

按建筑设计防火规范要求，Ⅰ级耐火极限建筑物楼板的耐火极限为 1.5h，Ⅱ级为 1h，对有的钢筋混凝土楼板耐火极限达不到耐火极限要求的，必须进行防火处理。使用具有导热系数小，隔热、隔火、耐老化特点的混凝土防火涂料，可以防止楼板烧塌。

混凝土楼板防火涂料的产品有 106 混凝土防火涂料等。

防火涂料的性能特点及适用范围的比较见表 8-7。

防火涂料的性能特点及适用范围 表 8-7

涂料名称	性能特点	适用范围
钢结构防火涂料	由无机蛭石、珍珠岩等骨料、无机胶结料、防火添加剂合成。涂层厚度达 2~2.5cm，可满足一级耐火等级要求	钢结构、钢筋混凝土结构梁、柱、墙的防火阻挡层
发泡型木质防火涂料	无机与有机高分子材料复合而成。涂膜遇火膨胀发泡、生成致密的蜂窝状炭黑隔热隔氧层	室内木结构、木装饰面层等木制品。涂料为白色，也可调成多种颜色，装饰效果好

涂料名称	性能特点	适用范围
膨胀型乳胶木质、油纸塑料绝缘防火涂料	丙烯酸乳液为粘合剂、防火剂、水为介质。涂膜遇火膨胀，产生蜂窝窝状炭化泡层 3mm。纤维板用 800℃ 左右酒精火焰垂直燃烧 10～15min 不穿透	木龙骨、隔墙、顶棚木质板等易燃材料颜色可调黄、红、蓝、绿等浅色
改性氨基膨胀防火涂料	改性氨基树脂、防火剂，遇火生成致密海绵状泡沫隔热层	建筑、电缆、船舶、地下工程的防火处理
混凝土楼板防火隔热涂料	无机、有机复合粘结剂、珍珠岩、硅酸铝纤维及水溶剂合成。原混凝土楼板耐火极限 0.5h，加涂 5mm 厚的涂层，耐火极限增至 2.4h	普通钢筋混凝土梁、板、柱结构

第五节　氟碳漆

氟碳涂料是在氟树脂基础上经改性、加工而成的涂料，是目前性能最为优异的一种新涂料。按涂料固化时，温度的不同可分为高温固化型（180℃以上）、中温固化型和常温固化型。

该涂料耐酸、耐碱、耐盐，抗腐蚀性强。具有优异的耐污性，自洁性和耐候性。涂层硬度高，与各种材质有良好粘结性能，使用寿命长，装饰性好。可以配出遮盖力很好的色泽，以及金属色、珠光色等特殊的色彩。氟碳涂料的涂膜细腻，有光泽，有低、中、高档之别。该涂料施工方便，可以喷涂、滚涂、刷涂。现在广泛应用于制作金属幕墙表面涂饰、铝合金门窗，金属型材、无机板材及各种装饰板涂层，木材涂层及内外墙装饰等。

氟碳涂层作为功能多、耐久好的装饰防护涂层之所以能够抵御褪色、龟裂、粉化、锈蚀和大气污染、环境影响导致的破坏和化学侵蚀，其关键在于独特的氟化链分子结构：

c—F 键是已知最强的分子键之一，它是氟碳涂层具有优异的耐紫外线、耐热、耐化学产品侵袭的关键所在。改性基团的引入极大提高了基材的一次密着性以及氟碳涂层的致密性，为各种材料形成天然保护屏障，确保其 20 年以上的使用寿命。

F 的电负性大，产生独特的极性，氟原子在整个分子外围形成静电保护层，排斥其他极性分子的接近，从而显示氟碳涂层不沾污、低摩擦、斥水、斥油、电气绝缘等特殊的表面性能。

极性基团的引入使得氟碳涂层具有极佳的物理机械性能（高硬度、高柔韧性、高耐磨）和良好的颜料分散性，既可常温固化亦可高温烘烤，极大的扩展了氟树脂涂料的应用领域（见图 8-1）。

建筑饰面系列氟碳漆产品具有很好的耐候、耐酸雨和防污自洁性，具有仿铝塑板、仿瓷、仿金属等多种装饰效果。漆膜附着力强、耐洗刷（洗刷 12000 次涂膜无破损）、防水、防霉，修补再涂性能良好，是建筑物内外墙、屋顶以及各种建材首选的超耐久性保护装饰材料。主要产品有建筑墙面氟碳漆、瓷砖理石翻新氟碳漆、仿金属氟碳漆。单组份建

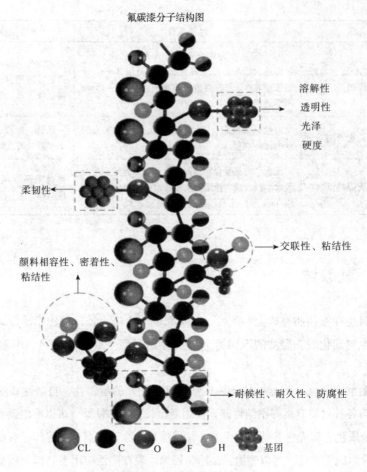

氟碳漆分子结构图

溶解性
透明性
光泽
硬度

柔韧性 ←

→ 交联性、粘结性

颜料相容性、密着性、
粘结性

→ 耐候性、耐久性、防腐性

CL   C   O   F   H   基团

图8-1 氟碳漆分子结构图

筑专用氟碳漆使新产品具有性能价格比优异、施工简便、适用于潮湿气候地区等特点。

　　木制品系列氟碳漆产品具有极佳装饰性，抗磨蚀、不粘附、耐酸碱、防烫、阻燃等特性，和普通木器漆相比具有使用寿命长、耐黄变性强、滑爽性好，能常年保持漆膜的鲜艳感和光泽丰满度，是一种理想家具及家庭用品高档装饰保护性的涂料。

　　烘烤系列氟碳漆系列产品遵循美国 AAMA605 质量标准，具有高装饰、抗冲击、抗磨损、抗腐蚀、耐老化、耐溶剂擦洗、耐高温、快干等特性。适用于铝质墙板、挂板、铝制压铸物、门窗墙壁、防盗门、金属屋顶等金属板材表面装饰防护涂层。主要产品有 130℃ 低温烘烤漆和 230℃ 高温烘烤漆，可满足喷涂流水线生产工艺的要求。

　　交联型氟树脂涂料适用于以含反应性官能团的氟树脂为主要成膜物并加入颜色填料、溶剂、助剂等辅料作为主剂，以脂肪族多异氰酸酯树脂为固化剂的双组分常温固化型建筑用面漆和金属表面用面漆。

　　交联型氟树脂涂料还适用于以含反应性官能团的氟树脂为主要成膜物，以氨基树脂或封闭型脂肪族多异氰酸酯树脂为交联剂，并加入颜色填料、溶剂、助剂等辅料制成的单组分烘烤固化型金属表面用面漆。根据交联型氟树脂涂料的两个主要应用领域，分为两种类型，Ⅰ型为建筑用氟树脂涂料，Ⅱ型为金属表面用氟树脂涂料。《交联型氟树脂涂料》HG/T3792—2005 其技术指标内容见表8-8。

交联型氟树脂涂料技术要求　　　　　　　　　　表 8-8

项目		指标	
		Ⅰ型	Ⅱ型
容器中状态		搅拌后均匀无硬块	
细度（μm）（含铝粉、珠光颜料的涂料组分除外）		商定	
不挥发物(%) ≥	白色和浅色 a（含铝粉、珠光颜料的涂料除外）	—	50
	其他色		40
溶剂可溶物氟含量（%） ≥	双组分（漆组分）	18	
	单组分	—	10
干燥时间（h） ≤	表干（自干漆）	2	
	实干（自干漆）	24	
	烘干（烘烤型漆）[（140±2）℃]	—	0.5 或商定
遮盖率 ≥	白色和浅色 a（含铝粉、珠光颜料的涂料除外）	0.90	
	其他色	商定	
涂膜外观		正常	
适用期（5h）（烘烤型除外）		通过	
重涂性		重涂无障碍	
光泽（60°）（含铝粉、珠光颜料的涂料除外）		商定	
铅笔硬度（擦伤） ≥		—	F
耐冲击性（cm） ≥		—	40
附着力级 ≤		1	
耐弯曲性（mm） ≤		—	3
耐酸性（168h）		无异常	
耐砂浆性（24h）		无变化	—
耐碱性（168h）			无异常
耐水性（168h）		无异常	
耐湿冷热循环性（10次）		无异常	
耐洗刷性（次） ≥		10000	—
耐污染性		通过	
耐沾污性（白色和浅色）a（%）（含铝粉、珠光颜料的涂料除外） ≤		10	—
耐溶剂擦拭性（次）（Ⅰ型为二甲苯、Ⅱ型为丁酮） ≥		100	
耐湿热性		—	1000h 不起泡，不生锈，不脱落
耐盐雾性		—	1000h 不起泡，不生锈，不脱落
耐人工气候老化性	白色和浅色 a	2500h 不起泡，不脱落，不开裂	2500h 不起泡，不生锈，不开裂，不脱落
	粉化/级 ≤	1	1
	变色/级 ≤	2	2
	失光/级 ≤	2	2
	其他色	2500h 不起泡，不脱落，不开裂	2500h 不起泡，不生锈，不开裂，不脱落
	粉化/级	商定	商定
	变色/级	商定	商定
	失光/级	商定	商定

注：a 浅色是指以白色涂料为主要成分，添加适量色浆后配制成的浅色涂料形成的涂膜所呈现的浅颜色，按 GB/T 15608—1995 中 4.3.2 规定明度值为 6~9 之间（三刺激值中的 $Y_{D65} \geq 31.26$）。

热熔型氟树脂（PVDF）涂料适用于以聚偏二氟乙烯树脂（PVDF）和丙烯酸酯类树脂为主要成膜物，加入颜色填料、溶剂、助剂等制成的热熔型氟树脂涂料。该涂料主要用于金属表面的预涂装。行业标准见《热熔型氟树脂（PVDF）涂料》HG/T3973—2005。

第六节　特种涂料

特种涂料是指为防锈、发光、灭蚊、香味、防静电、防腐等功能制造的特殊性能的涂料。常接触到的特种涂料的种类、用途及特点见表8-9。

特种涂料的种类、用途及特点　　　　　　　　　　表8-9

品种及主要成分	用途	特点
一、洞库防潮涂料 高分子共聚乳液为基料，掺入高效防潮剂等助剂	洞库墙面、多雨潮湿与沿海地区室内墙装饰	耐水、防潮、无毒、无味、施工安全
二、防锈涂料 主要是锌铅化合物防锈颜料。一般以清油或醇酸清漆为承载，还有以酚醛氯化乙烯、环氧树脂等合成树脂清漆为载体	钢铁制品表面防锈及钢铁材料的底涂料	干燥迅速、附着力强、防锈性能好、施工简便
三、瓷釉涂料 环氧—聚氨酯为基料	可用于搪瓷浴缸翻新以及特殊清洁要求的墙面、内壁	耐磨、耐沸水、漆膜坚硬
四、发光涂料 成膜物质、填充剂和荧光颜料等组成	可用于标志牌、广告招牌、交通指示器、钥匙孔、把手、指针、开关等	耐候、耐油、透明、抗老化
五、卫生灭蚊涂料 聚乙烯醇、丙烯酸树脂为基料，配以高效低毒的杀虫药剂、助剂等	可涂刷于砂浆、大白面层等室内墙面	光泽鲜艳、遮盖力强、耐擦洗性能好。对蚊蝇、蟑螂等害虫有速杀作用
六、芳香内墙涂料 聚乙烯醇、合成香料、颜料及其他助剂配制而成	室内墙棚面	色泽好、味芳香、无毒持久、清新空气、驱虫灭菌
七、防霉内墙涂料 氯乙烯—偏氯乙烯共聚物、防霉剂等配制而成	食品厂、糖果厂、罐头食品厂、卷烟厂、酒厂以及地下室等内墙装饰	对黄曲霉、黑曲霉、萨氏曲霉、土曲霉、焦曲霉、黄青霉等十几种霉菌有防滋生作用
八、防静电地面涂料 聚乙烯醇缩甲醛为基料，掺入防静电剂等各种助剂而成	电子计算机房、精密仪器等车间地面	耐磨、不燃、附着力强、有一定弹性
九、防腐漆 丙烯酸、过氯乙烯	厂房内外墙防腐	干燥快，漆膜平整光亮，保色保光性好，有优良的防腐性能，防湿、防盐雾、防霉、耐候性能较好
十、烤漆 氨基树脂、酚醛树脂、环氧树脂为交联剂并进行热固化，还有一种三聚氢胺醇酸树脂系	钢制幕墙材料、彩色镀锌板、彩色铝板、钢制或铝制门窗、卷帘门等	清漆无色透明，耐变黄，加颜料的瓷漆变色少

自从居里夫人发现镭元素以来，人类便开创了自发光材料的历史。但是，其所带来的放射性危害，同时也限制了它的应用，使之远离了人们的生活。

以 ZnS 为代表的传统荧光型自发光材料的问世，标志着第二次革命的到来。但是，由于其存在发光时间短、发光亮度低、耐光性差等诸多缺点，也使人们在实际应用中往往取舍两难。

1992 年，中国自主研制并开发了蓄光型自发光材料，这种以绿色环保为前提的高效自发光材料的问世，标志着第三次自发光材料革命的到来。这种材料具有吸光、蓄光、发光的性能，吸收各种可见光 10~20min，即可在黑暗中连续发光 12h 以上，其发光亮度和持续发光时间是以 ZnS 为代表的传统荧光型自发光材料的 30~50 倍，并可无限次反复使用。

蓄光型自发光材料是利用稀土元素激活的碱土铝酸盐、硅酸盐材料。材料的色彩形式多样，发光颜色比较丰富，且无毒、无害、不含任何放射性元素，其稳定性、耐候性优良。蓄光型自发光材料产品对光激发的要求特别低，普通的光强为 25Lx 的荧光灯即可作为激发光源，而一般建筑里的顶棚灯光强度可以达到 50~600Lx。因此，阳光、普通照明、环境杂散光都可以作为激发光源。

蓄光型自发光产品一次性受光源激发后即可发光，发光亮度见表 8-10。

蓄光型自发光产品一次性受光源激发后发光亮度　　　　　表 8-10

时间（min）	5	10	20
亮度值（mcd/m²）	≥520	≥280	≥144

建筑物在发生意外事件出现紧急断电时，在黑暗状态下人员极易发生混乱，造成不必要的伤亡，而自发光疏散指示系统在这种状态下可提供持续不断的清晰的警示和疏散指示，将人员在最短的时间内从危险区域引导到安全地带。由于蓄光型自发光疏散指示标志系统产品，独具蓄光、发光，无需电源，发光安全系数 100%，安装简便等特点，因而一经推出，便即成为世界各国消防部门优先推荐的高科技消防新品，在消防安全、交通运输、军事、人防等领域得到广泛应用。该产品问世以来，我国政府十分重视该产品在国内的推广应用工作，2001 年 4 月经国家安全部、建设部联合审定，将该产品正式纳入国家消防规范实施。

第九章　┃　防水材料

第一节　材料的防水性能

材料的防水性能是指材料面对有压力的水所表现出的不让其透过的抗争能力。在有些建筑防水工程中，当防水工程做完后，试水时不漏，可日后，当有压的水管一旦渗漏时发现，在有些部位漏水了。这是因为许多材料常含有孔隙或其他施工缺陷，当材料一侧的试水水压很小时，水不会通过，而当水压较大时，水就通过去了。一个大气压力相当于 10m 水柱，例如当卫生间防水工程试水时，水高最多也不过 100mm 左右，是一个大气压的1/10。自来水管压力低一些，小区的热力管网的水压就要高一些，而有压的水管一旦出水，将达到 2~6 个压力。压差较高时，水就可能从高压侧通过防水材料内部的孔隙或其他缺陷渗透到低压的一侧。这种压力水的渗透，会造成材料失去原有设定的使用功能，一旦工程渗水，水就可能破坏和腐蚀其他材料，造成不应有的工程损失。因此，材料的防水能力与施工的质量是决定工程使用寿命的重要条件。

材料的防水性能一般用渗透系数表示。按照达西定律，在一定的时间内，透过的水量与材料垂直于渗水方向的渗水面积和材料两侧的水压差成正比，与渗透距离（材料的厚度）成反比，渗透系数值越小，表明材料的抗渗能力越强。

在建筑工程中，为直接反映防水材料性能，对一些常用材料用不透水性表示。不透水性是指材料在一定水压作用下能够保持一定时间内不透水的能力。如某防水材料的不透水性可以表示为在 0.3MPa 的水压差作用下保持 30min 不透水。

第二节　涂膜防水

涂膜防水是指所形成的涂膜能够有效防止雨水或地下水渗漏的涂料。主要有屋面工程防水涂料和地下工程防水涂料。按其成膜物质的存在方式和成膜的途径，可分为乳液型、溶剂型和反应型三类。

乳液型防水涂料为单组分防水涂料，涂刷在建筑基层上后，随着水分的挥发而渐进成膜。由于此种涂料施工时无有机溶剂的挥发，因而不污染环境。但涂料是否安全无毒，还要看溶质是否有污染性质的挥发。水溶剂的挥发一般不会引起燃烧，施工现场是安全的。

乳液型防水涂料的主要品种有水乳型再生胶沥青防水涂料、丙烯酸乳液沥青防水涂料、阳离子型氯丁胶乳沥青防水涂料、氯—偏共聚乳液系防水涂料和 VAE 乳液防水涂料等。

溶剂型防水涂料是高分子合成树脂溶解于有机溶剂中的防水涂料。涂刷后，随着有机溶剂的挥发而形成防水涂膜。这种成膜方式的涂膜的防水效果好，可以在较低温度下施工。当然，其缺点也是显而易见的，如施工时有大量易燃的、有毒的有机溶剂释放，造成环境污染，影响施工人员的身体健康，易引起火灾等。

溶剂型防水涂料的品种有氯丁橡胶防水涂料、氯磺化聚乙烯防水涂料等。

反应型防水涂料为双组分型，由主要成膜物质与固化剂进行反应形成防水涂料的涂膜。这种涂料现场生成，其耐水性、耐老化性及弹性均好，是性能良好的防水涂料。主要品种有聚氨酯系防水涂料、环氧树脂系防水涂料等。

一、硅橡胶防水涂料

硅橡胶防水涂料属于丙烯酸酯类，是以硅橡胶乳液为主要成膜物质，单组分挥发固化型的涂料，该涂料适合于混凝土、水泥砂浆做防水层，防水性好、耐候性好、无毒、无味、不燃，适应高低温度的变化，其渗透能力可达 0.3mm，因此可堵塞水泥砂浆基层的毛细孔，提高密实度，增强水泥砂浆的基层的抗渗能力，适用于一般及中档建筑的地下、厕浴间等工程的防水。硅橡胶防水涂料对于基层的平整度要求较高，需多道涂布才能达到要求的厚度，在 5℃ 以下环境不宜施工。

二、水乳型丙烯酸酯类涂料

水乳型丙烯酸酯类涂料是单组分挥发固化型的涂料。该类涂料无毒、无味、不燃，可在潮湿的基面上施工，适用于混凝土、水泥砂浆基层的结合，地下工程防水做完后，需要注意进行长时间的浸水实验，确定没有渗漏后，方可投入使用。其耐水性小于 80% 的水乳型涂料不得用于地下防水工程。由于是水作为溶剂的涂料，所以还要注意温度在 5℃ 以下不宜施工。

彩色水乳型弹性丙烯酸防水涂料，适用于混凝土基层表面及橡胶卷材表面防水和装饰用途的涂层。

三、环氧树脂涂料

环氧树脂涂料不仅用于木作表面、地坪表面的涂装，其中也有一类也可用于防水工程。该涂料在混凝土或水泥砂浆基层的表面，表现出很好的结合性与渗透性，是防水涂料家族中优质高档的产品。

鉴于沥青类等涂料的使用在某些场合的限制，这里就不做介绍了。一些防水涂料的用途、特点及技术性能见表 9-1。

防水涂料用途、特点及技术性能

表 9-1

品种及特点	用途	技术性能
一、硅橡胶防水涂料 系乳液型防水涂料，兼有涂膜防水和渗透性防水材料的优良性能。可涂刷、喷涂或滚涂，无毒、无味、不燃，能配成各种颜色。采用冷施工，易修补	地下工程、输水及贮水的构筑物、卫生间、屋面等防水、防渗及渗漏水修补工程	延伸率：600%~900% 低温柔性：-30℃、10d 绕 φ3 圆棒不裂 抗渗透性：迎水面：1.1~1.5MPa 不渗漏 背水面：0.3~0.5MPa 不渗漏 耐热性：100±1℃ 恒温 6h 不起鼓、不脱落 耐老化：人工老化 168h 不起鼓、不脱落
二、聚氨酯涂膜防水材料 双组分反应型，能在屋面形成整体无缝的弹性涂膜。涂膜抗渗性能好，具有高抗拉强度及优良的低温延伸性。采用冷施工，便于维修，寿命长	屋面防水和地下建筑防水工程	抗拉强度：≥1.65MPa 断裂延伸率：≥300% 抗渗透性：动水压 0.3MPa，30min 不渗漏 低温柔性：-30℃，适用时间：≥20min

品种及特点	用途	技术性能
三、无机高效防水材料 引进美国专利原料，配以国产的白水泥、石英砂等，与混凝土、砖石表面粘结牢固，耐磨、寿命长，有不同颜色	内外墙、地面、屋顶、地下建筑、水池的密封、防水处理	耐热度：250℃ 耐低温：-20℃ 粘附力：>0.5MPa 耐水压：40MPa 吸水率：0.7%~1% 抗折强度：7MPa
四、新型环氧树脂液 对混凝土表面具有很强的渗透力和附着力的液型树脂。它具有耐水性，耐药性及接触强度高等特性	混凝土表面，地板表面的涂装。水族馆、游泳池表面的涂装，水塔及其他防水工程	非挥发性物：35±2% 混合比重：0.9±0.05 硬化时间：15±2h（20℃）
五、有机硅憎水剂 甲基硅醇钠或乙基硅醇钠等为主要原料	墙面防水及装饰材料罩面处理	使用寿命3~7年
六、混凝土密封剂 是一种含有特殊复合体的水基溶液，渗透到混凝土内部和碱性物质反应而产生凝胶体，填充混凝土内部的毛细管空隙而产生密封、止水、增强、保护的作用	涂刷于屋面、墙壁和地下工程，防渗、止漏	外观：无色透明水溶液 pH：9 表面能力：25dyn/cm 抗渗性能；可提高0.2MPa

第三节　卷材防水

沥青及沥青油毡是传统的有机高分子防水材料，两毡三油、三毡四油一直是传统的防水材料做法。随着生活质量和社会发展的增长要求，科学技术的进步和提高，传统的沥青类防水材料已经不能适应建筑和装修对防水工程的要求，因此产生了品种繁多的有机高分子防水材料。目前，工程中较常用的防水材料有橡胶或沥青改性防水材料、橡胶系防水材料、塑料系防水材料及橡塑共混型防水材料等。

一、改性沥青防水卷材

以 SBS 改性沥青为主要材料可以生产出弹性体或塑性体防水卷材，也可以制成水乳型沥青防水涂料。它们是以沥青、SBS 热塑性丁苯橡胶（苯乙烯—丁二烯—苯乙烯嵌段共聚物）、橡胶、合成树脂、表面活性剂等高分子材料共同制成的。为增强防水卷材的抗拉能力，料质中加入玻璃纤维、复合玻璃布、复合聚酯布或亚麻布等纤维质材料作为支撑的胎体，以提高卷材的抗变形能力。

SBS 沥青防水材料具有在低温下的柔韧性能，抗裂性能和粘结性能，比普通沥青防水材料更好，适合于各种建筑物的表面与地下工程防水，而且对于环境也没有什么污染。目前 SBS 改性防水材料已成为建筑工程中廉价可靠的防水材料，在工程中得到了广泛的应用。

通常 SBS 防水卷材可制成覆膜光面、覆膜压纹、细砂、彩砂、岩片、铝箔等表面，它们起防止卷材贮运中粘连，阻止或反射紫外线的直接照射，改善防水表面的粘结性能和外观美化的作用。

SBS 改性沥青防水卷材执行 GB 18242—2000《弹性体改性沥青防水卷材》国家标准。按物理力学性能，SBS 改性沥青防水卷材分为Ⅰ型和Ⅱ型。

Ⅰ型的聚酯毡胎或玻纤毡胎 SBS 改性沥青防水卷材，有一定的拉力，在低温条件下柔度较好，适合于较寒冷地区施工环境做防水层。

Ⅱ型的聚酯毡胎 SBS 改性沥青防水卷材，拉力较高，延伸率较大，低温状态下柔度好，抗霉烂、耐腐蚀，适合于寒冷地区施工环境的防水工程。

Ⅱ型的玻纤毡胎 SBS 改性沥青防水卷材，具有一定的拉力，低温柔度好，但没有延伸率，适合于寒冷地区施工环境的防水层。

SBS 改性沥青防水卷材单层使用时厚度不应小于 4mm，两道及两道以上复层设防时，厚度不应小于 3mm。厚度小于 3mm 的 SBS 改性沥青防水卷材，严禁采用热熔法施工。

SBS 改性弹性体沥青防水材料应在 5℃以上施工。其膏状体不得现场兑水。

改性沥青防水卷材还有 APP（无规聚丙烯）或 APAO（聚烯烃类聚合物）改性沥青防水卷材；自粘聚合物改性沥青聚酯胎防水卷材；自粘橡胶沥青防水卷材和自粘沥青聚乙烯胎防水卷材等。

二、三元乙丙复合防水卷材

三元乙丙橡胶（EPDM）防水卷材是以三元乙丙橡胶为主要原料，加入适量的硫化剂、促进剂、活化剂、增塑剂及填充料等，经密炼、过滤、挤出成型或硫化等工序加工制成的防水卷材。

与其他高分子防水卷材相比，三元乙丙橡胶防水卷材具有更好的耐候性。这是因为三元乙丙橡胶分子结构中的主链上没有双键，即使有少数的双键也仅存在于支链上。而其他类型高分子结构的主链上一般都有双键，所以当受到臭氧、光、热的作用时，三元乙丙橡胶分子结构的主链不易断裂，表现出比其他橡胶高分子材料更好的抗老化能力与耐臭氧能力。

三元乙丙橡胶防水卷材具有优良的防水性、耐腐蚀性，可在-40℃~80℃的范围内长期使用。三元乙丙橡胶防水卷材的拉伸强度高，弹性与延伸性也很好。因此，面对基层的伸缩或开裂具有很好的适应性。三元乙丙橡胶防水卷材主要采用冷施工工艺，有胶粘型和自粘型等不同的产品，广泛适用于不同环境与要求的各种防水工程。

三元乙丙橡胶防水卷材可制成各种色彩的外表，以适用于建筑外露的防水装饰工程。

三、聚丙纶长丝无纺布卷材

聚丙纶高分子多层复合防水卷材是在充分弥补现有防水材料不足基础上研制开发出的一种新型防水材料。表面采用丙纶长丝无纺布使卷材有良好的抗拉、抗撕裂、抗顶破强度，并增强了产品表面粗糙度。防老化层添加了抗老化剂、蔽光剂、抗氧化剂，用以提高产品的抗氧化和抗紫外线能力，同时也兼顾防水作用。主防水层采用高分子聚乙烯、聚氯乙烯或聚氨酯等膜，并加入一定量的综合稳定剂，使防水效果和耐候性、耐腐蚀性、低温柔性得到进一步提高。粘接层表面粗糙，摩擦系数大，从而增强了卷材与基面粘接的牢固程度。

该产品在应用上的突出特点是表面粗糙，结合面积大，直接与水泥结构面粘接，还可以在水泥凝固过程中直接敷设和夹砌使用。用于内防水工程时，凝固后可直接抹灰或粘贴瓷砖、马赛克等。由于价格便宜，操作便利，目前在市场已占有相当的份额。

高分子多层复合防水卷材的复合要均匀牢固、幅面平整、无翘曲、无皱折、不缺层、不剥离、无孔洞。幅宽 1.15m，卷长 100m，规格有 200、300、400g/m²。

在混凝土或砂浆基面上粘贴卷材用 4115 胶水泥浆（4115 胶的掺量为 5%~20%）粘贴，卷材封边用高比例的 4115 胶水泥浆（4115 胶掺量提高到 20%）。其他有特殊要求处宜应用双组份聚醚型聚氨酯防水涂料作接缝粘贴或封边。4115 胶主要改性聚醋酸乙烯乳液（大白胶）。一些防水卷材品种的主要技术性能见表 9-2。

防水卷材品种的主要技术性能　　　　　　　　　　　　　　　表 9-2

品种及特点	用途	主要技术性能
一、沥青玻璃布防水卷材 抗拉强度高，柔韧性好，耐霉菌腐蚀性强，耐久性比纸胎油毡高一倍以上	地下防水、防腐层、平屋面、坡屋面多层防水，金属管道（热管道除外）防腐保护，卫生间多层防水。尤其适用于防水材料要求高及耐霉菌腐蚀性好的防水工程	耐热度：85±2℃ 2h 不流淌、不鼓泡 不透水性：0.1MPa、15min无渗漏，拉力 25±2℃ 时，纵向 ≥360N
二、改性沥青毡基卷材 良好的耐热性、延伸性和低温柔性	以玻纤毡为胎基分：25 号、35 号、45 号；聚酯毡为胎基有：35 号、45 号、55 号。35 号以下用做多层防水，45 号以上可做单层防水。可用热熔法施工，适用于建筑屋面、地下室、卫生间、停车场、游泳池、蓄水池等构筑物的防水。尤其适用于高温或有强烈太阳辐射地区的建筑物防水	玻纤毡胎 耐热度：110~130℃ 受热 2h 涂层应无滑动 不透水性：0.15~0.20MPa 不小于 30min 聚酯毡胎 耐热度：110~130℃ 受热 2h 涂层应无滑动 不透水性：不小于 0.3MPa 保持不小于 30min
三、三元乙丙复合防水卷材 撕开卷材背面的隔离纸即可粘于基层，功效高、无污染，优良的防水性、耐气候性、耐臭氧性、耐化学腐蚀性、拉伸强度高、弹性与延伸率大，抵抗基层开裂能力强	建筑的层面及地下防水工程，尤其适用于对防水质量及耐久性要求高的重点工程	不透水性：0.1MPa 30min 拉伸强度：≥7.0MPa 热空气老化：80℃，168h 拉伸强度变化率：20%~50% 拉伸强度：-20℃ ≤15MPa 　　　　　　60℃ ≥2.5MPa
四、高分子多层复合防水卷材 防水性能优良，无毒无味，抗拉、抗撕裂、抗顶破强度大，耐候、耐腐蚀和低温柔性好等特点。直接与水泥粘结，粘结料配制简单，再贴砖容易。 材料采用聚乙烯或聚氯乙烯、聚氨酯为主体，双面复合丙纶长丝无纺布。	粘合剂配制 4115 胶∶水∶水泥 （1∶2∶5） 屋面防水、地下防水、卫生间防水、内墙防潮	抗拉强度：≥7MPa 热老化保持率：80±2℃ 7d 抗拉伸强度：≥80% 不透水性：0.2MPa≥30min
五、自粘结油毡 玻纤毡为胎基，改性沥青下表面涂常温下可自粘结材料。用隔离纸覆盖，上表面可用聚丙烯膜、河砂、彩砂或铝箔等覆面材料。适宜冷施工	地下、屋面、卫生间等较复杂的工程防水。尤其适用于立面和异形部位的防水及紧急补漏等工程	不透水性：0.1MPa 保持时间 30min 粘结力：25℃ 时为 10N 耐热度：85℃ 抗拉力：200N

在建筑装饰装修工程中，由于空间与环境的界定与功能要求，外围护墙在满足承重或自承重外，一般同时也都应满足保温或绝热以及隔声的要求。对于内分隔墙在满足承重或自承重外，一般同时也都应满足保温或绝热以及隔声的要求。对于绝热、隔声有更严格要求的空间与部位，则需采用特殊的或高强的绝热与吸声材料及施工工艺来处理。

能阻挡热从温度高的一面向低的一面传递的材料叫作隔热材料，有些隔热材料也往往作吸声材料来用，甚至在隔热同时也具有吸声功能。

隔热吸声工程有如下内容：

1. 建筑物的地面、墙面、屋面等。一般以常温下的构造为对象。特殊隔热、吸声要求的空间，如音乐厅、影剧院、练歌房、温室、冷房等需特殊设计。

2. 建筑空调用的超级风道或岩棉镀锌铁板风道在隔热同时有吸声作用。

3. 建筑空间中设置的罐、炉、锅炉、冷凝器、风机、泵等设备机械及管道的保温与隔声，在高温时应采用无机纤维等防火耐热的材料。

4. 冷冻、冷藏空间设施的隔热。

第一节　绝热材料

一、材料的热性能

材料表现与热有关的性质有热容性、耐热性、热变形性、耐火性与导热性等。热容性是指材料受热时吸收热量与冷却时放出热量的能力的大小；耐热性是指材料处于较高温度下，仍然能保持稳定的使用状态的能力。大部分的有机材料在较高温度下易出现变软、变色、起泡、流淌、脱落、分解等现象。在物理与化学性能上发生变化，以致会丧失使用能力；热变形性是指材料受热温度升高或冷却温度降低时材料的体积变化程度。

耐火性是指火灾发生时材料所具有的抵抗火焰侵袭破坏的能力。对于一般材料的耐火性可用燃烧性、氧指数和耐火极限等指标来表示。

建筑装饰装修材料燃烧性能分为四级：

A 不燃性。在大气环境中材料受到火焰或高温作用时，不燃烧也不碳化。大多数无机材料为非燃烧类材料，如石材、玻璃、水泥、黏土制品等。

B_1 难燃性。在大气环境中材料受到火焰或高温作用时，难点燃、难碳化，即使着火后，一旦火源离开，就会立即自动熄火。许多有机—无机复合材料、部分有机材料属于难燃烧类材料，如纸面石膏板、矿棉板、水泥刨花板、阻燃木材等。

B_2 可燃性。在大气环境中材料受到火焰或高温作用时，容易起火燃烧，即使火源离开，材料仍能继续燃烧。许多有机材料为可燃烧类材料，如各类木材、木制人造板、竹木板等。

B_3 易燃性。在大气环境中材料受到火焰或高温作用时，极容易起火燃烧。许多有机材料为易燃烧类材料，如油漆涂料，有机溶剂，化纤壁毡和 TK 板等。B_3 级材料可不进行检测，但一般也不容许使用到建筑装饰装修工程中去。

难燃与可燃烧类材料的耐火性能参数以氧指数来表示。氧指数是指在规定条件下，材料试样在氧氮混合气体中维持平稳燃烧的最低氧浓度。其中氧浓度以氧气所占体积百分数来表示。氧指数较高时，说明材料可持续燃烧所需要的氧浓度较高，其耐火性就较强。对于塑料其氧指数 $B_1 \geqslant 32$，$B_2 \geqslant 27$。

不燃材料耐火性指标一般用耐火极限来表示。耐火极限是指材料试样（构件）在耐火试验中，按标准时间-温度曲线（规定的升温曲线）从受到火作用的时间时起到失去支撑能力或产生穿透裂缝（孔隙）或背火面温度达到220℃时所需的时间（h）。

材料的导热性是指材料两侧有温差时，温度由高向低进行热量传递的能力。直觉上，用手触摸感到温暖的材料称绝热材料。不同的材料导热性差别很大，理论上我们把热传导率 λ 小于 0.23W/（m·K）的材料叫绝热材料。热传导率也叫导热系数，导热系数是指当材料厚度为1m，两侧表面的温差为1K时，在单位时间内通过 $1m^2$ 截面积的热量。材料的导热系数大，导热性强，绝热性差。材料的导热性与材料的组成、结构、含水率、孔隙率及孔特征等有关，也与材料的表观密度有关。一般非金属材料的绝热性好于金属材料。非金属材料的表观密度小、孔隙率大、闭口孔多、孔分布均匀、孔尺寸小、材料含水率低时，则表现出导热性差、绝热性好。通常所说的材料导热系数是指干燥状态下的导热系数。当材料吸水或受潮时，导热系数会显著增大，随之绝热性也会明显变差。传热阻表示当围护结构的两侧表面温度为 1K（K = 273.15+℃）时，单位热量通过 $1m^2$ 截面面积所需时间（h）。传热阻与维护结构的厚度成正比，与材料的导热系数成反比。材料的导热系数是衡量材料隔绝热能的重要指标，几种绝热隔墙的做法见图 10-1。

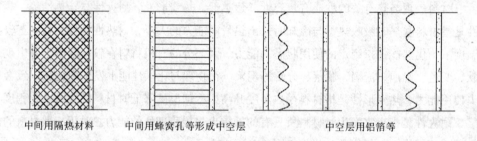

中间用隔热材料　　　　中间用蜂窝孔等形成中空层　　　　中空层用铝箔等

图 10-1　几种绝热隔墙的做法

各种隔热材料的导热系数如表 10-1 所示。

材料的导热系数　　　　　　　　　　　　　表 10-1

材料名称	导热系数 （kcal/m·h·℃）	比导热阻 （m·h·℃/kcal）	密度（kg/m³）
水泥砂浆	1.3	0.77	
混凝土	1.4	0.71	
轻骨料混凝土 1 型	0.45	2.2	1400 不满
轻骨料混凝土 2 型	0.62	1.6	1400~1700
轻骨料混凝土 3 型	0.85	1.2	1700~2000
泡沫混凝土 1 型	0.16	6.3	600 不满
泡沫混凝土 2 型	0.18	5.6	600~700
泡沫混凝土 3 型	0.22	4.5	700~800

材料名称	导热系数 （kcal/m·h·℃）	比导热阻 （m·h·℃/kcal）	密度（kg/m³）
泡沫混凝土 4 型	0.27	3.7	800~900
泡沫混凝土 5 型	0.15	6.7	500~700
普通砖	0.53	1.9	1700 以下
耐火砖	0.85	1.2	1700~2000
珍珠岩砂浆 1 类	0.30	3.3	1000~1200
珍珠岩砂浆 2 类	0.21	4.8	900~1000
珍珠岩砂浆 3 类	0.19	5.3	800~900
岩棉垫（毡）	0.035	28.6	30~70
岩棉吸音板	0.07	14.3	400~500
喷涂岩棉	0.04	25.0	180~220
玻璃棉保温板 1 号 8K	0.045	22.2	8±1
玻璃棉保温板 2 号 10K	0.045	22.2	10±1
玻璃棉保温板 2 号 16K	0.04	25.0	16±2
玻璃棉保温板 2 号 24K	0.035	28.6	24±2
发泡聚苯乙烯保温板 1 号	0.033	30.3	30 以上
发泡聚苯乙烯保温板 1 号	0.035	28.6	25 以上
发泡聚苯乙烯保温板 1 号	0.036	27.8	20 以上
发泡聚苯乙烯保温板 1 号	0.039	25.6	16 以上
挤出发泡聚苯乙烯（A）	0.035	28.6	21~29
挤出发泡聚苯乙烯（B）	0.025	40.0	30~35
硬质发泡聚氨酯保温板 1 号	0.025	40.0	50 以上（40~70）
硬质发泡聚氨酯保温板 2 号	0.024	41.7	40~50
硬质发泡聚氨酯保温板 3 号	0.022	45.5	35~40
硬质发泡聚氨酯保温板 4 号	0.022	45.5	30~35
硬质发泡聚氨酯保温板 5 号	0.024	41.7	25~30
发泡聚乙烯	0.038	26.3	40~65
发泡聚乙烯	0.045	22.2	65~110
软质纤维板 A 级绝缘材料	0.042	23.8	300 不满
软质纤维板 B 级绝缘材料	0.060	16.7	400 不满
软质纤维板夹衬板绝缘材料	0.045	22.2	400 不满
天然木材 1 类 （扁柏、杉、虾黄松、冷杉等）	0.10	10.0	—
天然木材 2 类 （松、柳安等）	0.13	7.7	—
天然木材 3 类 （枹、樱、山毛榉等）	0.16	6.3	—
胶合板	0.14	7.1	420~660
石膏板	0.19	5.3	700~800

材料名称	导热系数 （kcal/m·h·℃）	比导热阻 （m·h·℃/kcal）	密度（kg/m³）
石棉水泥板	0.50	2.0	2000 以下
木丝水泥板	0.18	5.6	400~600
刨花水泥板	0.15	6.7	1000 以下
硬质纤维板	0.29	3.4	950 以下
木屑板	0.13	7.7	400~700
石膏灰浆	0.52	1.9	—
稻草板	0.095	10.5	—

从表中我们可以看出，发泡聚苯乙烯泡沫板不仅导热系数低，而且密度小，这也是为什么近年来建筑装修保温构造做法倾向使用它的重要原因之一。比导热阻也称传热阻，是表示材料阻止热量通过能力的大小，在数学上表示为导热系数的倒数。

二、聚苯乙烯发泡塑料

聚苯乙烯泡沫塑料是以苯乙烯树脂为基料，加入发泡剂的聚苯乙烯粒状体，在定型的设备中，经发泡加工等工艺制成的一种轻质保温材料。聚苯乙烯泡沫塑料产品可以用作保温、隔热、吸声和减震等用途。

聚苯乙烯泡沫塑料产品按用途分为三类：Ⅰ类，使用时可不承受荷载，用作屋顶、墙体及其他部位的绝热材料；Ⅱ类，可承受一定的荷载，如地热地板绝热、上人屋面保温等；Ⅲ类，可承受较大荷载，如过街行车屋面绝热保温等。一般用挤塑工艺生产，有较高的密度。绝热用聚苯乙烯泡沫塑料分为普通型（PT）和阻燃型（ZR）两种。施工时一般采用固结、挂网等工艺，以便同混凝土、水泥砂浆等材料结合。聚苯乙烯泡沫塑料具有很强的保温绝热性能，成型性好，不吸水、不霉、防虫蛀、抗老化，没有挥发性的污染，只是在用电热阻丝切割时，有毒烟产生，施工时应加以注意。

三、玻璃棉

玻璃棉使用矽砂、石灰石，萤石等矿物在炉中用火焰熔化，再用离心法、高压载能法气体喷吹法等技术，将熔融的玻璃制成纤维制品，直径≤13μm。玻璃棉具有容重轻、空隙率大、导热系数小、吸声系数高、耐酸抗腐、耐热抗冻、吸水率低、弹性好、抗震性强等特点。此外还有不霉、防蛀、抗老化强等优良特性。小于4μm为超细玻璃棉，对皮肤无刺激发痒感。材料一般做成垫子状，两面附玻璃丝布，也有板状与管状的制品。两面覆玻璃丝布的碎玻璃棉保温板新型制品正在成为新的外墙保温材料，防火更优于聚苯乙烯发泡塑料。

四、岩棉

岩棉和矿渣棉都是以各种岩石、砂、矿渣及辅助材料为主要原料，经过熔化成为高温液体，利用喷吹、离心等方法制成的棉丝状绝热材料。这些材料的特点是质量轻、耐高温、防蛀、抗腐蚀性好、耐老化性能好、导热系数低，粗纤对皮肤有刺激性，有一定吸水性，但不渗入纤维内，具有良好的保温、吸音、防火性能。其原棉的表观密度通常为50~200kg/m³，制品的表观密度约为 80kg/m³ 左右。表观密度越小的保温性能就越好，表观密度越大的强度就越高。建筑装饰装修工程中常根据保温性及强度的综合设计要求来选择不同密度等级的岩棉、矿棉及其制品。

岩棉和矿棉同玻璃棉一样主要用于制作各种板材、毡、管壳等，如装饰吸音板、防火保温板、防水卷材、管道保温毡、墙体复合保温层、屋面保温层、隔音防火门等。

岩棉、矿棉和玻璃棉在使用时要采取有效手段防止纤维逸出，以免人呼入对肺部造成伤害。

五、其他保温绝热材料

1. 木丝水泥板、刨花水泥板

板具有混凝土的强度与耐火性，而且保温性能也好。刨花水泥板的耐水性、耐火性和可加工性比木丝水泥板好。一般作为屋面、墙壁的基材使用。

2. 炭化软木板

由软木树皮热压加工成型的材料，保温性好、不变形、耐压大、比热大，是非常好的隔热材料。

3. 软制纤维板

由植物纤维拌胶热压成型的板。隔热性能比发泡塑料、矿物纤维差。但由于造价低、易于施工，常用于屋面、墙壁的基材和天棚材料中。

4. 硬质聚氨酯发泡塑料

聚异氰酸盐、多元醇和发泡剂为其主要原料经混合搅拌之后使之反应的发泡材料。在隔热材料中热传导率最小，吸湿、吸水性小，有一定强度。软质产品可用在家具、寝具中。该材料有工厂成型板，也有现场发泡。现场施工，要十分注意防火。

5. 发泡聚氯乙烯

发泡聚氯乙烯吸水特别小，导热系数小、比重轻、不燃烧、耐酸碱、耐油，有硬质、软质两种，泡沫孔有开孔与闭孔两种规格，一般作为夹芯板的芯材等使用。安全使用温度约为70℃。

6. 膨胀珍珠岩、膨胀蛭石

将蛭石或珍珠岩的原矿石在高温下使之膨胀。产品耐热及吸声性好，质轻，可作为混凝土、砂浆、灰浆的骨料，拌和后用于耐火、隔热等用途。膨胀珍珠岩与膨胀蛭石一般填充在两墙之间，也可直接喷涂，或用作板状或管状材料。

7. 加气轻混凝土砌块与粉煤灰砌块

加气混凝土是用炉渣，砂子或其他填料制作的块状产品。粉煤灰是电厂的废料，经掺和胶结材料水泥、石灰、石膏、菱苦土等，也可加入部分硅酸材料、泡沫剂（如松香醇钠）或加气剂（如铝粉）混合制成。由于质轻多孔，有一定的强度，具有承重保温吸声的特点，是框架结构填充墙和高层建筑围护墙中的基本使用材料。

8. 铝箔

铝箔因为表面有光泽，可阻止从空气向铝或从铝向空气方向的热移动。一般是将铝箔铺贴在其他材料表面使用。

第二节　吸声材料

一、 材料的声学性能

声音是靠振动的声波来传播的，当一个直达声到达材料的表面时会产生反射、透射和吸收三种现象。反射是指声波在到达材料表面后，按照一定的规律被反射，使声音又返回到声源一侧；透射是指声波穿透过材料本身后，继续向材料的另一侧，按原声波指向传播；吸收是指声波到达材料表面后，其振动能量被材料吸收后，进而转变成其他能量形式，而不再存在声波现象。反射既可以加强直达声，也容易产生回声影响室内的声音效果；声音透射后，容易干扰相邻空间室内的环境的安静，产生噪声影响。因此，在实际工程设计中，应特别注意材料的声学性能。

隔声是指材料阻止声波透射的能力。常以声波的透射系数 τ 来表示材料的隔声性。隔声能力与材料单位面积上质量的面密度、弹性模量等有关。面密度大、弹性模量大的材料，隔声能力就强。材料的面密度与厚度有关，材料越厚，面密度就越大，相应的隔声性就越好。因此，实际工程中，在材料确定的情况下，有以增加厚度来保证结构的隔声能力的做法。但一味靠增加厚度来达到隔声要求的做法是得不偿失的，因为厚度增加一倍，其隔声量并不会增加一倍，而是很小（6dB）。若同等质量的墙中间设20 ~100mm的空气间层，可降声 10dB。

材料的吸声是指材料吸收声波的能力。当声波投射到材料的表面时，便有一部分声波顺着材料微孔进入材料内部，引起材料内部孔隙中空气的振动。由于微孔表面对空气运动的摩擦与阻尼作用，使部分振动能量转化为热能，即声波被材料所吸收。

当材料表面含有大量开口的连通孔时，就具有较强的吸声能力。有些材料虽然含有大量的孔隙，但是孔隙间不连通，或表面不是开口孔，这种材料的吸声能力就较弱。因此，工程中常采用较多开口孔隙的材料表面来增加吸声能力。

当材料的表面没有孔隙，一些板状、膜状材料的振动，同样也能吸收声能，只不过是吸收的频率不同罢了。

不同的声音是由不同频率或波长的声波组成的，材料表面的状况不同，对声波吸收的能力也是不同的。当材料表面只有一种尺寸的孔隙时只能吸收波长在某些范围内的声波。因此，工程实际中常使用复合材料的做法，以便用来增强对各种波长声波的吸收能力。一般说来，丝绵状的材料可以很好的吸收中频及高频的声音，而板状、膜状的材料一般可以吸收低频的声音。用棉丝状的材料，经轻度粘合压成板，则可吸收全频域的声音。

为评定材料对声波吸收的能力，工程中常将频率为 125Hz、250Hz、500Hz、1000Hz、2000Hz、4000Hz 的声波的吸收情况来综合评价材料的吸声特性。针对不同频率的声波，可以采用不同的材料来达到更好的吸声效果。

吸声能力的大小通常用吸声系数 α 表示。吸声系数是指吸收和透射声能与所发声（总声能）的比值。吸声系数越大，吸声效果越好。根据吸声机理，将常用吸声材料称为多孔吸声材料，把吸声结构分为共振腔吸声结构、膜吸声结构、板吸声结构等。由多孔吸声材料和吸声结构单独或两者结合可产生出多种形式的吸声结构。

二、多孔材料

有孔吸声材料是工程中使用最普遍的材料。包括多种纤维材料与颗粒材料。纤维材料有玻璃棉、超细玻璃棉、岩棉、矿渣棉等无机纤维产品及其毡、板制品，棉、毛、麻等有机纤维面料等；颗粒状材料有膨胀的珍珠岩、蛭石、陶粒及其板、块制品等。

三、板状材料

穿孔板吸声材料是声环境控制中常用的材料之一，穿孔板与其背后的封闭空气层共同构成穿孔板吸声结构。为了使穿孔板吸声结构在较宽的频率范围内有较大的吸声能力，可在穿孔板背后紧贴板面衬一层多孔吸声材料。当穿孔板孔径小于 1mm 时，称为微穿孔板。微穿孔板板后即使不衬多孔吸声材料，也可以在很宽的频率范围内获得较大的吸声系数。微穿孔板常用金属薄板制成，也有用玻璃布制成的微孔布，用有机玻璃做成微孔板还可以获得透明的吸声结构，但要同时注意满足防火要求。

薄板类的材料有胶合板、石膏板、石棉水泥板和金属板等。周边固定于龙骨上，其背后的空气层构成薄板共振系统。当板材密度增大，或背后空气层加大时，吸声峰值向低频偏移；板后空气层内设置多孔吸声材料时，吸声系数峰值明显增大；板愈薄，吸声系数越大，吸声效果也就越明显；板面涂刷油漆涂料对其吸声效果不产生影响。多孔吸声材料薄板可取得全频域内的吸声效果，如矿棉板等。

四、膜状材料

薄膜吸声材料也是常用的吸声材料。薄膜类的有人造革、皮革、塑料薄膜等材料，本身具有不透气、柔软、受拉时具有弹性的特点。当它们背后设置封闭的空气层时，膜与空腔就形成一个共振系统，最大的吸声系数约为 0.30~0.40。

建筑装饰装修工程中主要吸声材料的种类如表 10-2 所示：

主要吸声材料的种类　　　　　　　　　　　　　　　表 10-2

名称	构造示意图	例子	主要吸声特性
多孔材料		矿棉、玻璃棉、泡沫塑料、毛毡、珍珠岩、蛭石及其板块制品	本身具有良好的中高频吸收，背后留有空气层时还能吸收低频，吸声系数>0.6
板状材料		胶合板、石棉水泥板、石膏板、硬质板	吸收低频比较有效（吸声系数 0.2~0.5）
穿孔板		穿孔胶合板、穿孔石棉水泥板、穿孔石膏板、穿孔金属板	一般吸收中频，与多孔材料结合使用吸收中高频，背后留大空腔还能吸收低频
成型天花吸声板		矿棉吸声板、玻璃棉吸声板、软质纤维板	中、低高频

名称	构造示意图	例子	主要吸声特性
膜状材料		塑料薄膜、帆布，人造革、皮革	视空气层的厚薄而吸收低中频，吸声系数 0.3~0.4
柔性材料		海绵、乳胶块	内部气泡不连通，与多孔材料不同，主要靠共振有选择地吸收中频

1. 顶棚隔声材料与构造作法：

对于楼板撞击声隔声，可采取铺设弹性面层，加弹性垫层，在楼板下做隔声吊顶等方式来解决。弹性垫层的做法有在地板下或在地板方下加弹性软垫。不与楼地面固接的地板铺设方式称为浮式构造铺法。楼板上铺设弹性面层即一般采用的铺地毯或地胶板的做法。楼板下做隔声吊顶也是常采用的做法之一，但值得注意的是金属吊杆应采用拉钩的构造断开，并应在拉钩处采用胶套将金属接触方式分开，以断开由楼板连接下来的若干根"电话线"，隔绝传声波通道。

2. 墙隔声材料与构造

为了取得隔声效果，人们会想到采用双层匀质密实墙，设计合理的双层墙与具有同样单位面积质量的单层墙相比，可有 10dB 左右的隔声增量。

3~5mm 玻璃双层窗，要避免共振影响，两窗间距应在 200mm 以上。一般薄板加龙骨做成的轻质隔墙，空气层厚度宜在 70mm 以上。

轻质隔墙隔声是现阶段工程中常采用的构造手段。利用砌块、加气混凝土小型砌块，工业废渣加水泥砂浆制成的小型空心砖砌块砌筑，当隔墙厚在 120~240mm，双面抹灰，100~220kg/m²，计权隔声量在 40~50dB 之间。

泥灰圆孔板，一般使用菱镁、发泡低碱水泥加玻璃纤维、石膏等，中间用塑料或金属管抽孔制成，板厚 60~120mm，单位面积质量 40~100kg/m²，计权隔声量 30~38dB。

夹层墙板的板芯为矿棉、岩棉等多孔吸声材料、两侧钢丝网面现场固定后，钢丝网上各抹 25mm 厚的水泥砂浆。墙厚一般为 100mm，单位面积质量约为 100~120kg/m²，计权隔声量为 40~45dB。

薄板加龙骨是在轻质隔墙隔声中非常多见的一种形式。薄板如纸面石膏板、水泥纤维加压板、菱镁玻璃纤维板、胶合板、水泥纸浆板等。龙骨有轻钢龙骨或木龙骨等。通过石膏板加层、错缝、分立龙骨、中间加吸声材料等改进隔墙构造措施，可使隔声量由 38dB 增至 54dB。几种石膏板隔墙隔声的措施见图 10-2。

3. 门窗隔声

隔声门的玻璃多采用夹层或中空，门的门板多选用夹板复合或密实厚重材料。在隔声要求非常高的场合，可用双层门或声锁来提高声音的隔绝程度。

隔声窗通常采用双层或多层玻璃。一侧玻璃可倾斜安装，以尽量避免共振影响。双层窗玻璃应采用不同厚度，以错开吻合谷。窗玻璃厚度宜大于 5mm，双层窗空腔周边需做吸声处理。

常用吸声材料和吸声结构的吸声系数如表 10-3 所示。

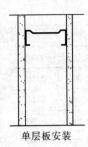 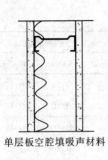 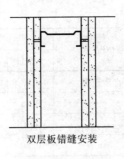 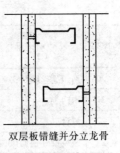

单层板安装　　单层板空腔填吸声材料　　双层板错缝安装　　双层板错缝并分立龙骨

图 10-2　几种石膏板隔墙隔声的措施

常用吸声材料和吸声结构的吸声系数　　　表 10-3

序号	吸声材料及其安装情况	吸声系数 α					
		125Hz	250Hz	500Hz	1000Hz	2000Hz	4000Hz
1	50mm 厚超细玻璃棉，表观密度为 20kg/m³，实贴	0.20	0.65	0.80	0.92	0.80	0.85
2	50mm 厚超细玻璃棉，表观密度为 20kg/m³，离墙 50mm	0.28	0.80	0.85	0.95	0.82	0.84
3	50mm 厚尿醛泡沫塑料，表观密度为 14kg/m³，实贴	0.11	0.30	0.52	0.86	0.91	0.96
4	矿棉吸声板，厚 12mm，离墙 100mm	0.54	0.51	0.38	0.41	0.51	0.60
5	4mm 厚穿孔 FC 板，穿孔率 20%，后空 100mm 填 50mm 厚超细玻璃棉	0.36	0.78	0.90	0.83	0.79	0.64
6	其他同上，穿孔率改为 4.5%	0.50	0.37	0.34	0.25	0.14	0.07
7	穿孔钢板，孔径 2.5mm，穿孔率 15%，后空 30mm 填 30mm 厚超细玻璃棉	0.18	0.57	0.76	0.88	0.87	0.71
8	9.5mm 厚穿孔石膏板，穿孔率 8%，板后贴桑皮纸，后空 50mm	0.17	0.48	0.92	0.75	0.31	0.13
9	其他同上，后空改为 360mm	0.58	0.91	0.75	0.64	0.52	0.46
10	三合板，后空 50mm，龙骨间距 450mm×450mm	0.21	0.73	0.21	0.19	0.08	0.12
11	其他同上，后空改为 100mm	0.60	0.38	0.18	0.05	0.05	0.08
12	五合板，后空 50mm，龙骨间距 450mm×450mm	0.09	0.52	0.17	0.06	0.10	0.12
13	其他同上，后空改为 100mm	0.41	0.30	0.14	0.05	0.06	0.16
14	12.5mm 厚石膏板，后空 400mm	0.29	0.10	0.05	0.04	0.07	0.09
15	4mm 厚 FC 板，后空 100mm	0.25	0.10	0.05	0.05	0.06	0.07
16	3mm 厚玻璃窗，分格 125mm×350mm	0.35	0.25	0.18	0.12	0.07	0.04
17	坚实表面，如水泥地面、大理石面、砖墙水泥砂浆抹灰等	0.02	0.02	0.02	0.03	0.03	0.04
18	木搁栅地板	0.15	0.10	0.10	0.07	0.06	0.07
19	10mm 厚毛地毯实铺	0.10	0.10	0.20	0.25	0.30	0.35

序号	吸声材料及其安装情况	吸声系数 α					
		125Hz	250Hz	500Hz	1000Hz	2000Hz	4000Hz
20	纺织品丝绒 0.31kg/m², 直接挂墙上	0.03	0.04	0.11	0.17	0.24	0.35
21	木门	0.16	0.15	0.10	0.10	0.10	0.10
22	舞台口	0.30	0.35	0.40	0.45	0.50	0.50
23	通风口（送回风口）	0.80	0.80	0.80	0.80	0.80	0.80
24	人造革沙发椅（剧场用）每个座椅吸声量	0.10	0.15	0.24	0.32	0.28	0.29
25	观众坐在人造革沙发椅上，人椅单个吸声量	0.19	0.23	0.32	0.35	0.44	0.42
26	观众坐在织物面沙发椅上，人椅单个吸声量	0.15	0.16	0.30	0.43	0.50	0.48

注：FC 板——水泥纤维加压板

第十一章 塑 料

有机高分子中的塑料、橡胶、合成纤维被称为三大合成材料，塑料同橡胶、化学纤维及涂料、胶粘剂等一起被称为高分子化合物。这些材料绝大多数是由人工合成制得的，所以也被称为高分子合成材料。高分子化合物也叫高聚物，是由一种或几种低分子有机化合物（单体）聚合而成。分子量通常在 $10^4 \sim 10^6$。合成材料的出现虽然时间很短，但发展非常迅速。由于其具有密度小、弹性高、比强度大、耐腐蚀、电绝缘性能好和装饰性好等优点，已成为建筑装饰装修工程中非常重要和不可或缺的材料，并逐渐取代一些传统的材料。

高分子化合物分子量偏小时，分子间的作用力就小，表现出硬度小，机械强度低。而当高聚物的分子量偏大时，分子间的作用力就大，表现出硬度大，机械强度也高。如建筑装饰装修工程中常用的聚氯乙烯，当分子量增加以后，材料的伸长率、抗拉强度、抗冲击性增大，耐低温脆性变好，耐应力开裂性增强。

第一节　塑料的特性与组成

塑料是以人工合成或天然有机高分子化合物的树脂为主要基料，加入各种添加剂后，经一定温度、压力塑制而成的材料。这种高分子有机化合物在高温高压下具有流动性，而在常温常压下保持形状不变，可以获得很好的使用功能与良好的艺术装饰效果。用于建筑上的塑料制品称为建筑塑料。

建筑塑料作为建筑装饰装修材料使用具有许多的特性，它不仅能够在工程中可以代替传统的材料，而且比传统材料还具有更为优越的性能。

一、塑料的特性

作为高分子合成的材料的主要一种，塑料的特性有：

1. 加工性能好。

在生产中，通过改变配方与生产工艺，可以制成具有各种特殊性能的工程材料。如强度超过钢材的碳纤维复合材料；具有质轻、隔音、保温的发泡板材；柔软而富有弹性的地胶板和防水材料等。也可以采用各种简便的方法加工成各种形状的产品如薄板、薄膜、管材、复合材料和各种其他异形材料等。

2. 重量轻。

塑料的密度约为钢材的 $1/10 \sim 1/8$、铝材的 $1/2$、混凝土的 $1/3$，与木材相近，为 $0.22 \sim 2.2 \text{g/cm}^3$ 左右。

3. 可装饰性。

建筑塑料不仅可以制成颜色成品，而且色彩艳丽持久、光泽动人。对于天然石材的覆盖，可更加彰显其质感魅力。也可通过照相制版印刷，来模仿天然材料如木纹、大理石纹的纹理，还可电镀热压、烫金制成各种清晰准确的图案和花型，使其表面具有立体感和材料的质感，以满足设计要求。

4. 化学稳定性好。

塑料制品一般对酸、碱、盐类等具有较好的耐腐蚀性。

5. 电绝缘性好。

塑料的导电性低，电绝缘性可与陶瓷、橡胶等材料相媲美。

6. 易燃、易老化、耐热性差。

有机高分子材料一般都具有易燃、易老化、耐热性差的通病。但近年来随着改性添加剂和加工工艺的不断发展，塑料制品的性能得到了很大的改善。如在塑料中加入阻燃剂，可以把它改变成为具有自熄性和难燃性的优良产品。

经改进后的建筑塑料制品，其使用寿命完全可以达到工程的要求，有的甚至还可以高于传统建筑装饰装修材料。在德国，建筑门窗塑料已有近30年的历史，虽已有泛黄与粉化的现象，由于配方的不断研究改进，据预测可达50年左右。现在随着ABS工程塑料门窗的工厂化生产与市场的投放。塑料建筑构件的使用周期还将延长。

总之，塑料制品的优点是很多的，而且缺点是可以改进的，它越来越成为建筑材料大家庭中的重要成员之一。

二、塑料的组成

用于建筑装饰装修用途的塑料的组成大都是多成分的，除合成树脂外，还有填料、固化剂、着色剂和其他助剂等。

1. 合成树脂

合成树脂是塑料的主要成分，其质量占塑料制品总重的40%以上，在塑料中起胶结作用，在自身胶结的同时，还能够将其他材料胶结在一起。并决定塑料的硬化性质和工程性质。塑料按其热性能的不同可分为热固性塑料和热塑性塑料两大类。

热塑性：是指塑料受热时软化，冷却后硬化，在此过程中没有发生化学变化，重复多次仍保持这种热软冷硬的性质。

热固性：是指塑料在加工成型过程中受热时软化，同时发生化学变化，相邻分子交联网状或体型结构而逐渐硬化，冷却后再受热也不软化，最终成为不熔物质。

常用热塑性塑料有：①聚氯乙烯，简称PVC；②聚乙烯，简称PE是乙烯单体的高聚物，有高压聚乙烯、中压聚乙烯、低压聚乙烯三个品种；③聚苯乙烯，简称PS；④聚丙烯，简称PP；⑤聚丙烯腈-丁二烯-苯乙烯共聚物，简称ABS；⑥聚甲基丙烯酸甲酯，即有机玻璃，简称PMMA；⑦聚酰胺，即尼龙，简称PA；⑧聚酰亚胺，简称PI。

常用热固性塑料有：①酚醛树脂，简称PF；②脲醛树脂，简称UF；③三聚氰胺甲醛，简称MF，即"密胺"树脂，又称"铭瓷"；④不饱和聚酯树脂，简称UP；⑤环氧树脂，简称EP，是在装修装饰工程中应用较广泛的一种热固性树脂；⑥玻璃纤维增强塑料，即玻璃钢，简称CIIP。塑料常以所用的树脂命名。

（1）聚乙烯塑料（PE）

聚乙烯塑料由乙烯单体聚合而成。所谓单体，是能够用来进行聚合反应而生成高分子化合物的初始简单化合物。按单体化合物采用的聚合方法，可以有高压法、中压法和低压法等的不同。聚合方法的不同，会导致聚乙烯塑料的结晶度和密度不同，高压聚乙烯的结晶度低、密度小；低压聚乙烯结晶度高，密度大。随结晶度和密度的增加，聚乙烯的硬度、软化点、强度等随之增加，而冲击韧性和伸长率则下降。

聚乙烯塑料具有较高的化学稳定性和耐水性，强度虽不高但低温柔韧性大。

（2）聚氯乙烯塑料（PVC）

聚氯乙烯塑料是由氯乙烯单体聚合而成的，是建筑上常用的一种热塑性塑料。在建筑装饰装修工程中，经常使用的有硬质或软质的两种聚氯乙烯塑料。这是由于在生产时，加入的增塑剂掺量的不同，便可制得硬质或软质不同的塑料。该产品化学稳定性能高，抗老化性能好。聚氯乙烯塑料通常要求使用温度应该在80℃以下，在100℃以上时就会引起分解，最终导致变质而破坏。

（3）聚苯乙烯塑料（PS）

聚苯乙烯塑料由苯乙烯单体聚合而成。聚苯乙烯塑料的化学稳定性高，耐水、耐光，成型加工方便，透光性好，易于着色。另一方面，聚苯乙烯的性能发脆，所以抗冲击韧性就差。此外，该产品不耐热、易燃，需加入阻燃剂与水泥砂浆配合使用，以使其应用范围得到扩展。

（4）聚丙烯塑料（PP）

聚丙烯塑料由丙烯单体聚合而成。聚丙烯塑料的密度$0.90g/m^2$，质量较轻，耐热度在$100\sim120℃$，适用于较高温度的环境。该产品的刚性、延展性和耐水性都比较好。不足之处就是低温的脆性较大，耐候性比较差，一般只适用于室内。

（5）聚酯树脂（PR）

聚酯树脂是由二元醇或多元醇和二元醇或多元酸缩聚而成。聚酯树脂具有优良的胶结性能，具有良好的弹性、柔韧、耐热和着色性。

（6）酚醛树脂（PP）

酚醛树脂由酚和醛在酸性或碱性催化剂作用下缩聚而成。酚醛树脂有很好的粘结强度，耐光、耐热、耐腐蚀，但性脆。酚醛树脂制品的表面光洁，坚固耐用，成本较低，用途比较广泛。

（7）有机硅树脂（OR）

有机硅树脂是由一种或多种有机硅单体水解而成。具有耐热、耐冷、耐化学腐蚀的优点，有机硅树脂的机械性能不好，粘结力不高。为了改善有机硅树脂的不足，用酚醛、环氧、聚酯等进行树脂合成，并用玻璃、岩棉等纤维增强，以提高其机械性能和粘结力。

常用塑料的基本性质和用途见表11-1。

常用塑料主要性能参数、特性和用途 表11-1

树脂名称	密度（g/cm³）	抗拉强度（MPa）	耐热温度（℃）	主要特性	主要用途
聚甲基丙烯酸甲酯（PMMA）	1.18~1.20	49.0~77.0	65~90	有较好的弹性、韧性和抗冲击强度，耐低温性好，透明度高，易燃，	可制成有机玻璃、卫生间设备
聚丙烯（PP）	0.90~0.91	30.0~39.0	100~120	密度最低，耐热性较好	可制纤维、薄膜、管材、器具及工程配件等

树脂名称	密度 （g/cm³）	抗拉强度 （MPa）	耐热温度 （℃）	主要特性	主要用途
聚苯乙烯 （PS）	1.04~1.07	35.0~63.0	65~95	耐水、耐腐蚀和电绝缘性好，透光，易加工和着色，但性脆	可制各种板材、绝热材料
聚氨酯发泡树脂（PU）	0.03~0.05	0.10~0.13	85	制泡沫塑料、保温、减震材料	可调制涂料、胶粘剂、保温材料、防水材料等
聚氯乙烯 （PVC）	1.16~1.45	10.5~63.3	66~79	耐酸碱，强度较低，对光和热不大稳定	可制管、板材、门窗、地板、防水材料
聚乙烯 （PE）	0.91~0.97	8.4~31.7	49~82	耐水，耐低温，耐腐蚀，稳定性、绝缘性、物理机械性好，可燃	宜做防水材料、室外场地材料、管材等
环氧树脂 （EP）	1.12~1.15	70	150~260	耐热，化学稳定，粘结性好，吸水性低，强度高	宜做胶粘剂和涂料
不饱和聚酯树脂（UP）	1.10~1.45	42.0~70.0	120	耐腐蚀，力学性和加工性较好	宜做玻璃钢、管道材料和仿石材料
有机硅树脂 （OR）	1.65~2.00	18.0~30.0	>250	耐高、低温，耐腐蚀，稳定性较好，绝缘性好	宜做高级绝缘材料、防水材料等

2. 改性添加剂

为了达到工程使用的要求，就必须有针对性的改善塑料的性质，而加入多种作用不同的添加剂就可达到目的。生产中常用的添加剂有如下几种：

（1）填充料

为了改善塑料的物理和化学性能，提高产品的机械强度，扩展使用范围，一般多采用加入粉状或纤维状无机化合物。如玻璃纤维的加入可提高塑料的机械强度，云母的加入可增强塑料的电绝缘性，石棉的加入可改善塑料的耐热性，常用的填充料还有石灰石粉、滑石粉、铝粉、炭黑、木屑、木粉及其他纤维等。加入填充料的另外一个好处，就是还可以降低塑料的生产成本。

（2）增塑剂

为了增强塑料生产加工时的可塑性，使其能在通常的温度和压力下就可以成形，所加入的化学物质就是增塑剂。有些增塑剂还能改善塑料的强度、韧性和柔顺性。增塑剂的选择，必须注意能与树脂相溶，所引起的性能的变化也不能影响塑料的工程性质。常用的增塑剂有邻苯二甲酸二丁酯、邻苯二甲酸二辛酯、磷酸三甲酚酯等。

（3）固化剂

常用的树脂固化剂有胺类、酸酐、过氧化物等。加入固化剂的目的，是为了调节塑料的固化速度，通过选择固化剂的种类和掺入量，使树脂硬化的物质可取得所需要的固化速度和效果。

（4）稳定剂

常用的树脂稳定剂有抗老化剂、热稳定剂等，如硬脂酸盐、铅化物及环氧树脂等。稳定剂是为使塑料长期保持工程性质而加入的不可或缺的物质。

（5）着色剂

塑料中加入着色剂是为了获得制品所需的色彩，塑料中加入的着色剂必须能与树脂混熔，以在加热、加工和使用中应达到稳定的要求。

为使塑料获得某些特殊的性能还可加入润滑剂、发泡剂和阻燃剂等。

第二节　装饰塑料制品

在装饰装修工程中，除少数塑料与其他材料复合作结构材料外，绝大部分作为非结构装饰材料。其主要制品有：塑料壁纸、塑料地板、化纤地毯、塑料门窗、贴面板、管及管件、塑料卫生洁具、塑料灯具、泡沫保温隔热吸声材料、塑料楼梯扶手等异形材、有机装饰板及有机玻璃等，建筑塑料分类见表11-2。

建筑塑料的分类　　　　　表11-2

类别	部位及功能	主要塑料制品	所用原材料（树脂）
塑料装修材料	塑料门窗及异型材	框板门、镶板门、拼装门、百叶门、贴面门、软质塑料门	PVC，加入ACR、ABS、CPE、EVA等改性树脂，用PU作密封条及发泡填充保温材料
		固定窗、开启窗、旋转窗、推拉窗	PVC，加入ACR、ABS、CPE、EVA等改性树脂，PU、PVC作密封条
		踢脚线、挂镜线、扶手、踏步、嵌电线条	PVC、PE、尼龙
	塑料管道	上下给水管材、管接件、水斗、落水管	PVC、PE、PP、GRP、ABS
		煤气管	GRP、MDPE
	卫生间洁具	卫生间洁具及盒式整体卫生间	PP、PC、PE、GRP
		人造玛瑙洁具	UP、EP、PMMA
	保温隔热材料、防震材料	隔热保温、隔音，防震材料	PU、UF、PS、PF
	小五金配件	塑料小五金	PVC、UF、PF、PMMA
塑料装饰材料	塑料装饰板	三聚氰胺层压饰面板	MF、PF
		石膏塑料饰面板、泡沫塑料饰面板、木屑纤维饰面板等	PVC、MF、PF、PS
		隔断、隔墙、复合板	PVC、PC泡沫塑料、PU、CF、MPF、GRP
	天花板	吊顶（采光吊顶、平顶及发泡吊顶板）	PVC、PE、PS、PMMA
	塑料铺地材料	塑料地砖和卷材	PVC
		地面涂料与涂层	PU、EP、UP、PVAC
		塑料地毯（合成纤维）	PA、PP、PVC、PAN
	墙面装饰材料	墙纸、墙布、墙革	PVC、PU
		塑料墙面砖	PVC、PP、PC
	照明	灯具及灯饰件	PVC、PC、PS、PE

类别	部位及功能	主要塑料制品	所用原材料（树脂）
结构及墙体材料	护墙板	蜂窝夹心板、泡沫夹心板、复合护墙板（与钢丝网、钢板、铝板、玻璃纤维等复合）	PVC、GRP、PS、PU、PF、EP、PR、MF、PMMA
	屋面板	天窗、穹形窗罩、波形板	GRP、PVC、PMMA
	塑料建筑	盒式淋浴间、盒式卫生间、盒式住房	GRP、PMMA、PS、EP、PVC
		塑料电话亭、书报亭、临时车棚、岗亭等	GRP、PMMA、PVC、EP、PF
		充气建筑	PE、PVC、橡胶

一、塑料扣板

系厨房、卫生间等场合常用的吊顶材料。采用 PVC 聚氯乙烯树脂、无机填料、着色剂及阻燃物质等添加剂制成。板厚 8mm，中间有 7mm×18mm 连续的矩形中空孔，有的在板的背面复合无机纤维吸音材料。正面有压型与无压型、白色与彩色以及图案等多种。

规格：宽 180、240mm，长 2400、2700、3000、4000mm 等。

二、塑料壁纸

塑料壁纸以纸为基材，面层多以聚氯乙烯（PVC）树脂糊为原料，经涂布、压延、印花、压花等工艺加工而制成。在原料中加入发泡剂，可制成塑料发泡壁纸。壁纸壁布的国际通用标志见图 11-1。

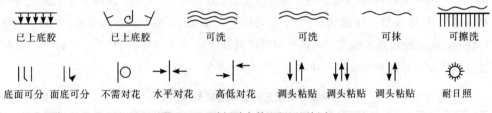

已上底胶	已上底胶	可洗	可洗	可抹	可擦洗
底面可分	面底可分	不需对花	水平对花	高低对花	调头粘贴　调头粘贴　调头粘贴	耐日照

图 11-1 壁纸壁布的国际通用标志

塑料壁纸具有以下特点：

1. 有一定的伸缩性和耐开裂强度，允许基层结构有一定的裂缝。

2. 装饰效果好。由于塑料壁纸表面可进行印花、轧花、发泡处理，故可仿天然石材、木纹及布艺，可印制适合各种环境设计要求的色彩及花纹图案。

3. 难燃、吸声、防霉，不易结露，不怕水洗，对酸碱有较强的耐腐蚀能力，易于保持墙面的清洁。使用寿命长，易维修保养，不易受机械损伤。

4. 粘贴施工方便。塑料壁纸的湿纸状态强度仍较好，耐拉耐拽，易于粘贴，可用壁纸粉或乳白胶粘贴，陈旧后易于更换。基层含水率一般要求在 9% 左右。

由于塑料壁纸中增塑剂对室内空气有长期的污染释放。国内外正致力于进行防挥发污染的塑料壁纸研制。同时根据需要可加工成具有特殊性能的产品，如抗静电、防火、防 X 射线等功能性壁纸。

塑料壁纸的宽度为 530mm 和 900～1000mm。前者每卷长度为 10m，后者每卷长度为 50m。

三、塑料地板

生产最多的是聚氯乙烯塑料地板，也有聚乙烯树脂、聚丙烯树脂与聚氯乙烯—醋酸乙烯塑料地板。塑料地板以共聚物树脂为基料，加入填料、各种试剂，经捏合、混炼、压延、层压、压花或印花、表面处理和切割等工序制成。按外形分有块状与卷材状，结构分有单层与复层，硬度分有硬质、半硬质和弹性等。塑料地板具有表面光而不滑，容易清洁、图案多、颜色丰富和铺贴方便等优点，但也有污染挥发物高、持续挥发能力强、耐火性差等缺点。塑料地板铺设的基层含水率要求在 8%。塑料地板的选用必须严格执行《聚氯乙烯卷材地板中有害物质限量》GB 18586 和其他有关标准的要求。使用的黏合剂，应符合《胶粘剂中有害物质限量》GB 18583 的国家标准要求。塑料地板适用于宾馆、饭店、办公、住宅的室内地面等。

1. 塑料地板块

由聚氯乙烯—醋酸乙烯酯加入大量岩棉纤维等材料制成。具有轻质耐磨、防滑防腐、不助燃、造价低、施工方便，装饰性强等特点。适用于医院、疗养院、幼儿园、商场等。使用寿命可达 10 年以上。

地板块规格为 300mm×300mm，305mm×305mm，原厚为 1.5～2.0mm，施工时涂以专用粘合剂将地板块粘上即可使用。

半硬质聚氯乙烯块状地板的规格为：300mm×300mm、303mm×303mm、600mm×600mm、800mm×800mm，按结构分类为同质 HT 型与复合 GT 型；按施工工艺分类有 M 拼接型与 W 焊接型；按耐磨分类为 G 通用型与 H 耐用型。厚度为 G≥1.0mm，H≥1.5mm。半硬质聚氯乙烯块状地板外观质量及技术要求分别见表 11-3、表 11-4。其他要求可详见《半硬质聚氯乙烯块状地板》GB/T4085—2005 有关规定。

半硬质聚氯乙烯块状地板外观质量   表 11-3

缺陷名称	指标
缺损、龟裂、孔洞、皱纹	不允许
分层、剥离	不允许
杂质、气泡、擦伤、胶印、变色、异常凹痕、污迹等[a]	不明显

注：[a] 可按供需双方合同约定

半硬质聚氯乙烯块状地板技术要求   表 11-4

试验项目	指标	
	G 通用型	H 耐用型
单位面积质量（%）	公称值 +13，-10	
密度（kg/m^3）	公称值 ±50	
残余凹陷（mm）	≤0.1	
色牢度（级）	≥3	

试验项目		指标	
		G 通用型	H 耐用型
纵、横向加热尺寸变化率（%）	M 拼接型	≤0.25	
	W 焊接型	≤0.4	
加热翘曲（mm）	M 拼接型	≤2	
	W 焊接型	≤8	
耐磨性[a]	HT 型（g/100 转）	≤0.18	≤0.10
	CT 型（转）	≥1500	≥5000

注：[a] 特殊用途可按供需双方约定

2. 彩色橡胶地砖

彩色弹性橡胶地砖是近几年面世的新型环保产品。其利用了废旧橡胶资源，为减少污染，改善环境作出了重要的贡献。

彩色弹性橡胶地砖面层由细胶粉、粒、丝经过特殊工艺粘结着色，底层以黑色胶粒或胶丝为主体结构，两层交接牢固，浑然一体，具有装饰性。

在彩色橡胶地砖生产时，需加入黏合剂、颜料、催化剂、防老化剂、紫外线吸收剂等添加剂，以保证产品的质量。

彩色橡胶地砖具有人行走或运动时所需的摩擦和缓冲能力。质地厚实柔软，有弹性、抗压、防滑、耐磨、抗氧化、难燃、抗紫外、抗污、渗水性好、易清洁、无毒、无污染、防护安全性好。可满足室外及室内场地长期使用。彩色弹性橡胶地砖热空气老化80℃×144h，强度变化率≤13%，伸长变化率≤15%，对皮肤无刺激，-40℃~100℃条件下都可正常使用。

彩色弹性橡胶地砖色彩丰富，图案可随意组合，施工方便，可直接铺设，不需粘结。

彩色橡胶地砖的技术要求见表 11-5。

彩色橡胶地砖的技术要求 表 11-5

项目	密度（g/cm³）	有效弹性（%）	硬度（邵氏 A）	抗拉强度（MPa）	伸长率（%）	压缩复原率（常温 24h，%）	磨耗量（cm³/1.6km）	表面电阻（Ω）
技术指标	≤0.8	≥30	≥40	≥1.9	≥110	≥15	≤0.7	≥0.6

3. 聚氯乙烯卷材地板

主要原料是聚氯乙烯树脂，分同质层与非同质层。非同质层由耐磨层和其他层组成，可含有加强层或稳定层，基材一般选用矿棉纸与玻璃纤维毡。聚氯乙烯卷材地板具有装饰性好、耐磨、耐污染、收缩率小、弹性好、步行舒适等特点。缺点是耐热及耐烟头的灼伤性差，增塑剂中的挥发性有机化合物、氯乙烯单体等对空气有污染。卷材规格：宽为 1800、2000mm；长为 20m 或 30m；厚度 1.5mm（住宅用）和 2.0mm（公建用）。非同质聚氯乙烯卷材地板的外观质量见表 11-6，物理性能见表 11-7，使用性能见表 11-8。

非同质聚氯乙烯卷材地板外观质量　　　表 11-6

缺陷名称	指标
裂纹、断裂、分层	不准许
褶皱、气泡[a]	轻微
漏印、缺膜[a]	轻微
套印偏差、色差[a]	不明显
污染[a]	不明显
图案变形[a]	轻微

注：[a] 可按供需双方合同约定。

非同质聚氯乙烯卷材地板物理性能　　　表 11-7

试验项目		指标
面质量偏差（%）		明示值+13 至−10
加热尺寸变化率（%）	纵向	≤0.40
	横向	
加热翘曲（mm）		≤8
耐磨性（体积损失 F_V）[a]（mm^3）	T 级	$F_V \leqslant 2.0$
	P 级	$2.0 < F_V \leqslant 4.0$
	M 级	$4.0 < F_V \leqslant 7.5$
	F 级	$7.5 < F_V \leqslant 15.0$
色牢度（级）		≥6

注：[a] 若耐磨性实测结果优于明示等级。视为合格。
　　耐磨等级按 T、P、M、F 依次减低。

非同质聚氯乙烯卷材地板使用性能　　　表 11-8

试验项目		使用等级										
		家用级				商业级				轻工业级		
		21	22	22+	23	31	32	33	34	41	42	43[b]
抗剥离力[a]（N/50mm）	发泡型	—					平均值≥50 单个值≥40					—
残余凹陷（mm）	致密型	≤0.10										
	发泡型	≤0.35					≤0.20					
弯曲性	致密型	所有试件无开裂										
椅子脚轮试验	致密型	无破坏										
	发泡型	—					无破坏					—

注：[a] 当发泡型卷材地板的发泡层与其他层无法分离时，该试验项目不适用。
　　[b] 发泡型卷材地板的最高使用等级为 42 级。

其他的技术指标见《聚氯乙烯卷材地板第 1 部分：非同质聚氯乙烯卷材地板》GB/T11982.1—2015，《聚氯乙烯卷材地板第 2 部分：同质聚氯乙烯卷材地板》GB/T11982.2—2015。

PVC 印花发泡卷材地板结构见图 11-2。

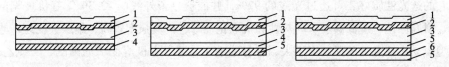

1—PVC 透明面层； 2—印刷油墨； 3—发泡 PVC 层； 4—底层； 5—PVC 打底层； 6—玻璃纤维毡

图 11-2　PVC 印花发泡卷材地板结构

四、屋面中空透光板

为代替无机玻璃采光屋面，提高使用安全性、防结露和达到节能效果。近年来已生产了聚氯乙烯、不饱和聚酯树脂（玻璃钢）、聚甲基丙烯酸、聚碳酸酯等几种轻质、透光材料。主要形状有四棱锥、三棱锥、半球形、曲面形、平板等。几种常用的屋面透明压型塑料板的技术性能与无机玻璃的比较见表 11-9 所示。

几种透明屋面材料的技术性能　　　　　　　　　表 11-9

名称	特点	密度 （g/cm³）	导热系数 （W/m·k）	光透射比 （%）	韧性	防火性能
无机玻璃	不安全、结露	2.5	0.75~2.71	>86	差	不燃
聚氯乙烯	透光较好 耐候性较好	1.35~1.60	0.13~0.29	84	良	B₁ 难燃
玻璃钢	耐候性好 透光差	1.40~2.20	0.20~0.50	75	优	B₂ 可燃
聚碳酸酯	强度高	1.20~1.24	0.23~0.82	36~82	良	B₁ 难燃
有机玻璃	强度与耐候性高	1.18~1.20	0.19~0.25	89~92	良	易燃

聚碳酸酯板又称阳光板，能透过可见光与近红外光谱，紫外线与远红外线区光辐射不能透过，可防止室内有机材料褪色并延迟老化。

其本身由于有抗紫外线 UV 层可耐紫外线辐射，并保持产品色彩与透光率稳定，寿命达十年以上。聚碳酸酯自燃温度 630℃（木材 220℃）。属难燃 B₁ 级。中空阳光板在室温下能耐各种有机酸、无机酸、弱碱植物油、盐溶液、脂肪族烃及酒精的侵蚀。

阳光板可在-40~120℃情况下使用。短期使用允许温度为-90~135℃。并在使用温度范围内保持良好的抗冲击性能。可防止在运输安装过程中破碎，即使破碎，也不会像玻璃那样发生脆性断裂，避免了对人及物品伤害，有安全保障性。阳光板的重量仅为玻璃的 1/12~1/15。弯曲最小半径可达板厚的 175 倍。

屋面透明压型塑料板广泛应用于交通空间的顶棚、园林、农用温室、商用顶棚、仓储、游艺、休憩场所的顶棚和其他建筑部位装修。此外，还可以用于广告、灯箱及其展示工程等，可起到透光、隔热、隔音、防雨，装饰等功效。

五、 塑料装饰板

1. 有机玻璃板

有机玻璃塑料板是以甲基丙烯酸甲酯为主要原料，加入引发剂，增塑剂等聚合而成。它的透光性质好，可透过光线的 92%，并能透过紫外线的 73.3%。有机玻璃的耐候性、耐腐蚀性、耐低温性、耐热性和抗老化性好，机械强度较高，绝缘性良好，热加工成型容易。缺点是表面硬度不大、容易擦毛、易溶于有机溶剂（如丙酮、二氯乙烷、苯、甲苯、二氯乙烯、氯仿、四氯化碳等），使用的场合受到限制。

有机玻璃板有无色透明、有色透明、有色半透明、有色不透明、珠光（加入鱼鳞粉）等，是室内装饰的重要材料，广泛应用于指示标牌、灯箱广告、卫浴设备等。

2. 千思板

随着我国建筑业的发展，对建筑外用板材的要求日益提高。传统幕墙的性能一般只涉及气密、水密、风压、抗震等方面，而千思板 Meteon 是现代的高科技产品，是目前可代替石材、铝板等传统板材的树脂幕墙材料。千思板 Meteon 是经过高温高压聚合而成的高强度平板，其表面为烯聚氨蜡树脂，内芯为酚醛树脂加纤维素纤维，由于板面经过电子束处理，一体化着色装饰的表面不会因长达 50 年阳光辐射、酸雨侵蚀而褪色。千思板除了保留传统的保温、隔热、隔声优点外，它的无辐射、抗光性能好，易于清洗、耐气候性优异的特点大大降低了日后建筑装饰装修商家维护的成本，特别适用于大楼外墙、广告牌、阳台栏板等室外装修。

千思板 Athlon 是内装用板系列产品。表面粘贴三聚氰胺树脂装饰板层，表面经过石英或水晶亚光处理，该产品的防水耐潮性能高于其他同类产品，特别适用于人行通道、电梯厅、电话间等建筑部位以及接待柜台等处，也可用于盥洗间洗脸盆面板、隔断及其他湿度较大部位。

千思板 Virtuon 是一种全新的内用装饰板材，适用于有特别卫生要求的场合。其主要优点在于无毒无害，可与食品直接接触。该板材具有多种颜色和纹理的组合，与室内其他材料的匹配性更高，特别适用于家具桌面、橱柜面板的装修。

T 型千思板具有防静电特点，适用于计算机房内墙装修，各种化学、物理及生物实验室、墙面板、台板等要求很高的场所。

3. 树脂层压板

又称"耐热板"，是用专用牛皮纸浸渍氨基树脂（主要是三聚氰胺甲醛树脂用于表层）、酚醛树脂（用于里面各层）经热压制成的板材。其花色品种有 800 多种，耐热温度可达 180℃，氧指数 ≥37，具有耐磨耐刮、表面温度高、抗冲击力强、耐污染、易清洁、防水等特点，但不宜在直射阳光下曝晒，被广泛应用于平面、立面、弯曲面的装饰，例如日用家具、办公家具、厨具以及墙面装饰等。塑料贴面板不适合直接贴附于水泥、混凝土墙、石膏板上，不要用含有酸、碱等腐蚀剂的清洁剂擦洗板面。树脂层压板按用途分类见表 11-10 所示。

树脂层压板按用途分类　　　　　　　　　　　　表 11-10

分类	主要性能	典型用途
平面	高耐磨性	台面、地板、家具、车辆、飞机、船舶、净化室、建筑内装饰等
立面	一般耐磨性	仪表、家用电器、家具、净化室、建筑内装饰等
平衡面	有一定的物理力学性能	作平衡材料用

树脂层压板按外观特性分型见表 11-11 所示，有关树脂层压板的常用尺寸见表 11-12所示。

树脂层压板按外观特性分型　　　　表 11-11

分型	主要外观特性
有光	光泽明亮
柔光	光泽柔和
双面	具有两个装饰面
滞燃	具有一定的滞燃性能

树脂层压板尺寸（mm）　　　　表 11-12

长	宽	名义厚度	厚度极限偏差
1830	915	0.6	±0.10
2135	915	0.8、1.0、1.2	±0.12
1830	1220	1.5、2.0	±0.15
2440	1220	2.0 以上	根据需要商定

树脂层压板的外观质量、物理力学性能指标应符合 GB—7911.1—87 等有关规定。

将树脂层压板铺装在夹板、刨花板、纤维板、细木工等人造板基材表面，经热压而成的装饰板材称树脂层压板饰面人造板，多用于家具及室内装修。根据装饰面分：a. 单饰面人造板；b. 双饰面人造板；c. 浮雕饰面人造板。

在有浸渍纸层压板饰面的这类人造板中，还可广泛用于家具板组装。由于材质温度限制的原因，如将其用来作为橱用台面板使用时，一定要考虑到燃气炉具和热锅放置的高温等因素，不然，就会带来火灾的危险，因为"耐热板"并不防火。

六、塑料门窗

塑料门窗是以改性硬质聚氯乙烯树脂为主要原料，以轻质碳酸钙为填料，并加入适量的各种稳定剂、防老化剂、抗静电剂等添加剂，经混炼、挤出成型。其内部带有空腔，经切割、空腔填加压型钢板增强、组装、焊接、安装而成。

常用的改性剂有 ABS 共聚物、氯化聚乙烯（CPE）、甲基丙烯酸酯-丁二烯-苯乙烯共聚物（MBS）和乙烯-乙酸乙烯酯共聚物（EVA）等。

塑料门窗的品种：

塑料门的品种主要有：平开门、推拉门、固定门、自动门。塑料窗的品种主要有平开窗、推拉窗、上旋窗、下悬窗、垂直滑动窗、垂直旋转窗、固定窗等。另外还有平开透光 PVC 塑料门、垂帘式软质塑料门，仿木、仿钢、仿铝合金平面式与浮雕式工艺塑料门、塑料百叶窗等。

塑料门窗的特点：

1. 耐冲击性。

使用特殊耐冲击配方及特殊框材结构，在 23℃，用 3kg 落锤在 1m 高的空中落下，塑料门窗框材不会破裂。

2. 耐老化性。

在原材料中添加防紫外线吸收剂及低温耐冲击改性剂，使耐候温度在-30℃~50℃之间，使用寿命可达50年。

3. 节能性。

由于在玻璃与框之间采用橡胶条密封，所以气密性及水密性均好。又由于塑料门窗结构紧密、缝隙小，因而减少了气体流动，降低了能耗。同时塑料的导热系数仅为铝的1/1000，这样就可以降低能源的消耗，这一点成为取代外围护金属门窗的重要原因。

4. 隔声效果好。

塑料门窗的隔声量可以达到25~40dB（分单、双层窗），被分割出的室内空间就能有效的防止室外噪声干扰。

5. 防火性。

PVC本身难燃、不自燃、不助燃、能自熄，保证了使用的安全性与可靠性。

6. 耐腐蚀性。

对于酸、碱、废气、盐雾等塑料门窗有较好的抵御性。在使用中不需刷油保护、更新和进行表面处理。这一点成为取代外围护木门窗的重要理由。

7. 抗风压性。

由于在塑料框内加金属型材，所以具有较高的抗风压能力。高层建筑中使用，没有金属的风动碰撞声。

塑钢门窗材料工整、边角平齐、缝线规则，其色彩、构造、功能的综合效果体现出现代工艺技术和美观的特点，是近20年中发展起来并具有广阔前景的新型建材。

七、塑料管件及配件

塑料管及管件一般用于室内排水管、供水管、热水管、地热盘管、电线穿线管，材料多以硬质聚氯乙烯（PVC）、氯化聚氯乙烯（PVC—C）、聚丙烯腈-丁二烯-苯乙烯共聚物（ABS）、聚乙烯（PE）、交联聚乙烯（PEX）、聚丙烯（PP）、PP-R（三型无规共聚聚丙烯）管、丁烯（PB）等为原料，具有耐腐蚀、流体阻力小、重量轻等特点。由于热膨胀系数比一般金属大5倍，因而在较长的管段中应设置膨胀圈或柔性接头。穿越墙体及楼板应设可供管线伸缩活动的套管。

塑料管及管件的连接方式有胶接法、热熔接法、螺纹连接法及法兰连接法等。

1. 硬聚氯乙烯（PVC—U）管道

通常直径为φ20~φ1000mm。内壁光滑、阻力小、管内不结垢、无毒、无污染、耐腐蚀，可输送介质温度小于40℃。硬聚氯乙烯管道抗老化性能好，可在室内敷设，属B_2级难燃材料。管道采取橡胶圈承插连接为柔性接口，用于非饮用水给水管道、排水管道、雨水管道。

2. 氯化聚氯乙烯（PVC-C）管材

聚氯乙烯的含氯量≥66%，氯化聚氯乙烯管既保持了聚氯乙烯管所拥有的全部特性，同时又显著提高了聚氯乙烯管的耐热性。可输送温度达90℃左右的生活用水及其他液体。

管材热膨胀系数小，阻燃性优良，机械强度较高，但制作时使用的胶水有毒性。

3. 芯层发泡硬聚乙烯管

由于芯层发泡能吸收一些因管壁振动而产生的噪声，与实壁管相比可降低噪声 2dB。

因芯层发泡管内、外壳体较薄，管道不能扩口，故不宜采用橡胶密封圈连接形式，而采用实壁管件承插粘接连接。主要用于建筑室内排水系统，不宜用于外墙的管线敷设。

4. PP-R 管材与管件

PP-R 管无毒、卫生、耐腐蚀、不结垢，管道内壁光滑、阻力小。在工作压力不超过 0.6MPa 时，其长期使用温度为 70℃，短时间内最高温度为 95℃ 左右。管道经热熔连接成一整体，牢固而不渗漏，保温绝热性能好。缺点是韧性以及抗紫外线性能比较差。PP—R 属可燃材料，不能作为消防管道，因管径尺寸较小，不能作为总水管，可用于饮用水管及冷、热水管。

5. 铝塑复合管

铝塑复合管按构造可分为两类。一类为外层聚乙烯（PE）、中层铝箔（AL）、内层聚乙烯（PE），为常温使用型，即冷水管包括饮用水管。另一类为外层高密度交联聚乙烯（XLPE）、中层铝箔（AL）、内层高密度交联聚乙烯，为饮用水管和冷热水管，长期使用温度为 80℃，短时间使用的最高温度为 95℃。

铝塑复合管安全无毒、耐腐蚀、不结垢，增强的铝箔克服了塑料管易老化、热膨胀率高的缺点。同时，还有使用寿命长、柔性好、弯曲后不反弹、安装简易等优点，铝箔焊接方式有搭接、对接两种，后者优于前者。

6. 塑复铜管

铜管复塑后无毒、抗菌卫生，对人体有利。其不腐蚀、不结垢、水质好、流量大、强度高、刚性好，使用寿命长、耐热性、抗冻性好，长期使用温度范围大（-70℃~100℃），抗老性化好。

塑复铜管保温性能比铜管好。管线间连接安全牢固，有刚性连接、柔性连接两种，均不易渗漏。首次费用高，但是使用寿命长且一般不需要维修，用于工业及生活饮用水，冷、热水的输送。

7. 塑复不锈钢管

塑复不锈钢管主要用于饮用水及冷、热水的输送，具有保温、隔热，耐用性好等特性。

8. 丁烯管（PB 管）

具有较高的强度，蠕变性、韧性好，无毒，耐高温可达 110℃，长期使用热水温度为 90℃ 左右，特别适合作为薄壁小口径受压管道，管子连接牢固可靠。缺点是易燃、热膨胀系数大，价格高。

用于饮用水及冷、热水的输送，盘管用于地板辐射采暖系统。

9. 交联聚乙烯（PEX）管

无毒、卫生，可输送冷、热水、饮用水及其他液体。目前，主要用于地板辐射采暖系统的盘管。

10. 建筑用 PVC 电工套管的分类及使用

PVC 塑料电线管及其他配件应具有阻燃性能，其氧指数不小于 40，有离火自熄性能。PVC 管与附件的连接，常采用插入法或套接法，并用胶粘剂粘结。

对于饮用水管材的卫生性能应符合表 11-13 要求。

饮用水管材的卫生性能　　　　　　　表 11-13

性能	指标	试验方法
铅的萃取值	第一次小于 1.0mg/L；第三次小于 0.3mg/L	GB9644
锡的萃取值	第三次小于 0.02mg/L	GB9644
镉的萃取值	三次萃取液的每次不大于 0.01mg/L	GB9644
汞的萃取值	三次萃取液的每次不大于 0.001mg/L	GB9644
氯乙烯单体含量	≤1.0mg/kg	GB4615

注：供生活饮用水的塑料管材及管件均应具备卫生部门的检验报告或认证文件。

八、塑料装修配件

诸如楼梯扶手、踢脚线、挂镜线、门窗套、天花线、各种挂板的嵌封条、门窗口压缝条或防风毛条、楼梯防滑条、塑料隔断等。

1. 楼梯扶手。

有软质、半硬质和低发泡几种塑料制品，断面有开放式和中空式等。

2. 踢脚线、挂镜线、门窗套。

造型美观，不用油漆涂饰，断面有中空设计，以便于电线的暗线敷设及维修。

3. 嵌条和盖条。

嵌条用于家具、橱柜的边角处，盖条用来封盖石膏板等建筑板材的接缝，既起到了装饰作用又具有保护功能。

4. 楼梯防滑条。

用于踏步的阳角处，耐磨性较好。

5. 塑料隔断。

用硬质 PVC 门框和门芯异型板可作成各种尺寸的室内隔断，具有美观、洁净、易于清洁等特点。适用于办公、控制室、车间等场合的分隔。

第十二章 ——— 金属装饰材料

金属材料是指由一种金属元素构成或以一种金属元素为主，掺有其他金属或非金属元素构成的材料的总称。金属材料分为黑色金属与有色金属两大类。黑色金属是指以铁元素为主要元素成分的金属及其合金。如生铁和钢。有色金属是指黑色金属以外的金属，如铝、铜、锌、钛等金属及其合金等。

由于金属材料具有强度高、韧性好、材质均匀致密、性能稳定、易于加工等特点。尤其是特有的色调、闪亮的光泽、坚硬的质感和明晰挺拔的线条，使得它在古往今来的建筑装饰工程中占有光彩照人、永不磨灭的地位。从古希腊帕提农神庙的铜质镀金的大门，到古罗马凯旋门的青铜雕饰，从北京颐和园的铜亭到泰国佛塔镀金的宝顶，特别是1855年贝塞麦炼钢法出现以后，各种金属冶炼方法的发现和完善，使金属材料大规模应用于建筑工程成为可能。金属结构使建筑走向更高，空间走向更为广阔。1959年，小沙里宁为圣路易斯的杰斐逊公园设计的国土扩展纪念碑，一座高约200m的抛物形金属大券门，高度体现了金属钢结构的力学美与金属材料本身的艺术美，显示了金属材料的技术与艺术的高度结合。对于现代建筑表现的极大优越性，无不闪耀着金属装饰在建筑中的多姿多彩的光辉。

用于建筑装饰装修的金属材料，除铁、铜、铝及其合金外，近年来，对金、银的使用也呈上升趋势。钢和铝合金以其优良的机械性能，较低的价格而被广泛应用。在建筑装饰工程中主要使用的是金属材料的型材、板材及其制品。各种涂层、着色工艺用于金属材料的表面，不但在很大程度上提高了金属材料的抗腐蚀、抗老化性能，而且包装了金属材料多彩的面容，使金属材料在建筑装饰艺术中的应用越来越宽泛。目前广泛用于室内装修的金属主要有：钢及不锈钢、铝及铝合金、铜及铜合金等用于结构或表面的不同装饰用途。

本章主要介绍建筑装饰工程中广泛应用的钢材、铝合金、铜合金及其各种装饰制品。

第一节　钢铁及制品

建筑用的钢铁及制品是指用于建筑工程和装修工程的各种钢材，如型钢、钢板、钢筋、钢铰线等。由于钢的冶炼是在严格的技术条件控制下完成的，所以钢的材质和性能一般都非常稳定。建筑用的钢材致密均匀、强度高、韧性优良、塑性好，具有很好的抗冲击和振动荷载作用的性能。钢材还具有优良的工艺加工性能，可焊、可锯、可铆、可切割，现场施工速度快，工厂化、标准化程度高，有很高的质量保证。但钢材也存在着较大的缺点，如易锈蚀，维修及维护费用高等。

大家知道，铁元素在自然界是以化合态存在的，生铁就是以铁矿石、焦碳和熔剂等在高炉中经冶炼，使矿石中的氧化铁还原成单质铁而制成的。但生铁中碳含量大于2%，杂质含量高，材质性能差。钢是以生铁为原料，经过进一步的冶炼，除去杂质，得到优质的铁碳合金。钢的含碳量在2%以下，并含有少量其他元素（硅Si、锰Mn、硫S、磷P、氧O、氮N等）的铁碳合金。当硅的含量小于1%时，可以提高钢的强度；锰的含量在0.8%～1%范围内时，可显著提高钢的强度和硬度；当锰的含量大于

1%时，在钢的强度提高的同时，其韧性和塑性显著降低，可焊性变差；硫与磷是钢铁中的有害元素，硫主要是给钢带来热脆性，也使钢的韧性、耐腐蚀性和可焊性变差。磷虽然可以使钢的强度增加，但却使钢材的韧性和塑性显著降低，其可焊性也变差。适量的磷的加入可提高钢铁的耐腐蚀性与耐磨性。硫和磷的含量直接影响到钢材的质量，所以要严格控制。目前建筑装饰装修的结构用钢主要为普通碳素钢，涉及角钢、槽钢、工字钢等型钢，还有钢板、钢带等。这些金属制品在结构性质的装修中，有着不可替代的作用。

一、普通碳素钢

普通碳素结构钢的牌号由四部分组成，按顺序分别为代表屈服点的字母、屈服点数值、质量等级、脱氧方法。其中以"Q"代表屈服点，屈服点数值分别为195、215、235、255和275MPa五种。钢材的质量等级根据硫、磷杂质的含量而定，分别由A、B、C、D四个符号来表示质量等级的依次提高，脱氧方法用F表示沸腾钢，b表示半镇静钢，Z和TZ表示镇静钢和特种镇静钢。在牌号组成的表示方法中"Z"、"TZ"符号可以省略。例如：牌号Q235—A·F表示屈服点为235MPa的A级沸腾碳素结构钢。

随着碳素结构钢的牌号的提高，钢材的强度越来越高，而塑性和韧性则变得越来越差。同时牌号所表示的屈服点数值只适于厚度或直径小于或等于16mm的钢材，厚度和直径大于16mm的钢材，屈服点值所标定牌号的值低，这是因为钢材越厚，直径越大，钢材的轧制次数就要减少，材质的致密程度就会变差的缘故。

在建筑工程中作结构来使用的有角钢、槽钢、工字钢等各种型钢以及钢板、钢带等。钢材的含碳量为 0.1%~2%，密度 7.85t/m³，在 538℃ 高温下，钢会失去刚度而变形。普通碳素钢的牌号及用途如表 12-1 所示。

普通碳素钢牌号及用途　　　　　　　　　表 12-1

牌　　号	主要用途
Q195（1号）钢	用于不受力构件，如梯子、平台、栏杆
Q225（2号）钢	用于板结构、容器等
Q235（3号）钢	广泛用于承重结构
Q255、Q275（4、5号）钢	用于钢筋混凝土结构配筋等

1. 钢筋与钢丝

（1）钢筋

经热轧而成的钢筋工程中主要用作直筋，箍筋等用途。其直径、截面面积和理论重量见表 12-2。

钢筋的计算截面及理论重量　　　　　　　表 12-2

直径 d（mm）	截面面积（cm²）	理论重量（kg/m）	直径 d（mm）	截面面积（cm²）	理论重量（kg/m）
6	0.283	0.222	20	3.142	2.466

直径 d（mm）	截面面积（cm²）	理论重量（kg/m）	直径 d（mm）	截面面积（cm²）	理论重量（kg/m）
8	0.503	0.395	22	3.801	2.984
10	0.785	0.617	24	4.524	3.551
12	1.131	0.888	26	5.309	4.17
14	1.539	1.208	28	6.153	4.83
16	2.011	1.578	30	7.069	5.55
18	2.545	1.998	32	8.043	6.31

（2）钢丝

有一般用途钢丝与镀锌低碳钢丝。通常钢丝有一般用、制钉用与建筑用三类，一般用途低碳钢丝直径与理论重量见表12-3、镀锌低碳钢丝直径与理论重量见表12-4所示。

一般用途低碳钢丝直径及理论重量　　　　　　　　　　表12-3

直径 d（mm）	理论重量（kg/1000m）	直径 d（mm）	理论重量（kg/1000m）	直径 d（mm）	理论重量（kg/1000m）	直径 d（mm）	理论重量（kg/1000m）
0.16	0.158	0.45	1.25	1.4	12.1	4.0	98.7
0.18	0.200	0.50	1.54	1.6	15.8	4.5	125
0.20	0.247	0.55	1.87	1.8	20.0	5.0	154
0.22	0.298	0.60	2.22	2.0	24.7	5.5	187
0.25	0.358	0.70	3.02	2.2	29.8	6.0	222
0.28	0.433	0.80	3.95	2.5	38.5	7.0	302
0.30	0.555	0.90	4.99	2.8	48.3	8.0	395
0.35	0.755	1.0	6.17	3.0	55.5	9.0	499
0.40	0.987	1.2	8.88	3.5	75.5	10.0	617

（GB343-82）

镀锌低碳钢丝直径及理论重量　　　　　　　　　　表12-4

直径 d（mm）	理论重量（kg/1000m）	直径 d（mm）	理论重量（kg/1000m）	直径 d（mm）	理论重量（kg/1000m）	直径 d（mm）	理论重量（kg/1000m）
0.20	0.247	0.50	1.54	1.40	12.1	3.50	75.5
(0.22)	0.298	0.55	1.87	1.60	15.8	4.00	98.7
0.25	0.385	0.60	2.22	1.80	20.0	4.50	125
(0.28)	0.483	0.70	3.02	2.00	24.7	5.00	154
0.30	0.555	0.80	3.95	2.20	29.8	5.50	187
0.35	0.755	0.90	4.99	2.50	38.5	6.00	222
0.40	0.987	1.00	6.17	2.80	48.3		
0.45	1.25	1.20	8.88	3.00	55.5		

注：1）镀锌低碳钢丝可分为热镀锌（GB3081—82）和电镀锌（YB544—85）两种；
　　2）表中带括号的规格不生产热镀锌钢丝。

2. 型钢

（1）工字钢

工字钢有热轧普通工字钢与热轧轻型工字钢，广泛用作幕墙支撑件、建筑构件等。其截面形状如图 12-1 所示。常用热轧普通工字钢与热轧轻型工字钢的型号、规格、截面特性及理论重量分别见表 12-5 与表 12-6。

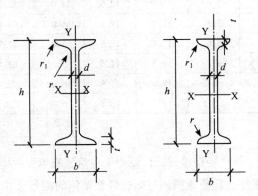

图 12-1 热轧普通工字钢(左图) 与热轧轻型工字钢 (右图) 断面

常用热轧普通工字钢的型号、规格及截面特性　　　　　　　　　表 12-5

型号	尺寸（mm）						截面面积（cm^2）	理论重量（kg/m）	通常长度（m）
	h	b	d	f	r	r_1			
10	100	68	4.5	7.6	6.5	3.3	14.3	11.2	
12	120	74	5.0	8.4	7.0	3.5	17.8	14.0	
14	140	80	5.5	9.1	7.5	3.8	21.5	16.9	5~19
16	160	88	6.0	9.9	8.0	4.0	26.1	20.5	
18	180	94	6.5	10.7	8.5	4.3	30.6	24.1	
20a	200	100	7.0	11.4	9.0	4.5	35.5	27.9	
20b	200	102	9.0	11.4	9.0	4.5	39.5	31.1	
22a	220	110	7.5	12.3	9.5	4.8	42.0	33.0	
24a	240	116	8.0	13.0	10.0	5.0	47.7	37.4	
24b	240	118	10.0	13.0	10.0	5.0	52.6	41.2	
25a	250	116	8.0	13.0	10.0	5.0	48.5	38.1	
25b	250	118	10.0	13.0	10.0	5.0	53.5	42.0	
27a	270	122	8.5	13.7	10.5	5.3	54.6	42.8	6~19
27b	270	124	10.5	13.7	10.5	5.3	60.0	47.1	
30a	300	126	9.0	14.4	11.0	5.5	61.2	48.0	
30b	300	128	11.0	14.4	11.0	5.5	67.2	52.7	
30c	300	130	13.0	14.4	11.0	5.5	73.4	57.4	
36a	360	136	10.0	15.8	12.0	6.0	76.3	59.9	
36b	360	138	12.0	15.8	12.0	6.0	83.5	65.6	
36c	360	140	14.0	15.8	12.0	6.0	90.7	71.2	

热轧轻型工字钢的尺寸、截面面积及理论重量　表 12-6

型号	尺寸（mm）						截面面积（cm²）	理论重量（kg/m）	通常长度（m）
	h	b	d	f	r	r1			
22Q	220	100	5.5	9.4	9.4	3.5	30.4	23.86	6~19
25Q	250	110	6.0	10.2	10.2	3.5	36.8	28.89	
32	320	130	7.0	12.0	12.0	4.0	52.7	41.37	
36	360	140	7.5	12.8	12.8	4.0	61.9	48.59	
40	400	150	8.0	13.6	13.6	5.0	71.7	56.28	
45	450	160	8.5	14.5	14.5	5.0	83.4	65.47	
56	560	180	10.0	17.0	17.0	6.0	115.4	90.59	
63	630	190	11.0	18.7	18.7	6.0	138.3	100.56	

（2）槽钢

有热轧普通槽钢与热轧轻型槽钢，广泛用于建筑装修工程中接层等工程。其截面形状如图 12-2 所示，常用热轧普通槽钢与热轧轻型槽钢的型号尺寸、截面面积与理论重量见表 12-7 与表 12-8。

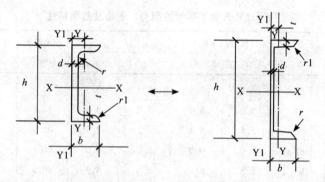

图 12-2　热轧普通槽钢（左图）与热轧轻型槽钢（右图）断面

常用槽钢的尺寸、截面面积及理论重量　表 12-7

型号	尺　寸（mm）						截面面积（cm²）	理论重量（kg/m）	通常长度（m）
	h	b	d	f	r	r1			
5	50	37	4.5	7.0	7.0	3.50	6.93	5.44	5~12
6.3	63	40	4.8	7.5	7.5	3.75	8.444	6.63	
6.5	65	40	4.8	7.5	7.5	3.75	8.54	6.70	5~12
8	80	43	5.0	8.0	8.0	4.0	10.24	8.04	
10	100	48	5.3	8.5	8.5	4.25	12.74	10.00	5~19
12	120	53	5.5	9.0	9.0	4.5	15.36	12.06	
14a	140	58	6.0	9.5	9.5	4.75	18.51	14.53	
14b	140	60	8.0	9.5	9.5	4.75	21.31	16.73	
16a	160	63	6.5	10.0	10.0	5.0	21.95	17.23	
16	160	65	8.5	10.0	10.0	5.0	25.15	19.74	
18a	180	68	7.0	10.5	10.5	5.25	25.69	20.17	
18	180	70	9.0	10.5	10.5	5.25	29.29	22.99	

续表

型号	尺寸（mm）						截面面积（cm²）	理论重量（kg/m）	通常长度（m）
	h	b	d	f	r	r_1			
20a	200	73	7.0	11.0	11.0	5.5	28.83	22.63	
20	200	75	9.0	11.0	11.0	5.5	32.83	25.77	
22a	220	77	7.0	11.5	11.5	5.75	31.84	24.99	
22	220	79	9.0	11.5	11.5	5.75	36.24	28.45	
24a	240	78	7.0	12.0	12.0	6.0	34.21	26.55	
24b	240	80	9.0	12.0	12.0	6.0	39.00	30.62	
24c	240	82	11.0	12.0	12.0	6.0	43.81	34.39	6~19
27a	270	82	7.5	12.5	12.5	6.25	39.27	30.83	
27b	270	84	9.5	12.5	12.5	6.25	44.67	35.07	
27c	270	86	11.5	12.5	12.5	6.25	50.07	39.30	
30a	300	85	7.5	13.5	13.5	6.75	43.89	34.45	
30b	300	87	9.5	13.5	13.5	6.75	49.59	39.16	
30c	300	89	11.5	13.5	13.5	6.75	55.89	43.81	

热轧轻型槽钢的尺寸、截面面积及理论重量 　　　表12-8

型号	尺寸（mm）						截面面积（cm²）	理论重量（kg/m）	通常长度（m）
	h	b	d	f	r	r_1			
32	320	95	6.2	11.2	11.2	4.0	40.12	31.49	
36	360	105	6.5	11.7	11.7	4.0	46.88	36.80	
40	400	115	7.0	12.6	12.6	4.0	55.72	43.74	6~19
20Q	200	75	5.0	9.0	9.0	3.0	22.86	17.94	
25Q	250	85	5.8	10.5	10.5	3.5	31.48	24.71	
28Q	280	90	6.0	10.8	10.8	3.5	35.32	27.73	

（3）角钢

角钢在建筑装修工程中应用的范围最广，除作一般结构用外，还作台面、干挂大理石等辅助支撑结构用钢。有等边角钢与不等边角钢。其截面形状如图12-3所示，热轧等边角钢与热轧不等边角钢的尺寸、截面面积及理论重量等参数见表12-9、表12-10所示。

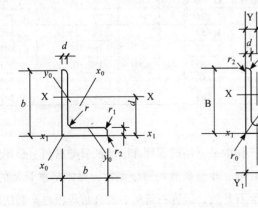

图12-3　热轧等边（左图）与不等边角钢（右图）断面

热轧等边角钢的尺寸、截面面积及理论重量 表 12-9

型号	尺寸（mm）			截面面积（cm²）	理论重量（kg/m）	型号	尺寸（mm）			截面面积（cm²）	理论重量（kg/m）
	b	D	R				b	D	R		
2	20	3	3.5	1.132	0.889	3.6	36	5	4.5	3.382	2.654
		4		1.459	1.145	4	40	3	5	2.359	1.852
7.5	75	7	9	10.160	7.796			4		3.086	2.422
		8		11.503	9.030			5		3.791	2.976
		10		14.126	11.089	4.5	45	3	5	2.659	2.088
8	80	5	9	7.912	6.211			4		3.486	2.736
		6		9.397	7.376			5		4.292	3.369
		7		10.860	8.525			6		5.076	3.985
		8		12.303	9.658	5	50	3	5.5	2.971	2.332
		10		15.126	11.874			4		3.897	3.059
9	90	6	10	10.637	8.350			5		4.803	3.770
		7		12.301	9.656			6		5.688	4.465
		8		13.944	10.946	5.6	56	3	6	3.343	2.624
		10		17.167	13.476			4		4.390	3.446
		12		20.306	15.940			5		5.415	4.251
10	100	6	12	11.932	9.266			8		8.367	6.568
		7		13.796	10.830	6.3	63	4	7	4.978	3.907
		8		15.638	12.276			5		6.143	4.822
		10		19.261	15.120			6		7.288	5.721
		12		22.800	17.898			8		0.515	7.469
		14		26.256	20.611			10		11.657	9.151
		16		29.627	23.257	7	70	4	8	5.570	4.372
11	110	7	12	15.196	11.928			5		6.875	5.397
		8		17.238	13.532			6		8.160	6.406
		10		21.261	16.690			7		9.424	7.398
		12		25.200	19.732			8		10.667	8.373
		14		29.056	22.809	7.5	75	5	9	7.412	5.818
12.5	125	8	14	19.750	15.504			6		8.797	6.905
		10		24.373	19.133	16	160	10	16	31.502	24.729
		12		28.912	22.696			12		37.441	29.391
		14		38.367	26.193			14		43.296	33.987
14	140	10	14	27.373	21.488			16		49.067	38.518
		12		32.512	25.522	18	180	12	16	42.241	33.159
		14		37.567	29.490			14		48.896	38.383
		16		42.539	33.393			16		55.467	43.542
2.5	25	3	3.5	1.432	1.124			18		61.955	48.634
		4		1.859	1.459	20	200	14	18	54.642	42.894
3.0	30	3		1.749	1.373			16		62.013	48.680
		4	4.5	2.276	1.786			18		69.301	54.401
3.6	36	3		2.109	1.656			20		76.505	60.056
		4		2.756	2.163			24		90.661	71.168

3. 轻钢龙骨

轻钢龙骨是建筑装饰装修工程中最常用的顶棚和隔墙的骨架材料，是用镀锌钢板和冷轧薄钢板，经裁剪、冷弯、轧制、冲压而成的薄壁型材，是木格栅骨架的代用产品。可与水泥压力板、岩棉板、纸面石膏板、装饰石膏板、胶合板等板材配套使用。

热轧不等边角钢尺寸、截面面积及理论重量　　表 12-10

型号	尺寸（mm）B	b	d	R	截面面积（cm²）	理论重量（kg/m）	型号	尺寸（mm）B	b	d	R	截面面积（cm²）	理论重量（kg/m）
2.5/1.6	25	16	3	3.5	1.162	0.912	10/6.3	100	63	6	10	9.617	7.550
			4		1.499	1.176				7		11.111	8.722
3.2/2	32	20	3	3.5	1.492	1.171				8		12.584	9.878
			4		1.939	1.522				10		15.467	12.142
4/2.5	40	25	3	4	1.890	1.484	10/8	100	80	6	10	10.637	8.350
			4		2.467	1.936				7		12.301	9.656
4.5/2.8	45	28	3	5	2.149	1.687				8		13.944	10.946
			4		2.806	2.203				10		17.167	13.476
5/3.2	50	32	3	5.5	2.431	1.908	11/7	110	70	6	10	10.637	8.350
			4		3.177	2.494				7		12.301	9.656
5.6/3.6	56	36	3	6	2.743	2.153				8		13.944	10.946
			4		3.590	2.818				10		17.167	13.476
			5		4.415	3.466	12.5/8	125	80	7	11	14.096	11.066
6.3/4	63	40	4	7	4.058	3.185				8		15.989	12.551
			5		4.993	3.920				10		19.712	15.474
			6		5.908	4.638				12		23.351	18.330
			7		6.802	5.339	14/9	140	90	8	12	18.038	14.160
7/4.5	70	45	4	7.5	4.547	3.570				10		22.261	17.475
			5		5.609	4.403				12		26.400	20.724
			6		6.647	5.218				14		30.456	23.908
			7		7.657	6.011	16/10	160	100	10	13	25.315	19.872
7.5/5	75	50	5	8	6.125	4.808				12		30.054	23.592
			6		7.260	5.698				14		34.709	27.247
			8		9.467	7.431				16		39.281	30.835
			10		11.590	9.098	18/11	180	110	10	14	28.373	22.273
8/5	80	50	5	8	6.375	5.005				12		33.712	26.464
			6		7.560	5.935				14		38.967	30.589
			7		8.724	6.848				16		44.139	34.649
			8		9.867	7.745	20/12.5	200	125	12	14	37.912	29.761
9/5.6	90	56	5	9	7.212	5.661				14		43.867	34.436
			6		8.557	6.717				16		49.739	39.045
			7		9.880	7.756				18		55.526	43.588
			8		11.183	8.779							

（1）轻钢龙骨的特点

①自重轻。由于轻钢龙骨采用薄板压型工艺制成，建筑装饰装修工程中的轻钢龙骨用于吊顶的自重仅为 3~4kg/m²，如面层用 9mm 厚的石膏板与之吊顶组合，则总共是 11kg/m² 左右，故其仅为抹灰吊顶重量的 1/4。轻钢龙骨墙的隔断自重为 5kg/m²，轻钢龙骨两侧采用 12mm 厚的石膏板组合，隔墙总重也仅约 25~27kg/m²，只相当于 120mm

厚砖墙重量的 1/10 左右，从而使整个房屋所承受的荷载大大降低。

②强度高。轻钢龙骨采用薄板压型处理后，强度比薄板显著提高。用宽为 50~150mm 的隔墙龙骨做 3.25~6.0m 高的隔断时，在 $0.25kN/m^2$ 均布荷载作用下，墙面最大挠度不大于高度的 1/120，符合国家规范规定的要求。

③抗应力性能好。龙骨和基层、面层常采用射钉、抽芯铆钉、自攻螺丝和膨胀栓等软连接件固定，在温度应力、徐变应力、碰撞应力、地震应力等作用下，隔断仅产生节点支承滑动，而龙骨和面层本身受力甚小。9~18mm 厚的普通纸面石膏板的纵向断裂荷载为 390~850N，抗冲击性能良好。

④隔热防火性能优良。由 2~4 层石膏板组成的轻钢龙骨隔断，耐火极限可以达到 1.0~1.6h。轻钢龙骨隔断占地面积小，如 C75 轻钢龙骨和两层 12mm 石膏板构成的隔断，宽度仅 99mm，不到半砖墙厚度，而保温隔热性能则远远超过 240mm 砖墙。若在龙骨中间加矿棉、玻璃棉，可提高墙体的隔热、隔声效果，其保温隔热效果相当 370mm 厚的墙体。在娱乐、会议室等场所的隔墙或顶棚采用这种材料构造方法施工，可高效解决隔音、保温问题，并减少了墙体本身的体积，提高了室内空间的利用率。

⑤施工效率高。装配式干法施工，技术工人每个工日可完成隔断施工面积 3~4m²。

（2）轻钢龙骨的种类

国家规定吊顶龙骨用"D"汉语拼音字母表示，墙龙骨用"Q"汉语拼音字母表示，"ZD"表示直卡式吊顶龙骨。

目前，轻钢龙骨已经非常普遍地应用于高层建筑室内的顶棚、隔墙装修，大面积的多层建筑室内装修，各类厂房的室内装修。建筑龙骨产品的标记，依次包括：产品名称、代号、断面形状与宽度、断面高度、钢板厚度和采用标准号等六项内容。如：建筑用轻钢龙骨—D—C50×15×1.5—GB 11981。

其他轻钢龙骨的代号表示如下：

U 表示龙骨断面形状为 凵 形，一般做墙沿顶龙骨与沿地龙骨。

C 表示龙骨断面形状为 匚 形，一般做结构承载主龙骨。

T 表示龙骨断面形状为 T 形，一般做搁置吊顶的承载主龙骨。

L 表示龙骨断面形状为 L 形，一般做搁置吊顶的墙边龙骨。

H 表示龙骨断面形状为 H 形，一般为固定饰面板的构建。

V 表示龙骨断面形状为 凵 或 凵 形，一般为承载龙骨与覆面龙骨。

CH 表示龙骨断面形状为 凵 形，一般为墙用竖龙骨。

轻钢龙骨按使用场合一般分为墙体龙骨和吊顶龙骨二种，按断面形状分为 U、C、CH、T、H、V 和 L 型七种型式。隔墙用龙骨产品分类及规格见表 12-11，吊顶用龙骨产品分类及规格见表 12-12，若有其他规格要求，可由供需双方商定。

隔墙用轻钢龙骨产品分类及规格（mm）　　　　　　表 12-11

类别	品种		断面形状	规格	备注
墙体龙骨 Q	CH 型龙骨	竖龙骨		$A×B_1×B_2×t$ 75 (73.5) ×B_1×B_2×0.8 100 (98.5) ×B_1×B_2×0.8 150 (148.5) ×B_1×B_2×0.8 $B_1 ≥35$；$B_2 ≥35$	当 $B_1 = B_2$ 时，规格为 $A×B×t$

类别	品种	断面形状	规格	备注
墙体龙骨 Q	C型龙骨 竖龙骨		$A×B_1×B_2×t$ 50（48.5）$×B_1×B_2×0.6$ 75（73.5）$×B_1×B_2×0.6$ 100（98.5）$×B_1×B_2×0.7$ 150（148.5）$×B_1×B_2×0.7$ $B_1≥45$；$B_2≥45$	当 $B_1=B_2$ 时，规格为 $A×B×t$
	U型龙骨 横龙骨		$A×B×t$ 52（50）$×B×0.6$ 77（75）$×B×0.6$ 102（100）$×B×0.7$ 152（150）$×B×0.7$ $B≥35$	—
	通贯龙骨		$A×B×t$ 38×12×1.0	—

吊顶用轻钢龙骨产品分类及规格（mm）　　　　表 12–12

类别	品种	断面形状	规格	备注
吊顶龙骨 D	U型龙骨 承载龙骨		$A×B×t$ 38×12×1.0 50×15×1.2 60×B×1.2	$B=24～30$
	C型龙骨 承载龙骨		$A×B×t$ 38×12×1.0 50×15×1.2 60×B×1.2	
	C型龙骨 覆面龙骨		$A×B×t$ 50×19×0.5 60×27×0.6	—
	T型龙骨 主龙骨		$A×B×t_1×t_2$ 24×38×0.27×0.27 24×32×0.27×0.27 14×32×0.27×0.27	1. 中型承载龙骨 $B≥38$，轻型承载龙骨 $B<38$； 2. 龙骨由一整片钢板（带）成型时，规格为 $A×B×t$
	T型龙骨 次龙骨		$A×B×t_1×t_2$ 24×28×0.27×0.27 24×25×0.27×0.27 14×25×0.27×0.27	

类别	品种		断面形状	规格	备注
吊顶龙骨D	H型龙骨			$A×B×t$ 20×20×0.3	—
	V型龙骨	承载龙骨		$A×B×t$ 20×37×0.8	造型用龙骨规格为20×20×1.0
		覆面龙骨		$A×B×t$ 49×19×0.5	—
	L型龙骨	承载龙骨		$A×B×t$ 20×43×0.8	—
		收边龙骨		$A×B_1×B_2×t$ $A×B_1×B_2×0.4$ $A≥20$；$B_1≥25$；$B_2≥20$	—
		边龙骨		$A×B×t$ $A×B×0.4$ $A≥14$；$B≥20$	—

建筑用轻钢龙骨表面采用镀锌防锈时，其双面镀锌量或双面镀锌层厚度应符合表12-13的规定。

双面镀锌量和双面镀层厚度　　　　　　　　　　　　　　　表12-13

项目	技术要求
双面镀锌量（g/m²）	≥100
双面镀锌层厚度（μm）	≥14

注：表面镀锌防锈的最终裁定以双面镀锌量为准。

墙体及吊顶建筑轻钢龙骨组件的力学性能应符合表12-14的规定。

龙骨组件的力学性能　　　　　　　　　　　　　　　表12-14

类别	项目	要求
墙体	抗冲击性试验	残余变形量不大于10.0mm，龙骨不得有明显变形
	静载试验	残余变形量不大于2.0mm

类别		项目		要求
吊顶	U、C、V、L型（不包括造型用V型龙骨）	静载试验	覆面龙骨	加载绕度不大于5.0mm 残余变形量不大于1.0mm
			承载龙骨	加载绕度不大于4.0mm 残余变形量不大于1.0mm
	T、H型		主龙骨	加载绕度不大于2.8mm

外观建筑用轻钢龙骨外形要平整，棱角要清晰，切口不应有毛刺和变形。镀锌层也应无起皮、起瘤、脱落等缺陷的现象发生。看上去也要没有影响使用的腐蚀、损伤、麻点，每米长度内面积不大于1cm²的黑斑不多于3处。涂层应没有气泡、划伤、漏涂、颜色不均等影响使用的缺陷。

在高湿度高盐环境室外使用时，根据要求，可增加耐盐雾性能试验，试验的结果应表明龙骨表面应无起泡生锈等现象。

隔墙轻钢龙骨主要有Q50，Q75，Q100，Q150系列。Q50，Q75系列用于层高3.5m以下的隔墙，Q75，Q100，Q150系列用于层高3.5~6.0m的隔墙，层高越高，采用的系列隔墙轻钢龙骨标号则越高。

隔墙轻钢龙骨主件有沿地（沿顶）龙骨、竖向龙骨、加强龙骨、通贯龙骨，配件有支撑卡、卡托、角托等。

建筑装饰装修的吊顶轻钢龙骨顶棚，按吊顶的承载能力大小可分为上人吊顶和非上人吊顶。非上人的吊顶承受吊顶本身的重量，有时也称自承重吊顶，这种吊顶龙骨的断面一般较小。上人吊顶不仅要承受自身的重量，还要承受人员走动的荷载，通过设置空中马道，可以承受80~100kg/m²的集中荷载。上人吊顶常用于空间较大，又需要经常检修的影剧院、音乐厅、会议中心或有中央空调顶棚的吊顶工程。上人吊杆直径≥8mm，不上人应≥6mm。

为适于明龙骨吊顶的需要，烤漆龙骨也在室内顶棚中广泛采用。镀锌烤漆龙骨是与矿棉板、硅钙板等顶棚板材相搭配的新型龙骨材料。由于烤漆龙骨采用高张力镀锌钢板，用精密成型机加工而成，所以烤漆龙骨具有产品新颖、颜色规格多样、强度高、龙骨条间组合紧密稳定，具有防锈不变色的特点。龙骨条的外露表面经过烤漆处理，可与顶棚板材的颜色相协调。

烤漆龙骨有A系列、O系列和凹槽型三种规格。烤漆龙骨与饰面板搭配的顶棚尺寸固定，一般有600mm×600mm，600mm×1200mm规格，可以与灯具有效地配置，同时拼装面板可以任意拆装，维修维护都很方便，特别适用于大面积的顶棚，如办公楼、商场、工业厂房、医院等，达到整洁、明亮、简洁的整体效果。其他技术要求及技术指标见《建筑用轻钢龙骨》GB/T 11981-2008。

二、不锈钢及其制品

1. 不锈钢的一般特性

普通钢材的缺点是在使用过程中极易锈蚀，致使结构物件遭到破坏。据统计表明，在世界范围内每年约有钢产量的 10% 因锈蚀而损失。钢材的锈蚀有两种：一种是化学腐蚀，即常温下钢材表面受氧化而锈蚀；二是电化学腐蚀，由于钢材处在较潮湿空气中，其表面发生"微电池"作用而产生化学变化。钢材的腐蚀大多是属电化学腐蚀。

不锈钢是指在普通钢材中加入以铬元素为主要成分的合金钢，铬含量越高，钢的抗腐蚀性越好。另外，不锈钢中还加有镍（Ni）、锰（Mn）、钛（Ti）、硅（Si）等元素，这些元素可以不同程度的改变不锈钢的强度、塑性、韧性和耐腐蚀性。不锈钢含碳量 <0.20%。按含合金元素比例，含铬量在 11% 以上为高铬不锈钢，而在其中再加 7%~10% 的镍（Ni）及钼（Mo）铜（Cu）等为高镍铬不锈钢。不锈钢膨胀系数较大，大约为碳钢的 1.3~1.5 倍，导热系数只有碳钢的 1/3，不锈钢韧性及延展性较好，常温下亦可加工。

耐蚀性能是不锈钢诸多性质中最显著的。50 多年前人们就发现，由于铬的性质比较活泼，在不锈钢中，铬首先与环境中的氧化合，生成一层致密的氧化膜层，也称钝化膜层，它能使钢材得到保护，不致生锈。由于所加元素的不同，耐蚀性也表现不同。例如，只加入单一的合金元素铬的不锈钢在水蒸气、大气、海水、氧化性酸的氧化性介质中有较好的耐腐蚀性，而在盐酸、硫酸、碱溶液的非氧化性介质中耐腐蚀性却很低。在不锈钢中加入镍元素后，由于镍对非氧化性介质有很强的抗蚀力，因此镍铬不锈钢的耐蚀性就更出色。

不锈钢另一显著特性是表面的光泽性。不锈钢经表面精饰加工后，可以获得镜面般光亮平滑的效果，光反射比可达 90% 以上。如果人们不希望看到反光，也可以采用发纹板的制品。这些材料同样具有良好的装饰性，而且极富时代感。

根据钢在 900℃~1100℃ 高温淬火处理后的反应和形成微观组织，分为三类：即淬后硬化的马氏体系和淬火后不硬化的铁素体系，及高铬镍型不锈钢的奥氏体系组织。不锈钢的分类及性能见表 12-15 所示。

2. 不锈钢装饰制品

采用不锈钢制品装饰是当代比较流行的一种建筑装饰装修方法。不锈钢材料以其特有的质感光泽给人们以贵重感和现代感。从小型不锈钢五金装饰件和不锈钢建筑雕塑的范畴，现已扩展到普通的建筑装饰工程中。常用的不锈钢牌号为 0Cr18Ni8，0Cr17Ti，1Cr17Mn2Ti，1Cr18Ni17Ti，1Cr17Ni8，1Cr17Ni9，0Cr18Ni12Mn2Ti 等。不锈钢的钢号前的数字表示平均含碳量的千分之几，合金元素仍以百分数表示。当含碳量 ≤0.03% 及 ≤0.08% 者，在钢号前分别冠以"00"或"0"，如 0Cr13 钢的平均含碳量 ≤0.08%，铬 ≈13%；00Cr18Ni10 钢的平均含碳量 ≤0.03%，铬 ≈18%，镍 ≈10%。

不锈钢的分类与性能   表 12-15

分类	大致化学成分（%）			淬硬性	耐腐蚀性	加工性	可焊性	磁性
	Cr	Ni	C					
马氏体系	11~15	—	1.20 以下	有	可	可	不可	有
铁素体系	16~27	—	0.35 以下	无	佳	尚佳	尚可	有
奥氏体系	16 以上	7 以上	0.25 以下	无	优	优	优	无

不锈钢成品包含各种不锈钢板材、管材及异形饰件。不锈钢板有：普通不锈钢、超级镜面不锈钢板（8K板）、彩色不锈钢板、发纹不锈钢板以及镀金板、花纹板等。不锈钢管材有氩弧焊圆形管、方形管、矩形管等，广泛用于建筑物的内外墙、柱、吊顶、门窗、天窗、楼梯扶手、栏杆、雨棚、电梯等处的饰面装饰，以及厨具、壁画、牌匾、广告、控制面板等。不锈钢制品中应用最多的为板材，一般均为薄材，厚度多小于2.0mm。普通不锈钢薄板规格见表12-16所示。

普通不锈钢薄板规格（mm）　　　　　　　　　　　表12-16

钢板厚度	钢板宽度									备注
	500	600	710	750	800	850	900	950	1000	
	钢板长度									
0.35、0.4、0.45、0.5		1200		1000						
0.55、0.6	1000	1500	1000	1500	1500		1500	1500		热轧钢板
0.7、0.75	1500	1800	1420	1800	1600	1700	1800	1900	1500	
	2000	2000	2000	2000	2000	2000	2000	2000	2000	
0.8				1500	1500	1500	1500	1500		
0.9	1000	1200	1400	1800	1600	1700	1800	1900	1500	
	1500	1420	2000	2000	2000	2000	2000	2000	2000	
1.0、1.1			1000				1000			
1.2、1.25、1.4、1.5	1000	1200	1000	1500	1500	1500	1500	1500		
1.6、1.8	1500	1420	1420	1800	1600	1700	1800	1900	1500	
	2000	2000	2000	2000	2000	2000	2000	2000	2000	
0.2、0.25		1200	1420	1500	1500	1500				
0.3、0.4	1000	1800	1800	1800	1800	1800	1500	—	1500	
	1500	2000	2000	2000	2000	2000	1800		2000	
0.5、0.55		1200	1420	1500	1500					
0.6	1000	1800	1800	1800	1800	1800	1500			
	1500	2000	2000	2000	2000		1800		2000	
0.7		1200	1420	1500	1500	1500				冷轧钢板
0.75	1000	1800	1800	1800	1800	1800	1500	—	1500	
	1500	2000	2000	2000	2000	2000	1800		2000	
0.8		1200	1420	1500	1500	1500				
0.9	1000	1800	1800	1800	1800	1800	1500	—	1500	
	1500	2000	2000	2000	2000	2000	2000		2000	
1.0、1.1、1.2、1.4	1000	1200	1420	1500	1500	1500				
1.5、1.6	15000	1800	1800	1800	1800	1800	1800	—		
1.8、2.0	2000	2000	2000	2000	2000	2000	2000		2000	

不锈钢管的壁厚（mm）为0.5，0.6，0.8，1.0，1.2，1.5，2.0，2.5，3.0，4.0等。常用不锈钢管的外直径为12~150mm，常用的不锈钢管的长度为1~6m等。

三、彩色涂层钢板

为了改善普通钢板的耐腐蚀性能与装饰性能，现在人们开发了彩色涂层钢板工艺，这是一种新型的复合金属板材。

彩色涂层钢板是以冷轧或镀锌钢板为基材，经表面处理后，涂装各种保护及装饰涂层而制成的产品。常用的涂层有无机涂层、有机涂层和复合涂层三大类。其中有机涂层钢板发展最快，这是由于有机涂层原料种类多、颜色丰富、工艺简单。一般采用的有机涂料有聚氯乙烯、聚丙烯酸酯、醇酸树脂、聚酯、环氧树脂等。

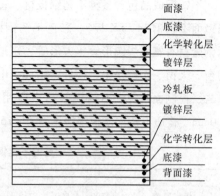

面漆
底漆
化学转化层
镀锌层
冷轧板
镀锌层
化学转化层
底漆
背面漆

图 12-4　彩色涂层的钢板涂料涂覆法构造

　　彩色涂层的钢板与涂层的结合方式，有涂料涂覆法和薄膜层压法两种。涂料涂覆法主要采用静电喷涂或空气喷涂。前者的机械化程度高、涂料不飞逸、工作环境好，成品涂层均匀、附着力高、质量好。后者是利用压缩空气将涂料吹散、雾化后附着在钢板的表面上。此种方法设备工艺简单，但喷涂过程中涂料飞逸，工作环境差，而且一次喷涂膜层厚度有限，需多次喷涂且劳动强度高。薄膜层压法是用已成型的印压花的聚氯乙烯薄膜压贴在钢板上的一种方法，也称为塑料复合钢板。彩色涂层的钢板涂料涂覆法构造见图12-4。

　　彩色涂层钢板的最大特点是发挥了金属材料、涂料或塑料薄膜各自的特性。不但具有较高的强度、刚性、良好的可加工性，彩色的涂层或塑料薄膜又赋予了钢板以多变的色泽和丰富的表面质感，使彩色涂层钢板改善了耐腐蚀、耐低温、耐湿热的性能。由于涂层或彩色涂层钢板附着力强，即使再经二次折弯的机械加工，涂层也不会发生损坏。

　　电镀锌钢板或热镀锌钢板为基材上的有机涂层厚一般采用 10~100μm。可用于门窗、间壁、房屋轻钢结构件、拉门、屏风、顶棚、卫生间、电梯、楼梯、通风道、通风管道等。

　　基板钢卷：厚度 0.25~1.2mm；宽度 610~1100mm；卷内径 610mm 或 508mm；最大圈重 10t。彩色涂层钢板的分类如表 12-17 所示。

彩色涂层钢板分类　　　　　　　　　　　　表 12-17

分类方法	类别	代号
按表面状态分	涂层板	TC
	印花板	YH
按涂料种类分	外用丙烯酸	WB
	内用丙烯酸	NB
	外用聚酯	WZ
	内用聚酯	NZ
	硅改性聚酯	GZ
	聚氯乙烯—有机溶胶	YJ
	聚氯乙烯—塑料溶胶	SJ
按基材类别分	冷轧板	L
	电镀锌板	DX
	热镀锌小锌花光整板	XC
	热镀锌通常锌花光整板	ZG

续表

分类方法	类别		代号
	上表面	下表面	D1
按涂层结构分	一次涂层	不涂	D2
	一次涂层	下层涂漆	D3
	一次涂层	一次涂层	S1
	二次涂层	不涂	S2
	二次涂层	下层涂漆	S3
	二次涂层	一次涂层	S4
	二次涂层	二次涂层	

　　室内装饰和办公家具可选用一涂一烘工艺生产的彩色涂层钢板，当涂层在易发生腐蚀的环境中，如沿海地区或在昼夜冷热温差较大可能会结露的地方应选择背面涂两次的彩板。

　　彩色涂料在钢板上的涂敷寿命见表 12-18。

彩色涂料在钢板上的涂敷寿命　　　　　　　　　　表 12-18

序	树脂系列	寿命（年）
1	丙烯酸树脂系	3~5
2	聚酯树脂	5~7
3	有机硅	7~10
4	聚氯乙烯（溶液）	9~12
5	氟树脂	>20

第二节　铝铜及制品

　　在日本的高层建筑中有 98% 采用了铝合金门窗。美国用铝合金建造了跨度为 66m 的飞机库，其全部建筑物的重量仅为钢结构的七分之一。目前，我国铝合金广泛用于建筑工程结构和建筑装饰工程中，如屋架、幕墙、门窗、顶棚、阳台和楼梯扶手以及其他室内装饰等。铝合金门窗已有平开铝窗、推拉铝窗、平开铝门、平推拉铝门、铝制地弹簧门、断桥彩色高档铝制门窗等几十种产品。铝合金材料以它特有的结构性和独特的建筑装饰效果，满足了市场的需求。

　　铜在我国古建筑装饰中一直是一种高档的装饰材料，宫廷、寺庙、纪念性建筑中铜的光彩一直闪烁至今。在现代建筑中，铜仍是高级装饰材料，用于银行、酒店、商厦等装饰，以使建筑物及室内显示光彩夺目、堂皇富丽、显赫尊贵的身份与地位。

一、铝及铝合金

　　铝是纯白色的轻金属，密度 2.7g/cm³，溶点 660℃。铝的化学性质活泼，在空气中能与氧结合而形成致密坚固的氧化铝（Al_2O_3）薄膜，使铝在空气与水中有较好的耐腐蚀能力，也可以抵抗硝酸与醋酸的腐蚀。由于纯铝的氧化膜只有 0.1μm 厚，因而它的耐蚀性也是有限的。如纯铝不能与盐酸、浓盐酸、氢氟酸等接触，不能与氯、溴、碘接触，也不能与强碱接触，否则会产生腐蚀性化学反应。

如同在碳素钢中添加一定量合金元素形成合金钢而改变碳素钢某些性质一样，往铝中加入适量合金元素则成为铝合金。为了提高铝的实用价值，常在铝中加入适量的铜、镁、锰、硅、锌等元素制成铝合金，以改变铝的某些性质，并提高其强度与耐腐蚀性。

铝合金既保持了铝质量轻的特性，同时，机械性能也明显提高，屈服强度可达210~500MPa，抗拉强度可达380~550MPa 因而大大提高了使用价值，它不仅可用于建筑装修，还可用于结构方面，但产品一般不能做为独立承重的大跨度结构材料使用。

铝合金的主要缺点是弹性模量小，约为钢的1/3，作为结构受力构件，刚度较小，变形较大。还有热膨胀系数大、耐热性低，焊接时，需采用惰性气体保护等焊接技术。

1. 铝合金的分类及牌号

（1）铝合金的分类

铝合金按加入的合金元素不同有：Al—Mn合金、Al—Mg合金、Al—Mg—Si合金、Al—Cu—Mg合金、Al—Zn—Mg合金、Al—Zn—Mg—Cu合金等。掺入的合金元素不同，铝合金的性能也不同，包括机械性能、加工性能、焊接性能和耐蚀性能等。

铝合金按加工方法的不同，分为铸造铝合金和变形铝合金。变形铝合金又根据热处理对其强度的不同影响，分为强化型与非强化型两种。变形铝合金就是指能够通过冲压、弯曲、辊轧、挤压等工艺手段，使其组织、形状发生变化的铝合金。热处理非强化型，是指不能用淬火的方法提高强度的变形铝合金，如Al—Mg合金、Al—Mn合金。热处理强化型，则是指能通过热处理的办法提高强度的变形铝合金，如A1—Mg—Si合金（煅铝）、Al—Cu—Mg合金（硬铝）、Al—Zn—Mg—Cu合金（超硬铝）。铝合金的热处理方式有退火（M）、淬火（C）、自然时效（Z）、人工时效（S）、硬化（Y）、热轧（R）等。建筑用铝合金主要是变形铝合金。

（2）铝合金的牌号

各种变形铝合金的牌号分别用汉语拼音字母和顺序号表示，但应该指出的是，其中的顺序号不表示合金元素的含量。

用汉语拼音字母表示变形铝合金：LF—防锈铝合金、LY—硬制铝合金、LC—超硬铝合金、LD—锻造铝合金、LT—特殊铝合金。目前用于装修工程中最多的是锻造铝合金和特殊铝合金。

常用防锈铝的牌号为LF21、LF2、LF3、LF5、LF6、LF11等。其中除LF21为AL—Mn合金外，其余各个牌号都属于AL—Mg合金。常用硬铝有11个牌号，LY12是硬铝的典型产品。常用的超硬铝有8个牌号，其中LC9是该合金中应用较早，较广的牌号。锻铝的典型牌号为LD30和LD31。

2. 铝合金的表面装饰处理

因为铝材表面自然氧化膜薄厚度只有0.1μm，在较强的腐蚀介质条件下，不能起到对材料有效的保护作用，所以，要对铝合金表面进行处理。一是为了进一步提高铝合金耐磨、耐蚀、耐光、耐候的性能，二是在提高氧化膜厚度的基础上可进行着色处理，以提高铝合金表面的装饰效果。

（1）阳极氧化处理

所谓阳极氧化就是通过控制氧化条件及工艺参数，在预处理后的铝合金表面形成 $10\sim25\mu m$ 氧化膜层。阳极氧化法的原理实质上是水的电解。以铝合金为阳极置于电解质溶液中，阴极为化学稳定性高的铅、不锈钢等材料。当电流通过时，在阴极上放出氢气，在阳极上氧负离子与铝三价铝离子结合形成了氧化铝膜层。

阳极氧化膜的结构在电镜下观察是由内层和外层组成。内层薄而致密，成分为无水 Al_2O_3，称为活性层。外层呈多孔状，由非晶型 Al_2O_3 及少量 $\gamma—Al_2O_3\cdot H_2O$ 组成，它的硬度虽然比活性层低，但厚度却比活性层大得多。

按铝合金建筑型材氧化膜形成的厚度分为 AA10、AA15、AA20、AA25 四个等级，它们分别表示氧化膜厚度为 10、15、20、25μm。

（2）表面着色处理

铝合金经中和水洗或经阳极氧化处理后方可进行表面着色工艺处理，以增加其装饰性。目前常见铝合金色彩有茶褐色、紫红色、金黄色、浅青铜色等。

表面着色方法有自然着色法、电解着色法和化学着色法以及树脂粉末静电喷涂着色法等。

铝合金经阳极氧化着色后的膜层为多孔状，容易吸附而被污染，既影响外观又影响使用。因此，在使用之前应采取一定的有效方法，将多孔膜层加以封闭，使之丧失吸附能力，从而提高氧化膜的防污染性能和耐腐蚀能力。

3. 铝合金门窗

铝合金门窗是由铝合金型材，经过下料、打孔、铣槽、攻丝、玻璃装配等加工手段而制成。在现代建筑装饰工程中，尽管铝合金门窗比普通钢木门窗的造价高，但因其长期维护费用低、防火等性能好、精度高和美观等得到了广泛应用。

与普通木门窗、钢门窗相比，铝合金门窗的主要特点如下：

（1）轻。铝合金门窗每 m^2 耗用铝型材量平均为 $8\sim12kg$，而钢门窗耗钢量平均为 $17\sim20kg$，这样，铝合金门窗的重量就比钢门窗的重量减少50%左右。

（2）性能好。尤其是气密性、水密性、隔声性均比普通门窗好，对于防尘、隔声、隔热保温有特殊要求和安装空调设备的建筑，更适宜采用铝合金门窗。铝合金门窗强度较高、刚性好、坚固耐用、开关灵活轻便。

（3）美观。铝合金门窗造型新颖大方、线条明快、色泽柔和，凸显建筑物立面和内部的装饰性。

（4）耐腐蚀。铝合金门窗不需要涂漆，表面不需维护，使用维修方便。

（5）集成化。铝合金门窗的加工、制作、装配、试验都可在工厂进行，有利于实现产品设计标准化、系列化、零配件通用化和产品的商品化。

随着铝合金门窗工业的迅速发展，我国已颁布了一系列有关铝合金门窗的国家标准，主要有《铝合金门窗》GB/T 8478—2008。

铝的产品主要有板、管、线及箔（厚度 6～25μm）。铝合金广泛用于建筑结构工程和装饰工程，如屋架、屋面板、幕墙、门窗、活动式隔墙、顶棚、暖气罩、阳台、楼梯扶手以及其他室内装修及建筑五金等。

4. 铝塑复合板

铝塑复合板也叫塑铝板，主要是由三层材料复合而成，表面一层或上下两层的高强度铝合金板，中间层为聚氯乙烯或聚乙烯板。塑铝板经高温、高压制成，板材表面喷涂氟碳树脂（PVDF）。是一种新型装饰板材。主要用于玻璃幕墙、门厅、门面、包柱、壁板、吊顶、展台等装饰。铝塑板的厚度有 3、4、6mm，板宽有 1220、1470mm 等；板长有 2440，及 2000、2500、3000、4000mm 等非标准长度。铝合金板厚有 8～50 道（1 道 = 1/100mm）多种系列，用于外墙装修宜采用道数较高的上下两层的高强度铝合金板，以防止室外太阳热晒或环境过热而导致的板面鼓包与变形，在板幅设计上也宜在 600mm 左右，且留有 8mm 左右的缝隙。

铝塑复合板产品具有以下性能：

1. 质轻（5.5kg/m^2）、强度高、刚性好。

2. 超强的耐候和耐紫外线性能，色彩和光泽的保持长久，能适用于 -50℃～+85℃ 的各种自然环境条件。

3. 耐酸、耐碱。

4. 表面平整光洁，颜色可选择性宽。

5. 隔声和减震性能好、抗冲击性能好。

6. 隔热效果和阻燃效果好，火灾时不生成有毒的烟雾。

7. 不易沾污，容易清洁。

8. 板材易切割、裁剪、折边和弯曲，加工性能优良，安装方便。

图 12-5 为铝塑复合板结构示意图。

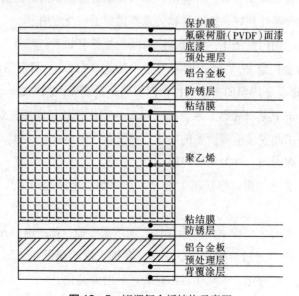

图 12-5　铝塑复合板结构示意图

铝塑复合板的有关物理力学性能见《建筑幕墙用铝塑复合板》GB/T 17748-2008。

铝塑复合板用于商业牌匾装修比较多。卫生间吊顶也多有用，可直接粘在木方上，能有效抵御楼板下的下水管意外漏水与上水管的冷凝水。

塑铝板表面铝层只可与铝、塑料、不锈钢的连接件直接接触相连，若与铁、铜等其他金属连接会有锈蚀，但可以用 PVC 垫层、镀锌或铬垫片来阻止锈蚀发生。塑铝板可采用铆接、螺栓连接、焊接或用双面胶带胶接。

铆接用 AlMg2.5 或 AlMg3.5 铝镁合金铆钉；螺栓连接须使用弹簧垫片，以增大板面的压强和消除芯材冷流引起的张力衰竭；焊接是通过铝塑板芯材与塑料焊条熔接来固定，焊接温度 265±5℃，焊条直径 3mm 或 4mm 黑色 PE 条（1800H），焊接速度 20~30cm/min；胶接时用双面胶带如 3M 双面塑料发泡胶接。

二、 铜及铜合金

1. 铜及铜合金的分类及特性

铜属于有色重金属，纯铜又称紫铜。密度 $8.92g/cm^3$，熔点为 1083℃，纯铜由于表面氧化生成的氧化铜薄膜呈紫红色，故常称紫铜。纯铜的导电、导热、耐腐蚀性、延展性好。纯铜可辗压成极薄的紫铜板片，拉成很细的铜丝线材，此外，水中 99% 以上的细菌在进入铜管道中五小时后便可消失，提高了饮用水的卫生与安全度。

我国的纯铜产品分为两类：一类属冶炼产品，包括铜锭、铜线锭和电解铜；另一类属加工产品，是指铜锭经过加工变形后获得的各种形状的纯铜材。由于纯铜的价格贵，工程中更广泛使用的是铜合金，即在铜中掺入锌、锡等元素形成的铜合金。铜合金既保持了铜的良好塑性和高抗蚀性，又改善了纯铜的强度、硬度等机械性能。

黄铜是铜锌为主要元素的铜合金，具有良好的力学性能，耐腐蚀性能和工艺性能，而且价格也比纯铜便宜。加入 Pb 铅、Mn 锰、Sn 锡、Al 铝等元素可配成特殊黄铜。加入铅可改善铜的切削加工性和提高耐磨性，加入铝可提高强度、硬度、耐腐蚀性能等。但用来做饮用水的龙头时含铅应控制在 0.3% 以下，以避免引发神经衰弱、贫血和心肌炎等疾病。

普通黄铜的牌号用"H"加数字来表示。数字代表平均含铜量，含锌量不标出，如 H62。特殊黄铜则在"H"之后标注主加元素的化学符号，并在其后表明铜及合金元素含量的百分数，如 HPb59~1，如果是铸造黄铜，牌号中还应加"Z"字，如 ZHAl67~2.5。

含锡低于 10% 的铜锡合金为青铜。特殊青铜即在青铜中再加入其他元素，如磷青铜、铝青铜、镍青铜等。此外还有无锡青铜，是含铝、硅、铅、铍、锰等合金元素的铜基合金。青铜较黄铜耐蚀性好、易铸造、质硬、强度好。

青铜的牌号以字母"Q"表示，后面第一个是主加元素符号，之后是除了铜以外的各元素的百分含量，如 QSn4~3。如果是铸造的青铜，牌号中还应加"Z"字，如 ZQAl9~4 等。

2. 铜合金装饰制品

铜合金装饰制品的一个主要特点是其具有金色感，常替代稀有的、价值昂贵的金在建筑装饰中作为点缀使用。用铜及其合金制作的铜门，具有高贵、沉重、富有的气质，常常被银行、酒店、保险建筑的入口所采用，成为身份与地位的象征。

铜合金经过加工可形成不同横断面形状的型材，有空心型材和实心型材。

铜合金型材也具有铝合金型材类似的特点，可用于门窗的制作。以铜合金型材作骨架形成的玻璃幕墙，一改传统外墙的单一面貌，使建筑物在城市景观中跃然生辉。利用铜合金板材制成铜合金压型板材为建筑做表皮装饰，同样会使建筑物传达出非同凡响的效果。

现代建筑装饰中，铜合金建筑装饰中主要用于栏杆扶手，扶手一般采用 $\phi60$、栏杆一般采用 $\phi20$。楼梯用铜防滑条的包角断面有（50+20）mm×5mm 及（50+17）mm×5mm 等规格。楼梯地毯用铜防滑条包角，有（75+50）mm×3mm 及（50+30）mm×3mm 等规格。地毯用铜压棍，直径 $\phi12\sim\phi16$，以及铜字母、铜镀铬毛巾架、铜镀铬窗帘杆、锁具、各式执手、拉手和五金件、广告字号牌、室内铜浮雕壁画或门窗铜花等。

显耀的厅门配以铜质的把手、门锁、执手；变幻莫测的螺旋式楼梯扶手栏杆选用铜质管材，踏步上附有铜质防滑条；浴缸龙头、各种灯具、家具采用的铜合金五金件，无疑会给空间平添几分豪华、高贵的气息，使其艺术性装饰效果得以很好的彰显。

铜合金的另一应用是铜粉，是一种由铜合金制成的金色颜料。主要成分为铜及少量的锌、铝、锡等金属。常用于调制装饰涂料，可代替"贴金"。施工时一般采用沾粉擦制，以防铜粉氧化。

第三节　装饰五金件

1. 锁：弹子锁、弹子球形执手锁、插锁、保险锁、防盗链门锁、电子门锁、组合门锁、抽屉锁、柜门锁等；

2. 拉手及执手：凹圆形拉手、蝴蝶式拉手、方形拉手、管子拉手、圆盘拉手、球形执手、保险执手、防风执手，通长执手和叶片锁执手等；

3. 门定位器：滚动式门扣、橡皮头门钩、门轨头、脚踏门制、楔式定门器、磁力定门器等；

4. 自动闭门器：液压式自动闭门器和弹簧式自动闭门器，还有带有烟感探测器驱动的烟雾电动关门器，火灾发生时可自动关闭防火门与防烟门；

5. 合页：可调的橱柜门合页、无边框的玻璃门合页、自锁的玻璃门合页、隐藏式自动关闭式合页、普通合页、插芯合页、轻质薄合页、方合页、抽心合页、单（双）管式弹簧合页、H型合页、斜面脱卸合页、蝴蝶合页、单旗合页、轴承合页、双轴合页、尼龙垫圈无声合页、冷库门合页、纱门弹簧合页，扇形合页和钢门窗合页等；

6. 插销：普通插销、翻窗插销、暗插销、门用横插销、管型插销、F型插销等；

7. 小五金：普通窗钩、铜摇头窗钩、弹簧碰珠、磁性碰吸、弹弓珠和窗帘轨、沙发脚、标准壁架、支座和托架、悬头式铰链等。

8. 紧固件：射钉、膨胀螺栓、自攻螺钉、击芯铝铆钉、拉铆钉、水泥钢钉、气钉、普通钉子、墙板钉、装饰钉和木螺钉等。

建筑装修中在各种基体上用做连接的固定件见表 12-19 所示。

连接固定件选择表　　　　　　　　　　表 12-19

产品类别	销塞、销钉型号及辅助施工材料	混凝土	天然石	实心砖	空心砖	多孔砖	泡沫混凝土	石膏墙体	石膏板	纤维板	木条木板	木质基础
①	飞边螺旋式塑料万能销塞	●	●	●	●	●	●	●	●			
①	鳞片式塑料万能销塞	●	●	●	●	●			●			
①	预插与通插式塑料万能销塞	●	●	●	●	●			●			
①	塑料空心销塞、万能金属销塞	●	●	●	●	●			●	●	●	
①	塑料膨胀销塞	●	●	●								
①	金属爪式销塞	●	●	●	●	●	●	●				
①	纤维销塞	●	●									
②	校正销塞				●			●	●			
③	泡沫混凝土膨胀螺钉						●					
③	墙体装饰销塞	●	●	●								
③	空心砖基层墙体装饰销塞				●	●						
③	泡沫混凝土墙体装饰销塞						●					
③	通插式加长型万能销塞	●	●	●	●	●		●	●			
③	钉塞预装式加长型万能销塞	●	●	●	●	●	●	●	●			
③	米制通插加长型万能销塞	●	●	●	●	●		●	●			
③	加长型钢钉销塞	●	●									
③	通用钢钉销塞、金属钢钉销塞	●	●									
③	间距可调销塞、销钉	●	●	●	●	●						
③	金属架紧固销塞	●	●									
③	间距固定螺钉											●
③	框架金属销塞	●		●	●							
③	框架金属销塞、销钉	●										
③	硬基墙销塞、螺钉	●										
④	挂钩销塞	●	●	●	●	●		●	●			
④	三瓣式挂钩销塞，脚手架销塞销钉	●										
④	飞边螺旋式销塞挂钩销塞	●	●	●	●	●	●					
④	通用基墙挂钩销塞	●	●	●	●	●						
⑤	预插式翻转销塞								●	●	●	
⑤	可拆装金属空心销塞								●	●	●	
⑤	金属自钻销塞						●	●				
⑤	翻转压卡金属自钻销塞								●	●	●	
⑥	防腐浅孔铜膨胀螺钉	●	●	●								

产品类别	销塞、销钉型号及辅助施工材料	混凝土	天然石	实心砖	空心砖	多孔砖	泡沫混凝土	石膏墙体	石膏板	纤维板	木条木板	木质基础
⑥	重载膨胀螺钉	●										
⑥	锤击销塞	●	●									
⑦	带装饰帽的绝热隔音材料紧固销塞	●	●	●	●	●	●	●				
⑧	电线紧固销钉	●	●	●								
⑧	坐便器紧固销塞	●	●	●								
⑧	陶瓷、镜片紧固组件	●	●	●	●	●				●		
⑧	热水器紧固组件	●	●	●								
⑧	管道紧固销塞	●	●	●								
⑧	木基螺杆螺钉											●
⑧	石膏基紧固套件							●				
⑧	重载荷翻转销钉								●	●	●	
⑨	墙围板条紧固销塞	●	●	●	●	●			●			
⑨	铜板条紧固销塞	●	●	●								
⑨	墙架紧固销塞组件	●	●	●	●	●	●					
⑨	装饰紧固组件	●	●	●								●
⑨	木器连接销塞										●	●
⑩	各种通用和专用优质钻头											
⑩	各种规格的塑料锉刀手柄											
⑩	各种规格的塑料盖帽											

注：表中分类：①一般紧固系列　　②特殊紧固系列　　③外墙体装饰和框架紧固系列
④挂钩紧固系列　　⑤空心和软质墙体紧固系列　　⑥重载荷紧固系列
⑦绝热隔音材料紧固系列　⑧卫生洁具及电气承装紧固系列
⑨专用紧固系列　⑩辅助施工工具系列

9. 卫生洁具五金配件：卫生洁具五金配件的品种规格很多，按用途分类主要有洗面器配件、浴缸配件、妇洗器配件、坐便器配件、蹲便器配件、小便器配件、淋浴器配件、排水管道及各种龙头的配件等。以材质来分有铸铁、钢材、不锈钢、铜材、尼龙、塑料、陶瓷配件等。一般表面处理采用镀镍、镀铬工艺，色泽光亮、抗腐蚀、抗氧化性能强。

五金配件中还有：拉圈、毛巾架、牙刷杯套、浴缸扶手、门碰、挂衣钩、浴帘环、毛巾环、手纸架（金属）、肥皂盒（金属）、烟灰缸等。

关于卫生洁具五金配件规格及材质见表 12-20 所示。

卫生洁具五金配件规格、材质　　　　　　　　　　表 12-20

配套名称	规格	材质
洗面器水嘴	DN15mm	MG1 全铜镀镍铬，MG2 全铜镀镍铬 MG3 全铜镀镍铬，MG5 全铜镀镍铬 MG6 全铜镀镍铬

配套名称	规格	材质
单柄调温面盆水嘴	FTM—1/2″（in）	铜合金镀镍铬
提拉洗面器配件	DN15mm	XL—15 铜合金
7301 面器排水阀		MP₁ 全铜镀镍铬
6202 排水阀 1 号排水阀		MP₂ 全铜镀镍铬，MP₃ 全钢镀镍铬
理发盆排水阀		MP₄ 全铜镀镍铬
面器 S 形、P 形排水阀		MP₅ 全铜镀镍铬，MP₆ 全铜镀镍铬
4″（in）面器排水阀		MP 全铜镀镍铬
面器 S 形、P 形排水阀		MP₈ 塑料聚丙烯，MP₉ 塑料聚丙烯
面器存水弯		MPⅡ—1 全铜镀镍铬，MPⅡ—2 全铜镀镍铬
进水带进水管	φ12×300mm	MT 全铜镀镍铬
浴缸给水阀		YG₁、YG₄ 全铜抛光，YG₂、YG₅ 全铜镀镍铬
浴缸混合龙头	DN20mm	YG₁ 全铜镀镍铬
浴缸排水阀		YP₁、YP₂、YP₃
6201 妇洗器配件	DN15mm	铜材镀镍铬，FX—15
坐便器配件		ZJIGIP₁F₁ 铜材镀镍铬，ZJGIP₃J 铜材镀镍铬
蹲便器配件		DG₁P₁ 铜材 DG₂P₂F₂ 塑料
小便器冲洗阀	DN15mm	LG₂ 全铜镀镍铬
各种淋浴器	DN15mm	0101—15-0106—15 钢材镀镍铬
淋浴双联软管放水阀	DN15mm	Le—15
浴缸三联放水阀	DN15mm	YS—15
升降式淋浴器	DN15mm	1108—15 铜材镀镍铬
提拉式龙头（单手把） 提拉式龙头（双手把） 提拉式龙头（台式分体）	4″PC150 4″PC311，4″PC1207 8″PC3105，8″PC1203	全铜 全铜 全铜
单龙头带调水器	PC4030	全铜
墙式浴洒	2″PC4150	全铜洒头、手把及边饰
软管浴洒	PC2300	全铜水喉、手把和墙扣
淋浴恒温式龙头	DM402CW、DM401CMF	不锈铜、全铜镀镍铬

10. 埋植钢筋与螺杆的化学紧固：在各类建筑工程、安装工程、加固工程、改造工程、装修工程中，经常会遇到钢制结构、扶手栏杆、机器设备、基础骨架、玻璃幕墙等固定问题，需要借助于在混凝土、空心砖等墙上埋植钢筋、螺栓等构件，以供焊接与螺纹连接用。原来一般靠膨胀螺栓来解决，现在有了化学紧固的新方法。由于化学胶粘剂紧固时，并不产生膨胀力，所以可以采用较小的轴间距和边缘距离，加之较高的承载能力以及简便的施工方法，使其得到广泛应用。化学胶粘剂采用非环氧基高分子材料，固化迅速、缩短工期、提高效率、紧固可靠。这种胶粘剂不含有毒物质，无异味、防腐性好、防水性好，而且抗冻裂、抗震动、抗风化，是一种高强度和高安全的新紧固方式。

埋植钢筋或螺杆的承载能力与基体材料强度直接相关，在混凝土强度 $f_c = 20\text{N}/\text{mm}^2$ 的基体上，埋植钢筋与螺杆的技术数据见表 12-21、表 12-22 所示。操作时间与固化时间见表 12-23 所示。

埋植钢筋   表 12-21

钢筋规格（mm）	φ8	φ10	φ12	φ14	φ16	φ18	φ20
钻孔深度（mm）（嵌入深度、植入深度）	90	100	125	165	195	225	290
钻孔直径（mm）	12	14	16	18	22	25	28
保守特征载荷（kN）	19.5	24.9	35.4	48.5	57.2	75.8	95.1

埋植螺杆   表 12-22

螺杆规格	M8	M10	M12	M16	M20
钻孔深度（mm）（嵌入深度、植入深度）	80	90	110	125	170
钻孔直径（mm）	10	12	14	18	24
保守特征载荷（kN）	17	24.5	34	49	74

操作时间与固化时间   表 12-23

基体温度（℃）	40	30	20	5	0	-5
操作时间（min）	2	3	4	12	25	45
固化时间（min）	15	25	45	90	180	360

施工操作：（1）按照规定的孔径和孔深钻孔；

（2）清理钻孔，刷除、吹净钻屑，操作三遍；

（3）从钻孔底部开始，由里向外挤入粘合剂；

（4）待充分固化后，加载紧固。

在不同墙体强度值上粘接紧固件，有不同的技术参数，须核对后方可施工。为保证工程质量，化学紧固在施工中，要绝对保证固化时间。

第十三章 — 胶粘剂

凡是能在两个物体表面之间形成薄膜，并将它们紧密地粘接成一个整体的物质称为粘合剂。在建筑室内装修中胶粘剂已被广泛应用于金属、玻璃、陶瓷、塑料、皮革、木材等材料与材料之间的施工粘接。

第一节　胶粘剂的组成及分类

胶粘剂是指具有良好的粘结性能，能同时把两个物体牢固地胶接起来。胶结材料很早就被人们发现，并应用在建筑装饰装修上。如早在公元前三千纪，两河流域的古代土坯建筑就开始使用沥青作为胶粘剂，在土坯建筑的外墙面粘贴陶片、石片和贝壳等。在我国秦朝时，就有以糯米浆与石灰粉调制成的灰浆作为长城砌筑的胶粘剂。随着合成化学工业的发展，除了天然的胶粘剂外，21世纪初诞生了人工合成胶粘剂。在1912年，出现了酚醛树脂胶粘剂。随后各种合成胶不断涌现。胶粘剂在建筑及建筑装饰工程中的应用也越来越多，这是因为胶接与焊接、铆接、螺纹连接等连接方式相比，具有很多突出的优点：如不受胶接物的形状、材质等因素的限制；胶接后具有良好的密封性；胶接方法简便，而且几乎不增加粘结物的重量等。目前，胶粘剂已成为工程上不可缺少的重要的配套材料。

一、胶粘剂的组成

尽管胶粘剂品种很多，但其组分一般主要有粘结料、固化剂、增韧剂、稀释剂、填料和改性剂等几种。对于某一种胶粘剂来说，不一定都含有这些组分，同样也不限于这几种成分，而主要是由它的性能和用途的不同来决定胶粘剂的成分构成。

1. 粘结物质。也称粘结料，或简称粘料，它是胶粘剂中最基本的，也是最重要的组分。它的性质决定了胶粘剂的性能、用途和使用工艺。一般胶粘剂都是用粘接材料的物质名称来命名的。

2. 固化剂。有的胶粘剂（如环氧树脂）若不加固化剂，本身不能在常温常压下变化为固体。而加入了固化剂就可以帮助粘结物质完成在常温常压下经过强化催化的化学变化过程而转变为固体。固化剂通过反应也成为胶粘剂的主要成分，其性质和用量同时也对胶粘剂的性能起着重要的作用。常用的固化剂有苯乙烯等。

3. 增韧剂。是为了提高胶粘剂硬化后的韧性和抗冲击性能，而加入一种适量的化学试剂。根据胶粘剂的种类与用途不同，加入的成分与量也就不同。常用的有邻苯二甲酸二丁酯、邻苯二甲酸二辛酯等。

4. 填料。填料在胶粘剂中一般不发生化学反应，加入填料的目的，是为了改善胶粘剂的韧性和抗冲击机械性能；提高胶粘剂的稠度，降低热膨胀系数，减少收缩性。同时，由于填料的价格便宜，也可以降低胶粘剂的成本。

5. 稀释剂，又称为溶剂。加稀释剂主要目的是为了降低胶粘剂的稠度，便于施工操作，提高胶粘剂的流动性和湿润性。常用的溶剂有丙酮等。

6. 改性剂。为了改善胶粘剂的某一方面的性能，满足特殊的工艺要求而加入的一些化学组分。如为提高胶接强度，可加入偶联剂。另外还有加入稳定剂、防腐剂、阻燃剂、抗老化剂等。

二、胶粘剂的分类

胶粘剂品种繁多、用途不同、组成各异，分类的出发点不同，导致胶粘剂的分类方法也不相同。一般有从粘料性质、胶粘剂用途及固化条件等几个方面来划分。

1. 按粘料的性质划分。

胶粘剂按其所用的粘料性质的不同，分类如表 13-1 所示：

胶粘剂按粘料性质分类　　　　　　　　　　表 13-1

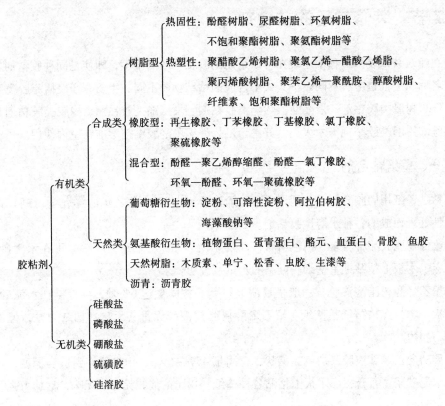

2. 按粘料强度特性划分。

胶粘剂按胶结强度特性的不同，可分为：

（1）结构胶粘剂：结构胶粘剂的胶结强度较高，至少与被胶结物本身的材料强度相当。一般剪切强度大于 15MPa，不均匀扯离强度大于 3MPa。同时对耐油、耐热和耐水性等都有较高的要求，如环氧树脂胶粘剂。

（2）非结构胶粘剂：非结构胶粘剂要求有一定的胶结强度，但不能承受较大的力。只是起定位作用，如聚醋酸乙烯酯等。

（3）次结构胶粘剂：次结构胶粘剂又称准结构胶粘剂，其物理力学性能介于结构型与非结构型胶粘剂胶结强度之间。

3. 按固化条件分类。

胶粘剂按胶结固化条件的不同，可以分为溶剂型、反应型和热熔型。

溶剂型胶粘剂中的溶剂从被粘合的物体两方的端面挥发，或者被粘合的物体吸收，形成粘合膜而形成粘合力。这种类型的胶粘剂有丁苯、聚苯乙烯等。

反应型胶粘剂的固化是通过不可逆的化学变化而完成的。按照配方及固化条件，可分为单组分或多组分的室温固化型、加热固化型等多种方式。这类胶粘剂的主要成分一般有环氧树脂、硅橡胶、酚醛、聚氨酯等。

热熔型胶粘剂以热塑性的高聚物树脂为主要成分，不含水或溶剂的固体聚合物，它通过加热熔融后的方式粘合。在熔融状态经过冷却、固化后，产生强力不等的粘合力量。这类胶粘剂常见的有醋酸乙烯、丁基橡胶、虫胶、松香和石蜡等。

第二节　装修常用的粘合剂

在建筑装饰装修工程中，现在可以采用的胶粘剂商品很多，即使是同种胶粘剂的商品，名称叫法也是多有不同。按其人工合成的粘结物质不同，主要有酚醛树脂胶类胶粘剂、环氧树脂类胶粘剂、聚醋酸乙烯酯类胶粘剂、聚氨酯类胶粘剂、橡胶类胶粘剂和聚乙烯醇缩甲醛类胶粘剂等六大类。其中聚乙烯醇缩甲醛胶粘剂不准在室内使用。

一、壁纸粘合剂

粘贴壁纸用的胶合剂，包括聚醋酸乙烯乳液（白胶）、聚乙烯醇（化学糨糊）以及经改性处理而成的各种水溶性胶粘剂。

改性树脂胶品种较多，白色粉状，此胶无毒、无味，粘结力不等。可在水泥砂浆、石膏板、木板上粘贴纸基壁纸。调制的水量按说明要求。

聚乙烯醇树脂溶液胶，一般呈透明黏稠状。含固量达6%时，可直接在水泥砂浆、石膏板、木板上粘贴纸基壁纸。聚乙烯醇树脂溶液胶无毒、无味，粘结力好，但不耐潮，易翘边。

聚醋酸乙烯乳液胶，白色黏稠状，含固量45%~50%，用水稀释到适当稠度，可直接在水泥砂浆、石膏板、木板上粘贴各种壁纸。树脂溶液胶无毒、无味，粘结力强，耐潮但不耐湿。

醋酸乙烯—乙烯共聚乳液胶，白色黏稠状，含固量50%~55%，用水稀释到适当稠度，可直接在水泥砂浆、石膏板、木板上粘贴各种壁纸、壁布。该树脂溶液胶无毒、无味，粘结力强，耐潮湿，不翘边。

乙—脲混合型胶粘剂，混合树脂为聚醋酸乙烯乳液胶和脲醛树脂，淡黄色黏稠状，一般用于高潮湿部位。

8104壁纸胶、801壁纸胶的性能、用途如表13-2所示。

聚醋酸乙烯、聚乙烯醇类胶粘剂的品种、特点、性质及用途　　　　表13-2

品种	聚醋酸乙烯聚合胶粘剂 （8104壁纸胶）	聚乙烯醇缩甲醛—尿素（801胶）
特点	白色乳液，具有良好的粘结性能，涂刷方便，单位面积用料少	具有不燃、游离甲醛含量低，耐磨性、剥离强度好，与水泥砂灰抹面墙粘接性好

品种	聚醋酸乙烯聚合胶粘剂 （8104 壁纸胶）	聚乙烯醇缩甲醛—尿素（801 胶）
技术性质	粘接强度：0.4~1.0MPa 耐水、耐潮性：在水中浸泡一周不开胶，不起泡 温、湿度稳定性：对温、湿度变化所引起的胀缩适应性好	外观：微黄或无色透明胶体 含固量：11%~13% 比重：1.05 游离甲醛：<1% 黏度（20℃）：2000~2500cp pH 值：7~8
适用范围	适用在水泥砂浆、混凝土、石膏板和胶合板等墙面粘贴纸基塑料墙纸	
施工要点	基层的砂浆及其他抹灰面层应牢固、平整、干燥，含水率不宜大于 8%。对木质基层要求含水率不大于 18%~20%。粘贴塑料墙纸、墙布，背面应刷水，粘结复合纸质墙纸时，背面不能刷水，只须直接在墙纸上涂胶即可	

二、地板胶粘剂

主要用于木地板、塑料地板与水泥等基层的粘结。常用的粘合剂有：聚醋酸乙烯、环氧树脂类、聚氨酯类和氯丁橡胶类等各类地板胶粘剂。

醋酸乙烯—乙烯共聚乳液胶，白色黏稠状，含固量 50%~55%，可直接在水泥砂浆、混凝土地面上粘塑料地板或竹木地板。粘结强度和耐潮湿性比聚醋酸乙烯乳液胶好。此胶无毒、无味，属环保型的产品。

醋酸乙烯—丙烯酸丁酯胶，透明黏稠状，可直接在水泥砂浆、混凝土地面上粘塑料地板，无毒、无味、粘结力强。

水乳型氯丁胶，白色黏稠状，无毒、无味、耐潮防水，可直接在水泥砂浆、混凝土地面上粘塑料地板，胶层韧性好。

其他的各类地板胶粘剂的品种、特点、性质及用途见表 13-3 所示。

在选择地板胶粘剂时，要注意Ⅰ类民用建筑工程室内装修粘贴塑料地板时，不应采用溶剂型胶粘剂，Ⅱ类民用建筑工程中的地下室及不与室外直接自然通风的房间装修粘贴塑料地板时，不应采用溶剂型胶粘剂。

三、玻璃、有机玻璃胶粘剂

透明丙烯酸酯胶是能够在常温下快速固化的一种胶，完全固化时间为 4~8h，A、B 两组分混合后，可使用一周以上。具有粘结力强，操作方便等特点。透明丙烯酸酯胶无毒，粘结强度可根据需要进行调节，粘接有机玻璃的拉伸剪切强度可达 6.2MPa。使用时需注意，一类牌号只适用于有机玻璃、ABS 塑料、丙烯酸酯类共聚制品的粘接，另一类牌号的制品只适用于无机玻璃以及玻璃钢制品的粘接。

聚乙烯醇缩丁醛胶粘剂（PVB）是聚乙烯醇与丁醛在酸性催化剂条件下反应生成。对于玻璃的粘接力好，抗冲击力好，透明度高，耐老化性好，是用于夹胶玻璃制作的主要材料。

酚醛丁腈橡胶胶粘剂，具有耐汽油、酒精、海水，耐腐蚀、耐磨耗的特性。使用温度在 -60℃~200℃，抗剪强度可达 25MPa。

地板类胶粘剂的品种、特点、性质及用途　　　　　表 13-3

品种	特点	技术性质	适用范围	施工要点
聚醋酸乙烯水乳型	以聚醋酸乙烯乳液为基材，加改性剂和碳酸钙配制而成。无毒、耐老化、具有粘结强度高的特点	剪切强度（MPa）：1d：0.465 浸水 100h：0.816，冷热循环 10 次：1.4（20℃水中 8h、25℃空气中晾干 16h—循环）与木材粘结：2.5（全干后浸水 16h）	适用于聚氯乙烯塑料地板、木地板与水泥地板的粘结	1. 水泥地面基层处理应平整、干净，用湿布擦后应晾干 2. 分别在水泥地面和要粘贴地板的施工面上涂一层胶液，涂胶量为 2kg/m² 左右 3. 将已涂好胶液的板材与水泥地面用手压实，若有翘边可采用砂袋等均匀施压，时间约 10~15min 即可。施工温度应不低于 10~15℃
聚醋酸乙烯溶剂型	以聚醋酸乙烯共聚物为基材，加入添加剂制成的溶剂型塑料地板胶粘剂。具有干燥快、粘结强度高等特点	耐热（60℃）、耐寒（-15℃）		使用时按清浆：固体填料=2:1（重量比）调配均匀。用锯齿刮刀将调匀的胶在水泥等地面上刮涂均匀，涂布量为 3m²/kg，地板铺上后，用压辊压平。地板面上若粘有胶粘剂可用工业乙醇擦去
聚氨酯类	由氰酸脂和含有羟基的聚酯所组成，胶膜柔软，粘结性好，耐溶剂、耐水、耐弱酸	剪切强度（MPa）：塑料—水泥（1d）1.3	对塑料、木材等材料具有良好的粘合力。适合用于防水、耐酸碱的场合	将基层表面的油污先用溶剂去除干净，再砂毛处理，按材料要求配比调匀后，分别在水泥地面和地板背面涂胶，凉置半小时待溶剂挥发完之后，即可进行粘接。施工温度（28~30℃）固化时间为两天
环氧树脂类	以环氧树脂为主体材料，以聚酰胺作固化剂的双组分，胶粘剂具有粘接强度高、耐水、耐酸碱及其他有机溶剂等特点	剪切强度：45 号钢≥15MPa	适用于塑料、橡胶、陶瓷等非金属材料的粘接	基层要干燥、清洁，分别在水泥地面和地板背面均匀涂胶，压紧压实，在室温下放置 1~2 天即可使用
氯丁橡胶粘合剂	在基料中，配以一定量的树脂、助剂加工而成，耐水、耐老化、耐油、耐化学侵蚀		常用于木材、塑料、水泥制品、陶瓷、橡胶等的粘接	表面干净和干燥，分别在板背面和待贴面均匀涂胶，涂胶后在室温下放置 5~15min 之后，待溶剂挥发后，手拭不粘手，将两面粘合并压紧或赶实，溶剂污染环境
氯丁橡胶、三苯甲烷、三异氰酸酯胶粘剂	使用温度-20~60℃，具有一定的耐水、耐酸碱性质	剪切强度（MPa）：1d：0.58 7d：0.94	适用于聚氯乙烯地板与金属、木材、水泥地面的胶接	
氯丁橡胶-酚醛树脂胶粘剂	淡黄色胶液，施工方便且固化速度快	橡胶与铝合金粘合抗扯离强度：24h 不小于 1.1N/cm	常用于粘接塑料地板及软木地板等	

玻璃与有机玻璃胶粘剂的品种、特点，适用范围等见表 13-4 所示。

玻璃、有机玻璃胶粘剂的品种、特点及性质　　表 13-4

品种	聚乙烯醇缩丁醛胶粘剂	酮类有机玻璃胶粘剂	丙烯酸酯胶
特点	具有粘接性好、耐水、耐潮、耐腐蚀性良好等特点	无色透明的胶状液体，耐水、耐碱、耐弱酸等侵蚀，可在-10~60℃范围内使用	无色透明粘稠液体，一般能在 4~8h 内即可固化，固化后其透光率和折射系数与有机玻璃基本相同
技术性质	剥离强度（MPa）： 玻璃-玻璃 在干燥气体中放置 2d： 0.5~1.2 在干燥气体中放置 15d： 0.45~1.4	—	折光系数（25℃）： 固化前：1.427 固化后：1.4957 透光率（25℃）： 固化后：90%（10mm 厚） 剪切强度（MPa）：有机玻璃—有机玻璃>6.2
适用范围	适用于无机玻璃的粘接	适用于有机玻璃制品胶合	适用于有机玻璃、ABS 塑料、丙烯酸酯类共聚制品、无机玻璃以及玻璃钢之间的粘接
施工要点	将聚乙烯醇缩丁醛粉料：乙醇=1~2：8~9，配料溶解后，将胶液滴在玻璃上及时粘接，室温下自然固化	胶粘物两面涂胶，静置几分钟待胶液溶剂挥发，能拉丝时粘合并压紧，放置 6~8h 后即可使用	1. 将非粘结面糊纸保护 2. 将 A、B 二组分混合摇匀并静置消泡后将混合胶液滴在待粘结表面，并及时将两部分粘合，在室温下让其自然固化。操作中手上若粘有胶液可面球蘸取丙酮或二氯乙烷擦拭干净

四、瓷砖、石材胶粘剂

瓷砖、石材胶粘剂是近几年发展起来的一种新型胶粘剂，用料薄，施工速度快，粘结强度高，适用于瓷砖、石材与水泥基面的粘接，有些也适用于钢铁、玻璃、木材、石膏板等基面的粘贴。在装饰工程中，主要用于厕所、浴室、厨房、水池等长期受水浸泡或其他易受化学侵蚀的部位。

水泥聚合物胶为双组分，是以醋酸乙烯—乙烯共聚乳液、聚醋酸乙烯乳液、丙烯酸乳液加纤维素醚增稠剂、助剂为液体的一个组分，另一个为水泥和石英砂固体组分，按比例进行调配，粘结后期的强度高，耐水、耐潮，适用于内外墙面粘贴小块瓷砖。

灰色粉状水泥聚合物胶是以可分散的乳胶粉、水泥、石英砂、增稠剂、添加剂等调配而成，俗称干混砂浆。耐水、耐潮，具有韧性，适用于内外墙面粘贴小块瓷砖，是目前推荐使用的产品。

膏状聚合物胶，白色，是以醋酸乙烯—乙烯共聚乳液、溶剂、松香树脂、重钙粉调配而成（即 903 建筑胶），可现场直接使用。粘贴方便，不下滑，粘结强度高，耐潮湿，但不耐水。适用于室内平整墙面粘贴面砖，质量取决于所用的乳液品种和配方。目前品牌很多，但质量差别也很大。

不饱和聚酯树脂胶，甲、乙组分按比例调配，20min 以内就能固化，粘结快、强度高、耐候性好，适用于石材干挂固定。

环氧树脂胶，甲、乙组分按比例调配，白色或粉色黏稠体，50min 以内就能固化，粘结快，强度高于不饱和聚酯胶，耐候、耐水，适用于石材干挂固定或粘贴装饰石材，粘结处强度超过石材和混凝土本身。粘结强度可达20MPa，浸水强度1MPa左右，是目前使用最多的黏合剂。

其他胶粘剂的品种、特点及性质等详见表13-5所示。

瓷砖、石材胶粘剂的品种、特点及性质　　　　　　　　　　　　表13-5

	特点	技术性质	适用范围	施工要点
单组分瓷砖胶粉	在水泥基料中，加聚合物改性制成，具有耐水、耐久、施工操作方便等特点	灰白色粉状物外观；抗拉粘结强度（MPa）：1d 超过标准20% 抗剪粘结强度（MPa）：常温28d>1.3 耐水性：常温水泡7d，剪切强度（MPa）：>0.9 抗动性（15次）：无开裂、脱落现象 急冷急热（70℃烘12h后立刻用20℃水急冷浸泡12h，30次循环）：无脱落现象	用于在水泥、砂浆、混凝土、石膏板等基面上粘贴瓷砖、陶瓷饰砖、天然石材以及人造石材等	1. 要求被粘结基面应坚硬，无浮灰和油迹 2. 胶粉：水=1：3.5混合拌匀成胶液状，基层铺胶厚为3mm左右 3. 30min内应粘贴完成，1天后可勾缝装修
双组分石材粘接剂	水玻璃胶粘剂，硬化剂和填料等加工而成	粘接强度（MPa）：>1.5 浸水后粘接强度：>1.0	适用于在墙面上粘贴花岗岩、大理石和人造石板等	1. 粘贴基层要求坚硬、无浮灰和油垢 2. 分别将胶粘剂刷满被粘贴的基层各面，胶层厚度为3～6mm左右，但不应大于10mm 3. 施工温度应在18～30℃范围内

五、木材粘合剂

一般用聚醋酸乙烯乳液和强力胶。用于方与方、方与板或板与板之间的连接，由于木材板面一般要求看不到钉眼，也有采用强力胶的，但长期粘和的强度不如聚醋酸乙烯乳液（大白胶）。由于聚醋酸乙烯乳液的粘结强度形成的时间须在12h以上，在此期间，需要考虑压固措施。常用木材胶粘剂的品种、特点及技术性能等见表13-6所示。

木材粘合剂的品种、特点及性质　　　　　　　　　　　　表13-6

品种	聚醋酸乙烯乳液（白胶）	氯丁-酚醛型单组分胶
特点	以醋酸乙烯为主要原料，经聚合乳化而成的白色水溶性液体，无臭、无味，具有良好的粘结性	室温下可固化，使用方便，粘接力强，可在80℃以下使用
技术性能	固体含量（%）：48～52 黏度（cp）：2500～7000 　　　　　　7000～10000 pH 值：4～6	外观：淡黄色液体 干剩余：28%～33% 黏度：0.6～6Pa·S 剥离强度：2.1kN/m 拉伸剪切强度：2.0MPa
适用范围	用于粘结木材、纸制品、配制水泥胶粘剂等	适用于塑料、木材、纸、皮革，橡胶等的粘接

品种	聚醋酸乙烯乳液（白胶）	氯丁-酚醛型单组分胶
施工要点	在板之间或方板之间涂刷，用钉或钉板靠牢，24h 后可达粘结强度	粘接面分别均匀涂胶，晾置 20min 左右，手拭不粘后将两面粘合压紧即可。由于此胶含有机溶剂，使用时应注意隔离火源，保证安全

第三节　胶粘剂的选用方法

一种黏合剂在连接两种材料都可以将他们牢固的粘接在一起，但与此同时要考虑所连接材料的特性。胶粘剂的选用方法可参考表 13-7。

按粘接材质选用胶粘剂　　　　　　　　　表 13-7

相粘材料名称 ＼ 胶粘剂品种	酚醛	酚醛缩醛	酚醛聚酰胺	酚醛氯丁橡胶	酚醛丁腈橡胶	环氧树脂	环氧聚酰胺	过氯乙烯	聚酯树脂	聚氨酯	聚酰胺	聚醋酸乙烯酯	聚乙烯醇	聚丙烯酸酯	氰基丙烯酸酯	天然橡胶	丁苯橡胶	氯丁橡胶	丁腈橡胶
纸-纸													○				○		
织物-织物										○	○						○	○	
织物-纸													○				○		
皮革-皮革										○	○					○	○	○	
皮革-织物										○							○	○	
皮革-纸																	○	○	
木材-木材	○				○	○				○									
木材-皮革													○						
木材-织物										○							○		
木材-纸													○						
尼龙-尼龙			○		○		○			○	○								
尼龙-木材											○								
尼龙-皮革					○						○								
尼龙-织物					○						○								○
尼龙-纸					○						○								
ABS-ABS					○	○								○					
ABS-尼龙					○														
ABS-木材			○																
ABS-皮革			○																
ABS-织物			○																
ABS-纸			○		○	○						○							
玻璃钢-玻璃钢					○	○			○										
玻璃钢-ABS					○	○													

相粘材料名称 \ 胶粘剂品种	酚醛	酚醛缩醛	酚醛聚酰胺	酚醛氯丁橡胶	酚醛丁腈橡胶	环氧树脂	环氧聚酰胺	过氯乙烯	聚酯树脂	聚氨胺	聚酰胺	聚醋酸乙烯酯	聚乙烯醇	聚丙烯酸酯	氰基丙烯酸酯	天然橡胶	丁苯橡胶	氯丁橡胶	丁腈橡胶
玻璃钢-尼龙					○		○												
玻璃钢-木材					○	○													
玻璃钢-皮革					○	○													
玻璃钢-织物					○							○							
玻璃钢-纸					○	○						○							
PVC-PVC								○											○
PVC-玻璃钢					○		○												○
PVC-ABS				○	○														
PVC-尼龙					○		○												○
PVC-木材					○							○							
PVC-皮革					○							○							
PVC-织物					○							○							
PVC-纸					○							○							
橡胶-橡胶				○						○						○	○		
橡胶-PVC				○															
橡胶-玻璃钢					○	○				○									○
橡胶-ABS				○						○									
橡胶-尼龙					○														
橡胶-木材		○		○						○						○	○		
橡胶-皮革										○						○	○	○	
橡胶-织物										○						○	○		
橡胶-纸																○			
玻璃陶瓷-玻璃陶瓷		○		○	○	○									○				
玻璃陶瓷-橡胶		○	○							○					○	○			
玻璃陶瓷-PVC				○		○													
玻璃陶瓷-玻璃钢	○				○														
玻璃陶瓷-ABS				○	○														
玻璃陶瓷-尼龙						○				○									
玻璃陶瓷-木材		○		○	○					○		○			○				
玻璃陶瓷-皮革					○					○		○			○			○	
玻璃陶瓷-织物										○		○							
玻璃陶瓷-纸														○				○	
金属-金属		○	○		○								○		○				
金属-玻璃陶瓷		○	○	○		○				○									
金属-橡胶		○		○	○					○						○	○		

续表

胶粘剂品种 相粘材料名称	酚醛	酚醛缩醛	酚醛聚酰胺	酚醛氯丁橡胶	酚醛丁腈橡胶	环氧树脂	环氧聚酰胺	过氯乙烯	聚酯树脂	聚氨酯	聚酰胺	聚醋酸乙烯酯	聚乙烯醇	聚丙烯酸酯	氰基丙烯酸酯	天然橡胶	丁苯橡胶	氯丁橡胶	丁腈橡胶
金属-PVC				○	○			○											
金属-玻璃钢						○	○	○											
金属-ABS				○															
金属-尼龙	○										○							○	○
金属-木材	○	○		○	○							○	○			○			
金属-皮革												○	○			○		○	○
金属-织物												○	○			○			
金属-纸												○				○			

注：○表示可以选用

各种胶粘剂的基本性能、主要胶粘对象与商品名称牌号参见表13-8所示。

各种胶粘剂的基本性能与主要用途 表13-8

粘和剂	基本性能	主要胶粘用途	商品牌号
脲醛树脂	胶层无色、耐腐蚀、耐有机溶剂、耐热、耐光照性好，可室温固化。耐水和耐老化性能差、固化时刺激性味大	胶粘木材、竹材、织物	5011
酚醛树脂	粘附力大、耐热、耐水、耐酸、耐老化，电绝缘性能优异，收缩率大、胶层易变色	胶粘木材、聚苯乙烯泡沫	206、214、2123、2127
酚醛—缩醛	粘接力大、韧性好、强度高、耐低温、耐大气老化性极好、耐热性较差	胶粘钢、铁、铝、玻璃、陶瓷、塑料	201、E—5、SY—9、204、SY—32
酚醛—丁腈	粘接力大、强度高、韧性好、耐热、耐水、耐湿热、耐老化极好、耐疲劳、耐高低温。需加压高温固化	胶粘钢、铝、铜、玻璃、陶瓷等，可作为结构胶	J—04、J—15、JX—10、705、709、KH—506
酚醛—环氧	粘附力大、剪切强度高、耐热、韧性差	胶粘金属、非金属、玻璃钢	E-4
酚醛—尼龙	韧性好、耐油、强度较高，耐水和耐乙醇性较差	胶粘金属、非金属	SY—7、GXA—2
环氧—脂肪胺	粘接力大、强度较高、耐溶剂、收缩小、可室温固化、脆性大、耐热性差	胶粘金属、非金属	农机2号
环氧—聚酰胺	粘接力大、韧性好、强度较高、耐有机溶剂、耐低温、耐冲击、可室温固化，耐热性较差，低于室温时固化困难、耐水、耐湿热和耐老化性能差	金属与玻璃钢的胶粘，金属间的粘接	J—11、JC-311
环氧—聚硫	韧性好、强度较高、耐有机溶剂、耐水、耐老化性好，密封性好。可室温固化、耐热性较差、有臭味	胶粘金属、玻璃钢、陶瓷、玻璃	HY—914、KH—520、农机1号

粘和剂	基本性能	主要胶粘用途	商品牌号
环氧—尼龙	韧性好、强度高、耐油、耐水和耐湿热老化性能差，需加温固化	胶粘金属	420，SY—8
环氧—丁腈	强度高、韧性好、耐老化、耐热、耐有机溶剂、耐水、耐疲劳，需高温固化	胶粘金属、玻璃钢、玻璃、陶瓷	自力—2、SG—2、KH—511、KH—223、KH—802
环氧—聚氨酯	韧性好、耐超低温	胶粘金属、非金属	HY—912、717
环氧—聚醚	强度高、韧性好	胶粘金属、玻璃钢	E—11、E—12
聚氨酯	粘接力好，耐疲劳、耐有机溶剂、韧性好、剥离强度高，耐低温性优异，可室温固化。耐热和耐水性较差	胶粘金属、皮革、橡胶、织物、塑料	101、405、JQ—1，J—38、J—58
不饱和聚酯树脂	粘度低、强度较高、耐热、耐磨，可室温固化，电绝缘性能好，收缩性大、耐水性差	胶粘金属、有机玻璃、聚苯乙烯	BS—1、BS—2、307、301、BS—3
a-氰基丙烯酸酯	室温瞬间固化、强度较高、使用方便、无色透明、毒性很小，脆性大，耐热、耐水、耐溶剂、耐候性都比较差，	胶粘金属、非金属	KH—501、502、504、508
天然橡胶	弹性好、耐低温、耐潮湿、粘接力差、强度低，耐有机溶剂性差	胶粘棉织物	XY—103
压敏	粘力大、可反复胶粘、使用方便、耐水、绝缘、用途广泛。耐热性较差、容易蠕变、耐久性差	粘贴标签、薄膜（粘合剂涂在纸、布、塑料薄膜上）	JY—201、Jy-4、J—33、PS—2、PS—10
密封	耐水、耐油、耐压、耐热、密封性好	胶粘金属、玻璃、石材、混凝土等	S—2、D—0.5
光敏	快速固化、粘接强度高	有机玻璃、玻璃、聚碳酸酯、聚苯乙烯等透明材料的粘接	GM—1、GM—924
第二代丙烯酸酯	室温快速固化、强度高、韧性好、可油面粘接、耐水、耐热、耐老化、气味较大、贮存稳定性差	胶粘金属、陶瓷、玻璃、橡胶、塑料	SA—200 J—39、SA—102
有机硅树脂	耐高温、耐水、耐老化、脆性大	胶粘合金钢、有色金属、玻璃	KH—505、JC-2
氯丁橡胶	粘接力大、阻燃性好、韧性好、耐有机溶剂、耐水、耐臭氧、耐老化，耐寒性差、耐热性较差	胶粘塑料、橡胶、皮革、织物、木材	801、XY—402 XY—403、202
丁腈橡胶	耐有机溶剂、耐磨、耐热、耐老化、耐冲击，耐臭氧。粘附性差、电绝缘性能差	橡胶、金属，织物、木材	XY—501、730
丁苯橡胶	耐热、耐磨、耐老化。粘附性和弹性差	橡胶与金属的粘接	丁苯橡胶胶粘剂

粘和剂	基本性能	主要胶粘用途	商品牌号
丁基橡胶	耐热、耐溶剂、耐臭氧、耐冲击、耐寒、耐老化、气密性好	聚乙烯和聚丙烯的粘接	SB—R、XHY—4
聚异丁烯	耐化学药品、耐老化、电性绝缘性能突出，易蠕变	塑料、金属、非金属	聚异丁烯胶粘剂1号
聚硫橡胶	耐溶剂、耐臭氧、耐老化、耐低温、耐冲击、密封性好、固化收缩小、粘附性差、强度低、有臭味	金属、织物、皮革、橡胶	XM—33、XM—21、XM—15、620、CP—2
硅橡胶	耐高温低温、耐热、耐臭氧、耐紫外线，耐水、电绝缘性能好。粘附性差、强度低	硅橡胶、塑料、金属、非金属、玻璃、陶瓷	CPS—1、703、705，GN—521

第十四章 —— 装饰纤维织物

织物很早就作为装饰装修物品进入家庭生活。而布艺的编结工艺起源于 13 世纪阿拉伯国家的编织艺人。在沿纺织品的边缘把多余的线纱打结编织形成特殊装饰效果。经过不断地更新和改进，现已广泛用于制作衣物、饰物、门帘、壁挂、花盆吊挂等。

织物作为室内的软装饰包括：地毯、壁布、窗帘、帷幔、家具蒙面料、靠垫、床上覆盖用的床单及罩单、壁挂等。织物名称、组成及应用范围见表 14-1 所示。

布艺名称组成及应用范围　　　　　　　　　　　表 14-1

织物名称	组成	应用范围
印花棉布	棉纤维	壁布、床上覆盖品、窗帘、帷幔、靠垫
提花织布	棉纤维、亚麻、合纤	窗帘、帷幔、家具饰面
条格花布	棉、涤棉	窗帘、壁布、床上覆盖品、靠垫
贡缎	棉纤维	床罩、窗帘、帷幔、家具饰面
织锦缎	醋酸纤维、丝和棉纤维	高级壁布、家具饰面
软缎	熟丝、醋酸纤维、尼龙	绗缝被、床罩、窗帘、靠垫
平纹绸	醋酸纤维、棉纤维、化纤	床罩、床上用品、窗帘、桌布
天鹅绒	丝、醋酸纤维、棉纤维	落地窗帘
针织绒	化纤针织起绒	室内各种软装饰
泡泡纱	全棉、涤棉	普通软装饰
网眼纱	棉、合纤经编	纱帘
蝉翼纱	合纤	纱帘
薄绸布	合纤	一般纱帘
乔其纱	丝绸	高级纱帘
巴黎纱	棉、棉涤纤维	一般纱帘

窗帘的悬挂有纱、绸、布、呢四种类型，一般纱帘悬挂于外层，绸帘挂于中层，布或呢帘在最里层。窗帘的款式有布带式、套管式、荷叶边套管式等。窗幔有套管式、悬垂式、非对称悬垂式等。

床围有平式打褶床围、皱褶床围两种；床罩有床单式和复合式两种；枕套有西式、荷叶边式和桶式三种。

多年以来，这些装饰织物无论在品种、花样、材质及性能等方面都有长足发展，为现代室内装饰提供了广泛和良好的可选材料。

纤维装饰织物与制品在室内起着很重要的装饰作用。近年来，轻装修、重装饰理念的扩展，使陈设与软装饰织物在室内装饰中占有越来越重要的地位。布艺具有色彩艳丽、图案丰富、质地柔软、富有弹性、温馨宜人等特性。合理的选用装饰织物，不仅给室内披挂豪华丽装，同时也能给室内锦上添花，为人们的生活带来舒适感。织物还有一个特点是可以根据需要更换，给人们新的视觉冲击，给室内的享用者不断带来好心情、新感觉。

第一节　纤维的基本知识

装饰织物用纤维有天然纤维、人造无机纤维、化学纤维和混合纤维等。这些纤维材料以其各自的特点，直接影响到所编织物的质地、性能和使用。

一、天然纤维

天然纤维是自古以来人们就已发现使用的纤维，包括毛、棉、麻、丝等。动物的毛发与蚕分泌物形成的丝同属于蛋白质纤维。

1. 羊毛

羊毛纤维弹性好，不易污染、不易变形、不易燃烧、易于清洗，而且可以根据需要进行染色处理，制品色泽鲜艳，美丽豪华，经久耐用。羊毛制品给人一种温暖宜人的接触感，多被制成地毯置于脚下，也有作为艺术品挂于墙上。羊毛及其制品的最大缺点是易虫蛀，所以应采取相应有效的防虫蛀和防腐措施。

2. 棉、麻

棉、麻是植物的纤维，棉纺织品的布艺有素面和印花等品种，棉纺品易洗、易熨，便于染色、不易褪色，有韧性，可反射热，可做垫套装饰之用。棉布性柔，摺线不易保持，易污、易皱。亚麻纤维性刚、强度高、耐老化、制品挺括、耐磨、通气好、人接触有凉爽感。缺点是易起皱，比棉纤维脆。由于棉麻植物纤维的资源不足，所以常掺入化纤混纺，不仅降低了造价，也改善了性能，可以做垫、罩、窗帘等。

3. 丝绸

很久以来丝绸就一直被用作装饰材料。它纤细、柔韧，半透明、易上色，而且光色柔和，手感滑润，用作墙面裱糊或浮挂，是一种高档的装饰材料。

我国地域广阔，动植物纤维资源丰富，品种也较多，如木质纤维、竹纤维、苇纤维、椰壳纤维、驼绒、兔毛等均可被用于制作不同形式的天然纤维装饰制品。

二、化学纤维

高分子材料的发展为各种化学纤维制品的生产奠定了良好的基础。化学纤维一出现，就受到人们的喜爱。它不但克服了天然纤维的缺点，又模仿其优点，使合纤在纺织品市场上，不断扩展份额，并占有十分重要的地位。

1. 化学纤维的分类

化学纤维在某种意义上来说也是合成纤维或人造纤维。并不是所有的人造纤维都是合成纤维，有些人造纤维是从一些经过化学变化或再生过程的天然产物中提取出来的。真正的合成纤维基本上来自石油化学产品。各种人造纤维有某些共同点，如可采用单丝或复丝的形式，纺纱时不需要额外的工序，防虫蛀，通常不会引起过敏。许多人造纤维防水防尘，因此易于保养，质量稳定。最重要的是，人造纤维可通过专门设计与制作以满足特殊使用需求。这里我们用化学纤维来泛指各类具有相同化学构造的人造纤维。

化学纤维的分类见表14-2。

2. 常用的化学纤维

（1）聚酯纤维

涤纶耐磨性能好，略比锦纶差，是天然纤维棉花的 2 倍，羊毛的 3 倍。在湿润状态下，涤纶同干燥时一样耐磨。涤纶耐晒、耐热、不怕虫蛀、不发霉。涤纶染色困难，清

化学纤维的分类　　　　　　　　　表14-2

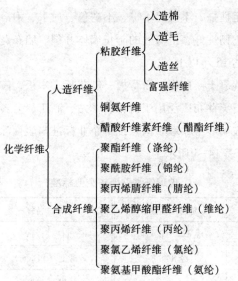

化学纤维
- 人造纤维
  - 粘胶纤维
    - 人造棉
    - 人造毛
    - 人造丝
    - 富强纤维
  - 铜氨纤维
  - 醋酸纤维素纤维（醋酯纤维）
- 合成纤维
  - 聚酯纤维（涤纶）
  - 聚酰胺纤维（锦纶）
  - 聚丙烯腈纤维（腈纶）
  - 聚乙烯醇缩甲醛纤维（维纶）
  - 聚丙烯纤维（丙纶）
  - 聚氯乙烯纤维（氯纶）
  - 聚氨基甲酸酯纤维（氨纶）

洁时，要小心清洁剂碰到涤纶织品上，以免漂浅或失色。

（2）聚酰胺纤维

锦纶也称尼龙。在所有的天然纤维和化学纤维中，锦纶的耐磨性是最好的，比羊毛高20倍，比粘胶纤维高50倍。如果用15%的锦纶和85%的羊毛混纺，其织物的耐磨性可比纯羊毛织物高出3倍多。

锦纶不怕腐蚀，不发霉、不怕虫蛀。锦纶吸湿性差，易于清洗。但锦纶也有一些缺点，如弹性差、易招灰尘、易变形、遇火易熔融，在干热条件下易产生静电。与80%的羊毛混纺后，可明显改善锦纶的性能。

（3）聚丙烯纤维

丙纶具有质轻、弹性好、强力高、不霉不蛀、耐磨性好、易于清洗等优点，而且生产过程也较其他合成纤维简单，生产成本低。

（4）聚丙烯腈纤维

腈纶非常耐晒，如果把各种纤维放在室外曝晒1年，腈纶的强力只降低20%，棉花则降低90%，蚕丝、羊毛、锦纶、粘胶等其他纤维强力则将为零。羊毛的密度为$1.32g/cm^3$，而腈纶的密度为$1.07g/cm^3$，腈纶纤维蓬松卷曲，柔软保暖，在低伸长范围内弹性的回复能力接近羊毛。腈纶强度相当于羊毛的2~3倍，但腈纶的耐磨性在合成纤维中是较差的一个。腈纶不霉、不蛀，耐酸碱腐蚀。

三、玻璃纤维

玻璃纤维是由天然材料如石英砂、苏打、石灰和白云石等在1200℃高温下由熔融玻璃制成的一种纤维纱材料，直径数微米至数十微米。玻璃纤维性脆，较易折断，不耐磨，但抗拉强度高，伸长率小，吸湿性小，不燃、耐高温、耐腐蚀、吸声性能好，可纺织加工成各种布料、带料等，或织成印花墙布，制成石英壁布。这种墙布能防止微生物或寄生虫的滋生，也不聚积静电，从而避免发生过敏反应。表面接触有温暖感，织物结构的开放空隙有利于水蒸气的自然扩散，促进室内气候调节，是一种新型的绿色环保建材。

石英壁布化学稳定性强，不燃、不霉、不褪色、耐水、耐溶剂、耐酸碱，可随意擦洗墙上的污物。由于它韧性好，可有效的防止墙体开裂。墙布花纹错落，具有一定的吸声作用，使用寿命可达 15 年以上。

石英壁布适用于混凝土、砖墙、石膏板、刨花板、木板、陶瓷等表面，重新装饰可在其表面滚刷涂料。石英壁布广泛用于机场、车站、酒店、公寓、写字楼、商场、娱乐场所和家庭等。有关玻璃纤维贴墙布国家统一企业标准与表面涂料对玻璃纤维布的性能影响分别见表 14-3 与表 14-4 所示。

玻璃纤维贴墙布企业标准 表 14-3

项目名称	统一企业标准	项目名称	统一企业标准
原纱支数（支数/股数）	经 42/2 纬 45/2	重量（g/m²）	155±15
单丝公称直径（μm）	经 8 纬 8	密度（根/cm）	经 20±1 纬 16±1
厚度（mm）	0.15±0.015	断裂强度（kg/25×100mm）	经 65 纬 55
宽度（cm）	91±1.5	含油率组织	斜纹

（CW150）

表面涂料对玻璃纤维布的性能影响 表 14-4

性 质	涂料系统		
	丙烯酸分散漆	丙烯酸搪瓷漆	醇酸漆 W
装饰性结构	●	●	●
高扩散，开孔	●		
耐酒精		●	●
龟裂补强	●	●	●
耐消毒剂		●	●
抗限量消毒剂	●		
可除脏剂		●	
无光泽	●		
丝绸状光泽	●		
高度光泽		●	
抗清洁剂（一般性）	●	●	●
高度抗清洁剂		●	●
防潮	●		●

以中碱玻璃纤维布为基材，表面涂以高分子树脂，印上色彩图案，可作为墙布使用。印花玻纤壁布花色品种多，色彩丰艳、不易褪色，防火性极佳，耐潮可擦洗，但应注意涂层磨损后散出的玻纤可能刺伤皮肤。印花玻纤壁布的品种规格技术性能见表 14-5。

玻纤印花墙布品种、规格、技术性能　　　表 14-5

产品名称	规格					技术性能				
	厚（mm）	宽（mm）	长（m/匹）	单位质量（g/m²）	日晒牢度（级）	刷洗牢度（级）	摩擦牢度（级）	断裂强力（N）		
								径向	纬向	
玻纤印花墙布	0.17~0.20	840~880	50	190~200	5~6	4~5	3~4	≥700	≥600	
	0.17	850~900	50	170~200	—	—	—	≥600		
	0.20	880	50	200	4~6	4（干洗）	4~5	≥500		
	0.17	860~880	50	180	5	3	4	≥450	≥400	
	0.17~0.20	900	50	170~200	—	—	—	—	—	
	0.17~0.20	840~880	50	170~200	—	—	—	—	—	

四、纤维的鉴别方法

正确的识别各类纤维，对于设计与选用都是有指导作用的，纤维鉴别的方法不少，但简单易行的方法就是燃烧，由于各种合成纤维与天然纤维燃烧速度的快慢，产生的气味、灰烬的形状等有所不同，我们可从织物上取出几根纱线，用火点燃，观察它们燃烧时的情况，就可做出分辨。几种主要纤维燃烧时的特性见表 14-6。

燃烧法鉴别各种纤维的特征　　　表 14-6

纤维	燃烧特征
棉	燃烧很快，发出黄色火焰，有烧纸般的气味，灰末细软，呈深灰色
麻	燃烧起来比棉花慢，发黄色火焰与烧纸般气味，灰烬颜色比棉花深些
丝	燃烧比较慢，且缩成一团，有烧头发的气味，烧后呈黑褐色小球，用指一压即碎
羊毛	不燃烧，冒烟而起泡，有烧头发的气味，灰烬多，烧后成为有光泽的黑色脆块，用指一压即碎
粘胶、富强纤维	燃烧很快，发出黄色火焰，有烧纸的气味，灰烬极少，细软，呈深灰或浅灰色
醋酯纤维	燃烧时有火花，燃烧很慢，发出扑鼻的醋酸气味，而且迅速熔化，滴下深褐色胶状液体。这种胶体液体不燃烧，很快凝结成黑色、有光泽块状，可以用手指压碎
锦纶	燃烧时没有火焰，稍有芹菜气味，纤维迅速卷缩，熔融成胶状物，趁热可以把它拉成丝，一冷就成为坚韧的褐色硬球，不易研碎
涤纶	点燃时纤维先卷缩，熔融，然后再燃烧。燃时火焰呈黄白色，很亮、无烟，但不延燃，灰烬成黑色硬块，但能用手压碎
腈纶	点燃后能燃烧，但比较慢。火焰旁边的纤维先软化、熔融，然后燃烧，有辛酸气味，然后成脆性小黑硬球
维纶	燃烧时纤维发生很大收缩，同时发生熔融，但不延燃。开始时，纤维端有一点火焰，待纤维都熔化成胶状物之后，就燃成熊熊火焰，有浓色黑烟。燃烧后剩下黑色小块，可用手指压碎
丙纶	燃烧时可发出黄色火焰，并迅速卷缩、熔融，燃烧后呈熔融状胶体，几乎无灰烬，如不待其烧尽，趁热时也可拉成丝，冷却后也成为不易研碎的硬块
氯纶	燃烧时发生收缩，点燃中几乎不能起燃，冒黑烟，并发出氯气的刺鼻臭味

第二节　陈设装饰织物

帷幔及陈设覆盖织物是指窗帘、浮挂、家具蒙面、靠垫及床上用品等，这些物品在室内除了具有一定的使用价值外，它们在空间中，通过款式、质地来增加室内柔和婉约的艺术气氛，并通过它们的色彩、形式来调整室内硬装修及家具在色彩和图案方面的不足，以起到对比与烘托的作用。由于纺织物的纤维除了具有手感柔软、柔和亲切之外，对直接接触的人体没有任何副作用或副作用很小。帷幔及陈设覆盖织物以美观，优良的材质和丰富的图案所具有表现力，使人感到舒适、温柔。因此，室内不仅大量使用帷幔及床上用品，就连墙面的浮挂装饰也在不同程度取代了壁纸，而这与壁纸及其相应的胶合材料对人体的危害有关。

软装饰的魅力也表现在室内硬装修及家具陈设的对比上。家具在室内容易给人一种硬制的冷漠感，而织物柔和自然流畅的褶纹及纹样、色彩，却给这样的空间带来暖意和柔情，自然的木纹家具与柔和、松软的织物形成的鲜明对照和彼此的映衬，使得空间气氛祥和、协调。

对于家庭室内装饰，尤其需要温馨浓郁、宁静甜美的室内气氛，软装饰的可塑性，恰好能充分地渲染和营造出这种温情的生活气息。

帷幔、床上覆盖品、沙发罩等是生活中人们必须使用织物的地方，也是与人最密切的生活物品，在室内所占面积之广，具有举足轻重地位。织物以其独特纹样、色彩、装饰性、款式、造型的感染力，与家具等陈设一起给生活增添了情趣。

室内软装饰比起硬装修来，有易于更换，替换方便的优点，而且价格也相对便宜。不同色调、款式的织物搭配起来就有不同效果，经常更换，既丰富多彩又能经常充满新鲜感。

在空间功能不同的环境里，软装饰所占比重和所起作用也不同。例如，起居室是以空间装饰陈设为主体，突出装饰性与观赏性，软装饰则作为点缀，如沙发上的巾；而卧室是以软装饰为主体，硬装修与陈设则大都被软装饰覆盖。

软装饰在室内的作用不仅局限在住宅、宾馆、酒店，在办公室也具有同样的作用。现在办公室大多采用现代感较强的现代办公设备与陈设。在窗的处理上采用现代感较强的百叶帘居多。但百叶帘线条较硬，质地平整挺括，色彩较单调，视觉效果冷漠，在工作环境空间大、人多、工作频率高的情况下，容易使人产生疲倦与烦躁。如果采用褶纹自然、圆顺，色彩丰富的纱帘和布质窗帘，则会给人带来一种轻松、柔和、舒畅的视觉感受。良好的视觉效果可以松弛工作带来的紧张情绪，有利于提高工作效率。

在室内装饰中，硬装修与软装饰是相辅相成、相互作用的互补关系，不可以偏重一方，而忽视另一方，室内织物在装饰质量上，主要取决于它的材质、肌理效果、色彩与纹样。应根据室内功能的需求，作好软装饰的选材与设计。

一、窗帘与帷幔

窗帘、帷幔以它柔和婉约的质感，丰富了室内的空间结构，对家具等陈设的造型、色泽、质地等因素起着增强或减弱的作用，增进了室内生活气息和艺术情调。在室内设计中，常常需要对织物材料的质地、薄厚、光泽、色彩、织纹、图案等进行选择，以完成层数、幅宽、长短和悬挂方式的设计。

窗帘按材料质地和薄厚分为纱、绸、布、呢四种。

1. 纱帘有稀疏、轻柔、薄透的特点，有良好的透气性能，有优美的编织图案和色泽。它可以减弱室内明暗的对比，丰富室内空间气氛，使室外的景象隐约可见。可以增加含蓄柔和的氛围和私密感，增添浪漫、活跃的情趣，使室内充满温暖与亲切感。

纱帘悬挂于外层，可根据室内的格调来选择材料，如乔其纱、蝉翼纱、经编纱等织物。纱帘色彩以白为主，也有浅淡、素雅的含灰色彩。纱帘的悬挂方法多种多样，可以造成不同的视觉效果。

2. 绸帘通常挂于中层，作为遮阳和调节光线之用。绸帘薄厚介于纱、呢料之间，具有半透明性质，一般选用质地优良的平纹绸、印花棉布、泡泡纱、薄绸布、条格花布等面料。这类面料织纹细密，材质柔韧，悬挂起来挺括，悬垂纹路自然圆润，其柔顺的视觉效果和墙壁、家具陈设产生对比。由于这层帘的面料、色彩、纹样强于纱帘，容易在整体空间效果方面有更强感染力。如果使用双层帘其是里层帘，在室内有大面积的可视面积，因此，在选择设计时，要认真考虑整体空间的风格与效果。

3. 呢帘是三层帘的最里层。呢帘的优点是保暖、隔音性能好，而且能更好地掩蔽光线。呢帘的质地要求厚实、不透光，可以选用丝绒、麻绒等面料，也可以选择织纹粗犷、纹理变化多样、肌理效果明显、色彩稳重大方、质感好、经久耐用的呢料。这类面料雅致、高贵、庄重、大方，有非常强烈的视觉与触觉效果。

纱帘、绸布帘、呢帘三种布艺肌理，具备了三种不同的功能，不同的对比关系又形成了丰富的视觉效果和美感。当然，也有使用线毯、土织锦等织物，这些具有民族、民间特色的织物，如果在室内布置运用得当，可营造出非同一般的艺术氛围。

简约风格的房间，使用单纯、简洁的装饰手法，选择柔和、质朴效果的柔软轻薄的面料，如巴黎纱、条格布、细纹布等，形式可采用短帘或一般长帘。

华丽浪漫风格的房间，可以选择印花布、印花贡缎、印花绸等面料，不适宜选用印花纹样凌乱、色彩强烈、闪光或反光强的面料，这样容易造成一种浮华缭乱的视觉氛围。也可以使用亮艳的单色，加上一些装饰，同样可以产生浪漫的效果。形式则可采用多皱褶或装饰性强的帷幔。

高雅别致风格的房间，一般追求面料本身的高贵感和布艺的精致。如选用缎类、丝绒、绸类面料。绸缎类面料可再用电脑机械绣花成为高档帘布，素雅的质地衬托出纹样的工细精巧，更显典雅别致，一般采用素色居多。

二、家具蒙面织物

家具蒙面织物的选料与设计要根据它在室内空间环境中的作用、室内陈设艺术和家具造型艺术的关系，综合考虑织物的质地与色彩。此外还要照顾到家具整体造型和审美要求，以及与窗帘、桌布等其他织物布艺间的和谐与对比。还应注意它对整个空间室内陈设是否能起到相得益彰、完美和谐的统一效果。

家具蒙面织物的质地一般应厚实、耐拉、坚韧而富有弹性，具有良好的触觉和视觉效果。一般采用有明显织纹的各式毛呢或化纤混纺织物面料。粗花呢织纹粗显、材质柔韧、质感柔和、色彩素雅，棉毛、丝麻及混纺沙发呢都有较好的装饰效果。这类织物的织纹清晰，色彩含蓄，没有光泽，易与抛光的家具木质形成对比，增强了家具的艺术效果。

蒙面织物的选料不宜过于闪光或过于粗犷。过于闪光的面料在灯光下会发生眩光，显得缭乱抢眼，减弱了家具的视觉艺术效果，削弱了整体的和谐美。织物质地过于粗犷，看上去蒙面就会过于粗糙，还可能会与家具的品质及室内整体格调不相协调。

家具蒙面是为了更好地衬托家具、丰富家具与室内的整体效果，色彩选择宜素雅含蓄，如果选择带有图案纹样，要考虑有助于家具风格的形成，能丰富家具的视觉表达艺术效果。一般的选择是单位纹样的尺度不宜过大，纹样结构组织不宜过乱，色彩不宜过多、过杂。

1. 台面蒙面织物，桌、台、柜等家具覆盖的织物为台面装饰织物，但这并不意味着桌、台、柜就必须覆盖织物。选用织物面积花色以不影响家具本身的装饰美为原则，要恰到好处，宜少不宜多。覆盖织物的样态应从属于整体设计艺术效果，不能因喜欢某一织物而忽视家具与室内装饰的关系。覆盖桌面使用最多的是台布，台布的种类很多，有印花台布、刺绣台布、网扣台布、挑花台布、蜡染台布和织花台布等。

印花台布以餐桌布居多。色调和谐，自然生动的图案会给人以轻松、活泼之感，纹样有自然花卉或格子花等。

刺绣台布刺绣的种类很多，有抽纱刺绣、手绣、补花刺绣等等，呈现的效果各不相同。抽纱刺绣为刺绣之首，工艺精美，绣品高雅。平绣是指用一般的刺绣技法，没有太多的变化，比较普通。补花刺绣是补与绣相结合的产物，绣品大多使用本色布和白布，适合于各种空间的装饰。

织花台布以少数民族或汉族民间的土织布、土织锦为主，纹样色彩很有特色，有很强的地域性，是装饰具有个性风格房间比较理想的点缀物。

蜡染、扎染台布是很有特色的民间工艺品，具有淳朴自然之美。

2. 椅子、沙发类家具坐垫、靠垫织物是一种实用的点缀装饰配件。在设计上应重视它的材料、色彩、图案与家具的关系。在室内，家具陈设是主要的，靠垫、坐垫作为点缀可以丰富家具的效果和室内整体气氛。靠垫的造型大多使用圆形或方形，装饰的款式和表现形式多种多样，但都离不开织、补、绣、编、印染等染织工艺。

织锦坐垫、靠垫以质量与品味点缀出高雅的情调，豪华的气派。特色点缀在具有个性特点的环境中，艺术效果会更加浓烈迷人，产生一种情思悠远的情调与韵律，更具民族性与地方性。织锦中数南京云锦、杭州织锦为佳；少数民族的土织锦和汉族民间织的土布也是别有情趣，粗犷奔放奇特的纹样，随心所欲的构图，猎奇大胆的设色，浓郁强烈的地域风格，都令人耳目一新。

刺绣是装饰工艺品中的佼佼者。手工刺绣精致典雅，工艺精美，是其他工艺无法比拟的。机绣尤其是电脑机绣可以创造出丰富浪漫的效果。补花作为刺绣中一个品种，以单色为底布，在上面补绣一些花卉动物纹样，效果丰富多彩，是情趣空间多用织物的装饰品。挑花绣是民间妇女绣的一个品种，尤其是西南少数民族地区，挑花绣很盛行，作品朴素、秀丽。

手工蜡染、扎染以别致的手法和意想不到的渗透效果，表现出一种朴素的自然美，以此来装点室内，平添一份回归自然和乡土文化的情趣。

3. 沙发套、沙发披巾

沙发套的作用是为了保持原有沙发蒙面布料的清洁，延长沙发蒙面布料的使用时间。沙发套既要保持原有沙发的造型，还要保证原有的装饰效果。因此，裁剪制作方法尽量与原沙发保持一致，保证造型准确。沙发套面料一般应选择质地牢固、织纹明显、布料厚重的强力织物。色彩可与原蒙面织物接近，也可与原有的效果不同，这也是装饰。沙发套可以全部罩住，也可以局部罩住，局部是将易脏的靠背、扶手部位罩住，其他部位还显露出原蒙面效果。

沙发披巾是局部罩住的织物选择，是为了防止人的头部、手部接触沙发蒙面，将织物污染而放置的，具有实用与装饰两重性。沙发披巾的种类、形式丰富，工艺制作与台布相同，如设计选择得当，可在室内空间中起到很好的点缀作用。

4. 床上织物用品

床上织物用品是指床罩、枕头、靠垫、被子等。床是卧室中供人休息、睡眠的地方，由于床占地面积大，因此，卧具覆盖织物对室内空间陈设艺术的影响就大。卧室是家庭中最温馨、舒适、恬静的私密场所，是每个家庭精心营造的核心。在卧室内，为了使室内陈设较为完整简洁，床上多用平铺后加盖罩单的形式。床上覆盖织物的装饰效果与其他室内织物的搭配形成室内整体风格，是烘托情趣与生活氛围的重要因素。其覆盖织物的装饰方法、花色选择、面料质地的和谐程度决定着不同的艺术效果。

床上装饰织物的款式有简约和华丽之分。如何在床罩、枕头、靠垫、被子的搭配中产生这种感觉，需要了解它们之间的搭配关系。床罩通常是和床围一起使用，床围是遮住床垫以下部分，床罩覆盖床垫以上部分，床罩的长短可以盖过床垫的厚度，也可以垂至地面。床单式床罩比较简单，可以是单层，也可以是双层加里。面料色彩素雅，效果则过于朴素、简单，如果与打裥床围搭配，单从款式上看过，就会产生一种简繁对比的效果。同一种款式，织物的图案色彩华丽、鲜艳与否，其效果也大不相同。拖边式皱褶装饰床罩与皱褶床围搭配，因为都是皱褶或花边的装饰，其华丽感就会比较强。

床上用品在统一的基础上需要有对比，以防呆板，少量对比可以起到点缀床面的效果。

第三节　壁　布

在现代建筑装饰中，木质人造板材、大白乳胶漆、壁纸壁布及浮挂织物装饰制品逐渐取代了传统泥壁、墙纸、麻刀白灰等内墙装修做法。采用织物装饰墙面，通过质地柔软，效果独特的壁布可以柔化、美化空间，而受到人们的喜爱。墙面装饰织物是指以纺织物和编织物为面料制成的壁布，其原料可以是丝、毛、棉、麻、化纤等，也可以是草、树叶等天然材料。由这些材料制成的主要品种有织物壁纸、棉纺装饰墙布、织锦缎壁布、玻璃纤维墙布、无纺墙布、化纤装饰墙布等。织物壁纸现有纸基织物壁纸和麻草壁纸两种。

一、纸基织物壁纸

纸基织物壁纸是由棉、毛、麻、丝等天然纤维及化纤制成的粗细纱，织后再与纸基粘合而成。这种壁纸是用各色纺线的排列成各种花纹达到艺术装饰效果，品种有的制成浮雕图案，有的为绒面，有的带有荧光，有的在线中编进金线、银丝，使织壁呈现点光闪耀。纸基织物壁纸色泽、花色品种别具一格，其规格、品种、技术性能见表14-7。

织物壁纸主要产品、规格、技术性能　　　　　　　　　　表 14-7

产品名称	规格（mm）	技术性能
纺织艺术壁纸	幅宽：914，530 长度：15000，10050	耐光色牢度：>4 级 耐磨色牢度：4 级 粘接性：良好 收缩性：稳定 阻燃性：氧指数 30 左右 防霉性（回潮 20%封闭定温）：无霉斑
花色线壁纸	幅宽：914 长度：7300，50000	抗拉强力纵 178N，横 34N 吸湿膨胀性：纵-0.5%，横+2.5% 风干伸缩性：纵-0.5%～+2%， 横 0.25%～1% 耐干摩擦：2000 次 吸声系数（250-2000Hz）：平均 0.19 阻燃性：氧指数 20～22 抗静电性：4.5×107Ω
麻草壁纸	厚度：1 宽度：910 长度：按用户要求	
草编壁纸	厚度：0.8～1.3 宽度：914 长度：7315，5486	耐光色牢度：日晒半年内不褪色

纸基织物壁纸的特点是质朴、自然，立体感强，吸声效果好，耐日晒，色彩柔和，不褪色，无毒、无害、无静电，不反光，具有调湿性和透气性，适用于宾馆、饭店、办公室、接待室、会议室、计算机房及家庭卧室等室内墙面的装饰。

二、麻草壁纸

麻草壁纸也是以纸为基层，编织的麻草为面层，经复合加工制成的壁饰材料。麻草壁纸具有吸声、阻燃、不吸尘、不变形、可呼吸等特点，并且具有古朴、粗犷的自然之美，使人有身处田野的回归感。它适用于会议室、接待室、酒吧、舞厅以及饭店、宾馆的客房等室内的墙面装饰，也可用于橱窗的展示设计，麻草织物壁纸的主要规格、品种、技术性能参见表14-7。

三、棉纺装饰墙布

棉纺装饰墙布是用纯棉平布经过处理、印花，涂以耐擦洗、耐磨树脂制成。墙布的强度大、静电小、蠕变变形小、无光、无味、无毒、吸声，可用于宾馆、饭店及其他公共建筑和较高级的民用建筑中的室内墙面装饰。适合于水泥砂浆墙面、白灰墙面、石膏板、纤维板、胶合板、刨花板、水泥板等墙面基层的粘贴，给室内创造出清新和舒适的氛围。棉纺墙布的主要规格、技术性能见表 14-8。

棉纺装饰墙布主要规格、性能 表 14-8

产品名称	规格	技术性能
棉纺装饰墙布	厚度 0.35mm	拉断强度（纵向）：770N/（5cm×20cm） 断裂伸长率：纵向3%，横向8% 耐磨性：500 次 静电效应：静电值184V，半衰期1s 日晒牢度：7 级 刷洗牢度：3~4 级 湿摩擦：4 级

四、无纺墙布

采用棉麻、涤纶、腈纶等纤维经无纺成型，表面上涂以树脂，印刷彩色花纹图案制成。其花色品种多、色彩丰富、表面光洁、有弹性、不易折碎、不易老化，有一定透气性和防潮性，可以洗擦，且耐久不易褪色。等级有一等品、二等品，无纺墙布和化纤墙布的外观质量及物理技术性能分别见表 14-9、表 14-10。

无纺墙布、化纤墙布外观质量 表 14-9

疵点名称	一等品	二等品	备注	疵点名称	一等品	二等品	备注
同批内色差	4 级	3~4 级	同一色（300m）内	边疵	1.5cm 以内	3cm 以内	—
右、中、左色差	4~5 级	4 级	指相对范围	豁边	1cm 以内三处	2cm 以内 6 处	—
前后色差	4 级	3~4 级	指同卷内	破洞	不透露胶面	轻微影响胶面	透露胶面为次品
深浅不匀	轻微	明显	严重时为次品	色条色泽	不影响外观	轻微影响外观	明显影响为次品
折皱	不影响外观	轻微影响外观	明显影响外观为次品	油污水渍	不影响外观	轻微影响外观	明显影响为次品
花纹不符	轻微影响	明显影响	严重影响为次品	破边	1cm 以内	2cm 以内	—
花纹印偏	1.5cm 以内	3cm 以内	—	幅宽	同卷内不超过±1.5cm	同卷内不超过±2cm	—

无纺墙布、化纤墙布主要物理性能指标　　　　表 14-10

项目名称	单位	指标	附注
密度	g/cm²	115	—
厚度	mm	0.35	
断裂强度	N/5×20cm	纵向 770，横向 490	
断裂伸长率	%	纵向 3，横向 8	
冲击强度	N	347	Y631 型织物破裂试验机
耐磨	—	—	Y552 型圆盘式织物耐磨机
静电效应	静电值（V） 半衰期（S）	184 1	感应式静电仪，室温 19±1℃ 相对湿度 50%±2%，放电电压 5000V。
色泽牢度	单洗褪色（级） 皂洗褪色（级） 干摩擦（级） 湿摩擦（级） 刷洗（级） 日晒（级）	3~4 4~6 4~5 4 3~4 7	—

五、其他纺织装饰织物

丝绒、锦缎、呢料等织物是高级墙面装饰织物，这些织物由于纤维材料、织造方法及处理工艺的不同，所产生的质感和装饰效果不同，给人以美的不同感受。丝绒色彩华丽，质感厚实温暖，适用于做高级建筑室内浮挂或软隔断，可营造出富贵、豪华高雅的环境气氛。

锦缎也称织锦缎，是我国的一种传统丝织装饰品，织物有绚丽多彩、古雅精致的各种图案，加上丝织品本身的质感与丝光效果，使其显得高雅、华贵、富丽，具有很好的装饰作用，常被用于高档室内墙面的裱糊。由于锦缎柔软、易变形、施工难度大、不能擦洗、不耐光、易脏、易留下水渍的痕迹、易发霉等，所以在应用上受到一定的限制。

粗毛呢料或仿毛化纤织物和麻类织物，质感粗实厚重，具有温暖感，吸声性能好，还能从质地、纹理上展示出古朴、厚实等特点，适用于高级宾馆等公共建筑的厅堂墙面的裱糊装饰。施工厚重布艺的墙上装饰，墙面的基层一定要平整、坚硬，以保证壁布的粘贴牢度。

第四节　地　毯

地毯的使用具有悠久的历史。其最早是以动物毛为原料编织而成，可铺地、坐卧之用。随着社会的发展和进步，逐渐采用棉麻、丝和合成纤维制造地毯。地毯不仅实用而且具有欣赏价值，并且能起到隔热、保温及吸声作用，还能减轻碰撞，使人脚感舒适和防滑。地毯以其特有的质感创造出其他材料难以达到的装饰效果，使室内环境气氛显得高贵华丽、赏心悦目。

地毯有羊毛地毯、化纤地毯、黄麻地毯和混纺地毯。由于羊毛地毯易招虫子，化纤地毯有静电且粘接簇绒使用合成橡胶树脂，其含有四苯基环乙烯（4PC），这是装饰综合症起作用的刺激物，使用受到限制。现在有不用橡胶粘接的"熔化粘接"地毯，其特征是毯背面有海绵状的表面。而以黄麻为代表的绿色植物地毯，将成为未来发展的重要方向。

一、 地毯的等级和分类

1. 地毯的等级

地毯按其在民用建筑中所用的场所不同，可分为六级，详见表14-11。

地毯的等级

表 14-11

等级	等级标定内容	所用场所
1	轻度家用级	铺设在不常使用的房间或部位
2	中度家用级（或轻度专业使用级）	用于主卧室或家庭餐厅等
3	一般家用级（或中度专业使用级）	用于起居室及楼梯、走廊等行走频繁的部位
4	重度家用级（或一般专业使用级）	用于家中重度磨损的场所
5	重度专业使用级	用于特殊要求场合
6	豪华级	地毯品质好，绒毛纤维长，具有豪华气派，用于高级装饰的场合

民用建筑室内地面铺设的地毯，根据建筑装饰装修的等级、使用部位及使用功能等要求而选定。总的来说，要求高级豪华者选用纯毛地毯或黄麻地毯。一般装饰则选用化纤地毯或混纺地毯，也有些地毯可根据地面尺寸特殊加工。

2. 地毯的分类

（1）按材质分类

按材质的不同，地毯可分为纯毛地毯、混纺地毯、化纤地毯、塑料地毯等。

①纯毛地毯也就是羊毛地毯，是以绵羊蛋白质粗羊毛为主要原料加工制成的。纯毛地毯质软厚实，非常耐用，具有良好的弹性与拉伸性，染色方便，不易褪色，吸湿性强，抗污能力强，羊毛地毯容易招衣蛾和甲虫的虫蛀。其装饰效果好，为高档装饰面材。

②混纺地毯是以两种及两种以上纤维混纺编织而成的地毯，一般采用羊毛纤维与合成纤维混纺。如在羊毛纤维中加入20%的尼龙，可使耐磨性提高5倍，装饰性能优于纯毛地毯，并且价格较便宜。

③化纤地毯也叫合成纤维地毯，是用簇绒法或机织法将合成纤维制成面层，再与麻布底层缝合或粘结而成。常用的地毯合成纤维材料有腈纶、丙纶、涤纶等。化纤地毯的外观和触感不及纯毛地毯，虽然耐磨性好，有弹性，但有静电，易招灰，却好清洗，是目前用量较大的中、低档地毯品种。

④塑料地毯是以聚氯乙烯树脂为基料，加入填料、增塑剂等多种辅助材料和添加剂，然后经混炼、塑化，并在地毯模具中成型而制成的一种新型地毯。它质地柔软，色彩鲜艳，氧指数高，耐水洗，耐老化，常为宾馆、商场、浴室等公共建筑和居室门厅地面选用。

（2）按装饰花纹图案分类

我国高级纯毛地毯按图案类型不同可分为以下几种：

①京式地毯。北京式地毯的简称，具有图案对称工整，色调典雅，古朴庄重的效果，图案常取材于中国古老艺术，如古代绘画、宗教纹样等，具有特殊的象征性寓意。

②艺术式地毯。图案特点是有主调颜色和背景颜色。图案色彩华丽，富丽堂皇，富有层次感，烘托感，具有浓郁的西欧装饰艺术风格。图案常以盛开的玫瑰、郁金香、苞蕾卷叶等花团锦簇组成，给人以繁花似锦的生命之感。

③仿古地毯。它以古代的花纹、风景、虫鸟为图案题材。给人以古色古香、朴素典雅文人画的感觉。

④素凸地毯。图案为单色，色调清淡，凸花织作，纹样清晰美观。犹如浮雕，富有幽静、雅致的情趣。

⑤彩花地毯。图案以深黑色作主色，配以小花图案，工笔画法风格。表现百花争艳，色彩绚丽，名贵大方的情调，突出清新活泼的艺术构思。

（3）按编织工艺分类

①手工编织地毯

手工编织地毯专指纯毛地毯，采用双经双纬，通过人工栽绒打结，将绒毛层与基底一起织编制成。做工精细，图案富于变化，是地毯中的上品，但由于人工成本高，价格昂贵。

②簇绒地毯

也称栽绒地毯，是目前化纤地毯生产的主要工艺方式。它是通过纺机往复式穿针，制成地毯圈绒，再用刀片在地毯端面横向切割毛圈顶部而成的厚重地毯，也叫"割绒地毯"或"切绒地毯"。

③无纺地毯

是指无经纬编织的短毛地毯，是用于生产合纤地毯的一种方法。这种地毯工艺简单，弹性和耐磨性较差。为提高其强度和弹性，可在毯的底面加贴一层麻布底衬。

（4）按规格尺寸分类

地毯按其规格尺寸的不同可分为两类。

①块状地毯。不同材质的地毯均可成块供应，形状多为方形及长方形，通用规格尺寸从 610mm×610mm（3660~6710mm），共计 56 种。另外还有椭圆形、圆形等。厚度则随质量等级而有所不同。纯毛块状地毯可成套供应，每套由若干规格和形状不同的地毯组成。花式方块地毯是由 500mm×500mm 花色各不相同的方块地毯组成一箱，铺设时可根据需要组成不同的图案。

②卷状地毯。化纤地毯、剑麻地毯、无纺地毯等常按整幅成卷供货，幅宽有 1~4m 不等，每卷长度 20~50m 地毯也可按要求加工定做，这种地毯一般适用于室内满铺固定式铺设，以使室内宽敞整洁。楼梯、走廊用地毯幅窄，属专用地毯，幅宽有 900、700mm 两种，整卷长度一般为 20m，也可按楼梯、走廊尺寸要求加工。

二、地毯的主要技术性能

地毯的技术性能要求是鉴别地毯质量标准的科学指标，也是选用地毯产品的主要依据。地毯的技术性能主要有耐磨性、剥离强度、绒毛粘合力、弹性、抗老化性、抗静电性、耐燃性、耐菌性等。

1. 耐磨性

耐磨性是衡量地毯使用耐久性的指标，耐磨性优劣与地毯的所用绒毛长度、面层材质有关。一般情况下，化纤地毯比羊毛地毯耐磨，地毯厚度越高越耐磨。表 14-12 是化纤地毯的耐磨性指标。

化纤地毯耐磨性　　　　　　　　　　　表 14-12

面层织造工艺及材料	绒毛高度（mm）	耐磨性（次）	备注
机织法丙纶	10	>10000	耐磨次数是指地毯在固定的压力下磨损后露出背衬所需要的次数
机织法腈纶	10	7000	
机织法腈纶	8	6400	
机织法腈纶	6	6000	
机织法涤纶	6	>10000	
机织法羊毛	8	2500	
簇绒法丙纶、腈纶	7	5800	
日本簇绒法丙纶、锦纶	10	5400	
日本簇绒法丙纶、锦纶	7	5100	

2. 剥离强度

剥离强度是反映地毯面层与地毯的背衬间复合强度的指标，也反映地毯复合使用之后的耐水性。通常以背衬剥离强度表示，即指按规定采用一定的仪器设备，在规定速度下，将 50mm 宽的地毯样品，使面层与背衬间剥离至 50mm 长时，仪器所显示的所需力值。

3. 绒毛粘合力

绒毛粘合力是指地毯绒毛与背衬粘接的牢固程度。由于地毯加工工艺不同，粘合力不同。化纤簇绒地毯以簇绒拔出力来表示的粘合力，要求圈绒毯拔出力大于 20N，平绒毯簇绒拔出力大于 12N。我国簇绒丙纶地毯，粘合力可达 63.7N。

4. 弹性

弹性是反映地毯簇绒承受压力后，其厚度产生压缩变形程度，这是反映地毯脚感是否舒适性能的重要指标。地毯的弹性是指地毯经一定次数、一定动荷载的碰撞后，厚度减少的百分率。化纤地毯的弹性不及纯毛地毯，丙纶地毯可及腈纶地毯。地毯的弹性见表14-13。

化纤地毯弹性　　　　　　　　　　　表 14-13

地毯面层材料	厚度损失百分率（%）			
	500 次碰撞后	1000 次碰撞后	1500 次碰撞后	2000 次碰撞后
腈纶地毯	23	25	27	28
丙纶地毯	37	43	43	44
羊毛地毯	20	22	24	26
香港羊毛地毯	12	13	13	14
日本丙纶、锦纶地毯	13	23	23	25
英国"先驱者"腈纶地毯	—	14	—	—

5. 抗老化性

抗老化性是化纤地毯主要技术性能。这是因为合成纤维在光照、空气、受热等因素作用下会发生氧化，技术性能明显下降。通常是以经紫外线照射一定时间后，化纤地毯的耐磨次数、弹性以及色泽的变化情况来加以综合评定的。

6. 抗静电性

有机高分子材料在摩擦时都会有静电产生，由于高分子材料具有绝缘性，静电就不容易放出，就会使化纤地毯带电而容易吸尘，难以清扫，严重时，在上边走动的行人，有触电或放电的感觉。因此，在生产合成纤维地毯时，常需要掺加适量的抗静电剂来克服这种现象。合纤地毯常以表面电阻和静电压来反映抗静电能力的大小。

7. 耐燃性

凡地毯材料燃烧在 12min 之内，燃烧面积的直径在 17.96cm 以内，则认为耐燃合格。

8. 耐菌性

地毯在使用过程中，很容易被虫蛀、菌侵蚀，发生霉变，凡能经受八种常见霉菌和五种常见细菌的侵蚀而不长菌和霉变者，则认定合格。合纤地毯的抗菌性要明显优于纯毛地毯。

三、羊毛地毯

羊毛地毯分手工编织和机械编织两种。

1. 手工编织纯毛地毯

手工编织的羊毛地毯是采用优质的绵羊毛纺纱，用现代的化学染色技术染色，纺织成图案后，再以专用机械平整毯面或剪凹花地周边，最后用化学方法洗出丝光。

羊毛地毯的耐磨性，一般是由羊毛的单位用量来决定的，即绒毛密度。对于手工纺织的地毯，一般以"道"的数量来决定其密度，垒织方向上 1 英尺内垒织的纬线的一层数称一道。地毯的档次越高要求道数也越高，一般地毯为 90~150 道，高级地毯均在 250 道以上，目前最精制的地毯为 400 道。手工地毯具有图案优美、柔软舒适、质地厚实、富有弹性、经久耐用等特点，其铺地装饰效果非常好。纯毛地毯的质量多为 1.6~2.6kg/m²。手工地毯由于做工精细，产品名贵，售价较高，所以一般用于国际性、国家级的会堂、宾馆、饭店、会客厅、舞台和高级住宅以及其他重要的、装饰性要求较高的场所。

2. 机织羊毛地毯

机织羊毛地毯与纯毛手工地毯相比，其性能相似，具有毯面平整、光泽好、富有弹性、脚感柔软等特点，但价格低于手工地毯。因此，机织羊毛地毯是介于合纤地毯和手工地毯之间的中档地面装饰材料。

机织纯毛地毯最适合用于宾馆、酒店、体育馆、家庭等场所满铺使用。

近年来，我国还生产了纯羊毛无纺地毯，它是不用纺织或编织而制成的纯毛地毯，工艺简单，价格低，具有质地优良、消声抑尘，使用方便等特点。但这种地毯的弹性和耐久性要差一些。

我国纯毛地毯的主要品种和规格详见表 14-14。

纯毛机织地毯的品种和规格　　　　　　　　　　表 14-14

品种	毛纱股数	厚度（英分）	规格
A 型纯毛机织地毯	3	2.5	宽 5.5m 以下，长度不限
B 型纯毛机织地毯	2	2.5	宽 5.5m 以下，长度不限
纯毛机织麻背地毯	2	3.0	宽 3.1m 以下，长度不限
纯毛机织楼梯走道地毯	3	3.0	宽 3.1m 以下，长度不限
纯毛机织提花美术地毯	4	3.0	4 英尺×6 英尺；6 英尺×9 英尺；9 英尺×12 英尺

品种	毛纱股数	厚度（英分）	规格
A 型纯毛机织阻燃地毯	3	2.5	宽 5.5m 以下，长度不限
B 型纯毛机织阻燃地毯	2	2.0	宽 5.5m 以下，长度不限

四、合纤地毯

合纤地毯以石油化学制品为主要原料制成。合纤原料有丙纶、腈纶、涤纶、锦纶等。按其织法不同，合纤地毯可分为簇绒地毯、针刺地毯、编织地毯、机织地毯、粘结地毯等，其中，簇绒地毯产量最大。

1. 簇绒地毯的等级及分等规定

簇绒地毯按绒头结构分成三个品种，有割绒、圈绒与割绒圈绒组合。根据有关规定，簇绒地毯按其技术要求评定等级，其技术要求分为内在质量和外观质量两个方面，具体要求见表 14-15 和表 14-16。按内在质量评定分合格品和不合格品，全部达到技术指标为合格，当其中一项没有达标时，即为不合格品，并不再进行外观质量评定。按外观质量分为优等品、一等品、合格品三个等级。簇绒地毯的最终等级是在内在质量合格的前提下，以外观质量所定的质量等级作为该产品的等级。

簇绒地毯内在质量要求　　　　　　　　表 14-15

特性	序号	项目		单位		技术要求
基本性能	1	外观保持[a]：六足 12000 次		级		≥2
	2	绒簇拔出力[b]		N		割绒≥10.0、圈绒≥20.0
	3	背衬剥离强力[c]		N		≥20.0
	4	耐光色牢度[d]：氙弧		级		≥5、≥4（浅）[e]
	5	耐摩擦色牢度	干	级		≥3~4
			湿			≥3
	6	耐燃性：水平法（片剂）		mm		最大损毁长度≤75，至少 7 块合格
结构规格	7	毯面纤维类形及含量		标称值	%	—
		羊毛或尼绒含量		下限允差	%	-5
	8	毯基上单位面积绒头质量、单位面积总质量		标称值	g/m²	—
				允差	%	±10
	9	毯基上绒头厚度、绒头高度、总厚度		标称值	mm	—
				允差	%	±10
	10	尺寸	幅宽	标称值	m	—
				下限允差	%	-0.5
			卷长	标称值	m	—
				实际长度		大于标称值

注：凡是特性值未作规定的项目，由生产企业提供待定数据。

[a] 绒头纤维为丙纶或≥50%涤纶混纺簇绒地毯允许低半级；

[b] 割绒圈绒组合品种，分别测试判定簇绒拔出力，割绒≥10.0N，圈绒≥20.0N；

[c] 发泡橡胶背衬、无背衬簇绒地毯，不考核表中背衬剥离强度；

[d] 羊毛或≥50%羊毛混纺簇绒地毯允许低半级；

[e] "浅"标定界限为≤1/12 标准深度。

簇绒地毯外观质量评等规定　　　　　　　表 14-16

序号	外观疵点	优等品	一等品	合格品
1	破损（破洞、撕裂、割伤）	无	无	无
2	污渍（油污、色渍、胶渍）	无	不明显	不明显
3	毯面褶皱	无	无	无
4	修补痕迹、漏补、漏修	不明显	不明显	稍明显
5	脱衬（背衬粘接不良）	无	不明显	不明显
6	纵、横向条痕	不明显	不明显	稍明显
7	色条	不明显	稍明显	稍明显
8	毯边不平齐、毯面不平	无	不明显	稍明显
9	渗胶过量	无	无	不明显
10	脱毛、浮毛	不明显	不明显	稍明显

其他要求见《簇绒地毯》GB11746—2008 的有关规定。

2. 合纤地毯的特点与应用

人造化纤地毯的共同特性是不霉、不蛀、质轻、富有弹性，耐腐蚀、耐磨、脚感舒适、吸湿性小、易于清洗、铺设简便等，它适用于宾馆、饭店、招待所、餐厅、住宅居室、活动室及船舶、车辆、飞机等地面的装饰铺设。对于高绒头、高密度的化纤地毯，还可用于三星级以上的宾馆，机织提花工艺地毯其外观可与手工纯毛地毯相媲美。化纤地毯的缺点是易变形、易产生静电、易发生吸附性和粘附性污染，遇火容易局部熔化等。

化纤地毯可以铺在水泥抹灰地面，混凝土地面、陶瓷锦砖地面和水磨石地面上。也可以铺在竹木地板上。地毯是比较高级的装饰材料，应正确、合理地搬运、贮存和使用，以免造成损失和浪费。在订购地毯时，应说明所购地毯的品种、图案、材质、颜色、规格尺寸，如是高级羊毛手工编织地毯，还应说明经纬线的道数和厚度等。对于特殊加工的地毯，应自行提出图样颜色及尺寸。地毯暂时不用，应卷起来，用塑料薄膜包裹，分类贮存在通风、干燥的库房内，距热源1m以外，温度不超过40℃，并要避免直接照射的阳光。对于羊毛地毯应定期撒放防虫药物，其挥发性的有害化学物质，应符合国家标准。使用过程中不应沾染咖啡、茶渍、油污和碱性物等，如有沾污，需立即清除。对于那些经常行走、践踏或磨损严重的部分，应采取一些保护措施。此外，在使用中，应尽量避免地毯受到阳光的直射，以防材质与色彩的过快老化。

五、挂毯

挂在墙上供人观赏的毛毯称为挂毯，是珍贵的艺术装饰品。用艺术挂毯装点室内，不仅产生高雅的艺术美感，还可以增加室内和谐氛围。挂毯不仅要求图案花色精美，材质也往往采用纯毛和丝。挂毯的规格尺寸多样，图案题材广泛，多为花鸟动物、风光山水等，这些图案往往取材于优秀的绘画名作，包括国画、油画、水彩画等。

第十五章 — 墙面装修构造

墙面装饰主要包括建筑物室外墙面和室内墙面两大部分，装饰的主要目的是保护墙体、美化建筑的室内外环境。

内墙面的装饰其目的和要求主要体现在以下三个方面。

一、保护墙体

内墙与外墙不同，不会直接遭受风、霜、雨、雪的侵袭，但在人们使用的过程中会因各种因素而受到影响。例如室内相对湿度高或水的溅湿导致墙体受潮，在北方寒冷地区，由于墙体保温差，导致局部冷桥的产生，也会引起墙身受潮，有时墙面会受到人为和物件的撞击而受到损坏等等，所以室内装饰材料的选用与构造必须考虑对墙体的保护。

二、改善室内使用条件

建筑室内外装饰的最终目的是为了满足人的需要，而室内装饰与人的关系更为密切。为了保证人们在室内正常的生活与工作，首先室内墙面应从使用功能上满足人们的需要，例如易于清洁、具有良好的反光性能；在某些场合要考虑对声波的反射或吸收；在需要时墙内侧的饰面还要结合保温与隔热的功能的考虑；符合舒适性要求的墙面要会"呼吸"，其次还要注意材料的质感、纹样、图案和色彩，以满足人们的生理状况和心理需要，同时应注重材料的环保，以创造健康卫生的室内环境。

三、装饰室内

一般来说，人们意识上的内墙装饰主要的目的就是美化室内，内墙与顶、地协调一致共同构成室内的装饰界面，同时对家具和陈设起到衬托的作用。

墙面装饰形式按材料和构造做法的不同，基本类别有：抹灰类饰面、涂料类饰面、贴面类饰面、板材类饰面、罩面板类饰面、裱糊类饰面、清水墙饰面。以上这些常用的饰面对其基层的墙体有一定的限制，在选择墙面装饰形式时，一定要搞清楚墙体的类型归属，并恰当选用。以下介绍一些墙体的类型及其特点。

第一节　隔墙构造

一、隔墙的功能及要求

对已建成的建筑物内部空间的进一步划分是装饰工程的重要内容，可使室内空间在满足使用功能的同时也符合人们的视觉和心理需求。

隔墙的作用是分隔建筑物的内部空间，其特点是墙体不承受任何外来荷载，而且其自重由其他构件来承担，所以要求隔墙的自重轻、具有一定的稳定性和强度，在提高墙身使用面积的同时，拆装方便，有利于空间的灵活分隔，并具有对其进行饰面装饰的可能，构件施工可以由工业化生产方式进行。此外，隔墙还可以对室内明露的管线进行外包，以美化室内环境。

隔墙应具有隔声、防潮、防火、裁钉钩挂重物等功能。

二、隔墙的类型及构造

隔墙按照构造方式不同分成三大类：砌块式隔墙、立筋式隔墙和板材式隔墙。

1. 砌块式隔墙

砌块式隔墙常用材料有普通黏土砖、多孔砖、玻璃砖、加气混凝土砖等，在构造上与普通黏土砖的砌筑要点相似。通常采用水泥砂浆、石膏或建筑胶为胶粘剂结合而成整体。对较高的墙体，为保证其稳定性，通常采用在墙体的一定高度内加钢筋拉结的加固的方式。其中黏土砖和多孔砖墙由于其墙体厚、自重大、湿作业施工，一般采用梁来支承，拆装不方便，这样也就限制了墙体分隔空间的灵活性。目前在室内装修中，使用已越来越少。而玻璃砖在充当隔墙的同时，还具有采光和装饰的功能，因新颖独特的效果而时常被使用（图15-1）。

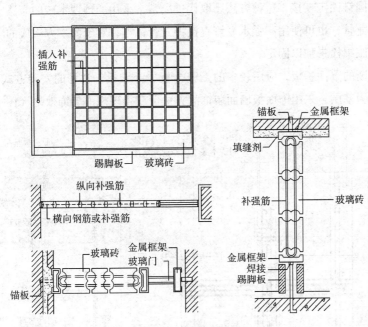

图15-1　玻璃砖隔墙

2. 立筋式隔墙

立筋式隔墙具有重量轻、施工方便快捷的特点，是目前室内隔墙中普遍采用的方式。立筋式隔墙由两部分组成：一部分是龙骨骨架，包括上下槛（沿顶龙骨、沿地龙骨）、立柱（竖龙骨）、斜撑和横档。常用龙骨有木龙骨和金属龙骨。另一部分是嵌于骨架中间或贴于骨架两侧的罩面板，罩面板包括胶合板、纤维板、纸面石膏板、金属装饰板等。罩面板与骨架的固定方式可归纳为三种：钉、粘和采用专门的卡具相连接（图15-2）。

立筋式隔墙依据罩面板的材料不同而被分成多种形式，但构造安装却大同小异，下面介绍两个典型的例子，由此可了解立筋式隔墙的构造方式。

（1）木质隔墙

木质隔墙主要是指采用木龙骨和木质罩面板的隔墙，具有组装方便、造型灵活、取材容易等优点。其缺点是不利于防火，容易受潮而导致墙体变形。在有防火要求的场所不宜大量采用。

木龙骨中上下槛与立柱的断面多为 40mm×60mm 或 60mm×90mm，斜撑与横档的断面与立柱相同或稍小。立柱的间距可取 400~600mm，具体依据罩面材料的规格而定。

安装顺序为：弹线→安装靠墙立筋→安装上下槛→安装其他立筋→安装横撑和斜撑。木龙骨的安装常使用木楔圆钉固定法，做法是先用冲击钻在墙、地、顶等面打孔，孔内打入木楔（潮湿地区或墙体易潮部位，木楔应做防腐处理），将龙

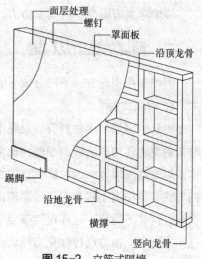

图 15-2　立筋式隔墙

骨与木楔用圆钉固定连接，这种方法已取代过去常常采用的预埋木砖的方法。对于较简易的隔墙木龙骨，也可使用高强水泥钉直接将龙骨钉牢，对于大木方组成的隔墙骨架则通常采用膨胀螺栓来加以固定。

木质隔断的罩面基板，应用较多的是胶合板、纤维板，常见的安装方式是粘或钉。以罩面基板为基层，采用饰面板墙面装饰的方法可获得理想的装饰效果（图 15-3）。

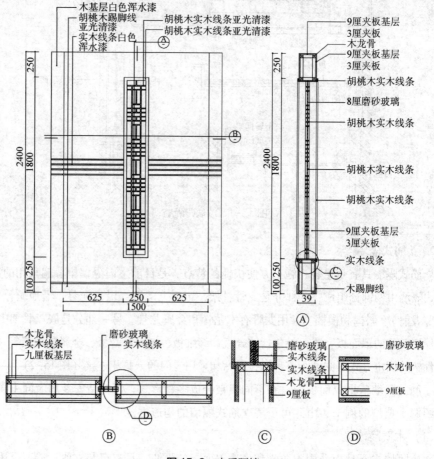

图 15-3　木质隔墙

（2）轻钢龙骨纸面石膏板隔墙

轻钢龙骨纸面石膏板隔墙是机械化施工程度较高的一种干作业墙体，具有施工速度快、成本低、劳动强度小、装饰美观、防火、隔声性能好等特点，是目前应用较为广泛的一种隔墙形式。

轻钢龙骨是以厚 0.5~1.5mm 的镀锌钢带冲压而成，龙骨上有预留孔洞，以便于横撑龙骨穿入连接及管线的通过。常用有"C"形和"U"形两种断面形式，按使用功能分，有横龙骨、纵龙骨、贯通龙骨和加强龙骨等。

在楼地面和顶棚下，用射钉将沿地、沿顶龙骨固定，再固定墙柱面的竖向边龙骨，龙骨与四周接触面均应铺填密封胶，其余竖向龙骨的安装间距依据罩面板宽度而定，一般以 400~600mm 为宜，最后在适当位置安装贯通龙骨，高度小于 3m 的隔墙安装一道，高度为 3~5m 的隔墙安装两道。龙骨间通常用抽芯铆钉固定。为提高隔墙的隔声、防火性能，有时在龙骨之间填充矿棉起隔声及绝热作用。

纸面石膏板一般用自攻螺钉固定在龙骨上，板边钉间距<200mm，板中钉间距<300mm，钉与板边距离应为 10~15mm。石膏板的顶部、底部和墙体的连接处均应按要求留缝，并进行防开裂处理。顶缝宽>5mm，以防止顶板徐变；地缝 20~30mm，以防止水泅；与墙柱间缝 3mm 左右，以供温度变形用。当采用双层板时，不同层间的板缝应错开布置，以加强墙板的构造强度（图 15-4）。墙体龙骨示意图见图 15-5。

（3）条板式隔墙

条板隔墙是指单板高度相当于房间的净高，面积较大且不依赖于龙骨骨架直接拼装

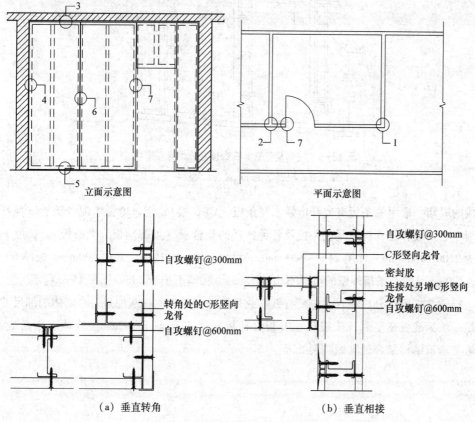

立面示意图

平面示意图

自攻螺钉@300mm

转角处的C形竖向龙骨

自攻螺钉@600mm

自攻螺钉@300mm
C形竖向龙骨
密封胶
连接处另增C形竖向龙骨
自攻螺钉@600mm

（a）垂直转角　　　　　　　（b）垂直相接

图 15-4　轻钢龙骨纸面石膏板隔墙（一）

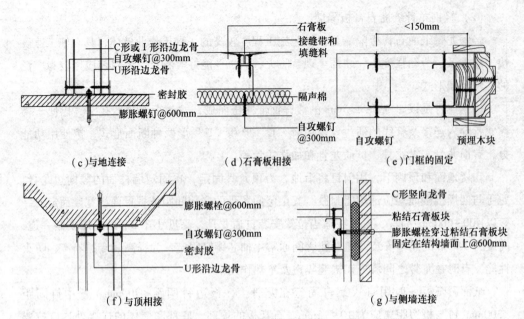

（c）与地连接　　　　　（d）石膏板相接　　　　　（e）门框的固定

（f）与顶相接　　　　　　　　　　　（g）与侧墙连接

图 15-4　轻钢龙骨纸面石膏板隔墙（二）

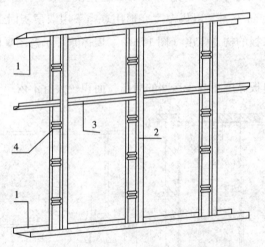

图 15-5　轻钢龙骨纸面石膏板墙体龙骨示意图

1-横龙骨；2-竖龙骨；3-通贯龙骨；4-支撑卡

而成的隔墙。常用的条板有玻纤增强水泥条板（GRC 板）、钢丝增强水泥条板、增强石膏板空心条板、轻骨料混凝土条板及各种各样的复合板（如蜂窝板、夹心板）。长度一般为 2200~4000mm，常用 2400~3000mm，宽度以 100mm 递增，常用 600mm，板厚 60、90、120mm，空心条板外壁的壁厚不小于 15mm，肋厚不小于 20mm（图 15-6）。

轻质条板用作分户墙时，应配有钢筋或采用外挂钢丝网抹灰加强。当墙体端部尺寸不足一块标准板宽度时，应按尺寸补板，补板宽度不宜小于 200mm。墙体阴阳角处，条板与建筑结构结合处宜做防裂处理。

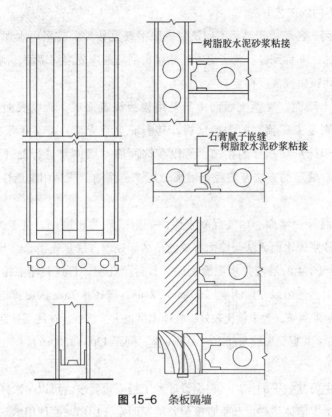

图 15-6　条板隔墙

第二节　装饰抹灰墙面

抹灰类饰面是指用水泥砂浆、石灰砂浆、混合砂浆等作为抹灰的基本材料，对墙面做一般抹灰，或辅以其他材料、利用不同的施工操作方法做成饰面层，其适用于建筑的墙面和柱面。抹灰类饰面因取材方便、施工简单、价格低廉，故应用相当普遍。

一、抹灰墙面的基层构造

一般抹灰是指采用砂浆对建筑物的面层进行罩面处理，其主要目的是对墙体表面进行找平并形成墙体表面的抹层。为确保抹灰粘贴牢固，避免开裂、脱落，通常采用分层施工的做法，其具体构造分为三层：底层、中层和表层（图 15-7）。

1. 底层抹灰

底层抹灰是对墙体基层的表面处理，作用是与基层粘结和初步找平，基层抹灰的施工操作和材料选用对饰面质量影响很大。常用材料有石灰砂浆、水泥砂浆、混合砂浆，具体根据基层材料

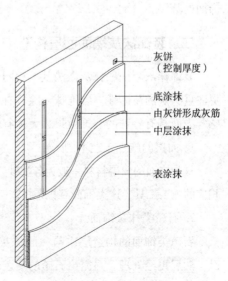

图 15-7　抹灰分层示意

的不同而选用不同的工艺方法。

（1）砖墙面。砖墙由于是手工砌筑，一般平整度较差，需采用水泥砂浆或混合砂浆进行粗底涂抹，亦称刮糙。为了更好的粘接，刮糙前应先湿润墙面，刮糙后也要浇水养护，养护时间长短视温度而定。

（2）混凝土墙面。混凝土墙面由于是用模板浇筑而成，所以表面较光滑，平整度比较高，特别是工厂预制的大型壁板，其表面更是光滑，甚至还带有剩余的脱模油，这都不利于抹灰层基层的粘结。所以在饰面前对墙体要进行处理，使之达到必要的粗糙程度。处理的方法有凿毛、甩浆、划纹、除油，或是用渗透性较好的界面剂涂刷。

（3）加气混凝土墙面。加气混凝土墙体一般表观为密度小、空隙大、吸水性强，直接抹灰会使砂浆失水而无法与墙面有效的粘结。处理方法是先在墙面上涂刷一层以树脂建筑胶：水=1∶4的溶液拌水泥涂刷墙面，封闭孔洞，再进行粗底涂抹。在装饰等级较高的工程中，还可以在墙面满钉32mm×32mm，丝径0.7mm的镀锌钢丝网，再用水泥砂浆或混合砂浆刮糙，效果就比较好，整体刚度也大大增强。在底层抹灰阶段，要设置灰饼50mm左右，并据此形成灰筋50~100mm宽，间距1200~1500mm。

2. 中层抹灰

中层抹灰主要起找平的作用，根据设计和工程质量要求，可以一次抹成，也可以分层操作，具体根据墙体平整度和垂直度偏差情况而定，用料与底层用料基本相同。中层每层抹灰厚度一般为5~9mm。总厚度>35mm，必须采取分层抹灰，并采取相应的加强措施。在墙面阳角处距地2m以上，每面>50mm用1∶2水泥砂浆做护角。

3. 表层抹灰

表层抹灰又称为抹灰面层或罩面，一般抹灰饰面的基本要求是表面平整、色泽均匀、无裂缝。面层抹灰一般用1∶2.5~1∶3的水泥砂浆；石灰类砂浆1∶1∶4或1∶1∶6，其属气硬性材料，和易性极佳。抹好的墙面可以作为其他饰面如卷材饰面、涂料饰面的基层。

二、装饰抹灰墙面面层构造

装饰抹灰与一般抹灰做法基本相同，不同的是分层材料和工艺有所不同，装饰抹灰更注重抹灰的装饰性。装饰抹灰除具有一般抹灰的功能外，它在材料、工艺、外观、质感等方面具有特殊的装饰效果，大体有以下两类。

1. 面层的施工工艺不同

这类饰面的面层材料一般为各类砂浆，因饰面效果要求不同而采取不同的材料配比与相应的施工工具，这类饰面有拉条抹灰、拉毛抹灰、假面砖、喷涂饰面、滚涂饰面等等。

2. 石碴类抹灰饰面

石碴类饰面的构造层次与一般抹灰饰面相同，只是骨料由砂改为小粒径的石碴而已，然后再经处理，显露出石碴的颜色和质感，这类饰面常见的有水刷石、干粘石、斩假石等。

第三节　铺贴式墙面

一、天然石材墙面

天然石材板有大理石、花岗岩、白云岩、石灰岩、凝灰岩等板材、块材，厚度在30~40mm以下的称板材，厚度在40~130mm以上的称为块材。天然石材饰面板不仅具有各种颜色、花纹、斑点等天然材料的自然美感，而且因质地缜密坚硬，故耐久性、耐磨性等均比较好。由于天然石材的品种、来源的局限性，所以造价较高，属于高级饰面材料。天然石材按其表面的装饰效果，分为磨光、剁斧、火烧、机刨等处理形式。磨光的产品又有粗磨板、精磨板、镜面板等区别。而剁斧的产品，可分为麻面、条纹面等类型。根据设计的需要，也可加工成其他的表面，如剔凿表面、蘑菇状表面等。由于表面的处理形式不同，其艺术效果也不相同。用于建筑饰面的天然石材主要有花岗岩、大理石及青石板等。

1. 板材的种类

（1）大理石

大理石是一种变质岩，属于中等硬石材。主要由方解石和白云石组成，其质地密实，可以锯成薄板，多数经过磨光加工成表面光滑的板材。由于化学稳定性和大气稳定性稍差，一般宜用于室内，如墙面、柱面、地面、楼梯的踏步面、服务台面板等。有些色泽较纯的大理石板还被广泛的用于高档卫生间、洗手间的台面。大理石的色彩有灰色、绿色、红色、黑色等，而且还带有美丽的花纹。

大理石饰面的品种很多，业内一般按大理石的原料产地、石料的色泽、特征及磨光后所显现的花纹来命名。我国是一个石材生产大国，产地遍布全国各地，其中较有名的有云南大理、北京房山、湖北大冶、山东平度、广东云浮、福建南平等。

对大理石的质量要求是光洁度高、石质细密、无腐蚀斑点、棱角方正、底面整齐、表面平整、色泽美观。

大理石板材饰面的安装构造与预制饰面板饰面及花岗岩板材饰面基本相同，只是安装前应挑选颜色和花纹，先行试拼校正规格尺寸，并按施工要求在侧面打孔洞，以便穿绑铜丝与墙面预埋钢筋骨架固定（图15-8）。

（2）花岗石

花岗岩为火成岩中分布最广的岩石，是一种典型的深层酸性岩，俗称麻石，属于硬石材。它的主要矿物成分为长石、石英及少量的

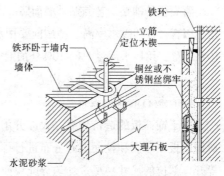

图15-8 大理石安装构造

云母。常呈整体的均粒状结构，其构造致密，抗压强度高，孔隙率及吸水率极小，抗冻性和耐磨性能均好，并具有良好的抵抗风化性能。花岗岩有不同的色彩，如黑色、灰色、粉红色等，纹理多呈斑点状。花岗石外饰面从装饰质感分有剁斧、蘑菇石和磨光三

种，其装饰性、耐久性都很好。对花岗石的质量要求是棱角方正、规格符合设计要求，颜色一致，无裂纹、隐伤和缺角等现象。经磨光处理的花岗石板，光亮如镜，质感丰富，有华丽高贵的装饰效果。经细琢加工的板材，具有古朴坚实的装饰风格。

花岗石板适用于宾馆、商场、银行和影剧院等大型公共建筑的室内外墙面和柱面的装饰，也适用于地面、台阶、楼梯、水池和服务台的面层装饰。

花岗石板材饰面和大理石板材饰面的安装固定构造是一样的，一般均采用板材与基层绑或挂，然后灌浆固定的办法，这种办法也称为"双保险"的固定办法，也就是说，镶贴面积较大的板材，仅用胶粘剂固定于基层还不够，还需要铜丝或不锈钢挂钩，将板材系于基层，以防因表面积大，可能造成的局部空鼓而坠落。施工验收规范规定，超过1.2m的高度，均要用铜丝绑扎。板材加设不锈钢挂钩和铜丝绑扎的一般做法是在基层表面焊成相应尺寸的一个$\phi6$钢筋网，钢筋同基层预埋件或胀管螺栓焊牢。板材的绑扎线与基层的钢筋网绑牢。这样，就要首先将绑扎丝固定于板材上，每块石材绑扎点不少于4个。只有绑扎丝同板材牢固，才能与基层绑扎。安装花岗石面板时，必须注意基础应该稳定，块材连接应符合结构设计的要求。饰面块材应于结构墙离开3~5cm做灌浆层，灌浆时每次灌入15~20cm左右，且不超过板高的1/3，插捣应密实。初凝后继续灌注，并且在板块水平接缝以下50~100mm处留下上一皮石材灌浆的施工缝。饰面块材除与结构墙预留钢筋埋件绑扎的钢筋网连接外，块材本身也可用扒钉和穿钉连接。所以石板安装前准备工作的一个主要内容就是如何将绑扎线的一端固定在石板上。对于石材采用湿贴灌浆前，背面应进行抗碱、抗渗处理或采用胶粘工艺。

（3）青石

青石是一种经长期沉积形成的水成岩，材质软，较易风化。因其材性纹理构造松软，易于劈制成面积不大的薄板，所以产地附近早有应用青石板做屋面瓦的传统。青石板不是高档材料，加工简单，故造价不高。使用规格一般为长度30~50cm不等的矩形块，边缘不要求很平直，表面也保持劈开后的自然纹理形状，再加上青石板有暗红、灰、绿、蓝、紫等不同颜色，所以掺杂使用能形成色彩富于变化而又具有一定自然风格的墙体饰面，多用于特色建筑装饰或园林建筑之中。

青石板的铺贴工艺与贴外墙面砖的操作方法相似，其规格尺寸及排块方法根据设计确定。因青石板的吸水率高，粘贴前要用水浸透，黏结砂浆可用（水泥∶砂）1∶2的水泥砂浆，最好用掺水泥量5%~10%外加剂树脂砂浆粘贴，其厚度视石板的平整程度而定。

2. 天然石材安装的基本构造

（1）板材的排列设计

由于饰面板的造价较高，大部分用在装修标准较高的工程上。因此，在施工前必须对饰面板在墙面和柱面上的分布进行排列分配设计。一般要考虑墙面的凹凸部位及门窗等开口部位的尺寸，尽量均匀分配块面，并应将饰面板的接缝宽度包括在内。对于复杂的造型面（圆弧形及多边形）还应实测后放足尺大样进行校对，最后计算出板块的排档，并按安装顺序编上号，绘制分块大样详图，作为加工订货及安装的依据。

（2）墙体的基面处理

在安装饰面板之前，对墙、柱的基面要进行处理，这是防止饰面板安装后产生空鼓、脱落的关键。

无论是砖墙或柱还是混凝土墙或柱，基层的处理同抹灰饰面的基层处理是一样的，先要使墙、柱基面达到平整，然后要对基面进行凿毛处理，凿毛深度应为5~15mm，凿坑间距不大于30mm。还必须用铜丝刷清除基面残留的砂浆、尘土和油渍，并用水冲洗。采用胶粘工艺时由于胶的粘接强度大，表面可不凿毛，但表面要做到清洁、无尘和无油渍。

（3）饰面板的安装

大理石饰面板与花岗石饰面板均分为镜面和细琢面。安装方法有两种：一种是"贴"，一种是"挂"。小规格的板材（一般指边长不超过400mm，厚度在10mm左右的薄板）通常用粘贴的方法安装，其与面砖铺贴的方法基本相同。这里着重介绍大规格饰面板的安装方法。大规格饰面板是指块面大的板材（边长500~2000mm），或是厚度大的块材（30mm以上）。这种板材重量大，如果用砂浆粘贴有可能承受不了板块的自重，引起坍落。所以，大规格的饰面板往往采用"挂"的方法。

1）绑扎法

磨光的大理石和花岗石板往往比较薄，一般采用金属丝绑扎的方法固定。

①首先按施工大样图要求的横竖距离焊接或绑扎钢筋骨架。方法是，先剔凿出墙面或柱面内的预埋钢筋环，然后插入 φ8 的竖向钢筋，在竖向钢筋的外侧绑扎横向钢筋，其位置低于饰面板缝2~3mm为宜。

②饰面板预拼排号后要按顺序将板材侧面钻孔打眼。常用的打孔法是用4mm的钻头直对板材的端面钻孔，孔深15mm。然后在板的背面对准端孔底部再打孔，直至连通端孔，这种孔称之为牛鼻子孔。另一种打孔法是钻斜孔，孔眼与面板呈35°角。

③安装时，只要将铜丝穿入孔内，然后将板就位，自下而上安装，随之将铜丝绑扎在墙体横筋上即可。

④最后是灌浆。一般用 1:2.5 水泥砂浆分层灌筑。

⑤全部安装完毕，必须按板材颜色调制水泥浆嵌缝，边嵌边擦干净（图15-9）。

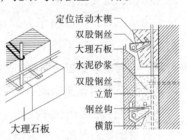

图15-9 大理石板绑扎法

2）干挂法

细琢面或毛面的大理石、花岗石板材以及有线脚断面的块材，由于板块较厚，一般用干挂法，即是通过镀锌锚固件与基体连接的一种施工方法。

干挂法的工序比较简单，装配的牢固程度比绑扎法高，但是锚固件比较复杂，施工操作一般要由专业施工队完成。锚固件有扁钢锚件、圆钢锚件和线型锚件等。因此，根据其锚固件的不同，板材开孔的形式也各不相同。

在需要干挂饰面石材的部位预设金属型材，打入膨胀螺栓，然后固定，用金属件卡紧固定，石材挂后进行结构粘牢及胶缝处理（图15-10）。

3）粘贴法

对于磨光花岗石片、大理石片以及青石板，因其规格较小，一般可采用粘贴的方法安装。

小型石板的粘贴与粘贴外墙面砖的做法相似。其基体处理、抹找平层砂浆与抹灰层

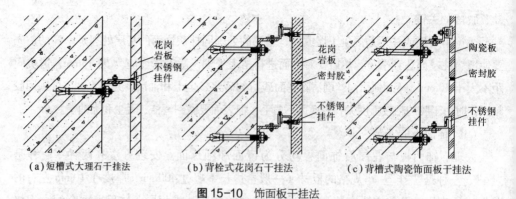

(a) 短槽式大理石干挂法　　　(b) 背栓式花岗石干挂法　　　(c) 背槽式陶瓷饰面板干挂法

图 15-10　饰面板干挂法

的操作是相同的。石板浸透后，取出阴干备用。粘结砂浆采用聚合物水泥砂浆，常用 1:2 水泥砂浆内掺入水泥量 5%~10% 的树脂外加剂。全部石板粘贴完毕后，应将板面清理干净，并按板材颜色调制水泥浆嵌缝，边嵌边擦净，要求缝隙密实、颜色统一。

用聚酯砂浆固定饰面石材，具体做法是在灌浆前先用胶砂比为 1:4.5~5 的聚酯砂浆固定板材四角和填满板材之间的缝隙，待聚酯砂浆固化并能起到固定拉紧作用以后，再进行一般石材施工时的灌浆操作。应注意的是次数及高度如何，须待每层初凝后方能进行第二次灌浆。不论灌浆次数及高度如何，每层板的上口应留大于 5cm 余量作为上层板材灌浆时的结合层。

树脂胶粘结饰面石材构造作法是在基层处理好以后，先将胶粘剂抹在板背面相应的位置，尤其是悬空板材胶量必须饱满（胶粘剂用量应针对使用部位受力情况布置，以粘牢为原则），然后将带胶粘剂的板材就位，挤紧找平、找正、找直后，即刻进行顶、卡固定。挤出缝外的胶粘剂，随时清除干

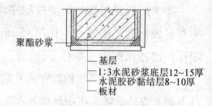

聚酯砂浆
—— 基层
—— 1:3 水泥砂浆底层 12~15 厚
—— 水泥胶砂黏结层 8~10 厚
—— 板材

图 15-11　聚酯砂浆粘贴法

净。待胶粘剂固化至饰面石材完全牢固贴于基层后，方可拆除支架（图 15-11）。

3. 石材饰面的细部构造

板材类饰面的施工安装除应解决饰面板与墙体之间的固定外，另一个关键问题是处理好各种交接部位的构造，各种不同的接缝处理形式与墙体外观效果是密切相关的，可以说构造是一门有关细部设计的课程而非一成不变的规范。

交接部的细部构造主要涉及墙面的板材接缝、门窗开口部板材的接缝、檐口、勒脚、柱子及各种特殊的凹凸面拐角的板材接缝处理（图 15-12~图 15-14）。

二、人造石材墙面

人造石材板由天然石材的碎石、石屑、石粉作填充材料，由不饱和聚酯树脂或水泥为胶粉剂，经搅拌成型、研磨、抛光等工序制成。它具有强度高、表面硬度大、无污染、光泽度好等特点，一般分水泥型、聚酯型、复合型、烧结型四种。

预制人造石材按其厚度可分为厚型和薄型两种。通常将厚度在 30~40mm 以下的称为板材，而将厚度在 40~130mm 以上的称为块材。

预制人造石材饰面板也称预制饰面板，大多在工厂预制，然后现场进行安装。人造

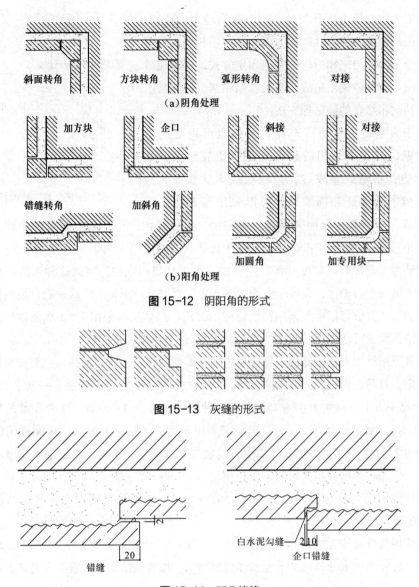

斜面转角　　方块转角　　弧形转角　　对接

（a）阴角处理

加方块　　企口　　斜接　　对接

错缝转角　　加斜角　　加圆角　　加专用块

（b）阳角处理

图 15-12　阴阳角的形式

图 15-13　灰缝的形式

错缝　20

白水泥勾缝　2 10　企口错缝

图 15-14　凹凸接缝

石材饰面板传统的有人造大理石饰面板、预制水磨石饰面板、预制剁假石饰面板、预制水刷石饰面板及预制陶瓷锦砖饰面板，现在广泛使用的是炻瓷质仿石面板。

人造石材饰面板饰面与现场施工制作饰面相比，其优越性，首先在于工艺合理。由现制改为预制，工艺可以更为充分利用机械加工；其次，质量好。现制水刷石、剁假石、水磨石墙面的一个最大弱点是由于饰面层比较厚、刚性大，墙体基层与面层在大气温度、湿度变化影响下胀缩不一致时容易导致开裂，即使面层作了分格处理，因底灰一般不分格，仍不能避免日久开裂，最终导致脱落。预制面板面积为 $1m^2$ 左右，板本身有配筋，与墙体联结的灌浆处也有配筋网与挂钩，可有效防止饰面脱落与本身的开裂；再次，有利施工。现场安装预制板要比现制饰面用工少、速度快，还可以省去抹底灰找平的工作量。

预制人造石材饰面构造见图 15-15。

人造大理石板由于其类型不同，在物理力学性能、与水有关的性能、粘附性能等方面也是各不相同的。下面简单介绍四种与之相适应的构造固定方式，即水泥砂浆粘贴法、聚酯砂浆粘贴法、有机胶粘贴法、捆扎与水泥砂浆粘贴相结合的铺贴等方法。

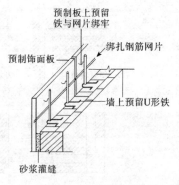

图15-15　预制饰面板安装

对于聚酯型人造仿石产品，虽然也可用聚酯砂浆等粘贴，但其最理想的胶粘剂是有机胶粘剂，如环氧树脂，粘贴效果较好，但往往成本比较高。为了降低成本并保证装饰效果，可以采用与人造仿石砖相同成分的不饱和聚酯树脂作为胶粘剂，并可在树脂中掺入一定量的中砂。一般树脂与中砂的比例为1:4.5~5，并按配比掺入适量的固化剂。

烧结型人造仿石板是在1000℃左右的高温下焙烧而成的，因此这种人造石材与其他几种人造大理石相比，在各个方面更多接近陶瓷制品。正是由于这一点，烧结型人造大理石的施工方法可以参照镶贴釉面瓷砖的方法。黏结层可采用1:2水泥砂浆，为了提高黏结强度，可在水泥砂浆中掺入水泥量5%的有机粘接外加剂。

无机胶结材型人造石饰面和复合型人造石饰面的施工工艺的选择，主要应根据其板厚来确定。目前，国内生产的这两种仿石饰面板的厚度主要有两种。一种板厚为8~12mm，每平方米板材重为17~25kg。另一种厚度通常在4~6mm，每平方米板材重为8.5~12.5kg。对于复合型厚板，其铺贴宜采用聚酯砂浆粘贴的方法。聚酯砂浆的胶砂比一般为1:4.5~5.0，固化剂的掺用量视使用要求而定，但是，如全部采用聚酯砂浆粘贴，一般1m² 铺贴面积的聚酯砂浆耗用量为4~6kg，费用相对较高，因此，目前多采用聚酯砂浆固定与水泥胶砂粘贴相结合的方法，以达到粘贴牢固、成本较低的目的（参见图15-11）。

当使用薄板时施工方法比较简单，可以用1:2.5水泥砂浆打底，以10:0.5:2.6的水泥:外加剂:水的外加剂水泥浆作为胶粘剂，做成粘结层然后镶贴人造仿石板材。

无论是哪种类型的人造仿石饰面板材，当板材厚度较大、尺寸规格较大、铺贴高度较高时，均应考虑采用捆扎与水泥砂浆粘贴相结合的方法，以使粘贴牢度更为可靠。

三、瓷砖墙面

瓷砖主要用于室内需经常擦洗的墙面和水池等。瓷砖有白色和彩色（有光和无光），装饰有花、结晶、斑纹、仿石等图案。瓷砖颜色稳定，吸水率低、表面细腻光滑、清洁方便。

对于建筑装饰用的内外墙面砖，吸水率指标很重要。吸水率太高，虽然能将结合层中的胶浆大量吸入，提高与基层的粘结性，但对于外墙面砖而言，冬天吸入过多水分会造成面砖冻裂，表面的耐洁性会降低，反之，吸水率太低，会造成面砖与基层结合不好，日久易脱落。

1. 釉面砖的镶贴构造

内墙面砖一般是无缝或密缝排布。粘结材料一般选用1:2（水泥:砂）水泥砂浆。

现在广泛使用的方法是在水泥砂浆中掺入 2%～3% 的外加剂，使砂浆产生更好的和易性和保水性，由于砂浆中胶水阻隔水膜，砂浆不易流淌，提高了釉面砖的粘贴牢度。面层一般用白水泥或有色水泥填缝（图 15-16）。

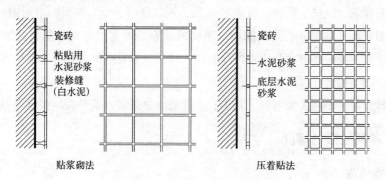

贴浆砌法　　　　　　　　　压着贴法

图 15-16　釉面砖的粘结及细部

2. 陶瓷锦砖

陶瓷锦砖的粘贴构造如图 15-17 所示。

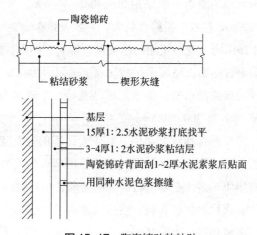

图 15-17　陶瓷锦砖的粘贴

（1）清理面层，用 1 : 2.5 水泥砂浆打底，用刮尺刮平，木摸子搓毛；

（2）根据设计要求和锦砖的规格尺寸弹线分格；

（3）润湿基层，抹一道素水泥浆，然后再抹 1 : 2 水泥砂浆，厚 3～4mm；

（4）纸面朝上，铺贴锦砖，再用木板贴实压平，刮去边缘缝隙渗出的砂浆；

（5）初凝后，洒水湿纸，揭纸，拨正斜块。凝结后，白水泥嵌缝，擦拭干净。

第四节　板材墙面

板类饰面是建筑装饰中应用历史很长，但也是新发展起来的饰面工艺方法。说它是传统的饰面方法是因为护墙板、木墙裙等的应用已经有多年的历史，而近年来大量新型板材如不锈钢板、铝板、搪瓷板、塑料板、镜面玻璃等在现代建筑装饰中的大量应用使板类装饰又获新的发展。由于各类罩面板具有安装简便、耐久性好、装饰性强的优点，并且大多是用装配法干式作业，所以得到装饰行业的广泛应用。

罩面板用于面层装饰主要有两个方面的作用，其一是装饰性，饰面板所用材料的品种、质感、颜色等多种多样，可以用于不同的场合，营造出不同的室内气氛；其二是功能性，具有保温、隔热、隔声、吸声等作用，例如以铝合金、塑料、不锈钢板为面层，以轻质保温材料（如聚苯乙烯泡沫板、玻璃棉板等）为芯层制成的复合装饰板具有保温隔热的性能。在一些有声学要求的厅堂内，饰面板本身或饰面板与其他材料可共同作用起到吸声的作用。

罩面板按材料不同主要有以下几类：木质类、金属类、塑料类、玻璃类等等。

一、木制品板材墙面

1. 基本构造

木质罩面板主要由三部分组成：基层、龙骨（连接层）、面层。基层的处理是为龙骨的安装做准备，过去通常是在砌砖时预埋木砖，但这种做法很难准确定位，并缺少灵活性。现在则是根据龙骨的分档尺寸，在墙上加塞木楔，当墙体材料为混凝土时，可用射钉枪将木方钉入。木龙骨的断面一般采用 20~40mm×40mm，木骨架由竖筋和横筋组成，竖向间距为 400~600mm 左右，横筋可稍大，一般为 600mm 左右，主要按板的规格来定。面层一般选用木质缜密、花纹美丽的水曲柳、柳安、柚木、桃花芯木、桦木、紫檀木、樱桃、黑胡桃等木材贴面，还可采用沙比利、美国白影、日本白影、尼斯木、珍珠木等。现在为了减少现场的操作量，多使用成品龙骨，龙骨多为 25×30mm 带拼装卡槽，拼装为框体的规格通常为 300×300mm 或 400×400mm。对于面积不大的罩面板骨架，可在地面上一次性拼装再将其钉上墙面，对于大面积的龙骨架，可先做分片拼装，再将片组装固定在墙面。为了防止墙体的潮气使面板出现开裂变形或出现钉锈和霉斑，以及木质材料属于易燃物质，因而必须进行必要的防潮、防腐和防火处理。面层材料主要有板状和条状两种。板状材料如胶合板、膜压木饰面板、刨花板等，可采用枪钉或圆钉与木龙骨钉牢、钉框固定和用大力胶粘结三种方法，而如果将几种方法结合起来效果会更好；条状材料通常是企口板材，可进行企口嵌缝，依靠异型板卡或带槽口压条进行连接，以减少面板上的钉固工艺而保持饰面的完整和美观（图15-18）。

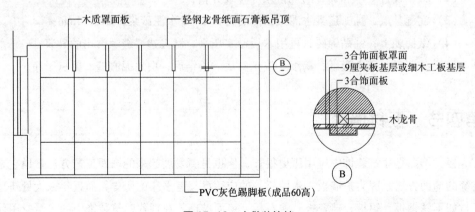

图 15-18　木做装饰墙

2. 细部处理

不论哪种材料的墙体饰面，诸如水平部位的压顶、端部的收口、阴角和阳角的转角、墙面和地面的交接处理等，都是装饰构造设计的重点和难点，因为它不仅关系到美观问题，对使用功能影响也很大。

图 15-19～图 15-22 为木质罩面板的各个部位构造的示例，但所示做法并不是一成不变的，在实际工程中要根据需要进行设计。

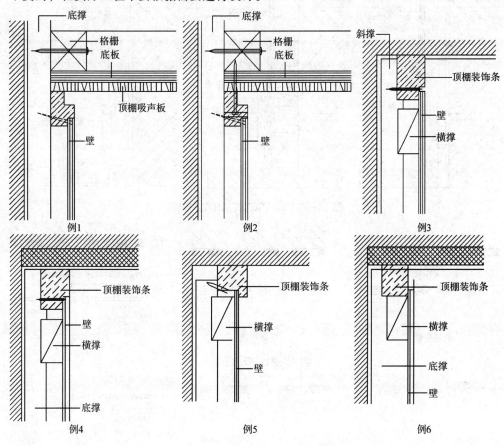

例1　例2　例3

例4　例5　例6

图 15-19　木质罩面板与吊顶相接

（1）上部压顶主要有两种情形：一种是木质罩面板与吊顶相接（图 15-19），一种是压顶在墙的中间部位结束。另外，踢脚板的处理也有多种多样（图 15-20）。

（2）板缝的处理。木质饰面板板缝的处理方法很多，主要有斜接密缝、平接留缝和压条盖缝。当采用硬木装饰条板为罩面板时，板缝多为企口缝（图 15-21）。

（3）内外转角的处理见图 15-22 所示。

二、装饰板材墙面

1. 万通板

万通板又称为聚丙烯装饰板，是以聚丙烯（PP）为主要原料，经混炼挤压成型，有一般型和难燃型两种，室内墙面装饰必须用难燃型板。万通板具有重量轻、防火、防水、防老化等特点，有白、淡杏、淡蓝、淡黄、浅绿、浅红、银灰、黑等色彩，清雅宜

material与构造·上·（室内部分）（第二版）

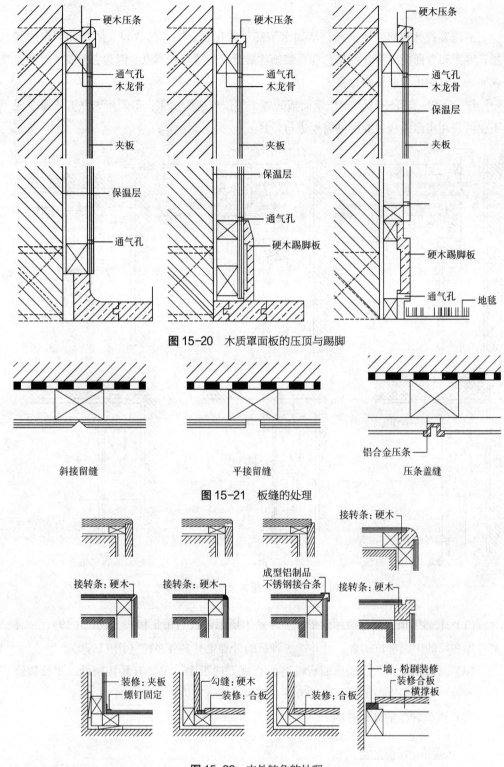

图 15-20　木质罩面板的压顶与踢脚

斜接留缝　　　　　　平接留缝　　　　　　压条盖缝

图 15-21　板缝的处理

图 15-22　内外转角的处理

人，美观大方，可用裁纸刀任意切割，粘钉均可。用于墙面装饰的万通板规格有
1000mm×2000mm、1000mm×1500mm，板厚有 2mm、3mm、4mm、5mm、6mm 多种。万通
板一般构造做法是在墙上涂刷防潮剂，钉木龙骨，然后将万通板粘贴于龙骨上。

2. 石膏板

石膏板有纸面石膏板、纤维石膏板和空心石膏板三种。它具有可钉、可锯、可钻等材质性能，并且具有防火、隔声、质轻、不受虫蛀等优点。其表面可以油漆、喷刷各种涂料及裱糊壁纸和织物，但其防潮、防水性能较差。

纸面石膏板内墙装饰构造有两种，一种是直接贴墙做法，另一种是在墙体上涂刷防潮剂，然后铺设龙骨（木龙骨或轻钢龙骨），将纸面石膏板镶钉或粘于龙骨上，最后进行板面修饰。

3. 塑料护墙板饰面

塑料护墙板饰面主要是指硬质 PVC、GRP 波形板、挤出异型板和格子板。这三种板材饰面的构造方法一般是先在墙体上固定好格栅，然后用卡子或与板材配套专用的卡入式连接件将护墙板固定在格栅上。由此在护墙板和墙体之间就形成了一个空气夹层，潮气可以通过墙体进入空气夹层，通过对流排出，空气夹层的存在，也使得墙体的隔热、撞击隔声等性能得以提高。

4. 夹心墙板

夹心墙板通常由两层铝或铝合金板中间夹聚氨酯泡沫或矿棉芯材构成，具有强度高、韧性好、保温、隔热、隔声、防火、抗震等特点。墙板表面经过耐色光或 PVF 滚涂处理，颜色丰富，不变色、不褪色。夹心墙板构造是采用专门的连接件将板材固定于龙骨或墙体上。

5. 装饰吸声板饰面

装饰吸声板的种类很多，常用的有石膏纤维装饰吸声板、软质纤维装饰吸声板、硬质纤维装饰吸声板、钙塑泡沫装饰吸声板、矿棉装饰吸声板、玻璃棉装饰吸声板、聚苯乙烯泡沫塑料装饰吸声板、珍珠岩装饰吸声板等。这些板材都有良好的吸声效果和装饰效果，施工方便，可以直接贴在墙面上或钉在龙骨上，多用于室内墙面。

三、金属板材墙面

金属薄板又名金属墙板，其种类有铝合金饰面板、不锈钢饰面板、铝塑板、钛合金板等。板的造型有扣板、条板、方板、弧形板。金属薄板做室内墙体饰面，具有质轻、坚硬、色彩丰富、抗腐蚀、使用期长、易加工、施工简便等特点。

在现代建筑装饰中，金属制品得到广泛使用，如柱子外包不锈钢板或铜板、墙面贴铝合金板、金属板材与石材搭配的饰面等等，尽显金属材料的美感。金属罩面板材料种类繁多，因材料、造型和使用场所不同，其构造和施工做法也不同。在墙面装饰中，铝合金板较之不锈钢及铜等金属板材的价格便宜，易于成型。板材表面经阳极氧化或喷漆处理，可获得不同的色彩外观。

金属薄板的构造做法有扣板龙骨做法、龙骨贴墙做法、铝合金龙骨做法、木龙骨装饰做法等。由于内墙装饰与顶棚、楼地面的关系比较复杂，墙面本身的艺术处理也比外墙装饰复杂、多样，故内墙金属薄板饰面多用木龙骨做法。现将常用的金属薄板饰面构造做法介绍如下。

1. 铝合金板饰面构造

（1）插接式构造。将板条或方板用螺钉等紧固件固定在型钢或木骨架上，这种固定方法耐久性好，多用于室外墙面。

（2）嵌条式构造。将板条卡在特别的龙骨上。此构造仅适用于较薄板条，多用于室内墙面装饰，如图 15-23 所示。

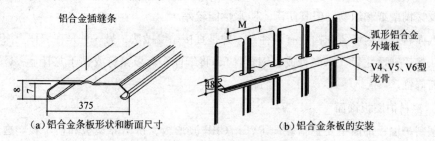

（a）铝合金条板形状和断面尺寸　　　（b）铝合金条板的安装

图 15-23　铝合金薄板嵌条式构造

2. 不锈钢板饰面构造

不锈钢板分亚光板和镜面板两种。反光率在 50% 以下者称为亚光板，亚光板板面柔和不刺眼，有特殊艺术效果。反光率在 90% 以上者称为镜面板，其表面可以映像，常用于柱面、墙面等反光率较高的部位。不锈钢板饰面构造做法有以下四种。

（1）铝合金或型钢龙骨贴墙。该构造是将铝合金或型钢龙骨直接粘贴于内墙面上，再将各种不锈钢平板与龙骨粘牢，如图 15-24 所示。

（2）墙板直接贴墙。该构造是将各种不锈钢平板直接粘贴于墙体表面上，这种构造做法要求墙体找平层应特别坚固，与墙体基层粘结牢固，不得有任何空鼓、疏松不实、不牢之处；找平层应十分平整、光滑，不得有飞刺、麻点、砂粒和裂缝。阴阳角方

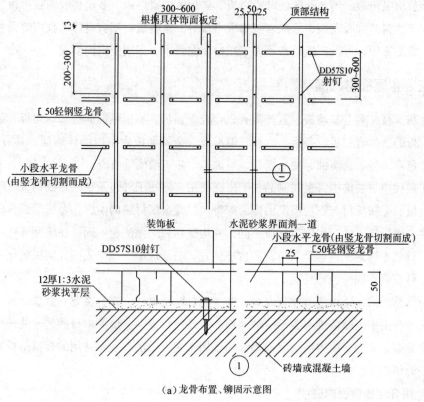

（a）龙骨布置、铆固示意图

图 15-24　不锈钢平板贴墙构造（一）

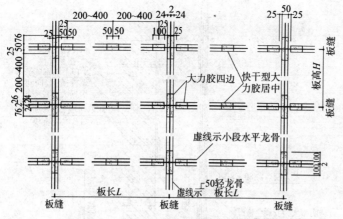

（b）不锈钢平板背面图点涂大力胶位置示意图

图 15-24 不锈钢平板贴墙构造（二）

正偏差均不得超过 2mm，立面垂直偏差不得超过 3mm（图 15-25）。

（3）墙板离墙吊挂。该构造适用于墙面突出部位，突出的线脚、造型面部位，墙内需加保温层部位等，具体构造如图 15-26 所示。

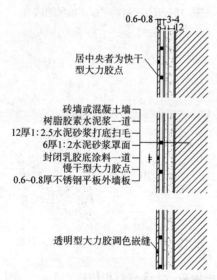

图 15-25 不锈钢平板直接贴墙构造

（4）木龙骨贴墙

1）木龙骨的布置与固定。在墙上钻眼打楔，制作木龙骨并与木楔钉牢，如图 15-27 所示。

2）铺设基层板（如镀锌钢板、厚胶合板）以加强面板刚度和便于粘贴面板。

3）将不锈钢饰面板用螺钉等紧固件或胶粘剂固定在基层板上。

4）板缝处理。用密封胶填缝或用压条遮盖板缝。

3. 铝塑板饰面构造

铝塑板是以铝合金片及聚乙烯材料复合加工而成，其构造层次如图 15-28 所示。铝塑板的种类有镜面铝塑板、镜纹铝塑板、普通铝塑板三种。铝塑板饰面装饰构造包括无龙

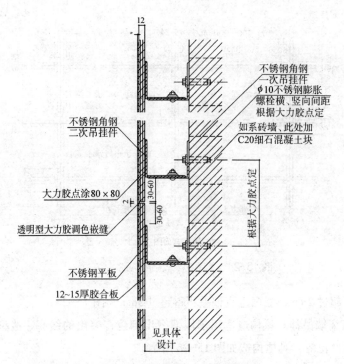

图 15-26 不锈钢平板离墙吊挂构造

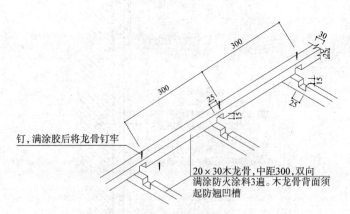

图 15-27 木龙骨骨架组装构造示意图

骨贴板构造、轻钢龙骨贴板构造、木龙骨贴板构造，无论采用哪种构造，均不允许将铝塑板直接贴于抹灰找平层上，而应贴于纸面石膏板或阻燃型胶合板等比较平整光滑的基层之上。铝塑板粘贴方法有以下三种：

（1）粘结剂直接粘贴法。在铝塑板背面涂橡胶类强力胶粘剂（如 801 强力胶、XH-25 强力胶、XY-401胶，CX-401 胶等），待胶稍具黏性时，将铝塑板上墙就位，用手拍压实，使铝塑板与底板粘牢。拍压时严禁用铁锤或其他硬物直接敲击。

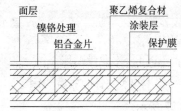

图 15-28 铝塑板分层构造示意图

（2）双面胶带及粘贴剂并用粘贴法。根据墙面弹线，将薄质双面胶带按田字形粘贴于底板上，无双面胶带处均匀涂橡胶类强力胶，然后将铝塑板与底板粘牢（操作同上）。

（3）发泡双面胶带直接粘贴法。将发泡双面胶带粘贴于底板上，然后根据弹线位置将铝塑板上墙就位，进行粘贴（操作同上）。

铝塑板饰面板缝及收口构造直接影响装饰效果，常见板缝及收口构造如图15-29、图15-30所示。如考虑防火，用铝塑板做内墙装饰，仍具有一定的局限性，故不宜广泛应用。

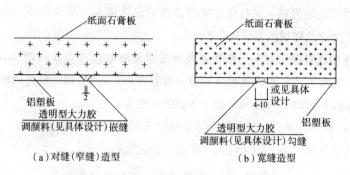

（a）对缝（窄缝）造型　　（b）宽缝造型

图15-29　铝塑板直接贴墙（无龙骨）板缝构造

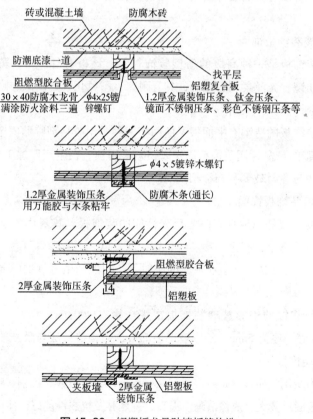

图15-30　铝塑板龙骨贴墙板缝构造

四、玻璃墙面

玻璃装饰板的种类繁多，如激光玻璃装饰板、微晶玻璃装饰板、幻影玻璃装饰板、彩金玻璃装饰板、珍珠玻璃装饰板、宝石玻璃装饰板、浮雕玻璃装饰板、镜面玻璃板、无线遥控聚光有声动感画面玻璃装饰板等，现介绍几种常用玻璃装饰板饰面构造做法。

1. 激光玻璃装饰板饰面

激光玻璃装饰板又名光栅玻璃装饰板，是当代光栅技术与建筑材料技术相结合的一种高科技产品。激光玻璃装饰板的基本构造做法分两种：

（1）龙骨无底板胶贴。先行修整处理墙面后做防潮层，安装防腐、防火木龙骨或轻钢龙骨，在龙骨上粘贴激光玻璃。

（2）龙骨加底板胶贴。先行修整处理墙面后做防潮层，安装防腐、防火木龙骨或轻钢龙骨，在龙骨上先钉底板（胶合板或纸面石膏板），然后粘贴激光玻璃。

采用激光玻璃装饰板内墙面装饰应注意以下两点：

1）激光玻璃装饰板的光栅效果是随着环境条件的变化而变化的，同一块激光玻璃放在某处可以是色彩万千，但放在另一处也可能就光彩全无。

2）普通激光玻璃装饰板的太阳光直接反射会随人的视角和光线的变化而变化，在一般条件下，应将镭射玻璃装饰板放在与人视线位于同一水平处或低于视线之处，这样效果最佳。

2. 微晶玻璃装饰板饰面

微晶玻璃装饰板是一种高级的新型装饰材料，该板有红、白、黄、绿、灰、黑等色，表面光滑如镜，光泽柔和、莹润，具有耐磨、耐风化、耐高温、耐腐蚀及良好的电绝缘和抗电击穿性能。

微晶玻璃装饰板的造型有平面板及曲面板两种，用胶粘剂胶贴固定时，须采用在板后涂有 PVC 树脂的产品，用装饰钉固定时，须采用预先在生产厂加工打好钉眼的产品。其基本构造做法与镭射玻璃装饰板相同。

3. 幻影玻璃装饰板饰面

幻影玻璃装饰板是一种具有闪光反光性能的装饰板，其基片为浮法玻璃或钢化玻璃，有单层、夹层之分；有金、银、红、紫、绿、蓝、七彩珍珠等色。用这种板装饰墙（柱）面，在阳光、灯光，甚至在烛光的照射下，均能产生奇妙的闪光效果，给室内增加特殊魅力。

用于内墙面装饰的幻影玻璃装饰板常用规格有 400mm×400mm、500mm×500mm、600mm×600mm 等，厚为 5mm。幻影玻璃装饰板饰面构造做法与激光玻璃饰面相同。

4. 镜面玻璃饰面

内墙面装饰所用镜面玻璃是以高级浮法平板玻璃，经镀镁、镀铜、喷漆等特殊工艺加工而成，具有镜面尺寸大，成像清晰、逼真，抗烟雾及抗热性能好，使用寿命长等特点。

镜面玻璃饰面内装饰的构造做法包括有龙骨做法和无龙骨做法两种。

（1）有龙骨做法。清理墙面，整修后涂防水建筑胶粉防潮层，安装防腐、防火木龙骨，然后在木龙骨上安装阻燃型胶合板，最后固定镜面玻璃，如图 15-31 所示。玻璃固定方法有：

1）螺钉固定法。在玻璃上钻孔，用镀锌螺钉或铜螺钉直接把玻璃固定在龙骨上，螺钉上需套上塑料垫圈以保护玻璃，见图 15-32（a）。

2）嵌钉固定法。在玻璃的交点处用嵌钉将玻璃固定于龙骨上，把玻璃的四角压紧固定。

3）粘贴固定法。用中性硅酮玻璃胶把玻璃粘贴在衬板上，一般小面积墙面装饰多采用这种方法，见图 15-32（b）。

以上三种方法固定的玻璃，周边都可加框，起封闭端头和装饰作用。

4）托压固定法。用压条和边框托压住玻璃，压条和边框用螺钉固定于木筋上。压条和边框由硬木、塑料、金属（铝合金、钢、铝等）材料制成。这种方法多用于大面积单块玻璃的固定，见图 15-32（c）。

（2）无龙骨做法。满涂防水建筑胶粉防潮层，做镜面玻璃保护层（粘贴牛皮纸或铝箔一层），最后用强力胶粘贴镜面玻璃，封边、收口。加气混凝土或硅酸盐砌块墙不宜用无龙骨做法安装镜面玻璃。

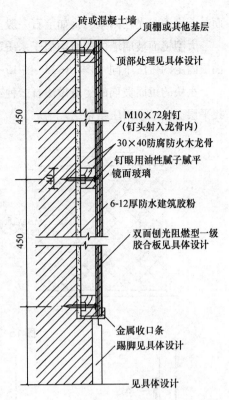

图 15-31　镜面玻璃饰面龙骨做法构造层次

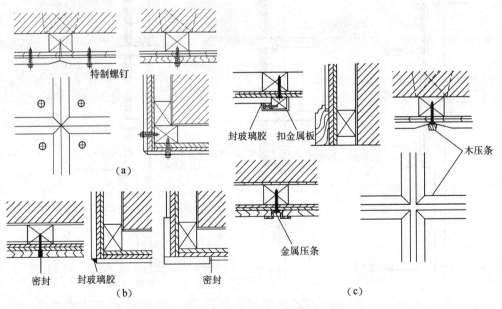

图 15-32　有龙骨做法玻璃固定方式

(a)螺钉固定玻璃；(b)粘贴固定玻璃；(c)托压固定玻璃

彩金玻璃装饰板、珍珠玻璃装饰板、彩雕玻璃装饰板、宝石玻璃装饰板等饰面的构造做法与激光玻璃相同，但装饰效果各有特点。彩金玻璃装饰板质地坚硬，表面金光闪闪，耐酸碱及各种溶剂；珍珠玻璃装饰板具有珍珠光泽；彩雕玻璃装饰板又名彩绘玻璃装饰板，色彩图案迷人，立体感强，在夜间灯光下，艺术效果更佳；宝石玻璃装饰板表面晶莹剔透，光芒闪耀，犹如宝石一般。

　　大型镜面玻璃墙的构造类似于木质罩面板，其基层与龙骨的做法基本相同，区别是面层固定的做法不同（图15-33~图15-35）。

　　小块的镜面玻璃的构造做法有二种：一是像面砖一样，直接将小块的镜面贴在砂浆找平层上，二是用压条粘结。

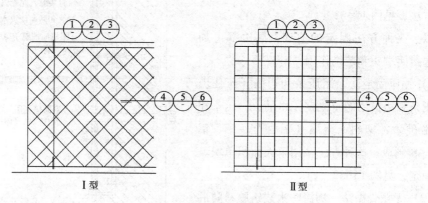

图 15-33　镜面墙立面

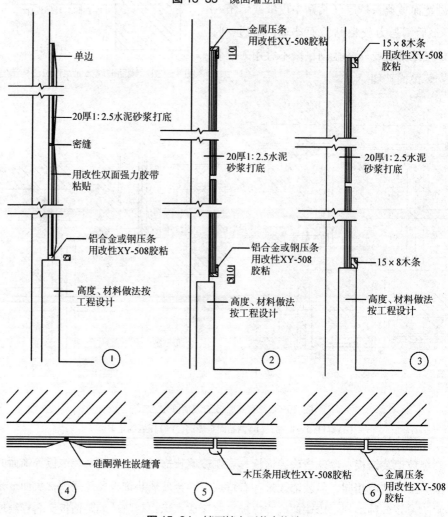

图 15-34　镜面墙立面节点构造

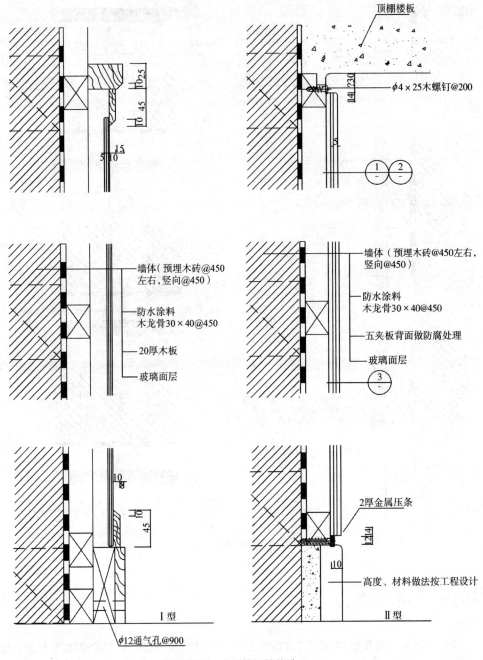

顶棚楼板

φ4×25木螺钉@200

① ②

墙体（预埋木砖@450左右，竖向@450）

防水涂料
木龙骨30×40@450

20厚木板

玻璃面层

墙体（预埋木砖@450左右，竖向@450）

防水涂料
木龙骨30×40@450

五夹板背面做防腐处理

玻璃面层

③

Ⅰ型

φ12通气孔@900

2厚金属压条

高度、材料做法按工程设计

Ⅱ型

图 15-35　大型镜面墙构造（一）

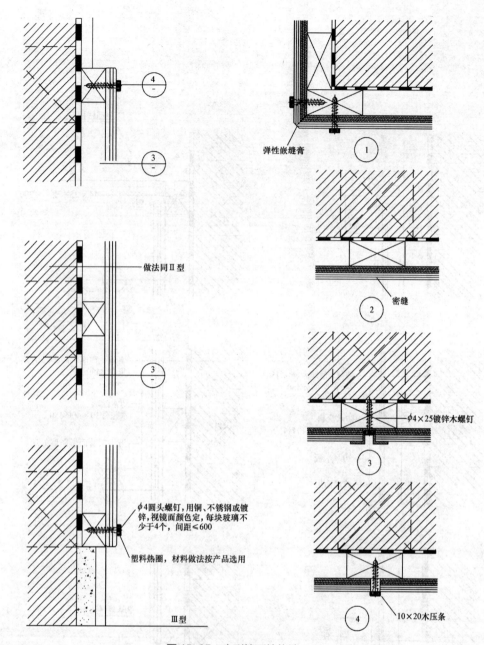

弹性嵌缝膏

做法同Ⅱ型

密缝

$\phi 4 \times 25$镀锌木螺钉

$\phi 4$圆头螺钉，用铜、不锈钢或镀锌，视镜面颜色定，每块玻璃不少于4个，间距≤600

塑料热圈，材料做法按产品选用

Ⅲ型

10×20木压条

图 15-35　大型镜面墙构造（二）

第五节　裱糊墙面

裱糊类饰面一般是指用裱糊的方法将柔性装饰材料，如墙纸、织物或微薄木等卷材利用裱糊、软包粘贴在内墙的一种饰面方法。这些卷材饰面在色彩、花纹和图案等方面装饰效果丰富多彩，并且可以模仿各种天然材料的质感和色泽，在使用上有很大的选择性；其次，这种饰面施工方便，所用材料是柔性材料，因此对于一些曲面、弯角等部位可连续裱糊，花纹的拼接严密，整体性好。现代室内墙面装饰常用的柔性装饰材料有各类壁纸、墙布、棉麻织品、织锦缎、皮革、微薄木等。

一、裱糊墙面的材料

壁纸的种类很多，分类方式也多种多样，按外观装饰效果分，有印花壁纸、压花壁纸、浮雕壁纸等；按基层不同分，有全塑料基（使用较少）、纸基、布基、矿棉纤维或玻璃纤维基等；按施工方法分，有现场刷胶裱糊、背面预涂压敏胶直接铺贴的。

二、裱糊用的胶粘剂

裱糊使用的胶粘剂可刷于基层，也可刷于壁纸背面，对于较厚的壁纸，应同时在纸背面和基层上刷胶粘剂。常用的胶粘剂有以下三种：

（1）聚氨酯胶。特点是粘贴强度高，耐水性好，固化快。

（2）粉状壁纸胶粘剂。特点是溶水速度快，溶水后无结块，胶液完全透明，易涂刷，不污染壁纸。

（3）压敏剂。是一种以橡胶为主要原料的胶粘剂。粘贴时由于大量溶剂挥发受阻，会逐渐产生大量气泡，使用时应及时排除。

粘贴时要注意保持纸面平整，防止出现气泡，并对拼缝处压实。开关插座等突出墙面的电气盒，裱糊前应先卸去盒盖。

三、裱糊墙面的基层构造

1. 基本的裱糊工具

基本的裱糊工具有水桶、板刷、砂纸、弹线包、尺、刮板、毛巾和裁纸刀等等（图15-36）。

2. 施工顺序

首先要处理墙面基层，然后弹垂直线，再根据房间的高度拼花、裁纸，接下来润纸，让纸张开，最后就可涂胶粘贴壁纸了。

凡是有一定强度的、表面平整光洁的基体表面都可作为裱糊墙纸的基层。裱糊前应先在

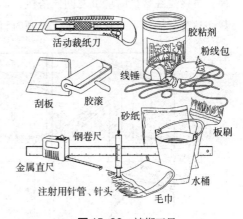

图 15-36 裱糊工具

基层上刮腻子，而后用砂纸磨平，以使裱糊墙纸的基层平整光滑。无论是新墙基层或是旧墙基层，最基本的要求是平整、洁净，有足够的强度并易于与墙纸牢固粘结。必须清除一切脏污、飞刺、麻点和砂粒，以防裱糊面层出现凸泡与脱胶等现象。

一般来说，裱糊壁纸的关键在于裱贴的过程和拼缝技术。第一张壁纸的裱贴不要以墙角的垂直线为依据，最好在墙角附近吊垂线。润纸的方法可以用排笔涂湿纸的背面，也可将壁纸浸入水中后再晾在绳子上沥干，而胶水只涂在墙上，然后将墙纸的一端先对线贴上去，再用刮板或湿毛巾将墙纸轻轻地推向另一边，边刮边赶气泡。贴完后若还有剩余气泡，可用针筒将气抽出。

3. 壁纸的裱糊构造

（1）基层处理

1）刮腻子，砂纸磨平，使表面平整、光洁、干净，不疏松掉粉，有一定强度。基

层含水率宜控制在9%以内。

2）为了避免基层吸水过快，应进行封闭处理，即在基层表面满刷清漆一遍。

（2）壁纸预处理。为防止壁纸遇水后膨胀变形，壁纸裱糊前应做预处理。各种壁纸预处理方法如下：

1）无毒塑料壁纸裱糊前应先在壁纸背面刷清水一遍，后立即刷胶；或将壁纸浸入水中3~5min后，取出将水抖净，静置约15min后，再行刷胶。

2）复合壁纸不得浸水，裱糊前应先在壁纸背面涂刷胶粘剂，放置数分钟。裱糊时，应在基层表面涂刷胶粘剂。

3）纺织纤维壁纸不宜在水中浸泡，裱糊前宜用湿布清洁背面。

4）带背胶的壁纸裱糊前应在水中浸泡数分钟。

5）金属壁纸裱糊前浸水1~2min，阴干5~8min后在其背面刷胶。

近几年，还出现了风景壁纸，即把图画或彩色照片放大，复制到塑料壁纸上。风景壁纸画面大，能在室内看到图面的大自然的景观。风景壁纸裱糊应上至顶棚、下到地面，四周不宜留边框，使其看上去真实自然。

4. 拼缝处理

拼缝处理的好坏直接影响墙纸裱糊的外观质量。拼缝的常见方式有拼接和对接两种，拼接是在裱糊时墙纸之间先搭接再通过裁接来拼缝；对接是指墙纸成品在出厂前已裁切整齐并满足了对花的要求，裱糊时直接对缝粘贴即可（图15-37）。

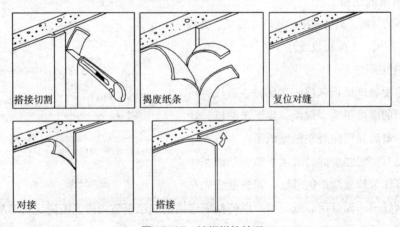

图15-37　裱糊拼缝处理

阴角壁纸应搭缝施工，阴角处的搭接宽度一般≮2~3mm。阳角处严禁搭缝，壁纸应裹过阳角>20mm，并在此处施用粘接力较强的胶液。

第六节　墙面防水

一、墙面防水材料

墙面防水材料主要有防水卷材、防水涂料、防水墙面漆等。

二、墙面防水构造

墙面防水主要集中在浴室和卫生间，厕所小便池应铺防水层，其墙面防水高度要超过淋水花管高度，且不小于100mm。浴室墙面防水高度不低于1.8m。最好做至顶棚，以防蒸汽渗透。

卫生间或厨房内采用水管附墙暗装时，应该考虑管线的防腐及温度变化引起的墙面砖或饰面板变形，其正确做法如图15-38。

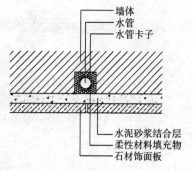

墙体
水管
水管卡子

水泥砂浆结合层
柔性材料填充物
石材饰面板

图15-38　水管附墙暗装构造

第七节　墙面的转角及界面构造

墙面的转角及界面构造主要是线脚，线脚是挂镜线、檐板线、装饰压条等装饰线的总称。

1. 挂镜线

挂镜线是在室内四周墙面、距顶棚以下>200mm处悬挂装饰物、艺术品、图片或其他物品的支承件。挂镜线除具有悬挂功能外，还具有装饰功能。壁纸、壁布上部收边压条，可用挂镜线代替。挂镜线与墙体的固定采用胀管螺钉固定或用粘结剂直接与墙体粘结。

2. 檐板线

檐板线是内墙与顶棚相交处的装饰线。檐板线可用于各类内墙面上部装饰的收口、盖缝，同时，对内墙与顶棚相交处的阴角进行装饰。檐板线有木制线脚、石膏线脚，可采用粘、钉的方式进行固定。

3. 装饰压条

装饰压条是对内墙的墙裙板、踢脚板及其他装饰板的接缝进行盖缝处理的压条。装饰压条有木压条、塑料压条和金属压条，固定方式可采用钉、粘方法。

线脚的形式多种多样，装饰市场上都有成品出售。也可按需要自行设计加工。

第十六章 —— 地面装修构造

第一节 地面的功能与种类

建筑的室内楼地面是建筑物的底层地面和楼层地面的总称，是人们日常生活、工作、生产、学习时必须接触的部分，也是建筑中直接承受荷载，经常受到摩擦、清洗和冲洗的部分。因此，除了要符合人们使用功能上的要求之外，还必须考虑人们在精神上的追求和享受，做到美观、舒适。室内楼地面构造组成如图 16-1 所示。

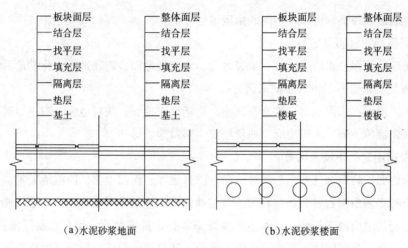

<table>
<tr><td>— 板块面层</td><td>— 整体面层</td><td>— 板块面层</td><td>— 整体面层</td></tr>
<tr><td>— 结合层</td><td>— 结合层</td><td>— 结合层</td><td>— 结合层</td></tr>
<tr><td>— 找平层</td><td>— 找平层</td><td>— 找平层</td><td>— 找平层</td></tr>
<tr><td>— 填充层</td><td>— 填充层</td><td>— 填充层</td><td>— 填充层</td></tr>
<tr><td>— 隔离层</td><td>— 隔离层</td><td>— 隔离层</td><td>— 隔离层</td></tr>
<tr><td>— 垫层</td><td>— 垫层</td><td>— 垫层</td><td>— 垫层</td></tr>
<tr><td>— 基土</td><td>— 基土</td><td>— 楼板</td><td>— 楼板</td></tr>
</table>

（a）水泥砂浆地面　　　　　　　　（b）水泥砂浆楼面

图 16-1 水泥砂浆（楼）地面

一、地面装修的功能和要求

楼地面装饰装修构造主要指楼地面面层的构造。楼地面与人、家具、设备等直接接触，承受各种荷载以及物理、化学作用，并且在人的视线范围内所占比例比较大，因此，必须满足以下要求。

1. 创造良好的空间气氛

室内地面与墙面、顶棚等应进行统一设计，将室内的色彩、肌理、光影等综合运用，以便与室内空间的使用性质相协调。

2. 具有足够的坚固性，并保护结构层

装修后的地面应当不易被磨损、破坏，表面平整光洁，易清洁，不起灰。同时，装修后的饰面层对楼地面的结构层应起到保护作用，以保证结构层的使用寿命与使用条件。

3. 满足使用条件

（1）从人的使用角度考虑，一般滞留空间地面装修材料应选择导热系数值小的，具有良好的保温性能，以免冬季给人以过冷的感觉。考虑到人行走时的感受，面层材料不宜过硬，应具有一定的弹性。而人流量大的流动空间，应考虑地面的耐磨程度和易清洁性。

（2）满足保温隔声的要求。这类地面要用有一定弹性的材料或用有弹性垫层的面层；对音质要求高的房间，地面材料要满足吸声的要求。在北方，有时地面中加保温层以满足保温的要求。

（3）有水作用的房间的地面应抗潮湿、不透水；有火源的房间，地面应防火、不燃；有酸碱腐蚀的房间，地面应具有防腐蚀的能力。

（4）其他种类的地面。现代大空间如开敞式办公空间；北方住宅中用地热采暖，需要在地面中铺设管线，使得地面的构造变得复杂，对材料的性能也要求更高。

二、室内地面的种类

室内地面的种类，可以从不同的角度进行分类。

1. 根据面层材料来区分：

水泥砂浆地面、水磨石地面、地砖地面、木地板地面、地毯地面、化学地面等等。

2. 根据构造处理的方式不同来区分：

整体式地面：水泥地面、水磨石地面、树脂涂布地面；块材地面：陶瓷地砖、石材地面、陶瓷锦砖地面、木质地面、地毯地面、塑料地面等。

3. 根据用途的不同来区分：

防水地面、防腐蚀性地面、弹性地面、防火地面、保温地面、防湿地面等。

装修时必须根据各种装修材料的特性与地面的用途综合考虑来选用构造做法和面层材料。低档的地面施工简便，基本不需要维修养护，价格便宜，但存在易泛潮、起灰、开裂、冷、硬、响等问题。高档地面施工复杂，造价高，但性能稳定，因此要视经济条件灵活选用。

三、地面装修的构造组成

地面装饰的基本做法因装修材料的种类及使用与设计要求的地面特性而异。大体来说，可以分为直接在钢筋混凝土楼地面上进行装修（直接装修）与在钢筋混凝土楼地面上架设构架再在其上装修两种形式。

1. 直接式装修

方法一：一般以水泥砂浆作为找平层和结合层，使用的面层材料除水泥砂浆之外，还有石材地砖、塑料类地胶板、地毯、树脂地面等等，常用于普通办公楼、住宅、学校、商店等建筑的室内地面，是较为普遍的一种类型（图16-2a）。

方法二：常用于一般浴室、厕所及其他需要水洗的房间（如水产商店等）的地面，因此必须做防水处理。即在混凝土地板上加防水层，并在其上抹水泥砂浆以保护防水层，而后干铺瓷砖等装修材料，也有改为直接涂上掺有防水剂的水泥砂浆的做法，如图16-2b所示。

2. 底层架构式装修

底层构架的装修，一般做法如图16-2c所示的双层地板构造做法，图16-2d所示的构造做法为防静电的地面做法。

上述几例是几种最基本的做法，根据实际工程的需要，还可以在结构层与面层间增加隔声层、保温层或管线层（槽）等。

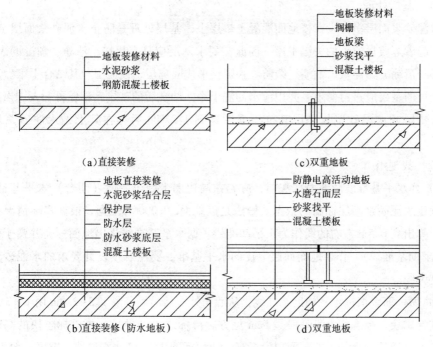

图 16-2 地面装饰基本做法

第二节　整体式楼地面

　　按设计要求选用不同材质和相应配合比，经施工现场整体浇筑的楼地面面层称为整体式楼地面。整体式楼地面构造做法大多属土建施工工艺，楼地面面层无接缝，构造做法分基层和面层。基层对任何面层而言都要求具有一定的强度及表面平整度。

一、水泥砂浆楼地面

1. 材料及要求

（1）水泥

　　水泥砂浆面层所用水泥应优先采用硅酸盐水泥、普通硅酸盐水泥，体积比应为1：2，强度等级不小于M15。因为这些品种水泥与其他品种的水泥相比，具有早期强度高、水化热较高和在凝结硬化过程中干缩值较小等优点。如采用矿渣硅酸盐水泥，强度等级应不低于32.5级，在施工中要严格按施工工艺操作，且要加强养护，方能保证工程质量。

（2）砂

　　水泥砂浆面层所用的砂应采用中砂和粗砂，含泥量不得大于3%（质量分数）。因为细砂级配不好，拌制的砂浆强度要比粗、中砂拌制的砂浆强度低。水泥砂浆地面是应用最普及、最广泛的一种地面做法。其优点是造价较低、施工简便、使用耐久，缺点是热导率大，施工操作不当在使用中易产生起灰、起砂、脱皮等现象，天气过潮时，易产生凝结水。

2. 施工工艺

　　水泥砂浆地面施工工艺流程为：基层处理—弹线—找规矩—水泥砂浆抹面。

（1）基层处理

水泥砂浆面层多铺设在楼地面混凝土垫层上，基层处理是防止水泥砂浆面层空鼓、裂纹、起砂等质量通病的关键工序。因此，要求基层应具有粗糙、洁净、潮湿的表面，必须仔细清除一切浮灰、油渍、杂质。否则会形成隔离层，使面层与其结合不牢。表面比较光滑的基层应进行凿毛，并用清水冲洗干净。冲洗后的基层，不要再上人。当现浇混凝土垫层或水泥砂浆找平层其抗压强度达到 1.2MPa 后再在其上做水泥砂浆地面面层。

（2）找规矩

1）弹水平基准线。地面抹灰前，应先在周边墙上弹出一圈（闭合）水平基准线，作为确定水泥砂浆面层标高的依据。做法是以地面±0.000 为依据，根据实际情况在周边墙上弹出高 0.5m 左右的线作为水平基准线。据水平基准线量出地面标高并弹于墙上（水平辅助基准线），作为地面面层上皮的水平基准，要注意按设计要求的水泥砂浆面层厚度弹线。

2）做标筋。根据水平辅助基准线，从墙角处开始沿墙每隔 1.5~2.0m 用 1：3 水泥砂浆抹标志块，标志块大小一般是 5cm 见方。待标志块结硬后，再以标志块的高度做出纵横方向通长的标筋以控制面层的标高。地面标筋用 1：2 水泥砂浆，宽度一般为 8~10cm。做标筋时，要注意控制面层标高与门框的锯口线吻合。

3）对于厨房、浴室、厕所等房间的地面，要找好排水坡度。有地漏的房间，要在地漏四周做出不小于 0.5% 的流水坡度，避免地面"倒流水"或积水。抄平时要注意各室内地面与走廊高度的关系。

4）铺设地面前，还要将门框再一次校核找正。其方法是先将门框锯口线抄平校正，并注意当地面面层铺设后，门扇与地面的间隙应符合规定要求，然后将门框固定，防止松动、位移。

（3）水泥砂浆罩面

面层水泥砂浆的配合比应符合设计有关要求，一般不低于 1：2，水灰比为 1：0.3~0.4，稠度不大于 3.5cm。水泥砂浆要求拌合均匀，颜色一致。

铺抹前先将基层浇水湿润，第二天先刷一道水灰比为 0.4~0.5 的水泥素浆结合层，随即进行面层铺抹。如果水泥素浆结合层过早涂刷则起不到与基层和面层两者粘结的作用，反而易造成地面空鼓，所以，一定要随刷随抹。

地面面层的铺抹方法是在标筋之间铺砂浆，随铺随用木抹子拍实，用短木杠按标筋标高刮平。刮时要从室内由里往外刮到门口，符合门框锯口线标高，然后再用木抹子搓平，并用铁皮抹子紧跟着压第一遍。压时用力轻一些，使抹子纹浅一些，以压光后表面不出现水纹为宜。如面层有多余的水分，可根据水分的多少适当均匀地撒一层干水泥或干拌水泥砂来吸取面层表面多余的水分，再压实压光（但要注意，如表面无多余的水分，不得撒干水泥或干拌水泥砂），同时把踩的脚印压平并随手把踢脚板上的灰浆刮干净。

当水泥砂浆开始初凝时，即人踩上去有脚印但不塌陷，即可开始用钢皮抹子压第二遍。要压实、压光、不漏压，使抹子与地面接触时，发出"沙沙"声，并把死坑、砂眼和踩的脚印都压平。第二遍压光最重要，表面要清除气泡、孔隙，做到平整光滑。等到水泥砂浆终凝前，人踩上去有细微脚印，抹子抹上去不再有抹子纹时，再用铁皮袜子压第三遍。抹压时用劲要稍大些，并把第二遍遗留下的抹子纹、毛细孔压平、压实、压光。

水泥地面压光要三遍成活，每遍抹压的时间要掌握适当，以保证工程质量。压光过早或过迟，都会造成地面起砂的质量事故（图16-3）。

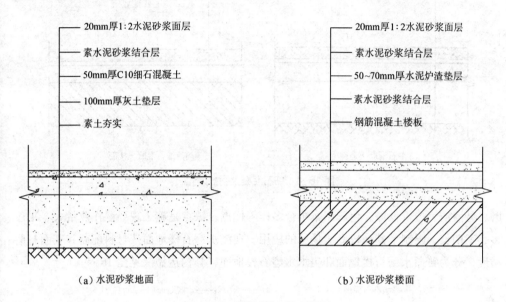

（a）水泥砂浆地面 　　　（b）水泥砂浆楼面

图16-3 水泥砂浆（楼）地面

（4）养护和成品保护

面层抹完后，在常温下铺盖草垫或锯木屑进行浇水养护，使其在湿润的情况下硬化。养护要适时，如浇水过早易起皮，过晚则易产生裂纹或起砂。一般夏天24h后养护，春秋季节应在48h后养护。养护时间不少于7d，如采用矿渣水泥，则不少于14d。面层强度达5MPa后，才允许人在地面上行走或进行其他作业。

二、细石混凝土楼地面

混凝土地面一般使用细石混凝土，与水泥砂浆地面相比它强度高、干缩值小，耐久性和防水性更好，且不易起砂，缺点是厚度较大。

细石混凝土强度等级一般在C20以上，厚度约40mm。有时使用随捣随抹面层，即在现浇混凝土地面浇捣完后待表面略有收水后就提浆抹平、压光。

细石混凝土楼地面的面层材料由水泥、砂和石子级配而成，其中水泥采用42.5级以上的硅酸盐水泥、普通硅酸盐水泥或矿渣硅酸盐水泥；砂采用粗砂或中砂；石子粒径不应大于15mm。细石混凝土楼地面构造做法详见图16-4。

三、现制水磨石地面

水磨石地面是以水泥为胶结材料，掺入不同色彩、不同粒径的大理石或花岗岩碎石，经过搅拌、成型、养护、研磨等工序而成的一种人造石材地面。具有整体性好、耐

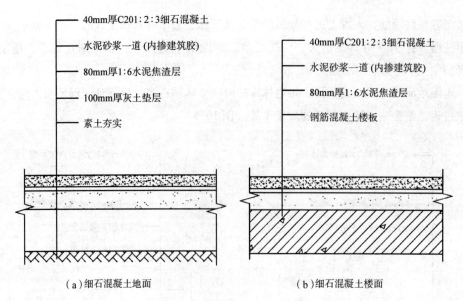

40mm厚C201:2:3细石混凝土

水泥砂浆一道（内掺建筑胶）

80mm厚1:6水泥焦渣层

100mm厚灰土垫层

素土夯实

40mm厚C201:2:3细石混凝土

水泥砂浆一道（内掺建筑胶）

80mm厚1:6水泥焦渣层

钢筋混凝土楼板

（a）细石混凝土地面　　　　　　　　（b）细石混凝土楼面

图16-4　细石混凝土（楼）地面

磨、易清洁、造价低廉，色彩图案组合多样等优点，缺点是施工现场湿作业量大、工序多、工期长，限制了其在较高级场所的应用。现浇水磨石楼地面按材料配制和表面打磨精度，分为普通水磨石楼地面和美术水磨石楼地面，其构造做法见图16-5。

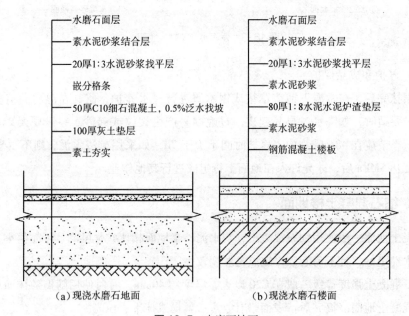

水磨石面层

素水泥砂浆结合层

20厚1:3水泥砂浆找平层

嵌分格条

50厚C10细石混凝土，0.5%泛水找坡

100厚灰土垫层

素土夯实

水磨石面层

素水泥砂浆结合层

20厚1:3水泥砂浆找平层

素水泥砂浆

80厚1:8水泥水泥炉渣垫层

素水泥砂浆

钢筋混凝土楼板

（a）现浇水磨石地面　　　　　　　　（b）现浇水磨石楼面

图16-5　水磨石地面

除有特殊要求外，水磨石地面厚度宜为12~18mm，且需考虑石子粒径确定。拌和料的体积比应符合设计要求，一般为1:1.5~1:2.5（水泥:石子）。

1. 材料要求

（1）水泥

白色或浅色的水磨石面层应采用白色硅酸盐水泥；深色的水磨石面层，应采用硅酸盐水泥、普通硅酸盐水泥或矿渣硅酸盐水泥。无论白水泥还是普通水泥，其强度等级均不宜低于32.5级。

（2）石粒

水磨石石粒应采用质地坚硬、耐磨、洁净的大理石、白云石、方解石、花岗石、玄武岩或辉绿岩等，要求石粒中不含风化颗粒和草屑、泥块、砂粒等杂质。石粒的最大粒径以比水磨石面层厚度小1~2mm为宜。普通水磨石地面宜采用4~12mm的石粒，而大粒径石子彩色水磨石地面宜采用3~7mm、10~15mm、20~40mm三种规格的石子组合。石粒粒径过大则不易压平，石粒之间也不易挤压密实。各种石粒应按不同的品种、规格、颜色分别存放，切不可互相混杂，使用时按适当比例配合。除了石粒可作水磨石的骨料外，质地坚硬的螺壳、贝壳也是很好的骨料，这些产品沿海各地都有，来源较广，它们在水磨石中经研磨后，可闪闪发光，显现出珍珠般的光彩。要求不发火或防爆的面层石料以撞击时不发生火花为合格。

（3）分格

面层分格应采用分格条，其材料有铜条、玻璃条、铝条、塑料条等。分格条的长度以分格尺寸定，宽度根据面层厚度而定，厚度一般为3~5mm。不发火（防爆的）面层分格的嵌条应采用不发生火花的材料配置。

2. 施工注意事项

（1）基层的清理。

基层清理不净，会导致水磨石地面的空鼓、裂缝、粘接不牢。

（2）镶嵌分格条。

为了防止面层开裂并实现装饰图案，常用分格条将面层分格。分格条（常用玻璃条或铜条）用水泥砂浆固定在找平层上，高度比磨平施工面高2~3mm（图16-6）。

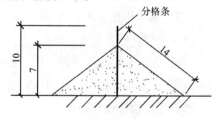

图16-6 水磨石地面分格条正确粘嵌法

（3）面层。

面层要有一定的厚度，以便使石碴被水泥充分包裹，这样才能充分的固定石碴。铺设时其厚度要高出分格条1~2mm。要注意防止压弯铜条或压碎玻璃。最后工序为磨光处理。

四、整体涂布地面

涂布地面是指以合成树脂代替水泥或部分代替水泥，再加入颜料填料等混合而成的材料，在现场涂布施工硬化后形成的整体无接缝地面。特点是无缝，易于清洁，并具有良好的耐磨性、耐久性、耐水性、耐化学腐蚀性能。常用于办公场所、工业厂房、大卖场和体育场地等。

整体树脂楼地面根据胶凝材料可分为两大类：一类是用单纯的合成树脂为胶凝材料的溶剂型合成树脂涂料（如丙烯酸涂料、环氧树脂涂料、聚氨酯涂料等）涂刷形成楼地面面层，另一类是以水溶性树脂乳液与水泥复合组成的胶凝材料如聚醋酸乙烯乳液（4115胶）楼地面。前一类面层的耐腐性、抗渗性、整体性好，适用于实验室、医院手术室、食品加工厂、运动场地等，后一类面层的耐水性、粘结性、抗冲击性好，适用于教室、办公室等场所。

第三节　块材式楼地面

块材式楼地面是指以块状材料（陶瓷锦砖、水磨石砖、大理石、花岗石、仿石瓷质地砖等）铺砌而成的地面。具有耐磨、强度高、刚性大等优点，适用于人流活动频繁及潮湿的场所。因块材地面属于刚性地面，保温、吸声性能差，不宜用于舒适感要求较高的地方，如宾馆的客房、居室、疗养院等。

一、陶瓷地面

1. 地砖

（1）材料及要求。

陶瓷地砖质地坚硬、耐磨，防水性能好。品种有釉面地砖、无釉全瓷地砖、无釉全瓷抛光地砖、无釉全瓷防滑地砖等。陶瓷地砖多用于中、高档的楼地面工程。陶瓷地砖按表面质量分为优等品、一等品、合格品三种。各等级陶瓷地砖均不得有结构分层缺陷存在。砖背纹的高度和背纹的深度均不得小于 0.5mm。

水泥采用强度等级 42.5 以上普通硅酸盐水泥、矿渣硅酸盐水泥，严禁混用不同品种、不同强度等级的水泥。

砂采用中砂或粗砂，用时须过筛。

（2）基本构造做法。

1）基层处理和找平

基层在找平前必须清理干净，如基层是混凝土楼板还需凿毛，然后抹厚度不小于 10mm 的 1∶3 水泥砂浆，作为砂浆结合层。

2）面层的铺设与处理

铺设时用 1∶2 水泥砂浆或专用胶粘贴地砖。铺贴根据分配图施工，一般从门口或中线开始向两边铺砌，如有镶边应先铺砌镶边部分，余数尺寸以接缝宽度来调整。若不能以接缝宽度处理时，则在墙角放入异形砖进行调整。最后用 1∶1 砂浆或专用填缝胶扫（勾）缝处理。

干铺地砖法在铺贴地砖时，先按地砖一行或一列挂好控制线，而后按一行或一列铺设结合层，干铺砂浆的宽为地砖宽度再多出 10cm，水泥∶砂为 1∶3，长度为 3~5 块砖长。干硬性砂浆以手握成团、落地开花为准，砂浆带应铺平、铺匀。地砖铺贴从整砖行或列开始，依次退着贴，将砖按控制线就位，用木锤或胶锤敲平、敲实。

2. 陶瓷锦砖(马赛克)楼地面

（1）材料及要求

陶瓷锦砖具有表面致密、光滑、坚硬耐磨、耐酸、耐碱、防水性好及一般不易变色的特点。适用于卫生间、浴室、游泳池等有防水要求的楼地面。陶瓷锦砖每块面积较小，约为 19mm×19mm、25mm×25mm、30mm×30mm，形状一般为方形、菱形和六边形。

（2）施工工艺

陶瓷锦砖在粘贴前一般均按各种图案粘贴在牛皮纸上，每张大小为 300mm×300mm。

待找平层砂浆具有一定强度后，用1：1（在水泥砂浆中掺入水泥质量5%~10%的聚醋酸乙烯乳液胶）水泥砂浆铺贴。铺贴时，用方尺找好规矩，拉通线依次向前进行。砖铺上后可用木锤垫木块仔细拍实拍平，贴完一段，应洒水湿透纸背，常温下15min左右提纸，用开刀修理缝隙。先调竖缝，后调横缝，边调缝边用木锤敲击垫块，拍实拍平，然后用1：1水泥砂浆灌缝嵌实。铺贴完后，将陶瓷锦砖表面清扫干净，次日铺干锯木屑养护，养护期间不得上人走动，以免破坏面层地砖（图16-7）。

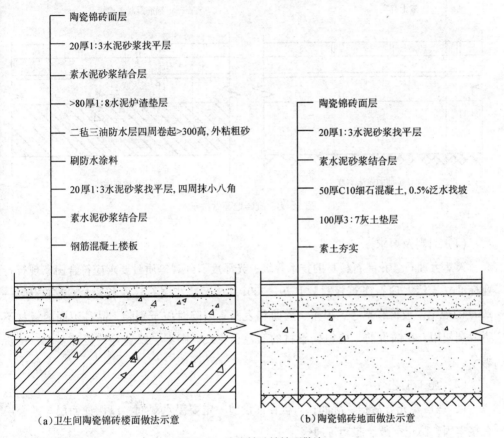

（a）卫生间陶瓷锦砖楼面做法示意　　　　　（b）陶瓷锦砖地面做法示意

图16-7　陶瓷锦砖楼地面做法

3. 缸砖楼地面

缸砖是经高温烧成的小型块材，其形状为正方形、六角形、八角形等，它有不同色彩，多用红棕色。砖块尺寸一般为100mm×100mm、150mm×150mm。缸砖强度较高，耐酸、耐碱、耐油、易清洁、不起尘、自重较轻、施工简单方便，广泛应用于潮湿的地下室、实验室、屋顶平台、有侵蚀性液体及荷载较大的工业车间（图16-8）。

二、石材及人造仿石板楼地面

1. 大理石、花岗石楼地面

大理石、花岗石楼地面是采用天然大理石、花岗石或人造仿石板作为面层的高级装饰楼地面。这种楼地面具有坚固耐久、光亮易洁的特点，广泛用于宾馆的大堂、商场中的营业厅、会堂、娱乐场、纪念堂、博物馆、银行、候机厅等公共场所。

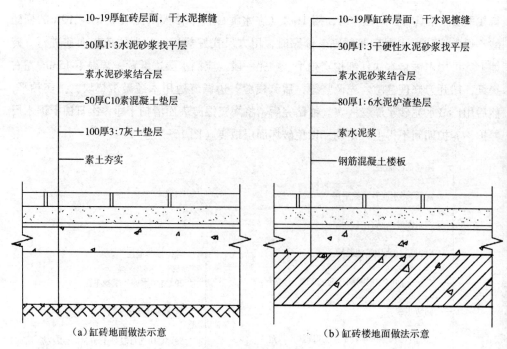

　　——10~19厚缸砖层面，干水泥擦缝
　　——30厚1:3水泥砂浆找平层
　　——素水泥砂浆结合层
　　——50厚C10素混凝土垫层
　　——100厚3:7灰土垫层
　　——素土夯实

　　——10~19厚缸砖层面，干水泥擦缝
　　——30厚1:3干硬性水泥砂浆找平层
　　——素水泥砂浆结合层
　　——80厚1:6水泥炉渣垫层
　　——素水泥浆
　　——钢筋混凝土楼板

（a）缸砖地面做法示意　　　　　　（b）缸砖楼地面做法示意

图16-8　缸砖地面做法示意

（1）材料及要求

天然大理石、花岗石板材的技术等级、光泽度、外观等质量要求应符合国家现行行业标准《天然大理石建筑板材》JC79—2001，《天然花岗石建筑板材》GB/T18601—2009的规定。板材有裂缝、掉角、翘曲和表面有缺陷时应予剔除，品种不同的板材不得混杂使用。在铺设前，应根据石材的颜色、花纹、图案、纹理等按设计要求，试拼编号。

（2）施工工艺

1）底层要充分清扫、湿润；石板在铺设前一定要浸水湿润，以保证面层与结合层粘接牢固，防止空鼓、起翘等通病。

2）结合层宜使用干硬性水泥砂浆，其配合比常用1:3（水泥:砂体积比）砂浆。

3）待板块试铺合格后，应在板背刮素水泥浆，以保证整个上下层粘接牢固。接缝一般为1~10mm的凹缝。此外，铺贴石材时，为防止污渍、锈渍渗出表面，在石板的里侧须先涂柏油底料及防碱性涂料后方可铺贴（图16-9）。

（3）天然石材的尺寸

铺地用的花岗石和大理石板一般为20~30mm厚，大小为300mm×300mm、400mm×400mm、500mm×500mm，成模数的应为600mm×600mm，石材尺寸也可根据设计需要预定加工。

（4）石材铺设详图

石材的铺设均应依据设计装修详图来进行，详图必须准确。详图中对石板的颜色搭配、拼画、铺设规格、板缝的处理及其他细部均应有具体的设计和要求，因此，设计师必须具备装修做法如何实施的表达能力。

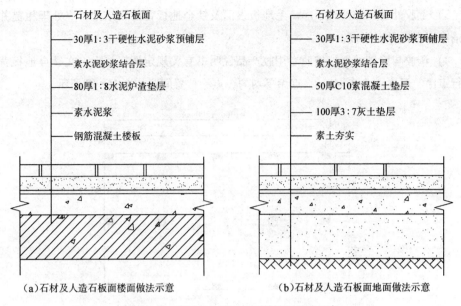

（a）石材及人造石板面楼面做法示意

（b）石材及人造石板面地面做法示意

图16-9 石材及人造石板面楼地面做法示意

2. 水磨石楼地面

水磨石楼地面是使用在工厂制作加工的成品块材铺装而成，其规格尺寸一般为300mm×300mm至600mm×600mm。材料配比及制作要求同整体楼地面中的水磨石楼地面，铺装工艺及构造要求同天然石材板面。水磨石板材产品质量要求应符合JC507—2012的规定。

三、金属地面

1. 材料及要求

钛金不锈钢覆面地板是当代高科技的产品，由于氮化钛膜层具有极强的结合力，而且表面硬度高，耐磨耐腐，故该膜层在自然风化条件下，可保持三四十年不脱落，不变色，色泽鲜艳，光亮如新，并且不易磨损。

钛金属板地面装修多用于整个地面的点缀部分，由于钛金地板的厚度较薄，施工时应将钛金地板的底层（毛地板，找平层等）的厚度予以适当加厚，使钛金属地面标高与主体地面标高一致。

2. 施工工艺

钛金地板施工工艺流程为：基层处理—弹线—裁板—磨糙并清理干净—调板—涂胶—铺贴—检查校正—嵌缝。

（1）基层处理

钛金属板地面基层一般采用实铺木板基层，木板基层的木格栅应坚实，突出的钉头应敲平，板缝可用胶粘剂加老粉（双飞粉）配成腻子，填补平整。

（2）铺贴钛金地板

1）弹线。根据设计要求，用墨线在毛地板上将每块钛金地板的具体位置弹出。

2）裁板。根据弹线位置，将钛金地板进行试铺，然后对钛金板进行画线裁切，编号备用。

3）上胶处磨糙并清理干净。毛地板表面及钛金地板背面粘结处，应处理粗糙并保持洁净以保证粘贴强度。

4）调胶与涂胶。严格按照专用胶产品说明书有关规定调好胶后，在钛金地板背面进行点涂，厚度约为 3~4mm，点涂要均匀，点涂位置间距如图 16-10 所示。

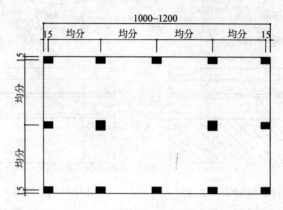

图 16-10　钛金属地砖背面点涂专用胶位置分布示意图

5）钛金地砖就位粘铺。按弹出的钛金砖位置线将钛金砖编号顺序就位，粘贴。

6）检查与校正。粘铺过程中，要在胶未硬化前进行及时检查，校正。

7）清理与嵌缝。地板装铺完毕，检查、校正合格后，清理擦拭干净，并进行嵌缝，板缝应根据设计预留（一般为密缝或小于 2mm 的窄缝）。如为宽缝，可用专用胶调入颜料将缝嵌填勾匀。

第四节　特种楼地面及其构造

特种楼地面是指那些为了满足室内的特殊要求而经过特殊处理的地面。

一、功能性地板

1. 隔声楼面

为了防止噪声通过楼板传到上下相邻的房间，影响其使用，楼板层应具有一定的隔声能力。不同使用性质的房间对隔声的要求不同。该楼面主要应用于声学方面要求较高的建筑，如播音室、录音室等。常见的处理方式有铺弹性面层材料，采用复合垫层构造或浮筑式隔声构造（图 16-11）。

噪声的传播途径有空气传声和固体传声两种。空气传声如说话声及吹号、拉提琴等乐器声都是通过空气传播的。隔绝空气传声可采取使楼板密实、无裂缝等构造措施来达到。固体传声系指步履声、移动家具对楼板的撞击声，缝纫机和洗衣机等振动对楼板发出的噪声等则是通过固体（楼板层）传递的。由于声音在固体中传递时声能衰弱很少，所以固体传声较空气传声的影响更大。因此，楼板层隔声主要是针对固体传声。

隔绝固体传声对下层空间影响的方法之一是在楼板面铺设弹性面层（如铺设地毯、橡皮、塑料等），以减弱撞击楼板时所产生的振动及声能。在钢筋混凝土楼板上铺设地

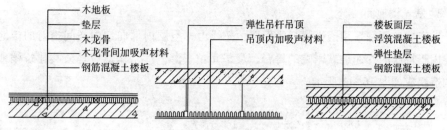

图 16-11　隔声楼面

毯，噪声通过量可控制在 75dB 以内（钢筋混凝土空心楼板不做隔声处理，通过的噪声为 80~85dB；钢筋混凝土槽板、密肋楼板不做隔声处理，通过的噪声在 85dB 以上）。由于这种方法比较简单，隔声效果也比较好，同时还起到了装饰美化室内的作用，是采用得较广泛的一种方法。

第二种隔绝固体传声的方法是设置条状或块状的弹性垫层，其上做面层形成浮筑式楼板。这种楼板是通过弹性垫层的设置来减弱由面层传来的固体声能，以达到隔声目的。

隔绝固体传声的第三种方法是结合室内空间的要求，在楼板下设置吊顶棚（吊顶），在楼板与顶棚间铺设吸声材料加强隔声效果，使撞击楼板产生的振动由弹性吊杆阻断而不能直接传入下层空间。

对于防固体声的三种措施，以面层处理效果最好，浮筑式楼板虽然增加造价不多，效果也好，但施工麻烦，因而采用较少。

2. 防静电楼地面

防静电楼地面是指面层采用防静电材料铺设的楼地面。具体有防静电水磨石楼地面、防静电水泥砂浆楼地面、防静电活动楼地面，其构造做法与前述内容基本相同，其构造有以下几点需加以注意。

（1）面层、找平层、结合层材料内须添加导电粉。

（2）导电粉材料一般为石墨粉、炭黑粉或金属粉等，这些材料须经一系列导电试验合格后方可确定配方采用。

（3）水磨石面层的分格条如为金属条，其纵横金属条不可接触，应间隔 3mm~5mm 如图 16-12 所示。金属表面须涂刷涂料绝缘，铜分格条与接地钢筋网间的净距不小于 10mm。

（4）找平（找坡）层内须配置中 $\Phi4@200mm$ 导电网，如图 16-13、图 16-14 所示。

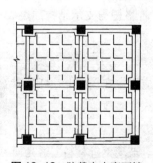 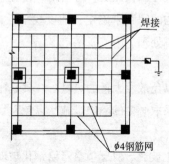 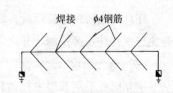

图 16-12　防静电水磨石楼地面金属分格条平面示意图　　图 16-13　方格形导静电接地网　　图 16-14　鱼骨形导静电接地网

295

3. 发光楼地面

发光楼地面是采用透光材料为面层，光线由架空层内部向室内空间透射的楼地面，主要用于舞厅的舞池、歌剧院的舞台、豪华宾馆、游艺厅、科学馆等公共建筑楼地面，其构造组成如图 16-15 所示。

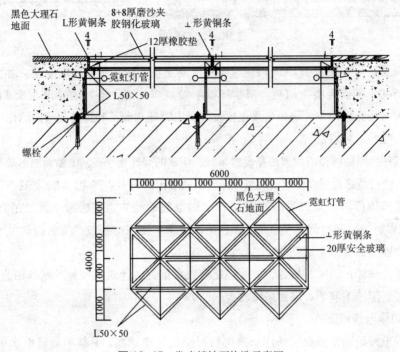

图 16-15　发光楼地面构造示意图

发光楼地面构造要点如下：

（1）架空支承结构

一般使用的有砖墩、混凝土墩、钢结构支架三种，其高度要保证光片能均匀地投射到楼地面，并且要预留通风散热的孔洞，使架空层与外部之间有良好的通风条件。一般沿外墙每隔 3~5m 开设 180mm×180mm 的孔洞，墙洞口加封铁丝网罩或与通风管相连。另外，还需考虑维修灯具及管线的空间，要预留进人孔或设置活动面板。

（2）格栅层

格栅的作用是固定和撑托透光面板面层，可采用木格栅、型钢、T 形铝型材等。其断面尺寸的选择应根据支承结构的间距来确定，铺设找平后，将格栅与支承结构固定。木格栅在施工前应预先进行阻燃处理。

（3）灯具

灯具应选用冷光源灯具，以免散发大量的热量。灯具基座应固定在楼板上，灯具应避免与木构件直接接触，并应采取必要的隔绝措施，以免引发火灾事故。

（4）透光面板

透光面板采用双层中空钢化玻璃、双层中空彩绘钢化玻璃、玻璃钢等材料。透光面板与格栅的固定有搁置与粘贴两种方法。搁置法节省室内使用空间，便于更换维修灯具线路，而粘贴法要设置专门的进人孔。

（5）细部处理

细部处理指透光材料之间的接缝处理和透光材料与楼地面交接处的处理。透光材料之间的接缝可采用密封条嵌实、密封胶封缝。透光材料与其他楼地面交接处，可采用不锈钢板压边收口。

二、弹性木地板

弹性木地板是用弹性材料如橡皮、木弓、钢弓等来支撑整体式骨架的木地板。常用于体育用房、排练厅、舞台等具有弹性要求的地面。其中橡皮垫块用的最多，橡皮垫块及木垫块尺寸为100mm×100mm，厚度分别为7mm和30mm，采用这种橡皮垫块时应将三块重叠使用，垫块中距约1200mm，其上再架设木格栅。其他还有成型橡皮垫块、钢弓、木弓等（图16-16、图16-17）。

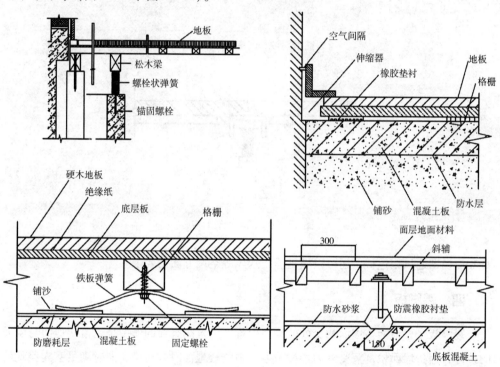

图16-16 弹性木地板构造

三、活动地板

活动地板是由各种装饰板材经高分子合成胶粘剂胶合而成的活动木地板、抗静电的铸铅活动地板和复合抗静电活动地板等，配以龙骨、橡胶垫、橡胶条和可调节的金属支架等组成的楼地面，如图16-18所示。

活动地板具有安装、调试、清理、维修简便，板下可敷设多条管道和各种管线，并可随意开启检查、迁移等特点。适用于计算机房、电教室、程控交换机房、抗静电净化处理厂房及现代化办公、会议等场所的室内地面。

活动地板与基层地面或楼面之间所形成的架空空间不仅可以满足敷设纵横交错的电缆和各种管线的需要，而且通过设计，在架空地板的适当位置设置通风口，即安装通风

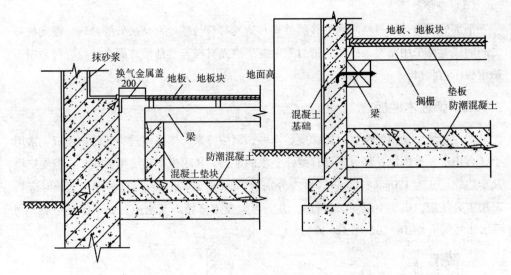

图 16-17　体育馆弹性地板

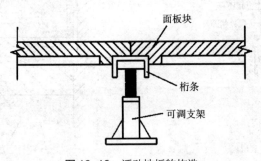

图 16-18　活动地板的构造

百叶或设置通风型地板，还可以满足静压送风等空调方面的要求。

四、踢脚板

踢脚板是楼地面与墙面相交处的构造处理。设置踢脚板的作用是遮盖楼地面与墙面的接缝，保护墙面根部免受外力冲撞及避免清洗楼地面时被污染，同时满足室内美观的要求。但某些情况下并不需要踢脚板，如石材或者木作墙面等本身已经满足美观和保护墙面根部的要求，这时就无需再安装踢脚板。

踢脚板的高度一般为 100~150mm，最小为 70mm。当踢脚板高度超过一定范围时踢脚板就转化成墙裙了。踢脚板的构造方式有与墙面相平、凸出、凹进三种，如图16-19所示。踢脚所用材料一般与地面材料相同，如水泥砂浆地面用水泥砂浆踢脚、石材地面用石材踢脚等。但在材料和技术允许的情况下，也可以有不同材料之间的搭配，例如花岗石地面配不锈钢踢脚板等。

踢脚板按材料和施工方式分有抹灰类踢脚板、铺贴类踢脚板、木质踢脚板等。

（1）抹灰类踢脚板做法主要有水泥砂浆抹面，其做法与楼地面相同。

（2）铺贴类踢脚板常用的有预制水磨石踢脚板、彩色釉面砖踢脚板、通体砖踢脚板、微晶玻璃踢脚板、石材踢脚板等，其构造做法如图16-20所示。

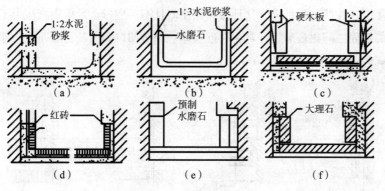

图 16-19 常见踢脚板形式

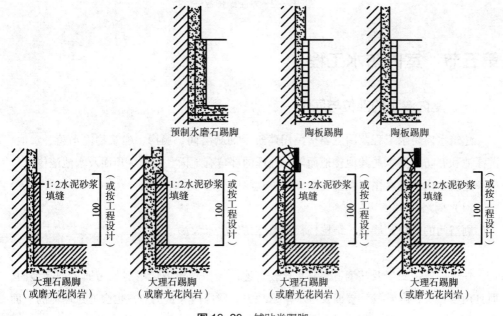

图 16-20 铺贴类踢脚

（3）粉刷类踢脚板

粉刷类踢脚做法与地面基本相同，只是为了与上部墙面区分，踢脚部分可凸出、凹入或做凹缝（图 16-21）。

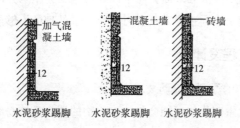

图 16-21 粉刷类踢脚做法

（4）木质踢脚与塑料踢脚板

木质踢脚板与塑料踢脚板的做法较复杂，过去多以墙体内预埋木砖来固定，现在多用木楔来固定。塑料踢脚板是先在墙上设定塑料凹槽板件，并用钉固定，然后，将塑料踢脚板直接卡扣在凹槽板件上。这种做法简便而且不易变形。木质踢脚板为了避免受潮反翘与上部墙面之间出现裂缝，常在靠近墙体一侧做凹口卸力，在墙面转角部位的踢脚板可以用蚂蝗钉连接固定（图16-22）。

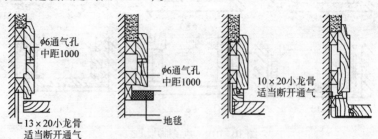

图16-22　木制踢脚做法

第五节　室内防水工程

一、室内渗水的部位与原因

建筑室内防水工程范围主要指民用建筑中的厕浴间、厨房、建筑物内水箱、水池、游泳池和有防水要求的其他楼地面等。处理的部位有地面、墙面、顶面及水池池体等。

建筑室内渗漏水主要发生在以下部位：

（1）厕浴间

厕浴间的管根、墙根、结构楼板和墙体易发生水渗漏。

（2）厨房

住宅建筑中厨房及其烟道渗漏水比较普遍。大型宾馆饭店厨房如为回填增高地面，而且用水量大，经常发生楼面及墙根渗水现象。厨房内大量的蒸汽也会通过墙体的一面影响到另一面，导致墙面出现发霉现象。

（3）水池与游泳池

水池、游泳池中混凝土不密实或有裂缝是造成渗水的主要原因，另外构件与混凝土连接处也常出现渗水现象，如窥视窗周围和进排水管（口）等。造成渗漏的原因在于设计、施工、材料、使用方法等方面，其中设计和施工为主要方面。设计方面主要表现在防水构造不合理，施工方面主要表现在对节点防水处理的不够严密。

二、室内防水工程设计

（1）室内防水设防的原则及设防要求

室内生活用水和大量蒸汽均可能会影响建筑物的楼板及墙身结构，因此，即使在正常使用的情况下，也应进行防水处理。通常普通室内防水按单道设防，一些水池、泳池、大型回填增高地面的厨房，可进行两道或两道以上的防水设计。

（2）防水部位的设防范围

厕浴间、厨房防水范围应包括全部地面及高出地面250mm以上的四周泛水；喷淋区墙面防水不低于1800mm；其他有可能经常溅到水的部位，应向外延伸250mm，如洗脸台、拖布池等的周围；厨房的蒸笼间、开水间应进行全部地面、墙体、顶面防水（防潮）。

（3）室内池体的防水

室内池体的防水应设在池体内侧作迎水面防水，池体在地表下时，与土壤的接触面还应根据《地下工程防水技术规范》进行外防水处理。

三、室内防水工程的特点

（1）大都为埋置式防水，与大气、紫外线不接触，材料老化期大大延长；

（2）室内防水范围较小，防水材料受结构开裂破坏的可能性较小；

（3）室内温差小，防水材料疲劳破坏和温差应力破坏的可能性较小。

四、室内防水材料的选用原则

（1）小面积及复杂部位宜选用涂料类或刚性类防水材料；

（2）防水层的保护层外表通常需进行粉刷或铺贴其他饰面材料，因此，选用的防水材料应考虑与饰面层的粘结性能；

（3）室内防水部位均在人们活动的场所范围内，所以，要求防水材料在使用过程中不得有超量有害成分挥发，必须达到室内装饰材料的环保标准要求；

（4）室内防水材料的选用要考虑多方面因素，根据需要设防的地方以及这些地方中不同的部位和做法应参考有关技术说明的资料。

厕浴间等需防水的部位，设计时应避开建筑物结构变形缝位置。地面经常冲洗或有可能处于长期潮湿状况的卫生间、厨房的墙体，除门洞外应设置高出地面 120mm 以上现浇混凝土翻边。装配式结构的卫生间、厨房等需防水的区域，其地面应采用浇注混凝土结构，常用地面防水构造分柔性防水和刚性防水。提倡采用涂膜与卷材防水。

五、施工准备工作

（1）防水施工人员应具备相应的岗位证书。

（2）防水工程应在地面、墙面隐蔽工程完毕并经检查验收后进行，施工方法应符合国家现行标准、规范的有关规定。

（3）施工时应设置安全照明，并保持通风。

（4）施工环境温度应符合防水材料的技术要求，并宜在 5℃ 以上。

（5）防水材料的性能应符合国家现行有关标准的规定，并应有产品合格证书。

六、室内防水工程施工要点

（1）基层表面应平整，不得有松动、空鼓、起沙、开裂等缺陷，基层含水率应符合所采用防水材料的施工要求。

（2）地漏、套管、卫生洁具根部、阴阳角等部位，应先做防水附加层。

（3）防水层应从地面延伸到墙面，高出瓷砖地面 250mm。浴室墙面的防水层要高出喷淋高度。

（4）防水砂浆施工应符合下列规定。

1）防水砂浆的配合比应符合设计或产品的要求，防水层应与基层结合牢固，表面应平整，不得有空鼓、裂缝和麻面起砂，阴阳角应做成圆弧形。

2）保护防水层水泥砂浆的厚度、强度应符合设计要求。

3）涂膜防水施工应符合下列规定：

涂膜涂刷应均匀一致，不得漏刷。总厚度应符合产品技术性能要求。

防水布的接茬应顺流水方向搭接，搭接宽度应不小于100mm。两层以上防水毡布的施工，上、下搭接应错开幅宽的1/2。

七、室内防水工程施工质量要求

（1）厕浴间和有防水要求的建筑地面必须设置防水隔离层。楼层结构必须采用现浇混凝土或整块预制混凝土板，混凝土强度等级不应小于C20；施工时结构层标高和预留孔洞位置应准确，严禁乱凿洞。

（2）防水隔离层严禁渗漏，坡向应正确，排水通畅。

（3）找平层的流水应找坡，基层流水坡度应在0.5%以上，但不宜超过1%。不得倒坡积水。地漏应低于找平层最低处至少5mm。

（4）厕所小便池应铺防水层，并超过淋水花管高度不小于100mm。

（5）防蒸汽渗透的卫生间，防水层最好接至楼板。

（6）厕浴间必须在楼地面上部设防水通沿120～300mm（以地表面陶瓷砖面层起算），防止上部砌块砖隔墙吸水，导致大白脱落、发霉、变质。

第十七章 顶棚装修

顶棚是指通过采用各种材料和形式组合以充分利用房间顶部结构特点及室内净空高度，通过平面或立体设计，形成具有功能与美学目的的建筑装修部分，在建筑上又称之为吊顶。

第一节　吊顶的作用与形式

一、吊顶的作用与设计要求

顶棚装修是现代建筑装修中不可缺少的重要组成部分。顶棚装修给人的直观感受似乎就是为了装饰、美观，事实上还有许多功能性的作用，由于建筑舒适性的要求越来越高，所以室内各种管网线路也日益复杂。为了检修安装方便，一般将管网设于室内空间的上部，此时对顶棚装修进行必要的遮挡可以起到美观作用。为了满足室内环境使用的要求，利用顶棚可以改善室内的光环境、热环境及声环境，同时对室内环境的艺术创造和提高舒适性水平也起到重要作用。

（1）空间的舒适性要求：依据室内空间的真实高度与室内用途合理的设置吊顶高度，选择合适的材料和色彩。

（2）防火要求：顶棚上方有些设备会散热，有时电线接头打火可能先殃及顶棚，故顶棚材料应首先选用防火材料或采取防火措施，顶棚的燃烧性能和耐火极限应满足防火规范要求。通常顶棚中的防火设备有：喷淋、烟感、消防广播、防火卷帘（幕）及挡烟片等。对木质装修要注意刷防火涂料或采用阻燃材料。

（3）建筑物理要求：顶棚装修设计和构造应充分考虑对室内光、声、热等环境的改善。

（4）安全性要求：由于顶棚位于室内空间的上部。灯具、通风口、扩音系统是顶棚装修的有机组成部分，有时还要上人检修，所以顶棚的装修构造应保证安全、牢固和稳定。

（5）环保要求：顶棚装饰材料的选用应满足无毒、无环境污染的"绿色"要求。

（6）卫生条件要求：与墙面要求不同，由于受清洗条件的所限，在顶棚构造设计时要注意避免大面积的积尘的可能。

（7）满足自重轻、干作业、经济性等要求。

二、吊顶的形式

顶棚分类有多种形式，随着新型材料及其系统工程产品的不断涌现，使当前的顶棚装修做法具有更多的选择，而且技术先进、构造合理，尤其是更多的采用干作业装配式操作，使施工更为简易。但与一直以来使用的吊顶方式相比，其基本构造原理大致相同。还需要说明的是吊顶的千变万化，更多的是设计创意的不同，而实现的方式与主要构造原理及做法是基本一致的，所以我们要掌握的是吊顶实现的基本原理。

吊顶按外观形式分：平滑式、悬浮式、井格式、叠落式等。

吊顶按面层材料分：抹灰、石膏板、纤维板、金属板、塑料板等。

吊顶按施工构造方式分：直接式顶棚和吊式顶棚等（图17-1）。

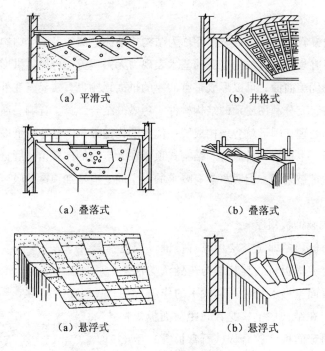

（a）平滑式　　　　　　　（b）井格式

（a）叠落式　　　　　　　（b）叠落式

（a）悬浮式　　　　　　　（b）悬浮式

图 17-1　悬吊式顶棚的外观形式

三、顶的构造组成

1. 直接式顶棚

（1）直接式抹灰顶棚

直接式抹灰顶棚是在屋面板或楼板的底面上直接抹灰的顶棚。其基本构造做法是先在顶棚的基层即楼板底面上，刷一道素水泥浆，使抹灰层与基层很好的黏合，然后用混合砂浆打底，再做面层。抹灰的遍数按设计的抹灰质量等级而定。对要求较高的房间，可在底板增设一层钢板网，在钢板网上再抹灰，这种做法强度高、结合牢、不易开裂脱落。抹灰类的做法和构造与内墙面的抹灰类饰面相同。一般抹灰用于普通建筑或简易建筑，装饰抹灰如甩毛灰等，用于有特殊装饰要求的建筑。

（2）直接式喷刷顶棚

直接式喷刷顶棚是顶棚做法中最简易的一种，多用于库房、锅炉房和采用预制钢筋混凝土板的低标准用房。一般应先将楼板底部用石膏调制的腻子刮平，然后喷刷大白浆、可赛银浆或耐擦洗涂料 2~3 遍，条件许可时也可以刷乳胶漆。由于建筑施工工艺的提高，顶棚在脱模后表面平整，可省去找平层。有时对重要的建筑也可采用此工艺。

（3）直接式裱糊顶棚

直接式裱糊顶棚是采用壁纸、壁布做顶棚裱糊饰面。适用于装饰要求高、面积小的房间，其基本构造做法如下。

1）基层处理同直接抹灰顶棚。

2）中间层 5~8mm 厚 1∶0.5∶2.5（水泥∶白灰∶砂）混合砂浆找平。

3）面层为裱糊壁纸、壁布或其他卷材饰面。

（4）结构式顶棚

将屋盖结构暴露在外，不另做顶棚称为结构式顶棚。例如，网架结构屋盖，构成网架的杆件本身很有规律，有结构自身的艺术表现力无需覆盖。再如，拱形结构屋盖它本身具有规律性的优美曲面，可以形成富有韵律的拱面顶棚也直接显露在外。结构式顶棚的主要特点就在于充分利用屋顶的结构构件，巧妙的结合灯具、音响、通风防火装置等顶部设备的局部处理，因形就势地构成统一优美的构造效果。它造价低廉，但如果设计得法，选材适当，也别有一番风情。结构式顶棚在大空间的体育馆、展览厅、候车厅等大型公共建筑中常被采用。但对声学有要求的大空间，应增加顶棚的吸声措施，如悬吊立体吸声体等。

（5）直接式装饰板顶棚

直接式装饰板顶棚即是在楼板底直接铺设固定格栅，然后固定装饰板材。其基本构造做法类似于罩面板类装饰墙面。将木龙骨（起找平的作用）用射钉或钢钉固定在结构层上，龙骨间距与面板规格相协调，然后固定面板（胶合板、石膏板等）于木龙骨上，最后进行板面修饰。

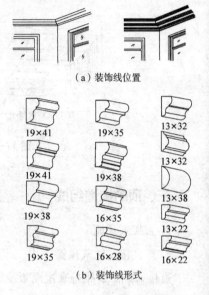

（a）装饰线位置

（b）装饰线形式

图 17-2　直接式顶棚的装饰线

直接式顶棚装饰线脚是安装在顶棚与墙顶交界部位的线材，简称棚线或装饰线，如图 17-2 所示。其作用是满足室内的艺术装饰效果和接缝处理的构造要求。直接式顶棚的装饰线可采用粘贴法或直接钉固法与顶棚固定。

1）木线

木线采用质硬、木质较细的木料经定型加工而成。其安装方法是在墙内预埋木砖或木楔，再用直钉固定，要求线条挺直、接缝严密。

2）石膏线

石膏线采用石膏为主的材料经定型加工而成，其正面具有各种花纹图案，主要用粘贴法或与木线相同的方法固定。在墙面与顶棚交接处要联系紧密，避免产生缝隙，影响美观。

3）金属线

金属线包括不锈钢线条、铜线条、铝合金线条，常用于办公室、会议室、电梯间、楼梯间、走道及过厅等场所，其装饰效果给人以轻松之感。金属线的断面形状很多，在选用时要与墙面、顶棚的规格及尺寸配合好，其构造方法是用木衬条镶嵌或万能胶粘固。

2. 吊式顶棚构件组成

悬吊式顶棚一般由悬吊部分、顶棚骨架、饰面层和连接部分组成，如图 17-3 所示。

（1）悬吊部分

悬吊部分包括吊点、吊杆和连接件。

1）吊点

吊杆与楼板或屋面板连接的节点为吊点。在荷载变化处和龙骨被截断处要增设吊点。

2) 吊杆

吊杆（吊筋）是连接龙骨和承重结构的承重传力构件。吊杆的作用是承受整个悬吊式顶棚的重量（如饰面层、龙骨以及检修人员），并将这些重量传递给屋面板、楼板、屋架或屋面梁，同时还可调整、确定悬吊式顶棚的空间高度。

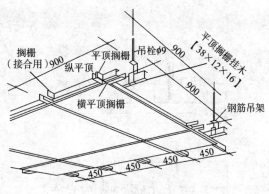

图 17-3 吊式顶棚

吊杆按材料分有钢筋吊杆、型钢吊杆、木吊杆。钢筋吊杆的直径一般为6~8mm，用于一般悬吊式顶棚；型钢吊杆用于重型悬吊式顶棚或整体刚度要求高的悬吊式顶棚，其规格尺寸要通过结构计算确定；木吊杆用 30mm×30mm 或 40mm×40mm 的方木制作，一般用于木龙骨悬吊式顶棚。

在现浇钢筋混凝土楼板上吊筋的固定，如图 17-4 所示：

①预埋吊筋。在现浇混凝土楼板中，按吊筋间距，将吊筋的一端折成钩状放在现浇层中，另一端从模板上的孔中伸出板底。

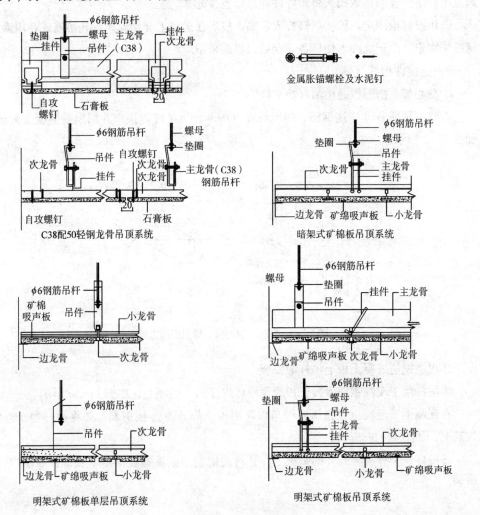

图 17-4 吊式顶棚的各部分的连接固定（一）

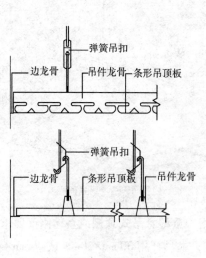
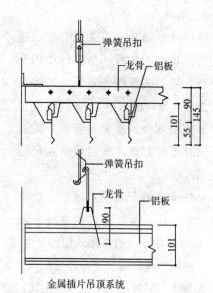

金属条板吊顶系统　　　　　　　金属插片吊顶系统

图 17-4　吊式顶棚的各部分的连接固定（二）

②预埋吊顶杆入销法。在现浇混凝土时，先在模板上放置预埋件，混凝土拆模后，通过吊杆上安设的插入销头将预埋件和吊筋连接起来。

③用射钉枪固定。即将射钉打入板底，然后在射钉上穿钢丝来绑扎吊筋或者用膨胀螺栓来固定。由于此法方便，益于变更，目前采用广泛。

3）连接件构造

①空心板、槽形板缝中吊杆的安装

板缝中预埋 $\phi10$ 连接钢筋，伸出板底 100mm，与吊杆焊接，并用细石混凝土灌缝，如图 17-5 所示。

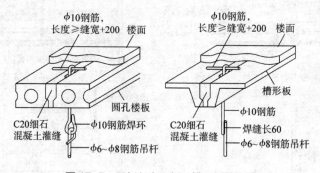

图 17-5　吊杆与空心板、槽形板的连接

②现浇钢筋混凝土板上吊杆的安装

将吊杆绕于现浇钢筋混凝土板底预埋件焊接的半圆环上，如图 17-6a 所示。

在现浇钢筋混凝土板底预埋件与预埋钢板上焊 $\phi10$ 连接钢筋，并将吊杆焊于连接钢筋上，如图 17-6b 所示。

将吊杆绕于焊有半圆环的钢板上，并将此钢板用胀管螺栓固定于板底，如图17-6c 所示。

将吊杆绕于板底附加的 L50×70×5 角钢上，角钢用胀管螺栓固定于楼板底部。如图 17-6d 所示。

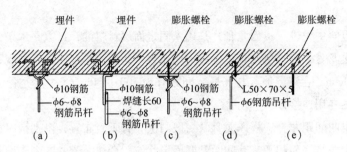

图 17-6 吊杆与现浇钢筋混凝土板的连接

③梁上设吊杆的安装

木梁或木檩上设吊杆，可采用木吊杆，用铁钉固定，如图 17-7a 所示。

钢筋混凝土梁上设吊杆，可在梁侧面合适的部位钻孔（注意避开钢筋），设横向螺栓固定吊杆。如果是钢筋吊杆，可用角钢钻孔用胀管螺栓固定，固定点距梁底应≥100mm，如图 17-7b 所示。

钢梁上设吊杆，可用 φ6～φ8 钢筋吊杆，上端弯钩，下端套螺纹，固定在钢梁上，如图 17-7c 所示。

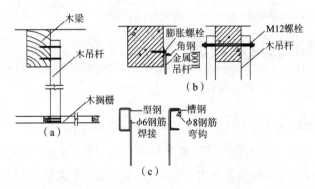

图 17-7 梁上设吊杆的构造

④吊杆安装应注意的问题

吊杆距主龙骨端部距离不得大于 300mm。当大于 300mm 时，应增加吊杆。吊杆间距一般为 900～1200mm。

吊杆长度大于 1.5m 时，应设置反支撑。

当预埋的吊杆需接长时，必须搭接焊牢。

（2）顶棚骨架

顶棚骨架又叫顶棚基层，是由主龙骨、次龙骨、小龙骨（或称主搁栅、次搁栅）所形成的网格骨架体系。其作用是承受饰面层的重量并通过吊杆传递到楼板或屋面板上。

主龙骨是悬吊式顶棚的承重结构，又称承载龙骨或大龙骨。主龙骨可以是木质龙骨（包括方木和圆木）、型钢龙骨、铝合金龙骨，轻钢龙骨。主龙骨是次龙骨与吊筋之间的连接构件，主龙骨与吊筋的连接可以采用焊接、螺栓连接、钉接及挂钩连接等方式。

主龙骨吊点间距应按设计选择。当顶棚跨度较大时，为保证顶棚的水平度，其中部应适当起拱，一般<10m 的跨度，按短边的 3/1000 高度起拱；10~15m 的跨度，按顶棚短边的1/1000高度起拱。

次龙骨也叫中龙骨、覆面龙骨，是用来固定面层材料的，可以是木条、轻钢、高强塑料条等。次龙骨一般与主龙骨成垂直方向布置，间距大小视面层材料规格而定，一般应不大于600mm，在潮湿地区与场所，间距宜为 300~400mm。主次龙骨的连接可以是钉接或是采用专用连接件。

小龙骨也叫间距龙骨、横撑龙骨，一般与次龙骨垂直布置，个别情况也可平行。小龙骨底面与次龙骨底面相平，其间距和断面形状应配合次龙骨并有利于面板的安装。

（3）饰面层

饰面层又叫面层，其主要作用是装饰室内空间，并且还兼有吸声、反射、隔热等特定的功能。

饰面层一般有抹灰类、板材类、开敞类。

（4）连接部分

连接部分是指悬吊式顶棚龙骨之间、悬吊式顶棚龙骨与饰面层、龙骨与吊杆之间的连接件、紧固件。一般有吊挂件、插挂件、自攻螺钉、木螺钉、圆钢钉、特制卡具、胶粘剂等。

第二节　吊顶的基层构造

一、木基层

木龙骨的断面一般为方形或矩形。主龙骨为 40mm×60mm 钉接或栓接在吊杆上，间距一般应小于 1.2m；主龙骨的底部钉装次龙骨，其间距由面板规格而定。次龙骨一般双向布置，其中一个方向的次龙骨为 30mm×50mm 断面，垂直钉于主龙骨上，另一个方向的次龙骨断面尺寸一般也为 30mm×50mm。木龙骨使用前必须进行防火、防腐处理，处理的方法是：先涂氟化钠防腐剂 1~2 道，然后再涂防火涂料 3 道，龙骨之间用榫接、粘接及钉接方式连接，如图 17-8 所示。木龙骨多用于造型复杂的悬吊式顶棚。

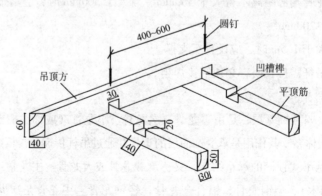

图 17-8　木龙骨的连接构造示意图

二、金属基层

1. 型钢龙骨

型钢龙骨的主龙骨间距为 1.2~2.1m，其规格应根据荷载的大小确定。主龙骨与吊杆常用螺栓连接，主次龙骨之间采用铁卡子、弯钩螺栓连接或焊接。当荷载较大、吊点间距很大或在特殊环境下时，必须采用角钢、槽钢、工字钢等型钢龙骨。

2. 轻钢龙骨

轻钢龙骨由主龙骨、中龙骨、横撑小龙骨、次龙骨、吊件、接插件和挂插件组成。主龙骨一般用特制的型材，断面有 U 形、C 形，一般多为 C 形。主龙骨按其承载能力分为 38、50、60 三个系列，38 系列龙骨适用于吊点距离 0.9~1.2m 的不上人悬吊式顶棚；50 系列龙骨适用于吊点距离 0.9~1.2m 的上人悬吊式顶棚，主龙骨可承受 80kg 的检修荷载；60 系列龙骨适用于吊点距离 0.9~1.2m 的上人悬吊式顶棚，可承受 80~100kg 检修荷载。龙骨的承载能力还与型材的板厚度有关，荷载大时必须采用厚形材料。中龙骨、小龙骨断面有 C 形和 T 形两种。吊杆与主龙骨、主龙骨与中龙骨、中龙骨与小龙骨之间是通过吊挂件、接插件连接的，如图 17-9~图 17-13 所示。轻钢龙骨型号及规格见表17-1，轻钢龙骨配件型号及规格见表 17-2。

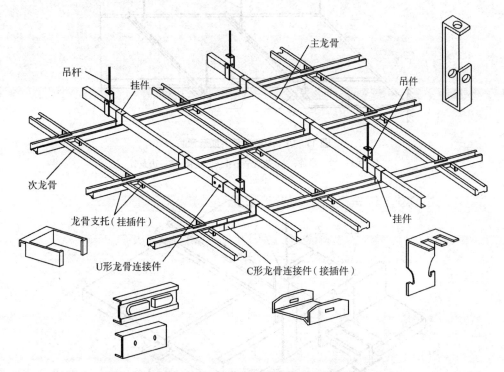

图 17-9 轻钢龙骨悬吊式顶棚构造示意图

轻钢龙骨悬吊式顶棚构造方式有单层和双层两种。中龙骨、横撑小龙骨、次龙骨紧贴主龙骨底面的吊挂方式（不在同一水平）称为双层构造，主龙骨与次龙骨在同一水平面的吊挂方式称为单层构造，单层轻钢龙骨悬吊式顶棚仅用于不上人悬吊式顶棚。当悬吊式顶棚面积大于 120m² 或长度方向大于 12m 时，必须设置控制缝，当悬吊式顶棚

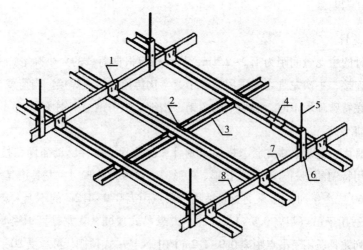

图 17-10　U 型、C 型龙骨吊顶示意图

1—挂件；2—挂插件；3—覆面龙骨；4—覆面龙骨连接件；5—吊杆；

6—吊件；7—承载龙骨；8—承载龙骨连接件

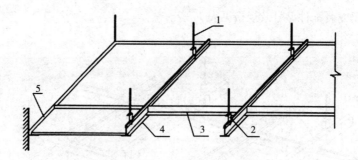

图 17-11　T 型龙骨吊顶示意图

1—吊杆；2—吊件；3—次龙骨；4—主龙骨；5—边龙骨

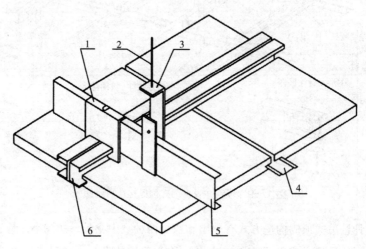

图 17-12　H 型龙骨吊顶示意图

1—挂件；2—吊杆；3—吊件；4—插片；5—承载龙骨；6—H 型龙骨

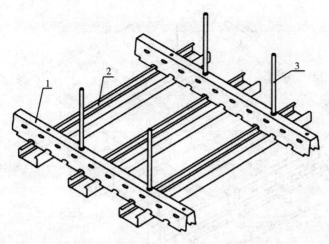

图 17-13 V 型直卡式龙骨吊顶示意图（V 型替换 L 型直卡式龙骨吊顶示意）

1—承载龙骨；2—覆面龙骨；3—吊件

面积小于 120m² 时，可考虑在龙骨与墙体连接处设置柔性节点，以控制悬吊式顶棚整体的变形量。

3. 铝合金龙骨

铝合金龙骨断面有 T 形、C 型、U 形、LT 形及各种特制龙骨断面，应用最多的是 LT 形龙骨。LT 形龙骨的主龙骨断面为 U 形、C 型，次龙骨、小龙骨断面为倒 T 形，边龙骨断面为 L 形。吊杆与主龙骨、主龙骨与次龙骨之间的连接如图 17-14 所示。龙骨及配件规格见表 17-3、表 17-4。

轻钢龙骨型号及规格 　　　　　　　　　　　　　　　　　表 17-1

类别	型号	断面尺寸 （mm×mm×mm）	断面面积 （cm²）	质量 （kg/m）	示意图
上人悬 吊式顶 棚龙骨	CS60	60×27×1.5	1.74	1.366	27 / 60
上人悬 吊式顶 棚龙骨	US60	60×27×1.5	1.62	1.27	27 / 60
不上人 悬吊式 顶棚龙骨	C60	60×27×0.63	0.78	0.61	27 / 60 / 50.25
	C50	50×20×0.63	0.62	0.488	
	C25	25×20×0.63	0.47	0.37	
中龙骨	—	50×15×1.5	1.11	0.87	50 / 15

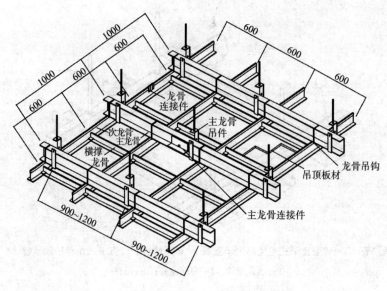

（a）LT形铝合金龙骨悬吊式顶棚构造透视

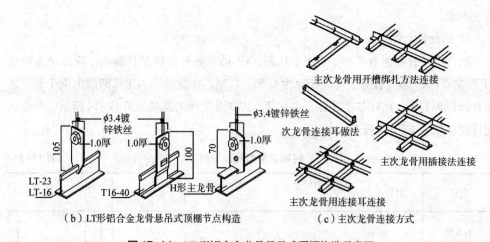

（b）LT形铝合金龙骨悬吊式顶棚节点构造

（c）主次龙骨连接方式

图17-14　LT形铝合金龙骨悬吊式顶棚构造示意图

轻钢龙骨配件的用途及规格　　　　　　　　　　　表17-2

名称	型号	示意图及规格	用途
上人悬吊式顶棚龙骨接长件	CS60-L	56　1.5　120　25	用于上人悬吊式顶棚主龙骨的接长
上人悬吊式顶棚主龙骨吊件	CS60-1	20　3　130　35	用于上人悬吊式顶棚主龙骨的吊挂

名称	型号	示意图及规格	用途
上人悬吊式顶棚龙骨连接件（挂件）	CS60-2		用于上人悬吊式顶棚主、次龙骨的连接
普通悬吊式顶棚龙骨接长件	CS60-L		用于普通悬吊式顶棚龙骨的接长
中龙骨吊件	—		以中龙骨悬吊顶棚时，用于中龙骨和吊杆的吊挂
普通悬吊式顶棚主龙骨吊件	C60-1		用于普通悬吊式顶棚主龙骨的吊挂
普通悬吊式顶棚龙骨连接件（挂件）	C60-2		用于普通悬吊式顶棚主、次龙骨的连接
普通悬吊式顶棚龙骨连接件（挂件）	C60-3		用于主、次龙骨在同一标高时的连接
中龙骨接长件	—		用于中龙骨的连接
中龙骨连接件	—		以中龙骨悬吊顶棚时，用于吊杆与龙骨的连接

LT 铝合金主龙骨及龙骨配件的规格　　　表 17-3

系列名称	主龙骨示意图及规格	主龙骨吊件及规格	主龙骨连接件		备注
			示意图	规格（mm）	
TC60系列	30 / 10 / 60 / 1.5	25 25 / 120 / 80		L=100 H=60	适用于吊点距离 1500mm 的上人悬吊式顶棚，主龙骨可承受 1000N 检修荷载
TC50系列	15 / 50 / 1.2	25 25 / 120 / 75	L / H	L=100 H=50	适用于吊点距离 900～1200mm 的不上人悬吊式顶棚
TC38系列	12 / 38 / 1.2	20 25 / 95 / 55 / 18		L=82 H=39	适用于吊点距离 900～1200mm 的不上人悬吊式顶棚

注：1. 各系列主龙骨长度均为 3m。

　　2. 主龙骨质量（kg/m）如下：TC60 系列为 1.53kg/m，TC50 系列为 0.92kg/m，TC38 系列为 0.56kg/m。

LT 铝合金次龙骨及龙骨配件的规格　　　表 17-4

名称	代号	规格			备注
		示意图	厚度（mm）	重量（kg/m）	
纵向龙骨	LT-23 LT-16	32 / 23 / 16	1	0.2 0.12	纵向通长使用
横撑龙骨	LT-23 LT-16	23 / 16	1	0.135 0.09	横向使用，搭于纵向龙骨两翼上

名称	代号	规格			备注
		示意图	厚度（mm）	重量（kg/m）	
边龙骨	LT-边龙骨		1	0.15	沿墙顶棚封边收口使用
异形龙骨	LT-异形龙骨		1	0.25	高低顶棚处封边收口使用
LT-23 龙骨吊钩 LT-异形龙骨吊钩	TC50 吊钩		φ3.5	0.014	1. T形龙骨与主龙骨垂直吊挂时使用 2. TC50 吊钩：A=16mm B=60mm C=25mm
LT-23 龙骨吊钩 LT-异形龙骨吊钩	TC38 吊钩		φ3.5	0.012	TC38 吊钩：A=13mm B=48mm C=25mm
LT-异形龙骨吊挂钩	TC60 系列 TC50 系列 TC38 系列		φ3.5	0.021 0.019 0.017	1. T形龙骨与主龙骨平行吊挂时使用 2. TC60 系列 A=31mm B=75mm TC50 系列 A=16mm B=65mm TC38 系列 A=13mm B=55mm
LT-23 龙骨连接件 LT-异形龙骨连接件			0.8	0.025	连接 LT-23 龙骨及 LT-异形龙骨用

第三节　吊顶板材及构造

板材类饰面层也可称悬吊式顶棚饰面板。最常用的饰面板有植物板材（木材、胶合板、纤维板、装饰吸音板、木丝板）、矿物板（各类石膏板、矿棉板）、金属板（铝塑复合板、铝合金板、薄钢板）、塑料板（PVC板、塑料条板）。

各类饰面板与龙骨的连接，有以下几种方式：

（1）钉接

用铁钉、螺钉将饰面板固定在龙骨上。木龙骨一般用铁钉，轻钢、型钢龙骨用螺钉，钉距视板材材质而定，要求钉帽要埋入板内，并作防锈处理，如图17-15a所示。适用于钉接的板材有植物板、矿物板、铝板等。

（2）粘接

用各种胶粘结剂将板材粘贴于龙骨底面或其他基层板上，如图17-15b所示。也可采用粘、钉结合的方式，连接更牢靠。

（3）搁置

将饰面板直接搁置在倒T形断面的轻钢龙骨或铝合金龙骨上，如图17-15c所示。有些轻质板材采用此方式固定，但遇风易被掀起，应用物件夹住。

（4）卡接

用特制龙骨或卡具将饰面板卡在龙骨上，这种方式多用于轻钢龙骨、金属类饰面板，如图17-15d所示。

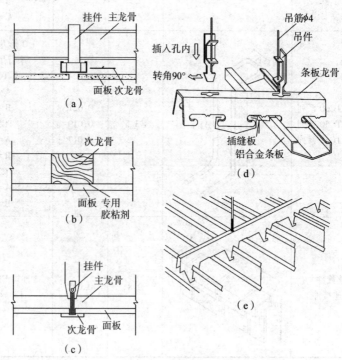

图17-15　悬吊式顶棚饰面板与龙骨的连接构造

（a）钉接；（b）粘结；（c）搁置；（d）卡接；（e）吊挂

（5）吊挂

利用金属挂钩龙骨将饰面板按排列次序组成的单体构件挂于其下。组成开敞式悬吊式顶棚，如图 17-15e 所示。

饰面板的拼缝形式有如下几种：

（1）对缝。对缝也称密缝，是板与板在龙骨处对接，如图 17-16a 所示。粘、钉固定饰面板时可采用对缝。对缝适用于裱糊、涂饰的饰面板。

（2）凹缝。凹缝是利用饰面板的形状、厚度所形成的拼接缝，也称离缝或拉缝，凹缝的宽度不应小于 10mm，如图 17-16b 所示。凹缝有 V 形和矩形两种。纤维板、细木工板等可刨成坡口，做成 V 形缝。石膏板做矩形缝，镶金属护角。

（3）盖缝。盖缝是利用装饰压条将板缝盖起来，如图 17-16c 所示，这样可克服缝隙宽窄不均、线条不顺直等施工质量问题。

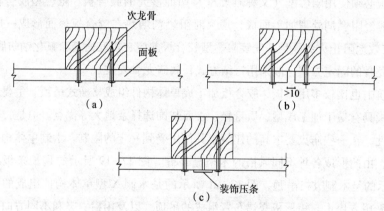

图 17-16　悬吊式顶棚饰面板拼缝形式
（a）密缝；（b）凹缝；（c）盖缝

板材类饰面悬吊式顶棚施工方便、造型丰富，易与灯具、通风口等设备结合布置，是应用最广泛的一种悬吊式顶棚。常用板材类饰面悬吊式顶棚有石膏板悬吊式顶棚、胶合板悬吊式顶棚、矿棉吸声板悬吊式顶棚、金属板悬吊式顶棚等。

一、植物型板材

胶合板悬吊式顶棚成型方便、加工简捷、造价低廉。悬吊式顶棚表面可涂油漆、涂料，裱糊壁纸或安装各种金属饰面板、玻璃装饰板等，并且可制成各种造型顶棚，镶嵌各种灯具。胶合板悬吊式顶棚必须经过严格的防腐、防火处理，才可使用。胶合板悬吊式顶棚一般均为不上人悬吊式顶棚。

（1）吊杆

吊杆采用木吊杆或钢筋吊杆。木吊杆满涂氟化钠防腐剂 1 道、防火涂料 3 遍。木吊杆与木龙骨用钉结方式连接。钢筋吊杆与木龙骨用螺钉固定，与轻钢龙骨用吊件连接。

（2）龙骨

龙骨采用木龙骨或轻钢龙骨，其构造参见图 17-17、图 17-18。木龙骨必须满涂氟化钠 1~2 遍，防火涂料 3 遍。

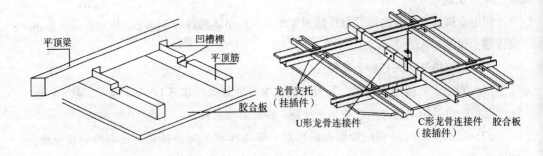

图 17-17　木龙骨的连接构造示意　　　　图 17-18　轻钢龙骨胶合板悬吊式顶棚构造

（3）胶合板

胶合板必须使用阻燃型（又称难燃型）两面沙光的胶合板。阻燃型胶合板是在生产胶合板时经阻燃剂处理加工而成，遇火时阻燃剂遇热在胶合板表面形成一层"阻火层"，可有效地阻止火势蔓延。安装阻燃型胶合板前应在板底面满涂氟化钠防腐剂1道。胶合板与龙骨的固定方式一般采用钉结方式，属暗龙骨安装。

在建筑上也比较多用木板、胶合板加工成单体构件组成格栅式吊顶。主要原因是木板、胶合板具有易于加工成型、质量轻、表面装饰选择余地大等优点。但是，由于木材的可燃烧性，在一些防火要求高的建筑中其使用受到一定的限制。木制单体构件的造型多种多样，由此形成各种不同风格的木格栅顶棚。图 17-19 所示的是长条板吊顶，图 17-20 所示的是木制方格吊顶，图 17-21 所示的是木制 X 型单体构件组成的吊顶。此外，还有采用方块木与矩形板交错布置组成的吊顶，以及用横、竖和不同方向板条交错布置形成的吊顶。

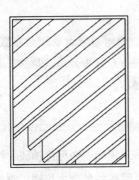　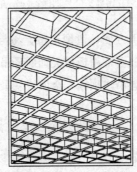　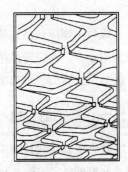

图 17-19　木质长条板吊顶　　图 17-20　木质方格吊顶　　图 17-21　木制 X 形单体
　　　　　　　　　　　　　　　　　　　　　　　　　　　　　　　　构件组成的吊顶

近年来，用防火装饰板做格栅顶棚，克服了木制单体构件可燃的缺点。图 17-22 所示是防火装饰板加工成的单体构件的造型示例。

安装防火装饰板加工成型的单体构件时需将标准单体构件用卡具连成一个整体，在连接处，再同悬吊的钢管相连（见图 17-23 所示）。

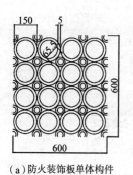 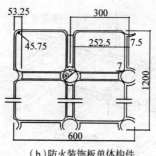 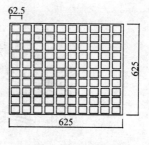

（a）防火装饰板单体构件　　（b）防火装饰板单体构件　　（c）防火装饰板单体构件

图 17-22　防火装饰板加工成的单体构件的造型举例

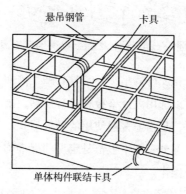

图 17-23　用钢管悬吊构造示意图

二、矿物型板材

1. 石膏板吊式吊棚构造

石膏板吊式吊棚具有自重轻、强度高，防火、阻燃性能好的特点。石膏板可钉、可刨、可钻、可粘、易加工，并且可弯曲做成各种造型。

（1）吊杆

吊杆采用直径不小于 6mm 的钢筋，间距一般<1200mm，用吊挂件通过螺栓将吊杆与龙骨连接。

（2）龙骨

龙骨采用薄壁轻钢。主龙骨间距应<1200mm，次龙骨间距视饰面板规格决定。用吊件、接长件、插件等配件将主龙骨、次龙骨组合成骨架，参见图 17-24。

（3）石膏板

石膏板一般有纸面石膏板和无纸面石膏板两种。

1）纸面石膏板

纸面石膏板分普通纸面石膏板，防火、防水纸面石膏板和装饰吸音纸面石膏板。前两者主要用作悬吊式顶棚的基层，其表面还需再做饰面处理，属大型纸面石膏板，长 2400～3300mm，宽 900～1200mm。装饰吸音纸面石膏板分有孔和无孔两类，表面有各种花色图案，具有良好的装饰效果。装饰吸音纸面石膏板的一般规格为 600mm×600mm，厚 9mm 或 12mm。

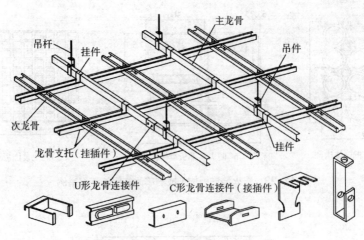

图 17-24　轻钢龙骨组合及配件示意图

（图中标注：主龙骨、吊杆、挂件、吊件、次龙骨、挂件、龙骨支托（挂插件）、U形龙骨连接件、C形龙骨连接件（接插件））

纸面石膏板与轻钢龙骨相配合的吊顶系统具有施工简便、安装牢固的特点。在满足吊顶构造力学的前提下，可以选用大规格板材进行铺贴，既节约了吊顶材料又加快了施工速度，而且防火性能良好，是当前普遍使用的吊顶形式。

轻钢龙骨及吊件等构架部分，基本上都是定型的标准构件，构件相互之间或与楼板的连接都简便、直观且易于操作。

纸面石膏板的安装施工：

①安装边龙骨，按设计要求确定吊顶位置和标高，在墙面上弹线，同时在楼板底面弹线并确定吊点位置。然后沿四周墙面固定沿边龙骨，沿边龙骨可用膨胀螺栓固定。

②吊挂件安装，在已确定的吊点位置用膨胀螺栓固定吊杆，根据所需长度剪切龙骨吊杆，以便安装可调节吊挂件，可调节挂件通过挤压插入吊杆。

③承载龙骨的安装是将可调节挂件插入承载龙骨内或用其他方式的吊件连接。

④覆面龙骨的安装下层"C"形龙骨两端应插入沿边龙骨内与墙体相接，先不固定，覆面龙骨的间距视所选用石膏板的厚度来定，一般<600mm，在潮湿的环境中还要更小。覆面龙骨与承载龙骨垂直固定，用连接件将上下龙骨套卡入龙骨内，将上下龙骨连接。

⑤安装填充物。当吊顶有较高的隔声要求时，可内置岩棉或玻璃棉等填充物，但要有防散落的措施。

⑥纸面石膏板的铺钉。石膏板的板长方向必须垂直于覆面龙骨安装，安装时从沿墙的一边开始，相邻两块石膏板的裁割边在安装时应相互错缝，不得形成通缝，用自攻螺钉将石膏板固定在龙骨上。板边钉距<150~170mm，板中钉距<200mm。

⑦板面嵌缝，用与石膏板配套的填缝材料进行接缝处理。

⑧面层根据设计需要进行罩面处理。

2）无纸面石膏板

无纸面石膏板常用的有石膏装饰吸音板和防水石膏装饰板。这种石膏板多为600mm×600mm的方形板，除光面、穿孔板外，还有花纹浮雕板。

3）石膏板的安装固定

石膏板无论是纸面的还是无纸的其板材都固定在次龙骨上，固定方式如下：

①挂结。石膏板材周边先加工成企口缝，然后挂在倒 T 形或工字形次龙骨上，次龙骨不外露，故又称为暗龙骨悬吊式顶棚，如图 17-25a 所示。

②卡结。石膏板材直接放在倒 T 形次龙骨的翼缘上，并用弹簧卡子卡紧或用虎口销卡住，次龙骨露于顶棚面外，故又称明龙骨悬吊式顶棚，如图 17-25b 所示。

③钉结。次龙骨的断面为卷边槽形，底面预钻螺栓孔，以特制吊件悬吊于主龙骨下，石膏板用自攻螺钉固定于次龙骨上，如图 17-25c 所示。

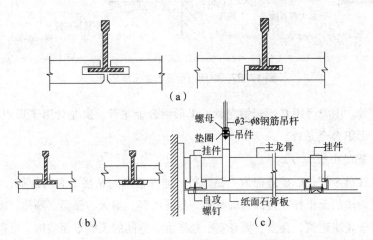

图 17-25 石膏板悬吊式顶棚平面及节点构造

（a）挂结；（b）卡结；（c）钉结

（4）特殊部位的处理

1）洞口（检修口）的制作。当全部吊顶龙骨安装完毕后，按设计规定在需要开洞的部位安装附加龙骨杆件（图 17-26），一般有专用的连接件。洞口应避开承载龙骨，若不能避开时则采取加强措施。

2）变标高吊顶的构造。变标高吊

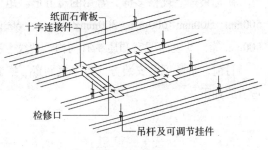

图 17-26 洞孔的制作

顶一般有三种情况，吊顶大面积装饰性变标高；带有人工照明用途的变标高做法及暗装式窗帘盒的构造（图 17-27）。

2. 矿棉板悬吊式顶棚构造

矿棉板又称矿棉吸声板。矿棉板悬吊式顶棚具有质轻、耐火、保温、隔热，可降低室内噪声等级及改善环境质量等特点，但这种顶棚不能用于湿度大的房间。

（1）吊杆

吊杆采用钢筋吊杆或镀锌铁丝吊索。钢筋吊杆用吊件与龙骨连接，镀锌铁丝吊索则绑扎在龙骨的孔眼上。

（2）龙骨

龙骨采用金属龙骨、铝合金龙骨、镀锌钢板龙骨、不锈钢龙骨、轻钢龙骨等。材质不同、生产厂家不同，其龙骨的连接构造也略有不同，但目前应用最多的还是铝合金龙

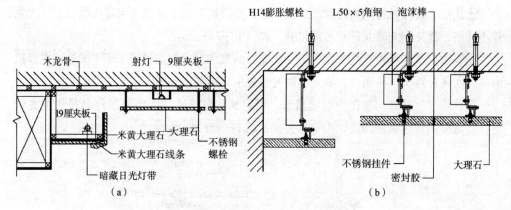

图 17-27　纸面石膏板的变标高吊顶

骨和轻钢龙骨。主龙骨用 C 形轻钢龙骨或 T 形铝合金龙骨，次龙骨用 T 形铝合金龙骨，边龙骨用 L 形铝合金龙骨。

（3）矿棉吸声板

矿棉装饰吸声板是以矿渣棉为主要原料，加入适量的粘接剂和附加剂，经过成型、烘干和加工而成的无机纤维顶棚装饰材料。具有质轻、耐火、保温、隔热、吸声性能好等特点，用于观演建筑、会堂、播音室、录音室等空间的顶棚罩面装饰，可以控制和调节室内的混响时间，消除回声改善室内音质。由于其材质特点和安装方便，也普遍用于一些需控制噪声的室内空间。

矿棉板产品规格多样，常用的有方形、矩形，规格尺寸有 600mm×600mm、500mm×500mm、300mm×600mm、300mm×500mm、600mm×1000mm、500mm×1000mm、600mm×900mm 等，其表面图案和质感有沟槽、裂纹、孔洞、皮毛感、星球等。

目前，最常见的安装方式有平放搁置、搭装及嵌装三种安装法（图 17-28）。其构造方式如下：

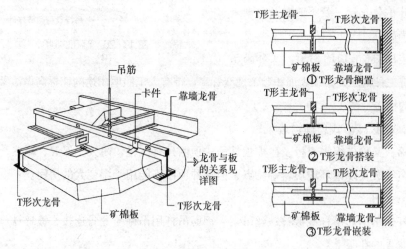

图 17-28　轻钢龙骨矿棉板吊顶的三种常见安装法

1）明龙骨安装构造

将齐边的方形或矩形矿棉吸声板直接搁置在倒 T 形次龙骨的翼缘上，如图 17-29a

所示。

2）部分明龙骨安装构造

将榫边（板侧边制成卡口）的方形或矩形矿棉吸声板平搭在倒 T 形的次龙骨翼缘上，榫边板与龙骨搭接形成凹缝，有的跌级榫边则可形成阶梯缝，如图 17-29b 所示。

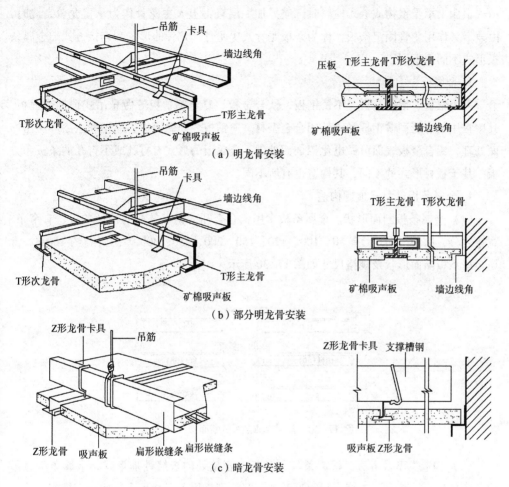

（a）明龙骨安装

（b）部分明龙骨安装

（c）暗龙骨安装

图 17-29 矿棉吸声板悬吊式顶棚构造示意图

3）暗龙骨安装构造

将带企口边的方形或矩形矿棉板与倒 T 形次龙骨翼缘嵌装，使悬吊式顶棚面层不露龙骨，如图 17-29c 所示。

三、金属板材

金属板悬吊式顶棚是用轻质金属板和配套的专用龙骨体系组合而成。金属板悬吊式顶棚具有质感独特、线条刚劲、色泽美观、构造简单、安装简便、防火耐久等特点，同时还可利用活动面板的开口安装法，加上吸声材料取得良好的吸声和隔声效果，多用于候车大厅、候机厅、地铁站、图书馆、展览厅以及公共建筑的大堂、居住建筑的厨房、卫生间等处。

1. 吊杆

吊杆采用套螺纹钢筋，这样可调节定位，使用前要涂防锈漆。当为上人悬吊式顶棚时，应采用角钢作吊杆。

2. 龙骨

采用 0.5mm 厚铝板、铝合金或镀锌铁皮等材料制成配套专用龙骨系统。当悬吊式顶棚不上人时，龙骨除承重外，还兼具卡具作用，此时，只有主龙骨不设次龙骨。当悬吊式顶棚上承受重物或上人检修时，应另加一层轻钢上人主龙骨作为承重龙骨，此时，由兼卡具作用龙骨固定条板，称为条板龙骨或次龙骨。龙骨的形式和连接方式随金属条板形式不同而不同。

3. 金属板

采用铝板、铝合金板、不锈钢板、钛合金板、复合铝塑板等做悬吊式顶棚饰面板，其中常用的有压型薄钢板和铸轧铝合金型材。薄钢板表面做镀锌、涂塑和涂漆等防锈饰面处理，铝合金板表面可做电化铝饰面处理。金属板的形式有打孔或不打孔的条板和方板。基于板材形式的不同，其构造也有所不同。

4. 金属条板悬吊式顶棚构造

（1）金属条板断面形状。金属条板多用铝合金和薄钢板轧成的槽形条板，有窄条、宽条之分，中距（mm）有 50、100、120、150、200、250、300 等，离缝约 16mm。常见金属条板断面形状及规格尺寸如图 17-30 所示。

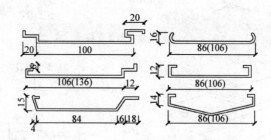

图 17-30　常见金属条板的断面形状尺寸

（2）构造类型及方法。根据条板与条板间相接处的板缝处理形式，金属条板悬吊式顶棚的构造类型有开放型和封闭型两种。开放型金属条板悬吊式顶棚的离缝间无填充物，便于通风，用于一般悬吊式顶棚；封闭型条板上部可另加矿棉或玻璃棉，用于保温和吸声吊顶式顶棚，如图 17-31 所示。金属条板与龙骨的连接一般采用卡固法和钉接法。板厚小于 0.5mm、板宽小于 100mm 时采用卡固法，对于板厚超过 1mm、板宽超过 100mm 的条板多采用螺钉等固定。卡固法的卡具就是龙骨本身，在安装时压紧条板即可使之卡扣在龙骨上。

（3）与灯具设备关系。对于龙骨兼卡具的不上人金属条板悬吊式顶棚，一般不宜在特制龙骨上直接悬吊灯具和送风口等设备，而应将灯具和设备直接固定在楼板、屋面板等结构体上。

金属条板等距离排列成条式或格子式的顶棚，对照明、吸声和通风均创造良好的条件。在格条上面设置灯具，可以在一定的角度下，减少对人的眩光；在竖向条板上打孔，或者在格条上再做一水平吸声顶棚，均可改善吸声效果；在格条上设风口也可提高进风的均匀度。

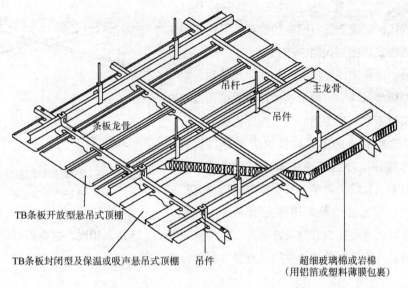

图 17-31 金属条板悬吊式顶棚基本构造示意图

近年来在金属格栅顶棚中应用得最多的是铝合金单体构件。铝合金格栅构件的形式很多，而且不同厂家生产的同一形式的构件尺寸及厚度也不一样。当然，影响格栅顶棚装饰效果的主要因素是格栅的形式及组合方式，而尺寸及厚度的变化对装饰效果的影响是不显著的。

在格栅式顶棚中，单体构件的常用尺寸是 610mm×610mm，采用双层 0.5mm 厚的薄板加工而成。表面可以是阳极氧化膜，也可以是漆膜，色彩按设计要求涂饰加工。这种格栅质量很轻，安装一个标准单体构件时用手轻轻一托就可就位。目前用得较多的几种格栅单体及其尺寸如图 17-32 所示。

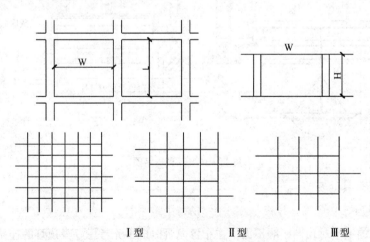

规 格	宽 W/mm	长 L/mm	高 H/mm	重/(N/m²)
I 型	78	78	50.8	39
II 型	113	113	50.8	29
III 型	143	143	50.8	20

图 17-32 常用铝合金格栅单体及其尺寸

铝合金条式顶棚虽然在效果上是一种百叶式、光栅式的，完全没有网格的效果，但通常仍将其与格栅式顶棚划入同一类。

另外，近年来还发展了一种挂片式吊顶，它也属于格栅类吊顶的一种。这种挂片式吊顶是利用薄金属折板和一种专用的吊挂龙骨构成的。

用铝合金制成的单体构件由于本身自重较轻，单体构件组合后又往往集骨架、装饰为一体，所以安装就较为简单，只要将单体构件直接固定即可。也有的将单体构件先用卡具连成整体，然后再通过通长钢管与吊杆相连，其构造如图17-33所示相同。这样做可以减少吊杆的数量，比直接将单体构件用吊杆悬挂更为简单。

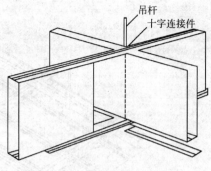

图17-33 格栅式吊顶使用铝合金条板的十字连接

第四节　吊顶其他构造

一、灯具的固定与安装

装修时常遇到处理顶棚表面与灯具的关系问题，灯具与顶棚面相连接的构造正确与否直接影响顶棚的装饰效果及使用安全。在设计顶棚构造时，对顶棚影响较大的灯具不但要解决排列和尺度协调等问题，而且其构造必须使灯具节点与龙骨节点直接接触，并处理好灯具与顶棚面交接处的检修和接缝的矛盾。在顶棚处灯具有以下构造方式（图17-34）。

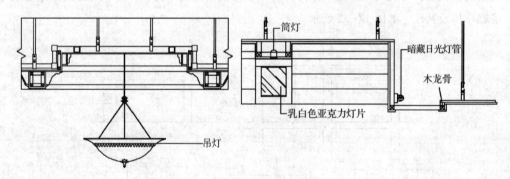

图17-34 灯具与吊顶

1. 各类灯具的安装

（1）吸顶灯

吸顶灯的重量对顶棚影响不大，在布置龙骨时应事先考虑好吸顶灯的连接点位置和连接方法，不得空挂在面板上。当灯具质量≤1kg时，可直接将灯具安装在悬吊式顶棚的饰面板上；当灯具质量大于3kg时，应将灯具安装固定在顶棚的后置埋件上。

（2）吊灯

吊灯对顶棚的装修构造影响不大，除小型吊灯可固定于龙骨之上，大型吊灯在门厅、大会议室、宴会厅等处必须单独设吊杆。其吊杆应为特制并直接焊在楼板或屋面板预埋件上或板缝中。

（3）筒体灯

这种灯具重量轻，可直接镶嵌在悬吊式顶棚面板上，底面与悬吊式顶棚面层齐平或略突出，筒体有方形、圆形，其直径（或边长）（mm）有 140、165、180 等多种。

（4）嵌入管灯

此方式是对顶棚影响较大的灯具形式，在顶棚构造设计时不但要解决排列问题，而且其构造必须使灯具节点与龙骨节点直接接触。这种灯具一般也镶嵌在悬吊式顶棚内，它可以平行于中龙骨（此时应切断主龙骨），也可以平行于主龙骨（此时切断中、小龙骨），若灯具为方形时，应切断中小龙骨，灯具固定在附加主龙骨上，如图 17-35 所示。

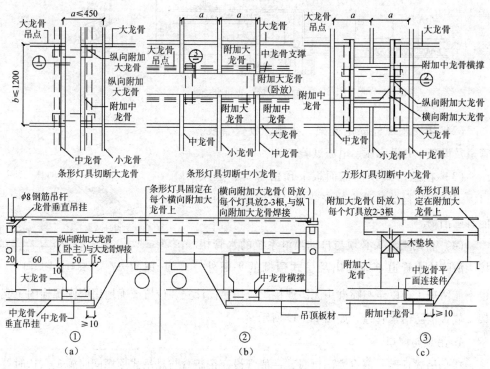

图 17-35 嵌入管灯的构造

（5）光带

光带一般采用日光灯作光源，其宽度为 330mm 或按设计。光带灯槽通过附加主龙骨焊于悬吊式顶棚的主龙骨上，如图 17-36 所示。

2. 送风口与回风口

对公共建筑而言，吊顶上有各种设备口如空调口、烟感器等，与嵌入式灯具方式一样，必须处理好接缝、设备与龙骨之间的关系等问题（图 17-37）。

空调风口有预制铝合金圆形出风口和方形出风口，其构造做法是：将风口安装于悬吊式顶棚饰面板上，并用橡胶垫作减噪处理。风口安装时最好不要切断悬吊式顶棚龙骨，必要时只能切断中、小龙骨，如图 17-38 所示。

3. 自动消防设施

（1）管线。管道的安装位置应经放线抄平。

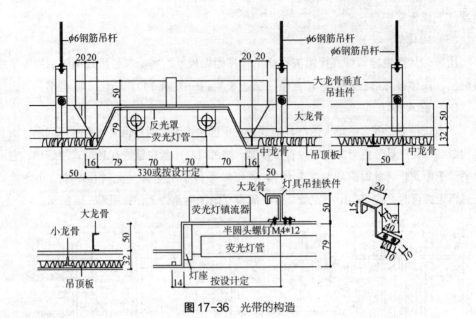

图 17-36　光带的构造

（2）用膨胀螺栓固定支架、线槽，放置管线、管道及设备，并做水压、电压试验。

（3）在悬吊式顶棚饰面板上预留灯具、送风口、烟感器、自动喷淋头的安装口。喷淋头周围不能有遮挡物。

（4）自动喷淋头必须与自动喷淋系统的水管相接。消防给水管道不能伸出悬吊式顶棚的平面外，

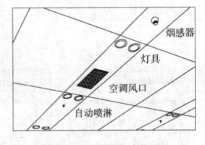

图 17-37　顶棚与空调风口

也不能留短了，以至与喷淋头无法连接。应按照设计安装位置准确地用膨胀螺栓固定支架，放置消防给水管道，如图 17-39 所示。

4. 吊顶与窗口

在悬吊式顶棚一侧有窗洞口时，一般常设窗帘暗盒与悬吊式顶棚同时施工。这时要处理好悬吊式顶棚龙骨与窗帘盒的关系，其构造如图 17-40 所示。

顶棚与窗帘盒（杆）的关系一种是窗帘盒与吊顶统一考虑，一种是窗帘盒的设置与吊顶的关系相对独立，如图 17-41。

二、吊顶与墙面的关系

顶棚与墙面紧密相接如处理不当不但交合不平影响装饰效果而且还会产生裂缝，所以常见的方法是用压条线脚装饰，有时又叫"压角条"来遮挡此相交部位。在工序上应先做墙面的施工，后做顶棚的施工。

线脚是设于顶棚与墙面交接处的装饰构件，在满足一定装饰艺术效果的同时起到顶棚与墙面间盖缝的作用，是顶棚装饰所必需的构件。

（1）木质线脚

木质线脚是经过定型加工而成，有多种断面形式，与不同的墙面和顶棚装修相配

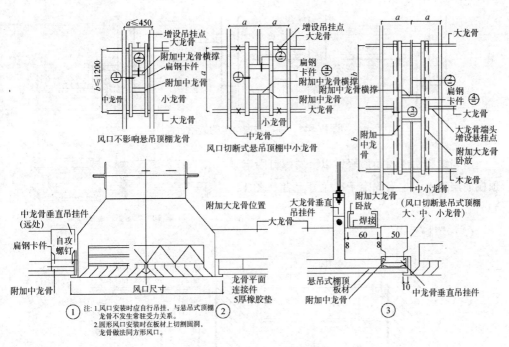

图 17-38 空调风口的构造

合，并且有多种表面肌理条纹。

木线脚常以清水面装修，有时是做混水油漆如欧式线脚，其色彩选择需考虑顶棚、墙面色彩效果，起到勾勒或协调的作用。

木质线脚的安装，一般是在墙内预埋木砖来固定，但这种方法灵活性差，更为灵活的办法是钉木楔子（图 17-42）。

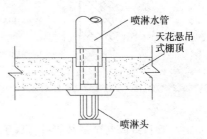

图 17-39 自动喷淋头

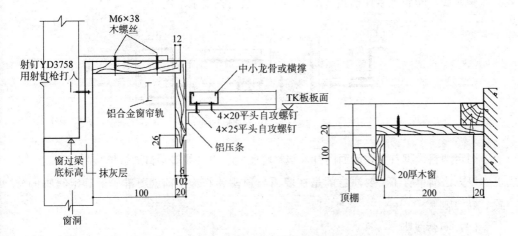

图 17-40 顶棚与窗帘盒的构造关系

（2）金属线脚

金属线脚通常是金属面层吊顶的配套构件，一般不单独使用。其断面形状有多种，在选用时要考虑其规格和尺寸配套。

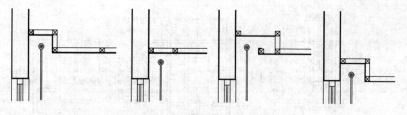

图 17-41　顶棚与窗帘盒的关系示意

金属线脚由于材薄质轻常以金属螺钉固定于顶棚面层之上，也有固定于次龙骨上者（图 17-43）。

图 17-42　木线脚

（3）塑料线脚

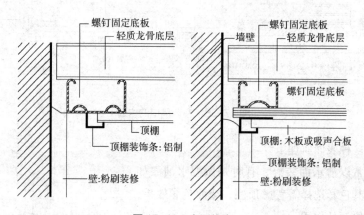

图 17-43　金属线脚

塑料线脚与金属线脚一样属于专用形式吊顶的配合材料，由于可以隐藏作为界面交接，故应用广泛。

塑料线脚断面有多种形式（图 17-44），还可按要求定制。

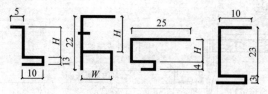

图 17-44　塑料线脚断面形式

固定塑料线脚首先在墙面内打入塑料膨胀栓，再将线脚用钉通过栓接将其固定于墙上，该方法简单省工。要注意的是在墙面与顶棚装修施工前就要准确的确定线脚的位置，以便施工。

（4）石膏线脚

石膏线脚由于其断面形式丰富，平面上可以做成曲线等形状，并且可以与其他室内石膏装饰品如艺术石膏雕塑等相结合，而且施工简便、价格便宜，故得到较为广泛的使用。

石膏线脚与墙面主要使用钉接加粘接的方法固定。

第十八章 —— 楼梯、电梯构造

楼梯、电梯、自动扶梯是建筑中楼层间的垂直交通设施，具有强烈的引导性和装饰性，通过对其进行装饰，可以起到丰富空间效果、有效组织交通人流的效果，因此楼梯、电梯、自动扶梯往往是建筑装饰装修的重点部位。

第一节　楼梯、电梯的形式

一、楼梯的类型与组成

1. 楼梯的类型

楼梯的形式很丰富，一般与其使用功能和建筑环境要求有关（图18-1）。

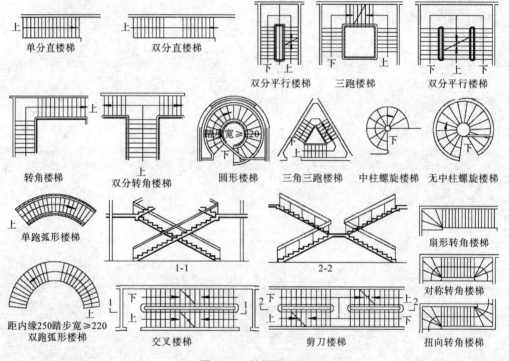

单分直楼梯　　双分直楼梯　　双分平行楼梯　　三跑楼梯　　双分平行楼梯

转角楼梯　　双分转角楼梯　　圆形楼梯　　三角三跑楼梯　　中柱螺旋楼梯　　无中柱螺旋楼梯

单跑弧形楼梯　　1-1　　2-2　　扇形转角楼梯

距内缘250踏步宽≥220
双跑弧形楼梯　　交叉楼梯　　剪刀楼梯　　对称转角楼梯　　扭向转角楼梯

图18-1　楼梯的形式

直跑楼梯具有方向单一、贯通空间的特点。

双分平行楼梯和双分转角楼梯则是均匀对称的形式，显得典雅庄重。

双跑楼梯、三跑楼梯可用于不对称的平面布局。

交叉楼梯和剪刀楼梯则用于人流量大的公共建筑中，不仅有利于人流疏散，也有效的利用了空间。

弧形梯和螺旋梯可以增加空间轻松、活泼的气氛，但对防火疏散不利。

2. 楼梯的组成

楼梯一般由梯段、平台、栏杆扶手三大部分组成，如图18-2所示。

（1）梯段

梯段俗称梯跑，是联系两个不同标高平台的构件。为了减轻疲劳，梯段的踏步数一般不超过 18 步，但也不宜少于 3 步，踏步数太少容易使人摔倒。

（2）平台

平台根据所处位置和高度不同分为楼层平台和中间平台。与楼层地面标高相同的平台为楼层平台，相邻楼层之间的为中间平台，用来调节体力和转向之用。中间平台在满足使用功能和相关技术规范前提下，其形状可变化多样，以增加空间的艺术效果。

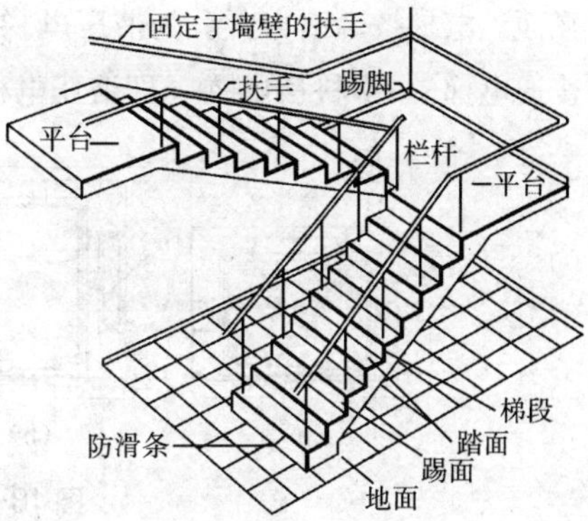

图 18-2　楼梯组成

（3）栏杆、扶手

栏杆、扶手是设置在梯段和平台边缘的安全保护构件。可通过栏杆、扶手的颜色、断面形式、材料质感的变化，为楼梯的整体造型增色。

3. 楼梯的材料

（1）楼梯的结构材料

楼梯的结构材料有钢筋混凝土、钢、木、铝合金及混凝土—钢、钢—木质复合材料等。钢筋混凝土楼梯在建筑中应用最为广泛，其特点是价廉、可塑性大、安全性好。在结构工程师的配合下，可以设计出形式多样的楼梯。钢楼梯显得轻巧，连接跨度大，在一些特殊场合使用较多，如夹层楼梯、室外疏散楼梯等。铝合金和木楼梯则显得灵活亲切，在家庭居室、住宅中经常使用。混凝土—钢楼梯和钢—木楼梯是利用不同材料的受力特性将其组合而成的楼梯，其结构明确、形式简洁，常用于居住建筑或一些公共场合的楼梯。

（2）楼梯的饰面材料

楼梯踏步饰面材料有水泥砂浆、预制水磨石板、陶瓷锦砖、天然石板、人造石板、硬木地板、地毯、玻璃、塑料地板等（楼梯踏步应进行防滑构造处理）。栏杆扶手一般为木、铜管、不锈钢、镀金镀银饰面板、玻璃及五金构件等材质。踏步、扶手、栏杆（栏板）材料与色彩的选用要与使用的场合相匹配，设计时要与楼地面的材料使用统一考虑，使楼梯设计与建筑环境协调一致，互为衬托。

（3）楼梯装修的内容

楼梯装修包括两部分：一是楼梯设计，这在装饰工程设计中会经常遇到，一般多为某场所或某部位加层而增加配套楼梯；二是楼梯细部构造即对楼梯进行装修处理。

二、电梯（电动扶梯）的类型与组成

1. 电梯

（1）电梯的类型

电梯的运行速度快，可以节省时间和人力，在多层、高层及特殊建筑（如医院）中应用非常广泛。电梯按使用类型分客梯、货梯两大类。客梯除普通乘客电梯外，还有医用电梯、观光电梯。对高层建筑还需设消防电梯。另外，客梯要满足有残障行为人的需要。载货电梯除普通型外，还有小型杂物梯等类型。图 18-3 所示为几种常见的电梯平面。电梯按牵引方式分为液压电梯、牵引电梯；按机房的位置分有顶机房电梯（即普通电梯）、下机房电梯（即液压电梯）、无机房电梯。

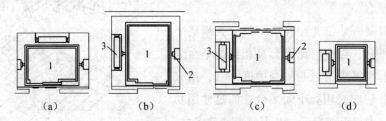

图 18-3　几种常见电梯平面

（a）客梯（双扇推拉门）；（b）病床梯（双扇推拉门）；

（c）货梯（中分双扇推拉门）；（d）小型杂物梯

1—电梯厢；2—道轨及撑架；3—平衡重

（2）电梯的设备组成

电梯设备本身由轿厢、平衡重和起重设备三个主要部分组成。轿厢用于载人、载货，轿厢内表面应耐磨、坚固，易于清洗。平衡重由数块配重叠合而成，它的总重量等于轿厢自重加 40% 载重量。电梯的起重设备包括动力、传动和控制三部分。

2. 自动扶梯

（1）自动扶梯的特点

自动扶梯外观类似普通楼梯但具有一系列可以移动的踏步，在人川流不息的场合，可以快速、连续不间断地输送人流。一般自动扶梯均可正、逆两个方向通行，停止时可作为临时性的普通楼梯使用。电动扶梯的坡度通常采用 30° 或 27.3°，梯段宽度根据通行量来决定，一般分为单人和双人两种（图 18-4）。

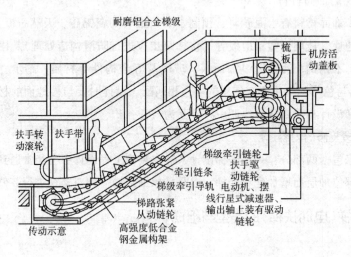

图 18-4　自动扶梯构造示意图

（2）自动扶梯的构造组成及要求

自动扶梯同电梯一样，属厂家定型产品。它是由电动机牵引，梯级踏步与扶手同步运行，机房设置在地面以下或悬吊在楼板下面。自动扶梯的所有荷载都由钢桁架传到自动扶梯两端的平台结构上。自动扶梯的构造组成如图 18-5 所示。

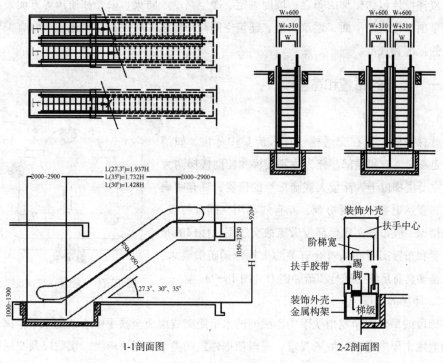

1-1剖面图   2-2剖面图

图 18-5　自动扶梯的构造

（3）自动扶梯的布置形式

自动扶梯的布置形式有平行排列式、折返式排列、连贯式排列、交叉式排列，每一种又可分为单向式和双向式排列，如图18-6所示。

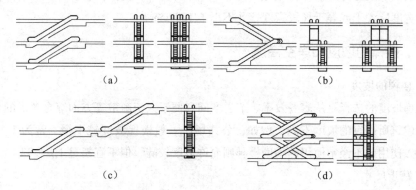

（a）   （b）

（c）   （d）

图 18-6　自动扶梯的布置形式

第二节　楼梯的设计

楼梯的装饰装修构造是对楼梯梯段的踏步面层构造及栏杆、栏板、扶手的细部装饰装修处理。一般平台部分的装饰装修构造与楼地面相同。由于楼梯是一幢建筑中的主要交通疏散部分，对人流有较高的导向性，装修用材标准应不低于楼地面装修标准，以使其在建筑中具有显著地位，同时还要考虑到其耐磨、美观及舒适性要求。

楼梯设计包括楼梯的布置、坡度确定、净空高度、防火、采光和通风等方面，具体设计事项与建筑的平面、建筑功能、建筑空间与环境艺术有关，并且还须符合有关建筑设计的标准和规范。

一、楼梯的布置和宽度

1. 楼梯的布置

楼梯一般布置在交通枢纽和人流集中部位，如门厅、走廊交叉口和端部。分为主要楼梯和辅助楼梯两大类。主要楼梯位于人流量大或疏散点的位置，具有明确醒目、直达通畅、美观协调，能有效利用空间等特点。辅助楼梯一般布置在次要部位做疏散交通用。楼梯的布置数量和布置间距必须符合有关防火规范的疏散要求，保证楼梯具有足够的通行和疏导能力（图18-7）。

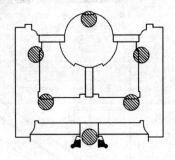

图18-7 楼梯布置的示意图

2. 楼梯的宽度

梯段或平台的净宽指扶手中心线间的水平距离或墙面至扶手中心线的水平距离。楼梯的宽度主要应满足疏散的要求，一般依据建筑的类型、耐火等级、层数以及交通的人流数量而定。楼梯间平面尺寸和楼梯宽度应符合现行的《建筑楼梯模数协调标准》及防火规范等要求。作为主要交通用楼梯梯段宽按每股人流 0.55~0.7m（其中人的摆幅宽为 0~0.15m）计算，并不少于两股人流，仅供单人通行的辅助楼梯必须满足单人携带物品通过的需要，楼梯净宽不小于900mm。

一般供双人通行的楼梯，宽为 1100~1200mm，三人通行时为 1500~1800mm。楼梯平台的宽度应大于或等于梯段宽度，并不小于1200mm。

二、楼梯的坡度和净空高度

1. 楼梯的坡度

楼梯坡度的选择是从攀登效率、节省空间和便于人流疏散等方面综合考虑的。不同类型的建筑所适宜的坡度不同。例如，公共场所一般楼梯坡度较平缓，常为 1：2，仅供少数人使用或不经常使用的辅助楼梯则允许坡度较陡，但不宜超过 1：1.33。

2. 踏步尺寸

踏步尺寸与楼梯的坡度有着直接的关系（图18-8），常用适宜踏步尺寸见表18-1。不同层间的踏步尺寸可以根据不同的建筑层高加以变化，但同一梯段的踏步尺寸从起始到结尾都必须一致，一般来说，楼梯的踏步高 h 与踏步宽 b 宜符合公式 $2h+b=600$，常用的楼梯踏步数值见有关建筑规范。

常用适宜踏步尺寸　　　　　　　　　　　　表18-1

名称	住宅	学校、办公楼	剧院、会堂	医院（病人用）	幼儿园
踏步高（mm）	156~175	140~160	120~150	150	120~150
踏步宽（mm）	260~300	260~340	280~350	300	260~300

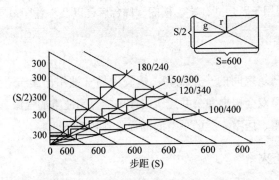

图 18-8 楼梯坡度与踏步尺寸的关系

3. 楼梯净空高度

楼梯净空高度 H 一般应大于人体上肢伸直向上、手指触到顶棚的距离。楼梯净高、净空尺寸关系见表 18-2 与图 18-9。为了防止行进中碰头或产生压抑感，规定梯段净空不小于 2200mm，平台梁下净高应不小于 2000mm，且平台梁与起始踏步前缘水平距离不小于 300mm（图 18-9、图 18-10）。

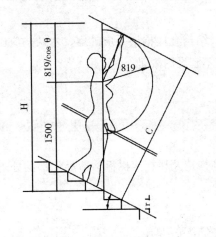

图 18-9 楼梯净高、净空尺寸关系

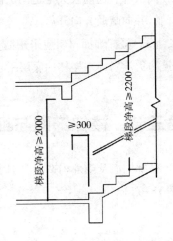

图 18-10 楼梯部位净高要求

楼梯净高及净空尺寸计算 表 18-2

踏步尺寸（mm）	130×340	150×300	170×260	180×240
梯段坡度	20°54′	26°30′	33°12′	36°52′
梯段净高（mm）	2360	2400	2470	2510
梯段净空（mm）	2150	2080	1990	1940

三、楼梯的造型

1. 功能要求

楼梯形式首先必须符合功能的要求，高度不同的空间之间的联系可以采用相应的楼梯来解决。人流量集中的地方常用直线、曲尺形楼梯；双分双合式楼梯是公共建筑中采用的主要楼梯形式，尤其是在商业和办公建筑中常常使用。塔形建筑可用多折楼梯或弧形楼梯，螺旋楼梯限用于跃层式住宅、楼阁、舞台后台以及小餐厅包房等使用频率较少的场合。

2. 美观要求

楼梯可以成为建筑空间的一个点缀。螺旋楼梯常被用作建筑立面或中庭空间的衬景，双跑直上、双分双合楼梯在公共建筑门厅中能显示庄重的气派，而轻巧灵活的多折楼梯则易衬托出别墅、居室一类的小空间的优雅别致的情调。

四、楼梯的防火

（1）公共建筑的室内疏散楼梯宜设置楼梯间，医院、疗养院的病房大楼，有空调的多层旅馆和超过五层的其他公共建筑的室内疏散楼梯均应设置封闭楼梯间。多层建筑的封闭楼梯间内宜有自然采光。高层封闭楼梯间要求靠外墙，能直接采光和自然通风。当不能直接采光和自然通风时，应按防烟楼梯间设置。高层防烟楼梯间采用自然排烟，开窗面积每五层内可开启外窗总面积之和不应小于 $2m^2$。

（2）防烟楼梯间前室及封闭楼梯间内墙四周至少为一砖厚（120mm）耐火墙体，除在同层开设通向公共走道的疏散门外，不应开设其他的房间门窗，疏散门应设乙级防火门，并向疏散方向开启。

（3）楼梯饰面材料应采用防火或阻燃材料，结构金属框架不应外露；木结构应刷两度防火涂料；木楼梯的底层平台下和顶层上方不宜设储藏间。

第三节　楼梯饰面与细部的构造

楼梯饰面及细部构造设计是指踏步面层装饰构造及栏杆、栏板构造等细部的处理（图18-11）。

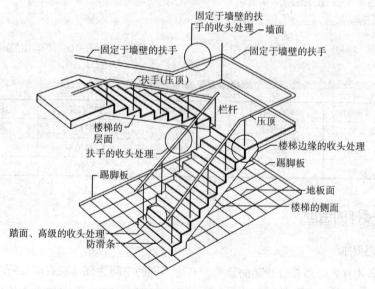

图 18-11　楼梯全图

一、楼梯面层构造

楼梯面层包括抹灰装饰、贴面装饰、铺钉装饰以及地毯铺设等几类做法。由于楼梯平台的装饰与楼地面层的装饰处理类同，所以在此不再重复。

1. 抹灰装饰

抹灰多用于钢筋混凝土楼梯是最常见的普通饰面处理。具体做法为：踏步的踏面和踢面都做 20~30mm 厚水泥砂浆或水磨石装修。离踏步边沿口 30~50mm 处用金刚砂 20mm 宽或陶瓷锦砖做防滑条（一条或两条），高出踏面 3~5mm 厚，防滑条离梯段两侧面各空 150~200mm，以便楼梯清洗。如楼梯边设计时已留有泄水槽（常见于室外楼梯），则防滑条可伸至槽口，室外梯为了耐久可以用钢板包角（图 18-12、图 18-13）。

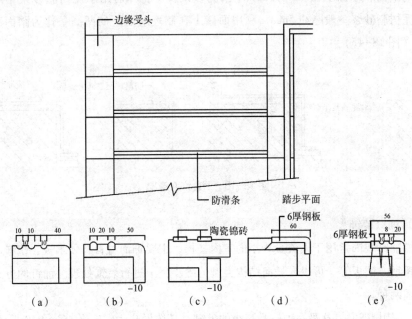

图 18-12 抹灰踏步防滑条构造形式

2. 贴面装饰

楼梯的贴面面材有板材和面砖两大类。材料选用要求耐磨、防滑、耐冲击，并且便于清洗，踏感舒适，其质感应符合装修设计的需要。贴面装饰多用于钢筋混凝土和钢楼梯的饰面处理。

（1）板材饰面

常见的板材有花岗石板、大理石板、水磨石板、人造花岗石板、玻璃面板等，一般厚 20mm。当踏面或踢面为一整块时，应先按设计尺寸在工厂裁割成型，然后运至现场施工安装。具体做法为直接在踏面板上用水泥砂浆坐浆或灌浆，将饰面板粘贴在踏步的踏面或踢面上，离踏口 20~40mm 宽处开槽，将两根 5mm 厚铜条或铝合金条嵌入并用胶水粘固做防滑处理。防滑条高出踏面 5mm 厚，待其牢固后用砂轮磨去 0.5~1mm，使其光滑亮洁。另一种简单的防滑处理是将踏口处的踏面石板凿毛或磨出浅槽。预制水磨石板可用橡胶防滑条或铜铝包角（图 18-14）。

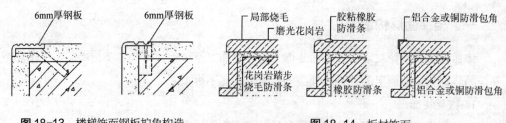

图 18-13 楼梯饰面钢板护角构造　　　　　　图 18-14 板材饰面

（2）面砖饰面

常用的面砖饰面种类丰富，有釉面砖、缸砖、炻质砖、劈离砖、麻石砖等，规格尺寸也很多，但也有专门按照踏步标准尺寸制作专用于楼梯饰面的。具体构造做法：先在踏步板的踏面和踢面上做 10~15mm 厚水泥砂浆找平，然后用水泥树脂砂浆粘贴饰面砖，水泥树脂砂浆一般厚约 5mm。利用面砖上在制坯时压下的凹凸条作为踏面处的防滑处理（图 18-15）。

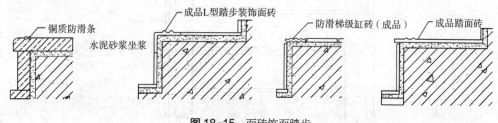

图 18-15 面砖饰面踏步

（3）铺钉装饰

楼梯铺钉装饰常用于人流量较小的室内楼梯，主要饰面材料有硬木板、塑料、铝合金、不锈钢、铜板等。可以在任何结构类型的踏步板上进行装饰处理。铺钉的方式分架空和实铺两种。

1）小搁栅架空，这是一种较为高级的处理，具体做法为：先将 25mm×40mm 的小木龙骨固定在踏步踏面的预埋木砖或膨胀管上，钢板踏步可以预留螺孔或现场开孔，然后以榫头及钉将铺板固定于木龙骨上。踢面板一般是实铺在踏步踢面上的（图 18-16）。

2）实铺。实铺是最常见的铺钉方法，混凝土踏步必须先做 10~15mm 厚的水泥砂浆找平层，铺板依靠榫头或螺钉直接固定于踏步踏面和踢面的预埋木砖或膨胀管上。钢楼梯、铝楼梯、木楼梯则可以通过螺栓将饰面板与踏步板固定。铺钉楼梯的防滑处理应考虑防滑和耐磨双重作用，所以常在踏口角用铜和铝合金、塑料成品型材包角，使其既不易损坏又美观整齐（图 18-17）。

（4）地毯铺设

楼梯铺设地毯适用于较高级的公共建筑，如宾馆、饭店、高级写字楼及小别墅等场所。常用的地毯为化纤阻燃地毯，一般在踏步找平层上直接铺设，也可在已做装修的楼梯饰面上再铺地毯。

地毯的铺设形式有两种：一种为连续式，地毯从一个楼层不间断的顺踏步铺至上一楼层面；另一种为间断式，即踏步踏面为地毯，踢面为另一种装饰材料构造（图 18-18）。

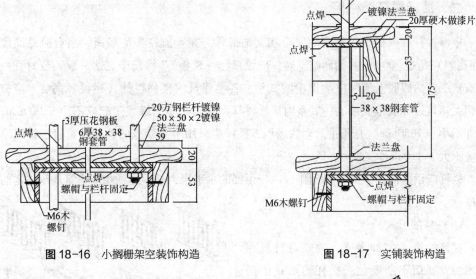

图 18-16　小搁栅架空装饰构造　　　　图 18-17　实铺装饰构造

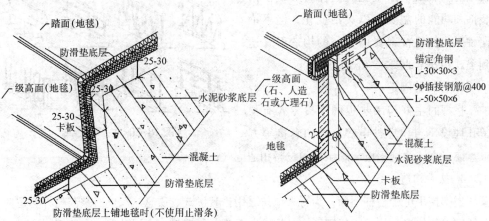

图 18-18　地毯铺设的形式

　　地毯的固定分粘接式和浮云式两种。粘接式是用地毯胶水将地毯和踏步的找平层牢固的粘接在一起，踏口处用钢、铝或塑料包角镶钉，起耐磨和装饰的作用；浮云式是将地毯用地毯棍卡在踏步的阴角上，地毯可以定期抽出清洗或更新（图 18-19）。

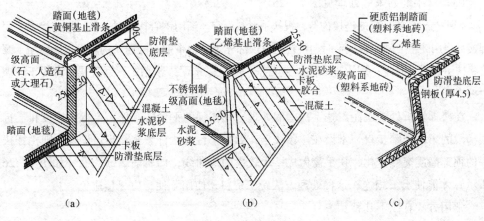

　　（a）　　　　　　　　　　（b）　　　　　　　　　　（c）

图 18-19　地毯的固定

二、楼梯栏杆、栏板

楼梯栏杆、栏板是一重要的安全和装饰部件。在人流密集的场所，当台阶总高度（即高差）超过700mm并侧面临空时，应设栏杆（栏板）。梯段净宽达三股人流时宜两侧设扶手，达四股人流时应加设中间扶手。各类建筑的楼梯栏杆（栏板）高度，应符合相关建筑设计规范要求。一般室内楼梯栏杆高度自踏步前缘线量起应不小于900mm，室外不小于1050mm。有儿童活动的场所，栏杆应采用不易攀登的构造，垂直栏杆间净距应不大于110mm。

栏杆应以坚固耐久的材料制作，栏杆顶部的水平推力必须达到相应建筑规范规定的强度。

1. 栏杆的形式

栏杆的形式多种多样，并随着材料和技术的发展而不断变化。栏杆的形式依据装饰和功能的需要可以灵活变化，但不论何种形式的栏杆都要以一定的构造形式达到美观和安全的要求（图18-20）。

2. 栏杆的固定

栏杆的主杆与踏步板的连接方式有预留孔埋设，与预埋件电焊、丝扣套接等方式。连接方式的选用应与踏步饰面材料相适应（图18-21）。

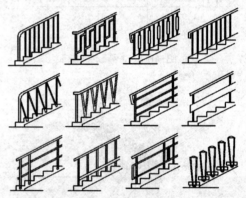

图18-20　栏杆的形式

3. 扶手构造

楼梯扶手位于栏杆顶面，为行人依扶之用。其形式、质感、尺度必须与栏杆相适应并适宜人的扶握。扶手一般用硬木、钢管、铜管、硬塑料、水泥砂浆、水磨石、大理石和人造石等材料制作。硬木扶手常用于室内楼梯。栏板顶部的扶手可用水泥砂浆或水磨石抹面。扶手的断面形状有矩形、圆形、梯形、多边形等。

（1）扶手断面形式见图18-22，扶手与栏杆的连接方式见图18-23。

（2）靠墙扶手应与栏杆扶手相一致，靠墙扶手的连接方式如图18-24。

（3）扶手的始末端处理见图18-25。

扶手与栏杆或栏板的连接构造，视扶手材料而定。当用钢管扶手时，与栏杆连接多采用焊接；当用硬木或硬塑料扶手时，可在栏杆顶部先焊一根带螺孔的通长的扁钢，然后用木螺钉将扶手和栏杆固定；用大理石或人造石扶手时，以水泥砂浆粘结；铜管扶手常用于玻璃栏板。

在楼梯转折处，应注意扶手高差的处理。在楼梯的平台转弯处，上行楼梯段和下行楼梯段的第一个踏步口，常设在一条线上，如果平台处栏杆紧靠踏步口设置，则栏杆扶手的顶部高度突然变化，扶手需做成一个较大的弯曲线，即所谓鹤颈扶手（如图18-26所示）才能使上下相连。这种处理方法费工费料，使用不便，应尽量避免。

常用方法有以下几种：

1）将平台处栏杆伸出踏步口线约半步，这时扶手连接可较顺，如图18-27a所示，

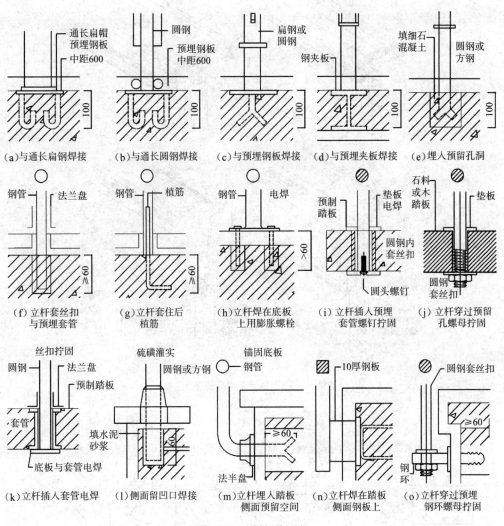

图 18-21 栏杆的固定

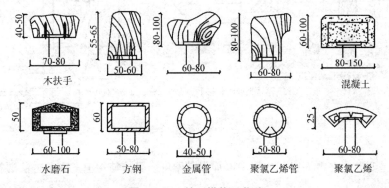

图 18-22 扶手横截面类型

但这样处理使平台在栏杆处的净宽缩小了半步宽度，可能造成搬运物件的困难。

2）将下行楼梯的最后一级踏步退缩一步，如图 18-27b 所示，这样扶手的连接也可较顺，但增加了楼梯间的长度。

3）将上下行扶手在转弯处断开，各自收头，互不连接，如图 18-27c 所示。不过在

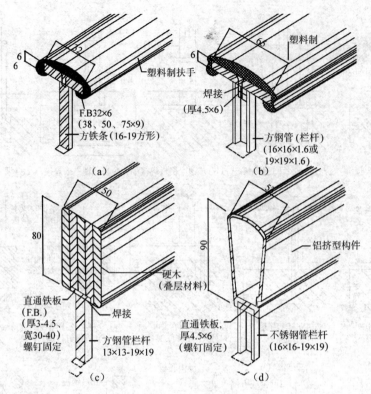

图 18-23　扶手与栏杆的连接

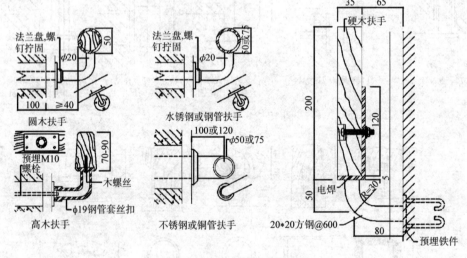

图 18-24　靠墙扶手的连接方式

结构上还是要设法在侧面互相连接，以加强其刚度。具体使用上述哪种方法要视实际情况而定。

4. 栏板构造

栏板形式很多有砌筑栏板、钢丝网水泥栏板、塑料饰面板栏板、玻璃栏板、不锈钢镜面栏板等，其构造形式类似于隔墙隔断构造（图 18-28）。

楼梯栏板可用加筋砖砌体、预制或现浇钢筋混凝土、钢丝网水泥或玻璃等做成。它们的饰面面层做法与墙面、墙裙或踢脚基本相同。

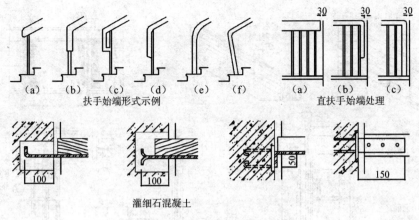

扶手始端形式示例　　　直扶手始端处理

灌细石混凝土

图 18-25　扶手始末端形式及处理

（1）钢筋混凝土栏板。踏步的梁板式钢筋混凝土楼梯段梁加高后即为实心栏板。栏板可以与踏步同时浇筑，厚度一般不小于 80～100mm。

（2）砖砌栏板。砖砌栏板一般采用 1/4 砖，厚度为 60mm，为了加强稳定性必须用现浇钢筋混凝土做扶手，将栏板联成整体并在栏板内适当部位或每隔 1000～1200mm 加设钢筋以增加刚度。

（3）钢丝网水泥栏板。为了提高栏板的整体性，可在 1/4 砖砌栏板外侧用钢丝网加固，然后抹水泥砂浆，见图 18-29。

（4）玻璃栏板。玻璃栏板用于公共建筑中的主楼梯、大厅回马廊等部位。它是采用大块的透明安全玻璃，固定于地面或踢脚中，上面加设不锈钢管、铜管或木扶手。从立面的效果看，通长的玻璃板，给人一种通透、简洁的效果，和其

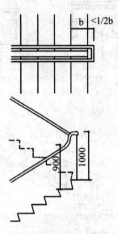

图 18-26　鹤颈扶手
（扶手伸出踏步小于半步）

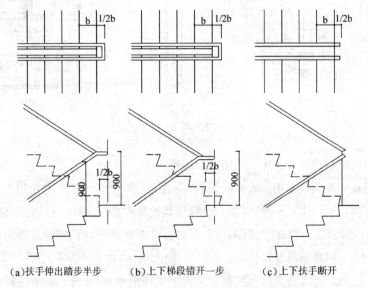

（a）扶手伸出踏步半步　（b）上下梯段错开一步　（c）上下扶手断开

图 18-27　转弯处扶手高差处理

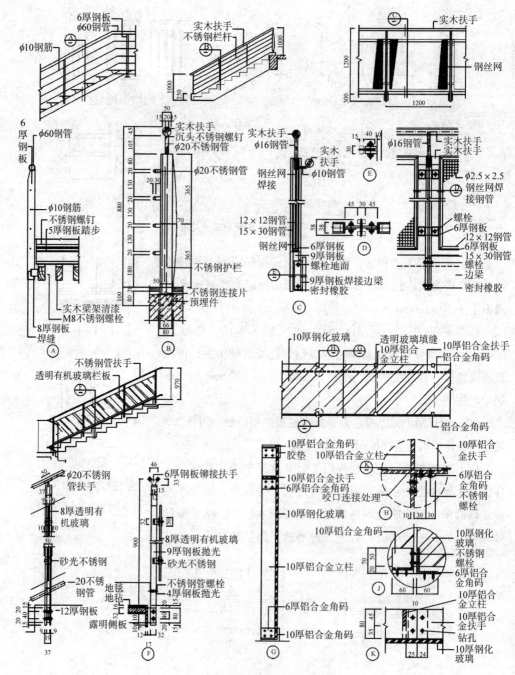

图 18-28　栏板（杆）构造

他材料做成的栏板或栏杆相比，装饰效果别具一格。

　　玻璃栏板的玻璃目前用得较多的是 12mm 厚的钢化玻璃，也有的使用夹层玻璃。每两块玻璃之间，宜留出 8mm 的间隙。玻璃与其他材料相交部位，也不宜贴得很紧，也应留出 8mm 的间隙。然后注入硅酮系列密封胶。密封胶的颜色应同玻璃的色彩，以使整体色调一致。当玻璃与金属扶手，金属立柱相交，可用的硅酮密封胶应为非乙酸型硅酮密封胶，因为乙酸型对金属有腐蚀。当扶手顶部距地 ≥5m 时，玻璃栏板应为夹胶加钢化。

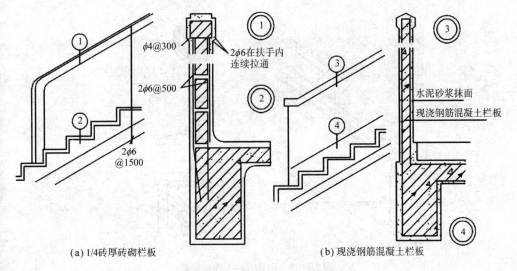

(a) 1/4砖厚砖砌栏板   (b) 现浇钢筋混凝土栏板

图 18-29　楼梯钢丝网水泥栏板

　　玻璃的固定构造多采用角钢焊成的连接铁件。两条角钢之间，留出适当的间隙。一般考虑玻璃的厚度，再加上每侧 3~5mm 的填缝间距。固定玻璃的铁件高度不宜小于 100mm，铁件的中距不宜大于 450mm。玻璃的下面不能直接落在金属板上，而是用氯丁橡胶块将其垫起。玻璃两侧的间隙，可以用软氯丁橡胶块将玻璃夹紧，注入硅酮密封胶。也可直接用氯丁橡胶垫于玻璃两侧，然后用螺丝将铁板拧紧，见图 18-30。还可利用有机玻璃做栏板，但不利于清洁与防火。

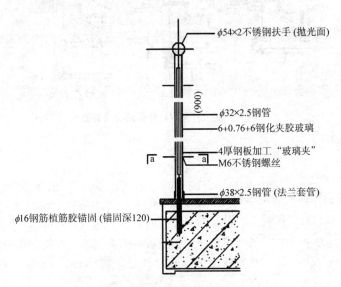

图 18-30　玻璃栏板固定构造

　　栏杆与栏板有时组合在一起形成组合式栏杆。一般做法是上部空花部分用金属制作，下部栏板部分为混凝土或砖砌，见图 18-31。

　　5. 转角栏杆栏板

　　梯段转弯处栏杆或栏板必须向前伸 1/2 踏步宽，上下扶手方能交合在一起，但为了节省平台深度空间，栏杆或栏板往往随梯段一起转角，这时上下梯段形式的处理方式有

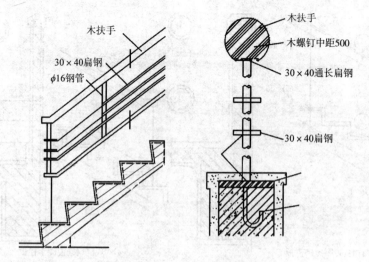

图 18-31 组合式栏板固定构造

望柱、鹤颈、断开等手法（图 18-32）。

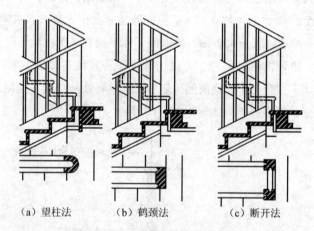

（a）望柱法   （b）鹤颈法   （c）断开法

图 18-32 转角栏杆栏板的处理方法

三、踏步

1. 楼梯踏步饰面的装饰装修构造

踏步由踏面和踢面所构成。踏步的尺寸与人脚尺寸及步幅相适应，同时还与不同类型建筑中的使用功能有关，通常将踢面做斜面或将踏面出挑，以使踏面变宽提高踏步行走舒适度，如图 18-33 所示。

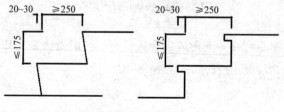

图 18-33 踏步出挑形式

2. 踏步侧面收头处理

（1）梯段临空

梯段临空侧踏步边缘有和侧面的交接，也是栏杆的安装地方，于是成为楼梯设计细部的重要点。恰当的收头处理，既有利于楼梯的保养管理（耐磨、抗撞），又有装饰效果，给人以精致细腻的感觉。一般的做法是将踏面粉刷或将贴面材料翻过侧面30~60mm宽。铺钉装饰必须将铺板包住整个梯段侧面，并转过板底30~40mm宽做收头。还有一种做法是利用预制构件镶贴在踏步侧面形成收头（图18-34）。

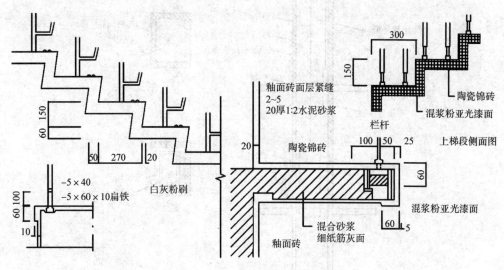

图 18-34　踏步侧面收头的处理

（2）梯段临墙

梯段临墙侧应做踢脚，踢脚的构造做法同楼地面，材料同踏步面层，高 100~150mm，上下两端与楼地面层踢脚连成一体。梯段与平台板底饰面同该层墙面或顶面的装饰。

第四节　电梯、自动扶梯的细部构造

一、电梯的轿厢与梯门构造

电梯主要由机房、井道、轿厢三大部分组成（见图18-35），但由于人们平时接触较多的是轿厢内部空间和候梯厅通向轿厢的厅门部位，因此，电梯装饰构造的主要部位及组成是轿厢和厅门。

1. 轿厢

轿厢作为运载乘客和货物主要空间，一般要求其内部整洁优美，厢体经久耐用。电梯轿厢的结构构架多采用金属框架，内部依照不同的档次要求进行壁面、地面和顶棚的装饰。如壁面一般采用光洁有色钢板、有色有孔钢板、不锈钢板、塑料型材板等作为面层；地面采用花格钢板、橡胶地板革等材料饰面；顶棚则是多采用透光板材吊顶，内装

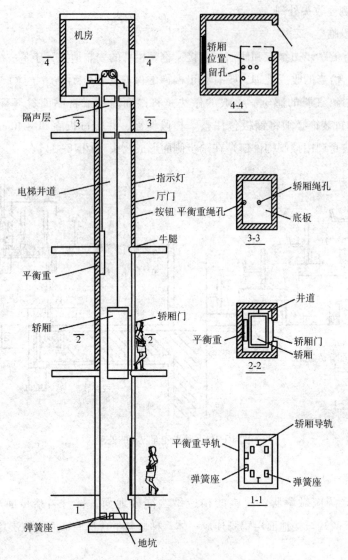

图 18-35　电梯组成

荧光灯局部照明等等。轿厢由电梯厂家生产，内部装饰也是由工厂提供的。因此，电梯装饰应着重考虑电梯形式的选择，以求得与候梯厅及整个建筑装饰的和谐统一。

2. 电梯厅门

电梯厅门是各个楼层联系候梯厅与轿厢空间的出入口，开设在井道墙壁上。当电梯轿厢停靠在各楼层时，电梯厅门和轿厢门将同时打开，供乘客和货物出入。电梯厅门由门扇、门套、牛腿及召唤按钮等组成。电梯厅门是电梯装饰工程的重点部位，也是电梯装饰构造的主要内容。

电梯门的开启方式为中分推拉或旁开的双推拉式。

电梯门一般为双扇推拉门，宽 800～1500mm，有中间打开推向两边的和双扇推向同一边的两种。推拉门的滑槽通常安置在门下楼板边梁上，该边梁呈牛腿状挑出（俗称牛腿），牛腿出挑的尺寸是按照门扇的推拉形式而定的，单侧式推拉门的两扇门分别滑动在两个槽内，而双分式推拉门则只需要一个槽，因此单侧式的牛腿出挑尺寸要大于双分式牛腿。

电梯厅门部位人流较多，因而厅门的装饰非常重要。门厅装饰的方法一般是在电梯门洞周边加贴较高级的装饰材料做成门套，并要求门套清洁、耐磨，且具有良好的视觉效果。

门套一般采用木饰面、大理石、树脂层压板等饰面材料，室内装饰标准高的电梯门套可采用大理石、花岗岩或金属材料装饰，如图18-36所示。

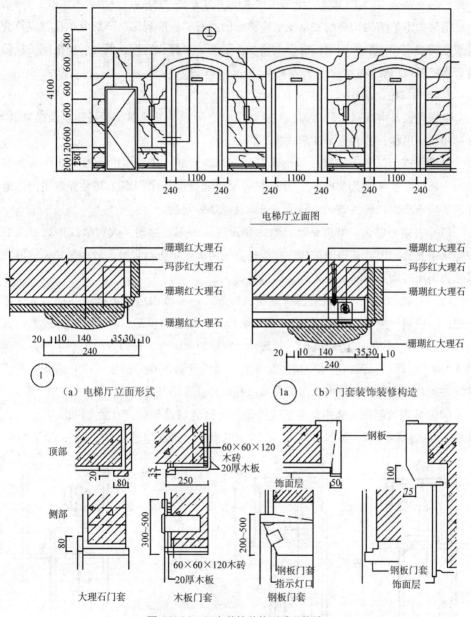

图 18-36　门套装饰装修形式及构造

除门套外，电梯厅门还应考虑指示灯和召唤按钮的安装。指示灯一般设在厅门的门头上方，与门套结合设置。召唤按钮通常为定型产品，设于门厅一侧高度为 900～1100mm 左右。供行为障碍人使用的电梯要有带盲文的选层按钮。

二、电梯的基本构造

1. 电梯机房

电梯机房一般多设置在电梯井道的顶部，也有设在底层井道旁边者。机房的平面尺寸必须根据机械设备尺寸的安排及管理、维修等需要来决定，一般至少有两个面每边较井道扩出600mm以上的宽度，电梯机房高度多为2.5~3.5m。

机房的围护结构构件的安全要求应符合国家有关标准规定，消防电梯设置应符合防火规范的规定，一般采用钢筋混凝土墙。为了便于安装和修理，机房的楼板应按机器设备要求的部位留孔洞。

2. 电梯井道

电梯井道是电梯运行的通道，包括出入口、导轨、导轨撑架、平衡重及缓冲器等。不同用途的电梯，其井道平面形式也不同。

电梯井道可以用砖砌筑或用钢筋混凝土浇筑而成。砖墙厚度一般为370mm，钢筋混凝土板墙厚度一般为200mm。井道在每层楼面处应留出门洞，并设置专用门。电梯井道的构造重点是解决防火、隔声、通风及检修等问题。

（1）井道的防火。井道是建筑物内穿通多层的垂直通道，火灾事故中火焰及烟气容易从中蔓延，因此井道围护构件应根据有关防火规定进行设计，较多采用钢筋混凝土墙，当采用砖砌井道时，应采取加固措施。

（2）井道的通风。井道除设排烟通风口外，还要考虑电梯运行中井道内空气流动问题。一般运行速度在2m/s以上的乘客电梯，在井道的顶部、底部和中部适当位置设不小于300mm×600mm的通风孔，上部可以和排烟口结合，排烟口面积不小于井道面积的3.5%。通风口总面积的1/3应经常开启。通风管道可在井道顶板或井道壁上直接通往室外。井道上除了开设电梯门洞和通风孔洞外，不应开设其他洞口。

（3）井道的隔振、隔声。为了减轻机器运行时对建筑物产生振动和噪声影响，应采取适当的隔振及隔声措施，见图18-37。电梯运行速度超过1.5m/s者，除了设弹性

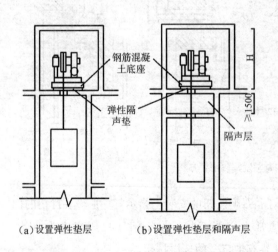
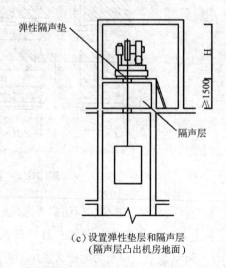

（a）设置弹性垫层　　　　（b）设置弹性垫层和隔声层　　　　（c）设置弹性垫层和隔声层
（隔声层凸出机房地面）

图 18-37 电梯机房隔声、隔振处理

垫层外，还应在机房与井道间设隔声层，高度为 1.5~1.8m。

电梯井道和机房不宜与主要用房相邻布置，否则应采取隔振、隔声措施。最好使楼板与井道壁脱开，另作隔声墙，简易者也有在井道外砌加气混凝土块衬墙。

（4）井道的安全措施。井道内为了安装、检修和缓冲，井道的上下均必须留有必要的空间。井道地坑坑壁及坑底均需考虑防水处理。消防电梯井道地坑还应有排水设施，井道地坑的地面设有缓冲器，以减轻电梯轿厢停靠时与坑底的冲撞。坑底一般采用混凝土垫层，厚度按缓冲器反力确定。为便于检修，必须考虑坑壁设置爬梯和检修灯槽，坑底位于地下室时，宜从侧面开一检修用小门，坑内预埋件按电梯厂要求确定。

三、自动扶梯的构造

1. 自动扶梯栏板

自动扶梯栏板形式有全玻璃栏板、半玻璃栏板、装饰板栏板、金属装饰板栏板等种类。

全玻璃栏板扶手的两侧栏板为钢化玻璃，玻璃厚度 6~12mm，扶手下部装荧光灯；半玻璃栏板扶手的中下部两侧为钢化镜面玻璃，上部为半透明板，扶手下部装有荧光灯；装饰板栏板扶手的两侧栏板为耐热塑料装饰板、防火胶板、乳白色半透明有机玻璃板等；金属装饰板栏板的两侧为镜面不锈钢板、毛面不锈钢板及彩色塑铝板等，采用梯底部吊顶棚照明。

2. 自动扶梯的外壳

自动扶梯的外壳装饰分为扶梯侧板装饰装修及底板装饰装修。外壳的装饰装修应与所处环境相呼应，同时应突出扶梯并使其具有现代感。装饰材料应选择美观、耐火、防腐、耐磨的金属板或复合金属板，板缝用金属条或硅胶封严，如图 18-38 所示。

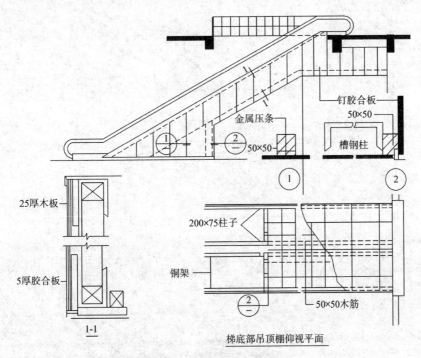

图 18-38 自动扶梯外壳装饰

第一节 门窗的作用及开启方式

一、门窗的作用和要求

1. 门窗的作用

建筑的门窗是建造在墙体上连通室内与室外的开口部位的重要构件，是建筑物的重要组成部分。门的主要作用是供出入交通，而窗的主要作用则是采光及通风。同时，门窗还起到调节室温、疏散、防火、保温、隔热、防盗和美化装饰建筑立面的重要作用。

对建筑外立面来说，如何选择门窗的位置、大小、线型分格和造型是非常重要的。

另外，门窗的材料、五金的造型、窗帘的质地、颜色、式样还对室内装饰起着非常重要的作用。人们在室内，可以通过透明的门窗玻璃直接观赏室外的自然景色，调节情绪。

2. 门窗的要求

（1）交通安全方面的要求

由于门主要供联系室内外的出入之用，具有紧急疏散的功能，因此在装饰设计中，门的数量、位置、大小及开启的方向还要根据设计规范和人流数量来考虑，以便能通行流畅、符合安全的要求。

（2）采光、通风方面的要求

各种类型的建筑物均需要一定的照度标准才能满足舒适的卫生要求。从舒适性及合理利用能源的角度来说，在装饰设计中，首先要从天然采光的因素来选择合适的窗户形式和面积。例如长方形的窗户，虽然横放和竖放的采光面积相同，但由于光照深度不一样，效果相差很大，竖放的窗户适合于进深大的房间，横放则适合于进深浅的房间（图19-1）。如果采用顶光，亮度将会增加6~8倍之多。所以在确定窗户的形式及位置的时候，要综合考虑各方面的因素。

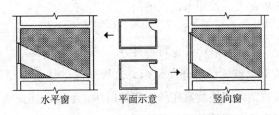

水平窗　　平面示意　　竖向窗

图19-1 窗户的形式对室内采光的影响

对于房间的通风和换气，主要靠外窗。但在房间内要形成合理的通风及气流，内门窗和外窗的相对位置很重要，要尽量形成对空气对流有利的位置（图19-2）。对于有些不利于自然通风的特殊建筑，可以采用机械通风的手段来解决通风换气问题。

（3）围护作用的要求

建筑的外门窗作为外围护墙的开口部位，必须要考虑防止透风、漏水、日晒、噪声和蚊虫的飞入，还要考虑尽量减少热传导，以保证室内舒适的环境。这就对门窗的构造

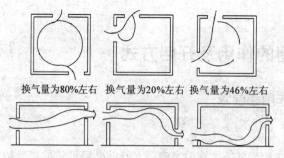

换气量为80%左右　换气量为20%左右　换气量为46%左右

图 19-2　窗户对室内通风和换气的影响

提出了要求，如在门窗的设计中设置空腔防风缝、披水板和滴水槽，采用双层玻璃、百叶窗和纱窗等。

（4）材料的要求

随着国民经济的发展和人民生活的改善，人们对居住和办公等场所的要求也越来越高，门窗的材料也从最初以木门窗和钢门窗为主，发展到现在大量使用铝合金、PVC塑料、塑复铝和塑复不锈钢门窗，这就对建筑设计和装修提出了新的要求。

（5）门窗的模数

在建筑设计中门窗和门洞的大小涉及模数问题，采用符合模数要求的尺寸可以给设计、施工和构件生产带来方便。

二、门窗的开启方式

门窗按开启方式可分为平开门（窗）、推拉门（窗）、回转门（窗）、固定窗、悬窗、百叶窗、弹簧门、卷帘门、折叠门，此外还有上翻门、升降门、电动感应门等。

1. 平开门

平开门是水平开启的门，与门框相连的铰链装于门扇的一侧使门扇围绕铰链轴转动。平开门可以内开或外开，作为安全疏散门时，一般应朝向疏散方向开。在寒冷地区，为满足保温要求，可以做成双层门。因为平开门开启灵活，构造简单，制作简便，易于维修，是建筑中最常见、使用最广泛的门。

2. 平开窗

平开窗使用最为广泛，可以内开也可以外开。

（1）内开窗。内开窗玻璃窗扇开向室内。这种做法的优点是便于安装、修理、擦洗窗扇，减少风雨侵蚀，缺点是纱窗在外，容易损坏，不便于挂窗帘，而且窗扇占据室内部分空间。内开窗适用于墙体较厚或某些要求内向开窗的建筑。

（2）外开窗。外开窗窗扇开向室外。这种做法的优点是窗不占室内空间，但窗扇安装、修理、擦洗都很不便，而且易受风雨侵蚀，不宜在高层建筑中采用。

3. 推拉门

推拉门的门扇悬挂在门洞口上部的预埋轨道上，装有滑轮，可沿轨道滑行。当门扇高度过大（大于3m）时，也可将轨道和滑轮装于下部，将门扇置于其上。推拉门的优点是不占室内空间，门扇开启时可隐藏于墙内或悬于墙外，或两扇并立，但封闭不严。用推拉门做外门的多为工业建筑，如仓库和车间大门等，在民用建筑中推拉门多用于室内，适合用在空间紧迫的地方，在日式和韩式装修风格中运用尤多。为保持地面的整体性，在民用建筑中多将推拉门的轨道安装在门的顶部。

4. 推拉窗

推拉窗的优点是构造简单，不占空间。其中上下推拉窗用重锤通过钢丝绳平衡窗扇，构造较为复杂。

5. 转门

转门由两个固定的弧形门套和三或四扇门扇构成，门扇的一侧都安装在中央的一根竖轴上，可绕竖轴转动，人进出时推门缓行。转门门扇多用玻璃制成，透光性好，亮丽大方，门扇间的转盘上还可摆放装饰品。转门隔绝空气能力强，保温、卫生条件好，常用于大型公共建筑的主要出入口，但不能用作疏散门，当转门设在疏散口时，需在其两旁另设疏散用门。其构造复杂，造价高。

在民用建筑的室内还有用来分隔空间的另外一种转门：每双扇为一组成一字形排开，每两门扇绕竖轴的转轴转动。转门关闭时可形成封闭性较强的独立小空间，打开时又能最大限度地使空间开敞和明亮。

6. 固定窗

窗扇固定在窗框上不能开启只供采光不能通风。

7. 悬窗

悬窗的特点是窗扇沿一条轴线旋转开启。由于旋转轴安装的位置不同，分为上悬窗、中悬窗和下悬窗。当窗扇沿垂直轴线旋转时，称为立悬窗。

8. 弹簧门

弹簧门的门扇和门框相连处使用的是弹簧铰链，借助弹簧的力量使门扇保持关闭，有单面弹簧门和双面弹簧门两种，门扇只向一个方向开启的为单面弹簧门，一般为单扇，用于有自关要求的房间；双面弹簧门的门扇可向内外两个方向开启，一般为双扇，常用于人流出入频繁的公共场所，但在托儿所、幼儿园、医院等建筑中的门不得使用弹簧门。为避免出入人流相撞，弹簧门门扇上部应镶嵌玻璃。弹簧门有较大的缝隙，冬季不利于保暖。防火门通常采用封闭性能较好的单向弹簧门，开启方向应与疏散方向一致。

9. 卷帘门

卷帘门门扇由连锁的金属片条或网格状金属条组成，门洞上部安装卷动滚轴，门洞两侧有滑槽，门扇两端置于槽内。开启时可人力操作，也可电动，由卷动滚轴将门扇片条卷起。当采用电动开关时，必须考虑停电时手动开关的备用措施。

卷帘门开启时不占空间，适用于非频繁开启的高大门洞口，但制作复杂，造价较高，多用做商业建筑外门和厂房大门。

10. 折叠门

折叠门有侧挂式和推拉式两种。折叠门由多个门扇相连，每个门扇宽度为 500 ~ 1000mm，以 600mm 为宜，适用于宽度较大的门洞口。

侧挂式折叠门与普通平开门相似，只是用铰链将门扇连在一起。普通铰链一般只能挂两扇门，当超过两扇门时需使用特制铰链。

推拉式折叠门与推拉门构造相似，在门顶或门底装滑轮和导向装置，开启时门扇沿导轨滑动。

折叠门开启时，几个门扇靠拢在一起，可以少占有效空间，但构造较复杂，一般用于商业和公共建筑中。

三、门窗五金件

门窗五金件的种类繁多，不同材料、构造和功能的门窗都需要不同形式的五金件。一般来说，门窗五金件有以下几个大类：拉手（执手）、铰链（合页）、插销、锁具、滑轮、滑轨、自动闭门器、限位器、防拆卸装置等。每一大类根据门窗的种类不同而又有很多品种。

1. 铰链（合页）

一般有普通合页、插芯合页、轻质薄合页、方合页、抽心合页、单（双）管式弹簧合页、H形合页、斜面脱卸合页、蝴蝶合页、单旗合页、轴承合页、双轴合页、尼龙垫圈无声合页、冷库门合页、纱门弹簧合页、扇形合页、钢门窗合页等，表面处理有本色、抛光、喷漆、镀锌和镀铜等方式。

2. 拉手及门锁用执手

拉手一般有普通拉手、底板拉手、管子拉手、铜管拉手、不锈钢双管拉手、方形大门拉手、双排（三排、四排）铝合金拉手等。其造型花色多样，可根据需要选用。门锁用执手，一般是执手配相应锁具，并用执手开关门扇。

3. 门窗锁

门窗锁品种繁多，一般分为插锁、弹子锁、球形门锁和专用门锁等。因保密的需要，又有组合门锁和电子卡片门锁等新产品。

4. 自动闭门器

自动闭门器分液压式自动闭门器和弹簧自动闭门器两类。按安装在门扇上的不同部位，又分为地弹簧、门顶弹簧、门底弹簧和弹簧门弓。地弹簧是安装在门下地面内，将顶轴套于门扇顶部的一种液压式自动闭门器。门顶弹簧又称门顶弹弓，是装在门顶上的一种液压式自动闭门器。门底弹簧（自动门弓）和弹簧门弓（又称门弹弓、鼠尾弹簧）是安装在门下部的弹簧自动闭门器。

5. 门窗定位器

门窗定位器一般装于门窗扇的中部或下部，作为固定门窗扇之用。常用品种有风钩、橡皮头门钩、门轧头、脚踏门挚和磁力定门器等。

第二节　木门窗

一、木门窗的优缺点

由于木材的质感温暖宜人，容易满足各种造型的装饰要求，色彩也比较丰富，所以建筑的内门大多采用木门。但木门不耐潮，所以不宜用作浴室、厨房等潮湿房间的门。

而木质窗不耐风雨侵蚀，维护繁复，一般不用作建筑外窗，只有当建筑装饰需要特定的效果时才选用木质窗，尤以中国传统风格及日式、韩式风格的装饰装修中采用较多。采用木装饰窗做外窗时多配以出挑较大的檐口以遮雨。

二、木门窗的组成和构造

木门主要由门框、门扇、门用五金等部分组成。各种类型木门的门扇样式不同，其构造作法也不相同。

1. 门框

门框与墙体连接通常在边框靠边一侧开燕尾形榫眼，再将开有燕尾榫头的木砖嵌入榫眼中，用以砌墙时固定门框。门框一般无下槛，门框在安装时，一般将其中一面突出砖墙20mm，这样，在墙体抹面后，门框与墙面齐平。门框用料与门的形式有关，视不同形式选择。门框构造见图19-3所示。

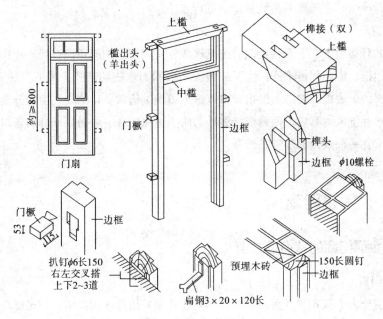

图 19-3　门框的构造

2. 门扇

门扇按其骨架和面板拼装方式，一般分为镶板式门扇和贴板式门扇。镶板门的面板一般用实木板、纤维板等；贴板门的面板常用胶合板、微薄木板和各种贴面。

镶板门在做好的门扇框内周边均开出相应宽度的凹槽，以备嵌装门心板用。门扇框主要由上冒头、中冒头、下冒头和门扇边框组成。镶板门的上冒头尺寸为（36～50）mm×（100～150）mm，中冒头（36～50）mm×（80～100）mm，为了加强门的刚性，避免下坠变形而加大下冒头高度，下冒头应用（36～50）mm×（120～200）mm木料。有的镶板门将锁装在边梃上，故边梃尺寸也不宜过窄，至少36mm×120mm。

贴板门扇，所谓贴板是在门扇木骨架两侧满贴饰面板。这种门扇木骨架截面尺寸比镶板门要小得多，竖向边框与上下横档的连接方式，可采用单榫插接和用钉固连接。

3. 配套五金

门的五金件有合页、拉手、插销、门锁、闭门器和门挡等。

4. 木窗的组成和构造

木窗是由窗樘和窗扇两部分组成。窗樘由上框、下框、边框、中横框、中竖框组成；窗扇是由边梃、上冒头、下冒头、窗芯、玻璃等组成。附加件有贴脸、窗台板、筒子板、框条等。窗扇的样式变化虽多样，但各种窗的窗框构造基本相同。

木窗按开启方式和材料构成分为固定窗、平开窗、推拉窗、悬窗、百叶窗和纱窗等几种常见形式。

（1）窗樘

窗樘也叫窗框，是墙与窗扇的联系构件。窗框的断面尺寸和形式是由窗扇的层数、窗扇厚度、开启方式、窗口大小及当地的风力来确定。窗框的上下槛每边比窗洞宽度各长 120mm 俗称羊角，将其砌入墙中，使之与墙连接牢固。中横框与边框的结合，也是在边框上开榫眼，中横框的两端做榫头进行连接。

（2）窗扇

窗扇的骨架由上、下冒头及左右边梃榫成，有的窗扇中间还设有棂子。窗扇的厚度与冒头、边梃、窗芯均需平齐。为了加做披水板和滴水槽的需要，可适当加宽上冒头、窗芯。在冒头、边梃和窗芯上做出铲口以镶嵌玻璃。通常铲口均设在窗的外侧，这是为了满足防水和抗风的需要。两扇窗接缝处为防止透风雨，一般做高低缝的盖口，为了加强密闭性常在一面或两面加钉盖缝条。

第三节　金属门窗

一、金属门窗的特点及类型

1. 钢门窗

钢门窗分为实腹式和空腹式钢门窗。空腹式是采用普通碳素钢，门窗框扇采用高频焊接钢管，钢窗采用 1.2mm 厚钢带，门板采用 1mm 厚冷轧冲压槽形钢板，经高频焊接成型。钢门窗刚度大，重量轻，但其型材表面不便油漆。而采用热轧、冷轧或热轧型钢制成的实腹钢门窗易于油漆，耐腐蚀性能较好。框料高度有 25mm、32mm 和 40mm 三种。门板采用 1.5mm 厚的钢板。实腹钢门窗用钢量较大，自重也比较大，结构合理、使用寿命长、耐腐蚀性强，但气密性和水密性较差，适用于一般的工业厂房和民用建筑。

钢门窗的构造处理主要在于使钢门窗的缝隙严密，而主要密缝措施是在开启扇与门窗框接触处粘附橡胶或泡沫塑料成品密封条。

2. 铝合金门窗

铝合金是以铝材为主加入适量铜、镁等多种元素的合金，具有轻质、高强、耐腐蚀、无磁性、易加工、质感好，特别是其密闭性能好，广泛应用于各种建筑的门、窗。其次，铝合金门、窗扇面积较大，其结构坚挺、明快，大块玻璃门窗，使建筑物外观显得简洁明亮，富有现代感。

（1）铝合金门、窗的类型

铝合金门窗按材料断面分为 38 系列、50 系列、65 系列、70 系列、90 系列、100 系列等。因此而产生各种系列、不同构造形式的固定窗、平开窗、推拉窗、中悬窗、下悬窗、上悬窗、平开门、推拉门、地弹簧门、旋转门、卷帘门。由于铝合金的制作安装极为方便，故可以根据使用要求另行设计制造各种形式的门窗以满足不同的需求。

（2）铝合金门窗材料

铝合金门窗型材按不同规格有不同系列相配套的型材，其型材的截面形状和尺寸是按其开启方式和门窗面积确定的。常见的铝合金多为古铜色和银白色，若经表面处理，还可呈现多种颜色。铝合金型材表面为氧化膜，氧化膜的厚度应根据设计上的要求确定，并根据使用的部位有所区别。通常来讲，用于室外的材料对氧化膜的厚度要求高些。同时，铝合金的壁厚对工程质量影响较大，一般建筑所用材料板壁厚度不宜小于 1.2mm，低于此标准容易使表面受损或变形，相应影响门、窗抗风压能力。

为了提高维护墙用铝合金门窗的绝热性能，可采用"断桥铝"隔热型材。

"断桥"是指截断热传递的通路。断桥绝热型材的生产方式主要有两种：一种是采用隔热条材料与铝型材，通过机械开齿、穿条、滚压等工序形成"绝热桥"，称为绝热型材"穿条式"；另一种是把绝热材料浇注入铝合金型材的隔热腔体内，经过固化，称为"浇注式"绝热型材。

绝热型材的内外两面，可以是不同断面的型材，也可以是不同表面处理方式的不同颜色型材。但为避免因隔热材料和铝型材的线膨胀系数的差距过大，在热胀冷缩时二者之间产生较大应力和间隙，同时也会要求绝热材料和铝型材组合成一体构造，协同受力。这样就会要求绝热材料与铝合金型材有相接近的抗拉强度、抗弯强度、膨胀系数和弹性模量，避免绝热桥断开和破坏。因此，绝热材料的选用非常重要。

断桥绝热构造的采用会带来很多好处如下：

①降低热量传导。采用绝热断桥铝合金型材传导系数为 $1.8 \sim 3.5 W/m \cdot K$，低于普通铝合金型材 $140 \sim 170 W/m \cdot K$，可见断桥铝门窗有效降低了通过门窗传导的热量。

②防止冷凝。带有隔热条的型材内表面的温度与室内温度接近，降低了建筑内水因饱和而产生冷凝在型材表面。

③有效节能。带有绝热条的窗框能够冬季减少 1/3 的热量散失。如果在夏季，在空调运行的情况下，有绝热条的窗框能够更多地减少制冷量的损失。

④降低噪声。采用绝热断桥铝型材空腔结构和厚度不同的中空玻璃结构，可有效降低声波共振，阻止声波传递，可以降低噪声在 30dB 以上。

⑤颜色多彩。采用阳极氧化、粉末喷涂、氟碳喷涂表面处理等工艺，可以生产出多种颜色的铝型材，经滚压组合后，使绝热铝合金门窗产生室内、室外不同颜色的双色窗户，外部与墙面对比或协调，内部可减低与室外光的对比度。

除了推拉门窗外，按开启方式还分为固定窗、上悬窗、中悬窗、下悬窗、立转窗、平开门窗、滑轮平开窗、平开下悬门窗、推拉平开窗、折叠门、地弹簧门、提升推拉门、推拉折叠门、内倒侧滑门等。

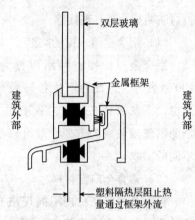

断桥铝合金门窗的构造见图 19-4。图扇框中的燕尾合框穿条为塑料材料，起到断绝热桥的作用。

铝合金的附件材料有滑轮、玻璃、密封条、角码、铝角、锁具、自攻螺钉、胶垫。铝合金弹簧门还配有地弹簧。滑轮常用尼龙轮，也有金属滑轮，并通过滑轮架固定在窗上，锁具常用锌合金压铸制品，其规格应与窗的规格配套。门的地弹簧应为不

图 19-4　绝热断桥铝合金窗示意图

锈钢面或铜面，使用前应进行前、后、左、右、开闭速度的调整。液压部分应不漏油，暗插为锌合金压铸件，表面镀铬或覆膜。门锁应为双面可开启的锁。门的推手可因设计要求不同而有所差异，除了满足推、拉使用要求外，其装饰效果占有较大比重，所以，弹簧门的推手常用铝合金、不锈钢等材料制成。

（3）铝合金门窗构造

1）铝合金门

铝合金门的形式很多，其构造方法与木门、钢门相似。其中铝合金地弹簧门、铝合金推拉门最为常用。

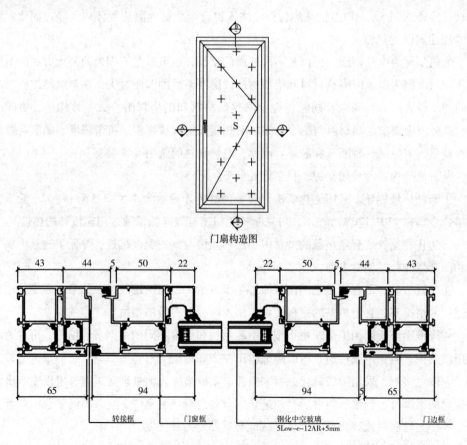

门扇构造图

A-A 门扇剖面详图

图 19-5　断桥铝合金门扇构造（一）

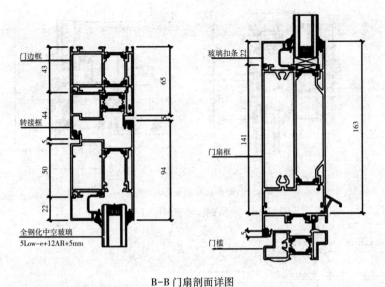

B-B 门扇剖面详图

图 19-5 断桥铝合金门扇构造（二）

2）铝合金窗

铝合金窗多以推拉窗为主。铝合金门窗构造如图 19-5~图 19-7 所示。

3）铝合金门窗安装

铝合金门窗属高档门窗产品，对安装要求较高，因此，安装应按相关标准进行。

①铝合金门窗安装主要依靠金属锚固件定位，安装时应保证定位正确、牢固，然后

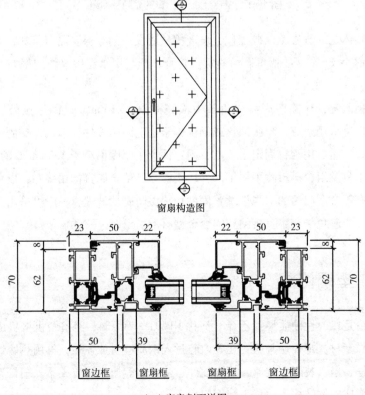

窗扇构造图

A-A 窗扇剖面详图

图 19-6 断桥铝合金窗扇构造（一）

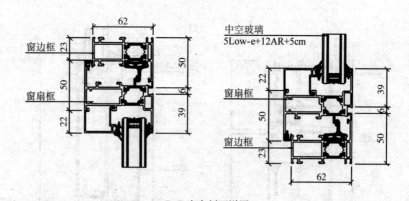

B-B 窗扇剖面详图

图 19-6　断桥铝合金窗扇构造（二）

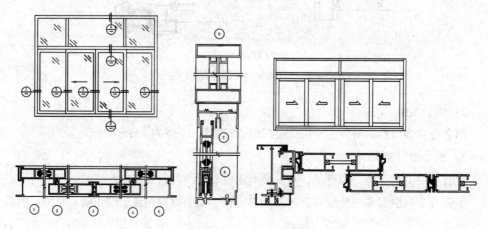

图 19-7　铝合金推拉门窗的立面及构造

在门窗框与墙体之间分层填以矿棉毡、玻璃棉毡或发泡剂等保温隔声材料，并于门窗框内外四周各留 5~8mm 深的槽口后填建筑密封膏，严禁用水泥砂浆作门框与墙体间的填塞材料。

　　②门窗框固定铁件除四周离边角及中横竖框 100~150mm 设固定点外，其余间距 <600mm。铁件可采用射钉、膨胀螺栓或钢件焊于墙上的预埋件等形式，锚固铁卡两端均须伸出窗框外，然后用钢钉固定于墙上，固定铁卡用厚度不小于 1.5mm 厚的镀锌铁片。铝合金门窗框料及组合梃料除不锈钢外，均不能与其他金属直接相接触，以免产生电腐蚀现象，所有铝合金门窗的加强件及紧固件均须做防腐蚀处理，一般可采用防腐漆满涂或镀锌处理。应避免将灰浆直接粘到铝合金型材上。

第四节　塑钢门窗

　　塑钢门窗是以改性硬质聚氯乙烯（简称 UPVC）为原料，经挤塑机挤出成型为各种断面的中空异型材。定长切割后，在其内腔衬入钢质型材加强筋，再用热熔焊接机焊接组装成门窗框、扇、装配上玻璃、五金配件、密封条等构成门窗成品。塑料型材内膛以型钢增强，形成塑钢结构，故称为塑钢门窗。

一、塑钢门窗特性

（1）强度高、耐冲击。UPVC 塑料异型材采用特殊耐冲击配方和严格设计的型材断面，所制成的门窗能耐风压、耐冲击，适用于各类建筑物使用。

（2）耐候性佳。配方中添加了改性剂、光热稳定剂和紫外线吸收剂等各种助剂，使塑钢门窗具有很好的耐候性、抗老化性能，好的塑钢门窗一般使用可达 50 年。

（3）隔热保温性能好。硬 PVC 材质的导热系数较低，由于塑钢门窗用异型材为中空多腔室结构，内部被分隔成若干密闭小空间，使热传导率相应地降低，具有优良的隔音性和隔热保温性，若安装双层玻璃效果更佳，是现代建筑中保温绝热性能较好的门窗材料之一。

（4）气密性、水密性佳。塑钢窗框、扇间采用搭接装配，各缝隙处均安装有一定耐久性的弹性密封条或阻风板，防空气渗透、雨水渗漏性良好。

（5）密封性能好，隔声性佳。塑钢门窗使用的所有断面型材，均为挤压成形的中空异型材，尺寸准确，加之使用密封胶条，使密封性大大改善，密封性、隔声性能好。

（6）加工性能好。由于塑料具有方便加工成型的特点，只要变换模具，就可挤压出不同断面和抗压要求的型材。因此，可满足建筑设计多功能的要求，同时组装后的塑钢门窗安装方便、施工效率高。

（7）外观精致、装饰性好。塑钢门窗一次成型、尺寸准确，线条流畅，不褪色，易清洁，表面细腻光滑。

二、塑钢门窗的组成

和其他门窗一样，塑钢门窗主要由门框、门扇或窗框、窗扇组成，但其型材却因门窗类型不同而异。

1. 塑钢窗用异型材

窗用异型材可分为窗框异型材、窗扇异型材和辅助异型材 3 类。

窗框异型材一般可分为 4 种：固定窗窗框异型材、凹入式窗框异型材、外平开式窗框异型材和 T 型窗框异型材。

窗扇异型材因凹入式开启窗和外平开式开启窗的差异在细部结构上也有一些不同。窗扇异型材一般多为 Z 型，如图 19-8 所示。

塑钢窗所用辅助异型材主要包括玻璃压条和各种密封条以及在一些特殊类型窗中所使用的辅助构件。

2. 塑钢门用异型材

门用异型材可分为门框异型材、门扇异型材和增强异型材 3 类，如图 19-9 所示。

（1）门框异型材。门框异型材主要包括两个组成部分，即主门框异型材和门盖板异型材。主门框异型材断面上向外伸出部分的作用是遮盖门边。门盖板的作用则是遮盖门洞的其余外露部分。

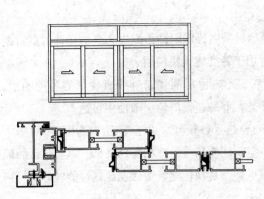

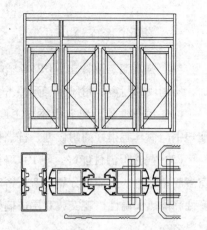

图 19-8　塑钢窗的组成　　　　　　图 19-9　塑钢门构造

（2）门扇异型材。门扇异型材也主要包括两个组成部分，即门芯板异型材和门边框异型材。门芯板异型材又可分为大门芯板异型材和小门芯板异型材两种，以适应拼装各种不同尺寸的门板的需要。在门芯板的两侧均带有企口槽，以便将门芯板相互牢固地连接起来。

门扇边框异型材也分为两种，一种称为门边框，通常用于门扇两侧及上部的包边，另外一种习惯上称为门底框，这是一种 U 型的异型材，通常用于门扇底部的包边以便形成平的底面。

（3）增强异型材。为了牢固地安装铰链和门锁、把手等各种配套五金件并增加门扇的刚度，通常在门扇上门芯板的两端均需插入增强异型材。用于增强的型材，可以是金属型材，也可以是硬质 PVC 型材。

三、塑钢门窗的构造

1. 框与墙的连接

PVC 塑钢门窗的框与扇连接比较简单，然而框与墙的连接却是多种多样的，其中有连接件法、直接固定法、假框法。

（1）连接件法：通过一个专门制作的铁件将框和墙体相连，如图 19-10 所示。

（2）直接固定法：在门窗洞施工时先预埋木砖，将塑料门窗送入洞口定位后，用木螺钉直接穿过门窗框异型材与木砖连接，从而将框与墙体固定，也可采用在墙体上钻孔后，用尼龙胀管螺钉直接把门窗框固定在墙体之上，如图 19-11 所示。

（3）假框法：先用一个假框与墙连接，然后再将组装好的成品框与假框连接。

2. 框与墙间隙及其处理

由于 PVC 塑钢门窗的膨胀系数较大，必须在框与墙之间留有一定的间隙作为适应 PVC 伸缩变形的安全余量。间隙宽一般取 10mm 左右，在间隙内填入矿棉等材料作为缓冲保温层。在间隙的外侧应用弹性封缝材料加以密封，最后再进行墙面抹灰封缝。

3. 塑钢窗的安装

塑钢门窗必须采用预留洞口后塞口的安装工艺，即先做好门窗口，并在墙体内预

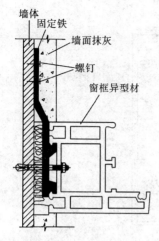

图 19-10 框墙间连接件固定法

埋木砖或预埋铁件，在内外墙大面积抹灰后再安装塑钢门窗框，最后进行洞口墙面找补工作。不允许边砌口边安装或先立框后砌口。如果必须在粉刷工程之前安装，应将门窗表面全部贴膜保护，使其表面不受损伤和避免砂浆进入压条沟槽内影响压条的安装。

第五节　玻璃门窗

全玻璃自动门的门扇可以用铝合金作外框也可以是无框全玻璃门。门的自动开启与关闭由微波感应装置进行控制。当人或其他活动目标进入微波传感器的感应范围时，门扇便自动开启，目标离开感应范围后，门扇又自动关闭。全玻璃自动门为中分式推拉门，门扇运行时有快慢两种速度，可以使启动、运行、停止等动作达到最佳协调状态。全玻璃门整体感强，不遮挡视线，通透美观，多用于公共建筑的主要出入口。

一、全玻璃自动门的构造

全玻璃自动门的立面分为两扇型、四扇型、六扇型等，如图 19-12 所示。

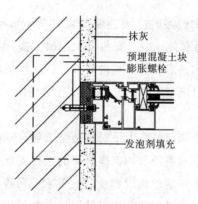

图 19-11 框墙间直接固定法

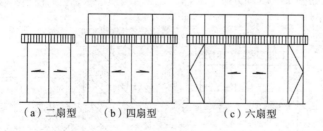

（a）二扇型　（b）四扇型　（c）六扇型

图 19-12 全玻璃自动门标准立面示意图

在自动门扇的顶部设有通长的机箱层，用以安置自动门的机电装置，机箱的剖面如图 19-13 所示。

二、全玻璃自动门的安装

全玻璃自动门的安装主要有地面导向轨道安装和上部横梁的安装两个部分。

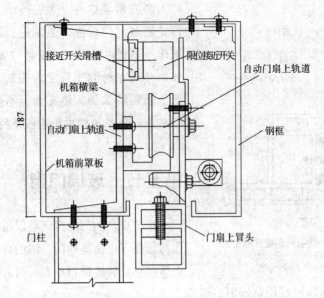

图 19-13 自动门机箱剖面

在做地坪时应预埋断面尺寸为 50mm×
70mm 的木条一根。安装自动门时，撬开木
条，在木条形成的凹槽内架设轨道。轨道的
长度为开扇宽度的 2 倍，轨道埋设如图19-14
所示。

门上部机箱层主梁安装是全玻璃自动门
安装中的重要环节。支撑横梁的土建支承结
构应达到一定的强度和稳定性要求。在砖混
结构中，横梁应放在缺口的埋件上并焊接牢
固；在钢筋混凝土结构中，横梁应焊于墙或
柱边的埋件上，如图 19-15 所示。

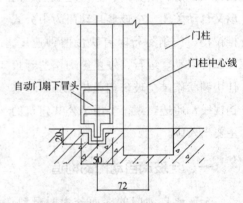

图 19-14 全玻璃自动门轨道埋设

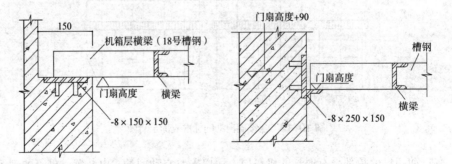

图 19-15 全玻璃自动门机箱横梁支撑节点

第六节 特殊门窗

一、保温门窗

保温门窗是指可以保持室内正常温度的门窗，常用于对空气的温湿度有较高要求的建筑，如海洋馆、生物馆、动物园、研究所、冷藏库门窗等。保温门窗扇在构造上应着重解决好避免空气渗透和提高门窗扇的热阻问题。一般多采用质轻、疏松多孔的小容重材料分层叠合，或者在门窗扇内部采用空腔构造，使扇内空气呈封闭静止状态，以达到保温效果。门窗的缝隙是引起空气渗透的主要途径，因此对门窗缝要有严格的密闭处理措施。如在门扇下部下冒头底面上装设橡胶条、毛条或者设置门槛。常用的保温门有胶合板保温门、胶合板双层空芯保温门和人造革面保温门等。

二、隔声门窗

隔声门窗常用于室内声环境要求较高的房间装修工程中，如播音室、录音室等。隔声门窗构造设计的要点在于门窗扇隔声能力的保证和门窗缝隙密闭性能的处理，这是达到隔绝外界噪声要求的两个重要环节。

1. 门扇的隔声

门扇的隔声能力称为隔声量，以分贝（dB）表示。隔声量越高门扇隔声性能越好。门扇的隔声量与所选用的材料及构造有关，提高门扇隔声量常用的方法有：

（1）选择隔声性能较好的填充材料。例如，选用玻璃棉、矿棉、玻璃纤维板、毛毡等，以提高门扇的隔声能力。

（2）适当增加门扇的质量。原则上门扇越重隔声量越好，但过重则开启不便，且容易损坏，因此，门扇质量应适中。通常采用1.5~2.5mm厚的钢板作为门扇的面层和衬板。

（3）合理利用空腔构造。利用空腔也可以达到隔声的目的，并且可以节约装饰材料是比较经济而方便的一种方法。

（4）采用多层复合结构。因不同的材料和设置方法所隔绝的声音频率有所差别，采用不同的材料及构造层次可以较好地隔绝各种不同频率的声音，从而达到比较全面的隔声效果。

2. 门窗缝隙处理

门窗开启的缝隙之间应密闭而连续，任何一点疏漏都将影响门窗整体的隔声效果。门窗缝隙处理主要考虑门扇与门框之间、对开门扇之间以及门扇与地面之间的缝隙处理。方法有以下几种：

（1）设置密封材料。在缝隙中设置密封材料，是较为有效的处理方法。密封材料一般选用橡胶条、橡胶管、羊毛毡、泡沫塑料、海绵橡胶条等。

（2）缝隙采用搭接构造。如斜口缝、高低缝等，以便阻止声音直接由缝隙传入室内。另外，隔声门窗还应注意五金安装处的薄弱环节，防止出现缝隙或形成声桥。图19-16、图19-17表示的是隔声门门缝密封方法。

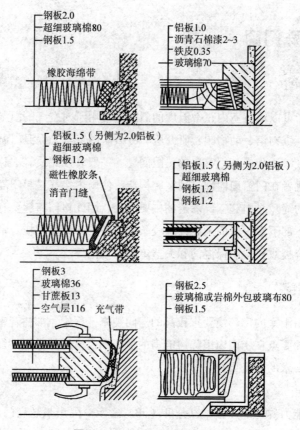

图 19-16 隔声门门缝密封方法

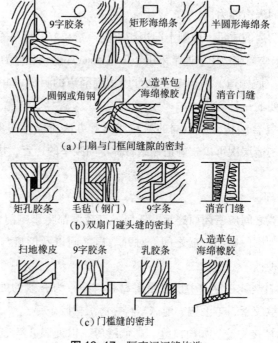

（a）门扇与门框间缝隙的密封

（b）双扇门碰头缝的密封

（c）门槛缝的密封

图 19-17 隔声门门缝构造

（3）隔声门基本构造做法

隔声门饰面材料一般宜选用整体板材，如硬质木纤维板、胶合板、钢板等，不宜采用拼接的木板，以避免因木板干缩产生缝隙影响隔声，但拼接木板可做为面层的垫层，厚度15mm左右，表面钉贴一层人造革面，内填岩棉。面钉采用泡钉，可根据设计组成合适的花纹图案（图19-18）。

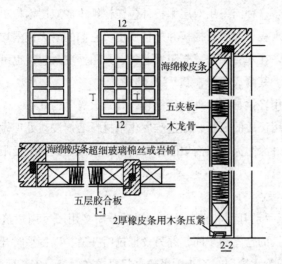

图 19-18 胶合板隔声门构造

隔声窗一般采用双层或三层玻璃的固定窗以减少缝隙。为避免共振效应的产生，两层玻璃厚度不等且间距不应平行，还应留有适当的间距（7.5~12mm），并把玻璃安放在弹性材料上（如软木、呢绒、海绵、橡胶条等），在两层玻璃之间沿周边填放吸声材料。

三、防火门窗

1. 防火窗

防火窗必须采用金属窗，镶嵌夹丝玻璃，特别是高层建筑、人流密集的建筑其防火要求更高。一层夹丝玻璃的防火窗其耐火极限为 0.7~0.9h，双层夹丝玻璃的防火窗耐火极限为 1.2h。

2. 防火门

防火门是用来阻止火灾蔓延的一种门，多用于防火墙上，高层建筑的楼梯口、电梯前室口以及高层建筑的竖向井道检查口，多与烟感、光感、温感报警器和喷淋等火灾报警装置和灭火装置配套设置，遇有火情可自动报警、自动关门、自动灭火，以阻止火灾蔓延。

（1）防火门的种类

1）根据国家建筑设计防火规范的规定，防火门分为甲、乙、丙三级。甲级防火门的耐火极限为 1.2h，乙级防火门的耐火极限为 0.9h，丙级防火门的耐火极限为 0.6h。甲级防火门主要用于防火墙上的门洞口，乙级防火门主要用于高层建筑的楼梯口或电梯口，丙级防火门主要用于竖向井道的检查口。甲级防火门门扇无玻璃小窗，乙、丙级防火门可在门扇钢板上开一个玻璃小窗，装 5mm 厚的夹丝玻璃或透明铯钾防火玻璃。

自动防火门常悬挂于倾斜的铁轨上，门宽应较门洞每边大出至少100mm，门旁设平衡锤，用钢缆将门拉开挂在门的一边，钢缆另一端装易熔性金属片连于门樘边。当起火时温度上升，金属片熔断，门就沿倾斜铁轨下滑而自动关闭。

2）按防火门的面材及芯材，可以分为以下四类：

①木板铁皮门。这种门采用双层木板外包镀锌铁皮或双层木板单面镶嵌石膏板外包铁皮，或者用双层木板、双层石棉板并外包铁皮。它们的耐火极限均在1.2h以上。

②骨架填充门。在木骨架内填充阻燃芯材，并用铁皮封包，也可用轻钢骨架内填阻燃芯材外包薄钢板。其耐火极限在0.9~1.5h之内。

③金属门。采用轻钢骨架，外包薄钢板，其耐火极限为0.6h。

④木质门。采用优质的云杉，经过难燃化学材料溶剂浸渍处理做扇材的骨架，门扇外贴阻燃胶合板并外涂防火漆，内填阻燃材料制作而成。其耐火极限可满足甲、乙、丙三个耐火等级的要求。

（2）防火门的特点

1）防火门可以手动开闭和自动开闭。手动开闭多用于民用建筑，自动开闭多用于公共建筑或工业建筑的仓库和车间，并另设推拉门一道，以备平时开关之用。

2）甲级防火门为无窗门，乙、丙级防火门要求在门扇上安装面积不小于$200cm^2$的玻璃窗，使用玻璃为夹丝玻璃或复合防火玻璃。

3）防火门可以考虑吸声，作为防火隔声门只要芯材采用吸声材料即可。

4）防火门可做单扇或双扇，门扇宽800~1800mm（其中1200~1800mm为双扇），门高2000~2700mm（其中2400、2700mm为带亮子门）。

（3）防火门的构造

1）钢质防火门。采用优质冷压钢板经冷加工成型。门采用框架组合式结构，整体性较好，高温状态下支撑强度高。门扇料钢板厚度为1mm，门框料钢板厚度为1.5mm，门扇总厚度为45mm，表面涂有防锈剂。根据需要配置耐火轴承合页、不锈钢防火门锁、闭门器、电磁释放开关和夹丝玻璃。双开门还须配安插销和关门顺序器等，如图19-19所示。

钢质防火门有特定的标志方式。例如，钢质防火门洞口宽度为1000mm，洞口高度1960mm，甲级耐火极限等级，左开门，则此防火门的标志代号为：FM1019-甲1。

2）钢木质防火门。这种门采用钢木组合构造，门框料采用1.5mm厚钢板冷弯成型，做成双裁口断面。门扇采用钢骨架，面板采用阻燃胶合板组装而成，内部填充阻燃芯材，门的总厚度为40mm，其余构造同钢质防火门。

3）钢质防火隔声门。这种门的门框料采用2mm厚的优质冷压薄钢板，经过冷加工成形，为双裁口做法。门扇采用2mm厚钢板，门内填充耐火芯材及吸声材料，表面涂有防锈剂，总厚度为60mm，主要用于有防火及隔声要求的房间。

4）木质防火门如图19-20所示。

5）防火卷帘门。防火卷帘门是由帘板、卷筒体、导轨、电力传动装置等部分组成。帘板由1.5mm的钢带轧制成C形钢扣片，重叠连锁而成，具有刚度好、密闭性能

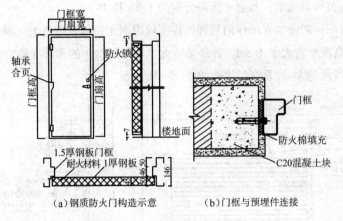

（a）钢质防火门构造示意　　　（b）门框与预埋件连接

图 19-19　钢质防火门安装构造

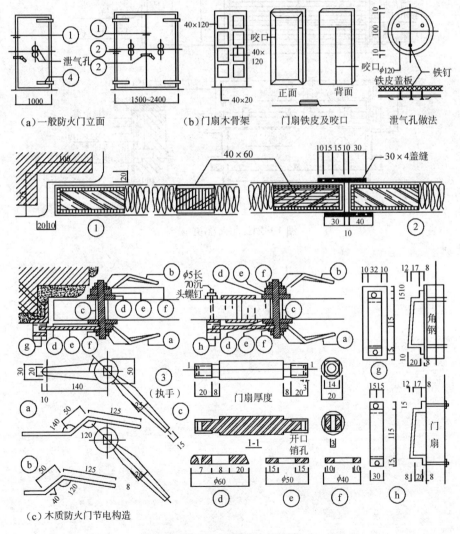

图 19-20　木质防火门构造

好等特点，也可采用钢质 L 形串联式组合构造。这种门还可配置温感、烟感、光感报警系统、水幕喷淋系统，遇有火情会自动报警、自动喷淋，门体自控下降，定点延时关闭，使受灾人员得以疏散。其耐火极限分别为 1.3h 和 4h。

　　防火卷帘门一般安装在墙体的预埋铁件上或混凝土门框预埋件上。洞口宽度不宜大于 5m，洞口高度不宜大于 4.8m。青岛某防火卷帘门厂生产的大跨度卷帘门其洞口宽度为 9~15m，高度可达 9m。卷帘门构造如图 19-21 所示。

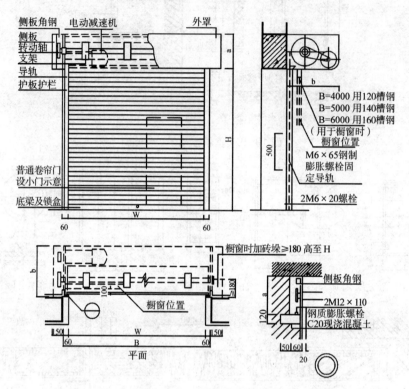

图 19-21　防火卷帘门构造

第二十章 — 其他装修构造

第一节　隔断与花格

一、隔断

用隔断来划分室内空间可形成灵活而丰富的空间效果，与隔墙相比，隔断是隔而不断，能增加室内空间的层次和深度，创造一种似隔非隔、似断非断、虚虚实实的装饰意境。

1. 传统建筑隔断的类型及构造

（1）隔扇

隔扇多数是用硬木精工制作骨架，扇心镶嵌玻璃或裱糊纱纸，裙板多数镂雕图案或以螺壳、玉石、贝壳等作装饰，如图 20-1 所示。

（2）罩

罩是一种附着于柱和梁的空间分隔物，常用细木制作。两侧落地称为"落地罩"，两侧不落地为称"飞罩"，如图 20-2 所示。用罩分隔空间能增加空间的层次，形成一种有分有合、似分似合的空间环境。

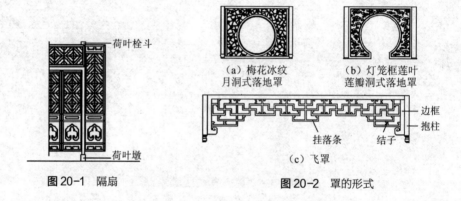

图 20-1　隔扇

（a）梅花冰纹月洞式落地罩

（b）灯笼框莲叶莲瓣洞式落地罩

（c）飞罩

图 20-2　罩的形式

（3）博古架

博古架是一种既有实用价值又有装饰价值的空间分隔物。其实用价值表现在它能陈放各种古玩和器皿，其装饰价值来源于它的分格形式和精巧的做工。博古架常以硬木制作，多用于客厅、书房的空间分隔，如图 20-3 所示。

上述传统隔断大量应用于现代建筑中，只是工艺，材料更加先进多样，更贴近实用功能要求和现代人们欣赏趣味。

2. 现代建筑隔断的类型及构造

现代建筑隔断的类型很多，按隔断的固定方式划分有固定式隔断和活动式隔断；按隔断的开启方式分，有推拉式隔断、折叠式隔断、直滑式隔断、拼装式隔断；按隔断的材料分，有木隔断、竹隔断、玻璃隔断、金属隔断等。另外，还有硬质隔断、软质隔断、家具式隔断、屏风式隔断等。这里按固定方式介绍隔断构造。

（1）固定式隔断

固定式隔断所用材料有木制、竹制、玻璃、金属及水泥制品等，可做成花格、落地

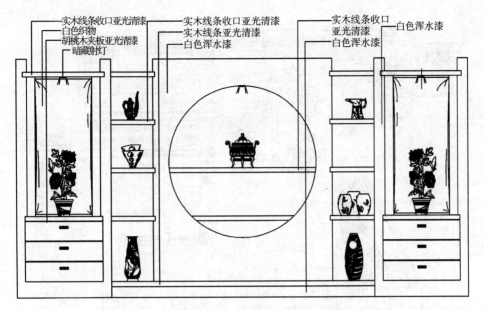

实木线条收口亚光清漆
白色织物
胡桃木夹板亚光青漆
暗藏射灯

实木线条收口亚光清漆
实木线条亚光清漆
白色浑水漆

实木线条收口
亚光清漆
白色浑水漆

白色浑水漆

图 20-3　博古架形式

罩、飞罩、博古架等各种形式，俗称空透式隔断。下面介绍几种常见的固定式隔断。

1）木隔断

木隔断通常有两种，一种是木饰面隔断，另一种是硬木花格隔断。

①木饰面隔断。木饰面隔断一般采用在木龙骨上固定木板条、胶合板、纤维板等面板，做成不到顶的隔断。木龙骨与楼板、墙应有可靠的连接，面板固定在木龙骨上后，用木压条盖缝，最后按设计要求罩面或贴面。

另外，还有一种开放式办公室的隔断，高度为 1.3~1.6m，用细木工板做骨架，树脂层压板为罩面，用金属（镀铬铁质、铜质、不锈钢等）连接件组装而成，如图 20-4 所示。这种隔断便于工业化生产，壁薄体轻，面板色泽淡雅，易擦洗、防火性好，并能节约办公用房面积，便于内部业务沟通，是一种多用的隔断形式。

②硬木花格隔断。硬木花格隔断常用的木材多为硬质杂木，它自重轻，加工方便，制作简单，可以雕刻成各种花纹，做工精巧、纤细。

硬木花格隔断一般用板条和花饰组合，花饰镶嵌在木质板条的裁口中，可采用榫接、销接、钉接和胶接，外边钉有木压条，为保证整个隔断具有足够的刚度，隔断中立有一定数量的板条贯穿隔断的全高和全长，其两端与上下梁、墙应有牢固的连接，如图 20-5 所示。

2）玻璃隔断

玻璃隔断是将玻璃安装在框架上的空透式隔断。这种隔断可到顶或不到顶，其特点是空透、明快，而且在光的作用下色彩有变化，装饰效果强。

玻璃隔断按框架的材质不同有带裙板玻璃木隔断、落地玻璃木隔断、铝合金框架玻璃隔断、不锈钢圆柱框玻璃隔断等。

①带裙板玻璃木隔断，由上部的玻璃和下部的木墙裙组合而成。具体构造做法是根据隔断的位置按照设计要求先做下部的木墙裙，用预埋木砖固定墙筋，然后再固定上、

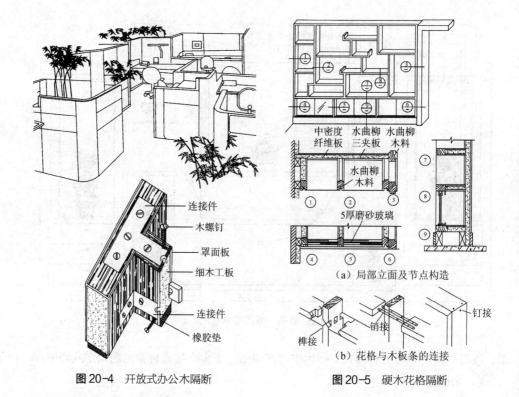

连接件
木螺钉
罩面板
细木工板
连接件
橡胶垫

图 20-4　开放式办公木隔断

中密度
纤维板
水曲柳
三夹板
水曲柳
木料
水曲柳
木料
5厚磨砂玻璃

（a）局部立面及节点构造

钉接
销接
榫接

（b）花格与木板条的连接

图 20-5　硬木花格隔断

下槛及中间横档，最后固定玻璃，如图 20-6 所示。玻璃可选择一般玻璃、夹层玻璃、磨砂玻璃、压花玻璃、彩色玻璃等。

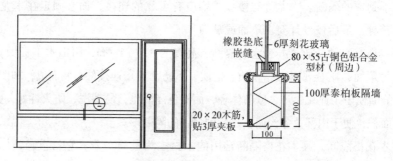

橡胶垫底
嵌缝
6厚刻花玻璃
80×55古铜色铝合金
型材（周边）
100厚泰柏板隔墙
20×20木筋，
贴3厚夹板

图 20-6　玻璃木隔断构造

②落地玻璃木隔断，直接在隔断的相应位置安装竖向木骨架，并与墙、柱及楼板连接，然后固定上、下槛，最后固定玻璃。当玻璃板面积比较大时，玻璃放入木框后，应在木框的下部、上部和侧边均应留 3~5mm 左右的缝隙，以免玻璃变形受阻开裂，如图 20-7 所示。

③铝合金框架玻璃隔断用铝合金做骨架，将玻璃镶嵌在骨架内形成隔断，如图 20-8 所示。

④不锈钢柱框玻璃隔断。这种隔断的构造关键是要解决好玻璃板与不锈钢柱框的连接固定。玻璃板与不锈钢柱框的固定方法有三种，第一种是将玻璃板用不锈钢槽条固定；第二种是将玻璃板直接镶在不锈钢立柱上；第三种是根据设计要求采用专用的不锈钢紧固件将相应部位打孔的玻璃与不锈钢柱连接固定，如图20-9所示。此种固定方法

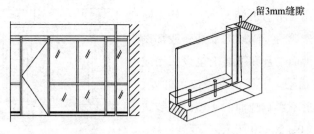

图 20-7 落地玻璃木隔断构造

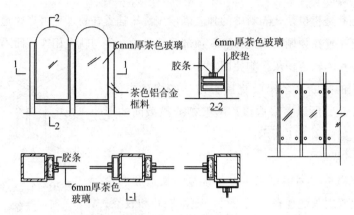

图 20-8 铝合金框架玻璃隔断构造

要求玻璃必须是安全钢化玻璃，而且玻璃上的孔位尺寸要精确。这种玻璃隔断现代感强、装饰效果好。

（2）活动式隔断

活动式隔断又称移动式隔断，其特点是使用时灵活多变，可以随时打开和关闭，根据需要使相邻空间成为一个大空间或几个小空间，需要时能与隔墙一样限定空间，阻隔视线和声音。也有一些活动式隔断全部或局部镶嵌玻璃，其目的是增加透光性，而不阻隔人们的视线。

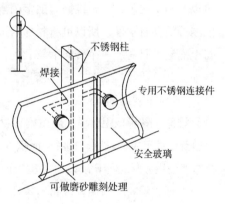

图 20-9 不锈钢柱框玻璃隔断玻璃固定

活动式隔断有拼装式、直滑式、折叠式、卷帘式和起落式五大类，其构造相对较为复杂，下面介绍几种常见的活动式隔断。

1）拼装式隔断

拼装式活动隔断是用可装拆的壁板或门扇（通称隔扇）拼装而成，不设滑轮和导轨。隔扇高 2～3m，扇宽 600～1200mm，厚度视材料及隔扇的尺寸而定，一般为 60～120mm。隔扇可用木材、铝合金、塑料做框架，两侧粘贴胶合板及其他各种硬质装饰板、镀膜铝合金板，也可以在硬纸板上衬泡沫塑料，外包人造革或各种装饰性纤维织物，再镶嵌各种金属和彩色玻璃饰物制成美观高雅的屏风式隔扇。

为装卸方便，隔断的顶部应设通长的上槛，用螺钉或螺栓固定在顶棚上。上槛一般要安装凹槽或设插轴来安装隔扇。为便于安装和拆卸隔扇，隔扇的一端与墙面之间要留空隙，空隙处可用一个与上槛大小、形状相同的槽形补充构件来遮盖。隔扇的下端一般都设下槛，并需高出地面，且在下槛上也设凹槽或与上槛相对应设插轴。下槛也可做成可卸式，以便当隔扇拆除后不影响地面的平整。拼装式隔断立面与构造如图 20-10 所示。

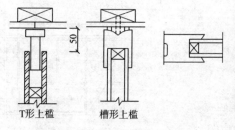

图 20-10　拼装式隔断立面与构造

　　2）直滑式隔断

　　直滑式隔断是将拼装式隔断中的独立隔扇用滑轮挂置在轨道上可沿轨道推拉移动的隔断。轨道可布置在顶棚或梁上，隔扇顶部安装滑轮，并与轨道相连，而隔扇下部地面不设轨道，避免因轨道积灰影响使用。

　　面积较大的隔断活动扇收拢后会占据较多的空间，影响使用和美观，所以多采取设贮藏壁柜或贮藏间的形式加以隐蔽，如图 20-11 所示。

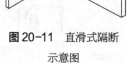

图 20-11　直滑式隔断示意图

　　3）折叠式隔断

　　折叠式隔断是由多扇可以折叠的隔扇、轨道和滑轮组成。多扇隔扇用铰链连在一起，可以随意展开和收拢，推拉快速方便。但由于隔扇本身重量、连接铰链五金重量以及施工安装、管理维修等诸多因素造成的变形会影响隔扇的活动自由度，所以可将相邻两隔扇连在一起，此时每个隔扇上只需装一个转向滑轮，先折叠后推拉收拢，更增加了其灵活性，如图 20-12 所示。

　　4）帷幕式隔断

　　帷幕式隔断是用软质、硬质帷幕材料利用轨道、滑轮、吊轨等配件组成的隔断。它占用面积少，能满足遮挡视线的要求，使用方便，便于更新，一般多用于住宅、旅馆和医院。

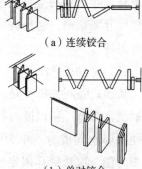

（a）连续铰合

（b）单对铰合

图 20-12　折叠式隔断示意图

　　帷幕式隔断的软质帷幕材料主要是棉、麻、丝织物或人造革。硬质帷幕所使用的材料主要是竹片、金属片等条状硬质材料。这种帷幕隔断最简单的固定方法是用一般家庭中固定窗帘的方法，但比较正式的帷幕隔断其构造要复杂很多，且固定时需要一些专用配件，如图 20-13 所示。

　　3. 隔断按使用和装配方法分类

　　根据使用和装配方法不同，一般有镶板式、折叠推拉式、拼装式和"手风琴式"。

　　（1）镶板式隔断

　　镶板式隔断（图 20-14）是一种半固定式的活动隔断，墙板有木质组合板和金属组合板，安装时预留顶棚、地面、承重墙等处的预埋螺栓，再固定特制的五金件，然后将组合隔断板固定在五金件上。一般上部五金可用薄板槽形钢，下部多用钉孔的 L 型钢板。

　　（2）折叠推拉式隔断

　　折叠推拉式隔断（图 20-15）通常适用于较大的房间或厅，装修时在顶棚上装置槽钢轨道，而在折叠式的每块隔断板上部装置两部滑轮吊轴，下部不宜装导轨和滑轮，以

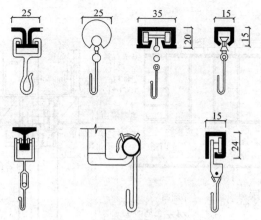

图 20-13 帷幕式隔断固定专用配件

（轨道、滑轮、吊钩）

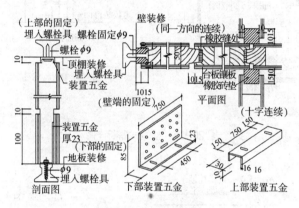

图 20-14 镶板式隔断

免导轨堵塞。活动隔断在收折起来时，可放入壁柜内。壁柜内可分为双轨，以便隔断板的两个滑轮在壁柜内分轨滑动，达到隔断板重叠放置的目的。隔断板的下部可用弹簧卡顶着地板，以免晃动。

（3）拼装式隔断

随着各种金属接插件的不断涌现，拼装式灵活隔断的运用也越来越普遍。图 20-10 中所示的一种方法是将四个方向都有卡口的铝合金竖框先将上槛和下槛上下固定。一般下部可用膨胀螺钉，上部用木螺钉固定在顶棚格栅上，然后可将隔断板或玻璃插入铝框的卡口内，玻璃要用橡胶密封条固定。

（4）"手风琴式"隔断

"手风琴式"隔断是一种软体的折叠式隔断，它的轨道可以随意弯曲，适用于层高不是很高的房间。"手风琴式"隔断的构造比一般隔断复杂，它的每一折叠单元是由一根长螺杆来串连若干组"X"形的弹簧钢片铰链与相邻的单元连接形成骨架，骨架的两边包软质的织物或人造皮革，可以像手风琴一样拉伸和折叠。"手风琴式"隔断是在开口部的两边各装一半，关闭时，在交合处用磁铁吸引（图 20-16）。

"手风琴式"隔断一般用双滑轮吊在顶棚轨道上，下面也可装滑轮，如果开口部较大，地面上也应做轨道。

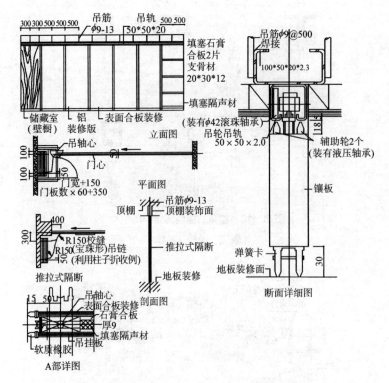

图 20-15 推拉式隔断详图

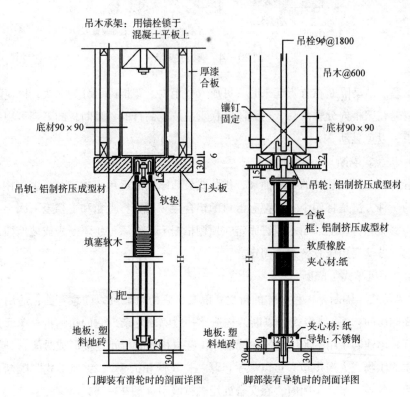

图 20-16 "手风琴式" 隔断

二、花格

建筑花格是建筑整体中一个颇具艺术表现力的组成部分。一般有水泥或混凝土花格、竹木花格、金属花格和玻璃花格等，通常用于建筑内部或外部空间的局部点缀。建筑花格不仅可用来装饰空间、美化环境、增进建筑艺术效果，同时还能起到联系和扩展空间的作用，并增加空间的层次和流动感，有的还兼有吸声、隔热的效果。

随着现代科学技术的飞速发展，花格制品也日新月异、五彩纷呈。近年国内钛金膜层高新技术的出现，使金属增添了不易磨损的仿金色，给室内外带来金碧辉煌的效果；艺术装饰玻璃的普及使用以其花饰新颖、制作精细、品质上乘又为花格增添了魅力，用于室内时，显得非常清新和高雅。

1. 砖瓦花格

（1）砖花格

砖花格就是用砌块砖砌筑而成的花格花墙。砌块砖要求质地坚固、大小一致、平直方整。一般多用1∶3水泥砂浆砌筑，其表面可做成清水或抹灰。根据立面效果可分为平砌砖花、凹凸面砖花，如图20-17所示。

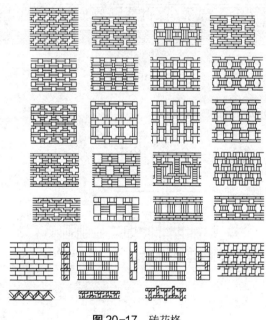

图20-17　砖花格

（2）瓦花格

瓦花格就是用瓦砌筑的花格，在我国具有悠久的历史。其形式生动、雅致、变化多样，与不同的建筑部位结合形成花墙、漏窗、花屋脊等，如图20-18所示。瓦花格一般以白灰麻刀或青灰砌筑结合，高度不宜过大，顶部宜加钢筋砖带或混凝土压顶。

2. 琉璃花格

琉璃花格是我国传统装饰配件之一，它色泽丰富多彩、经久耐用。近来经过不断改进和创新，可用于围墙、栏杆、漏窗等部位，如图20-19所示。琉璃花格一般用1∶2.5水泥砂浆砌筑结合，在必要的位置宜采用镀锌铁丝或钢筋锚固，然后用1∶2.5水

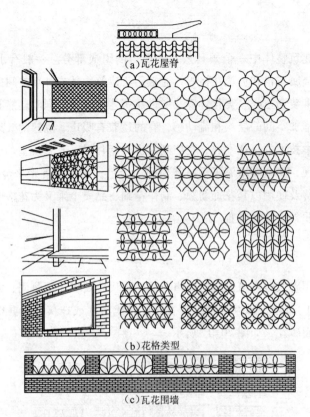

(a)瓦花屋脊

(b)花格类型

(c)瓦花围墙

图20-18　瓦花格

泥砂浆填实，如图20-20所示。

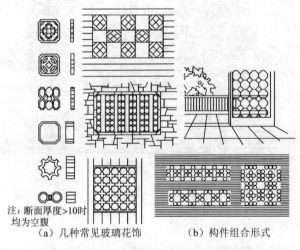

注：断面厚度>10时均为空腹

（a）几种常见玻璃花饰　　　（b）构件组合形式

图20-19　琉璃花格基本构件及组合示例

3. 竹木花格

竹木花格格调清新，玲珑剔透，与传统图案相结合形成具有浓郁的民族或地方特色，多用于室内的隔断和隔墙。竹木花格很适于与绿化相配合从而满足人们迫切希望"回归自然"的心理，故而在一些特定场合应用广泛。

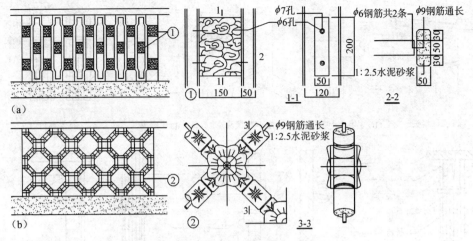

图 20-20　琉璃花格实例及节点构造

（1）竹花格

竹属于禾本科植物，竹材用于装修及花格时应选用竹杆均匀、质地坚硬、竹身光洁且直径在 10～50mm 之间者。竹材易生虫，在制作前应做防蛀处理，如经石灰水浸泡等。竹材表面可涂清漆、烧成斑纹、斑点或刻花、刻字等。利用竹本身的色泽和形象特点，可获得清新自然、生动典雅的装饰效果。同时，与其他要素如木材、花盒相结合，可形成丰富的立面造型及空间的层次感，如图 20-21 所示。

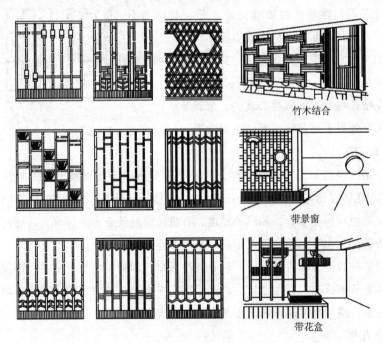

竹木结合

带景窗

带花盒

图 20-21　竹花格

竹材的结合方法通常以竹销（或钢销）为主，此外，还可以用套、塞、穿等方法，或者将竹材烘弯，或者用胶进行结合，如图 20-22 所示。

（2）木花格

木花格的造型也极为丰富，如图 20-23 所示。用于通透式隔断的木材多为硬质杂

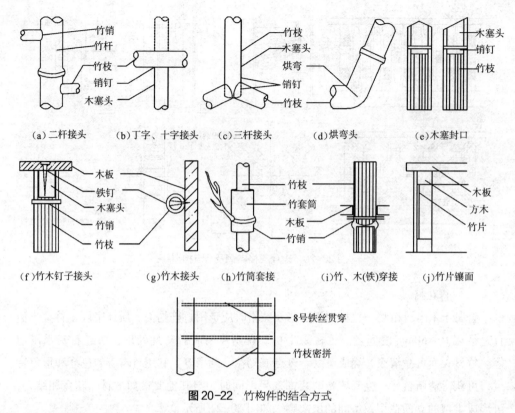

（a）二杆接头　（b）丁字、十字接头　（c）三杆接头　（d）烘弯头　（e）木塞封口

（f）竹木钉子接头　　（g）竹木接头　　（h）竹筒套接　　（i）竹、木(铁)穿接　　（j）竹片镶面

图20-22　竹构件的结合方式

木，造型处理可与雕刻（浮雕或透雕）相结合达到不同的风格要求，其表面可涂色漆或清漆。

　　木材的连接方法多以榫接为主，此外还有胶接、钉接和螺栓连接等方法，如图20-24所示。

　　竹木花格还可与其他材料如玻璃、金属等结合，通过材质的对比效果丰富花格隔断的立面效果。

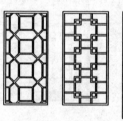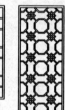

图20-23　木花格的形式

　　4. 金属花格

　　金属花格的种类与造型多种多样。其种类根据所用金属材料来分，有铁花格（俗称铁艺）、钢花格、铜花格、铝合金花格。其造型效果根据图案、材料的不同而情调各异，还可与其他材料相结合，如彩色玻璃、有机玻璃或硬杂木饰件等，或通过涂漆、烤漆、镀铬或鎏金、包塑、贴铜箔或铝箔来取得多样的装饰效果。

　　金属花格的成型方法有两种：一种是浇注成型，即利用模型铸出铁、铜或铝合金花格，另一种是弯曲成型，即用型钢、扁钢、钢管或钢筋，预先弯成小花格，再用小花格拼装成大隔断，或者直接用弯曲成形的办法制成大隔断。

　　5. 玻璃花格

　　玻璃花格是建筑室内装饰最常用的一种形式。玻璃常用彩色玻璃、套色刻花玻璃、银光刻花玻璃、压花玻璃、磨砂玻璃、夹花玻璃，或者采用玻璃砖和玻璃管等。彩色玻璃是通过加入一定的矿物颜料使其呈现某种色彩；磨砂玻璃具有一定的透光和遮挡视线的性能；夹花玻璃是在两层平板玻璃中间夹上剪纸花；银光刻花玻璃的制作程序如图20-25所示。套色刻花玻璃的制作工艺，大体上与银光刻花玻璃相同，只是在玻璃制做

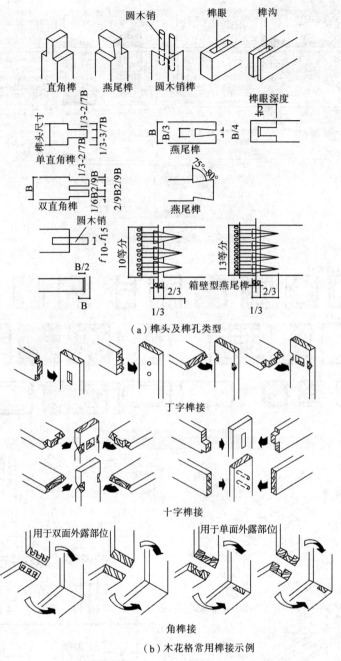

（a）榫头及榫孔类型

丁字榫接

十字榫接

角榫接

（b）木花格常用榫接示例

图 20-24 木花格的连接

时套上各种颜色。

玻璃花格多以木或金属作为框架，根据结合方式不同形成丰富的造型效果。

玻璃砖即特厚玻璃，有凹形与空心两大类，其图案和规格尺寸如图 20-26 所示。玻璃砖侧面有凹槽以便嵌入白色水泥砂浆或白色水泥石子浆把单块玻璃砖砌筑在一起。当面积较大时，玻璃砖的凹槽中应另加通长钢筋或扁钢，并将钢筋或扁钢同周围的建筑构件连接起来，以增强稳定性，如图 20-27 所示。

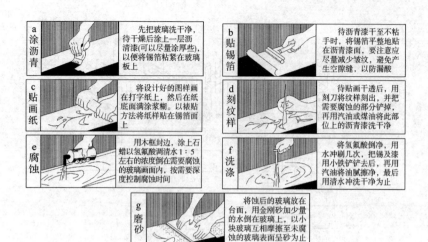

图 20-25　银光刻花玻璃的制作程序

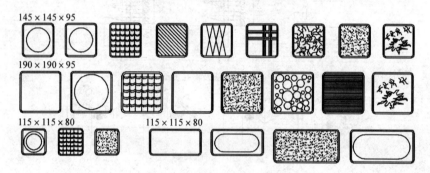

图 20-26　玻璃砖规格尺寸

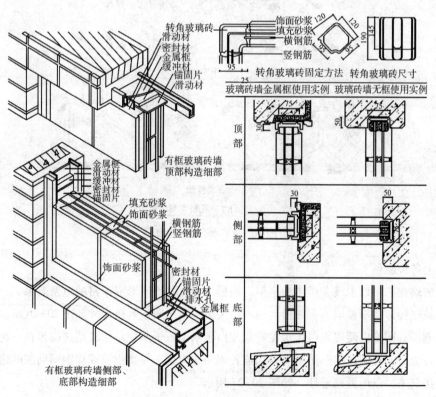

图 20-27　玻璃砖隔墙构造

第二节　窗帘盒与暖气罩

一、窗帘盒

通常设置窗帘盒来遮蔽窗帘棍和窗帘上部的栓环。窗帘盒可以仅在窗洞上方设置，也可以沿墙面通长设置。制作窗帘盒的材料有木材和金属板材，形状可做成直线形或曲线形。

在窗洞上部局部设置窗帘盒时，窗帘盒的长度应为窗口宽度加 400mm 左右，即窗洞口每侧伸出 200mm 左右，使窗帘拉开后不致遮挡窗口，减少采光面积。窗帘盒的深度视窗帘的层数及下部暖气片厚度而定，一般为 200mm 左右。

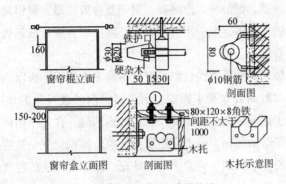

图 20-28　窗帘盒的构造

窗帘盒三面用板材做成，通过铁件固定在过梁上部的墙身上。窗帘棍有木、铜、铁塑等材料，如图 20-28 所示。若采用本身就很美观的装饰窗帘吊杆和栓环，则不需再做窗帘盒。当顶棚做吊顶时，窗帘盒可与吊顶结合在一起，做成隐藏型的窗帘盒，如图 20-29 所示，或结合暗灯槽一并考虑，形成反光槽，如图 20-30 所示。

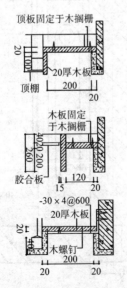

图 20-29　隐藏型窗帘盒构造做法

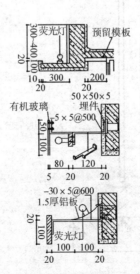

图 20-30　带灯光的窗帘盒构造做法

二、暖气罩

暖气散热器多设于窗前，暖气罩多与窗台板连接在一起。常用的布置方法有窗台下式、沿墙式、嵌入式与独立式。

灰铸铁翼型暖气片采暖散热器单片25kg重，热媒为热水时，耐温度130℃，工作压力0.5MPa。铸铁散热器壁厚较厚（3mm左右，而钢制为1.0~1.5mm），所以灰铸铁散热器的抗氧化、耐酸碱、抗电化的腐蚀性要大得多，因而其使用寿命也要长。实际使用已经证明，灰铸铁散热器正常使用条件下为50年以上，如使用维护得好，寿命可达100多年，可以说与建筑物的寿命一致。而钢制暖气片只有8年左右。

除了铸铁暖气片外，还有灰铸铁柱型暖气片。新式暖气片有钢制暖气片、光排管散热器、钢制串片散热器、钢制板式散热器、钢铝复合散热器、铜铝复合散热器、铝合金暖气片、铜管铝片暖气片等，但使用寿命较短。除了带有翼片散热效果较好以外，热效率都较铸铁暖气片要低。

但灰铸铁翼型暖气片的装饰性较差，而且不易卫生清理。所以，一般要加罩子装修起来。加罩子就要对散热效果带来影响。而我国目前的暖气罩的做法基本上都是错误的。究其原因是对于热流体运动的原理没有很好地理解。在位于挡板后暖气将周围的空气加热后，空气分子运动加剧，分子间距加大，单位体积空气变轻后上浮。下边形成真空后，就会需要重的位于地面一侧的冷空气补充。而传统做法的暖气罩子在上下两端用两块横板将要进去的冷空气与要出去的热空气都予以挡住，影响了正常的气体对流，进而也就影响了室内的空气加热效率。暖气加热空气流动示意见图20-31。正确的暖气罩子构造方式见图20-32。

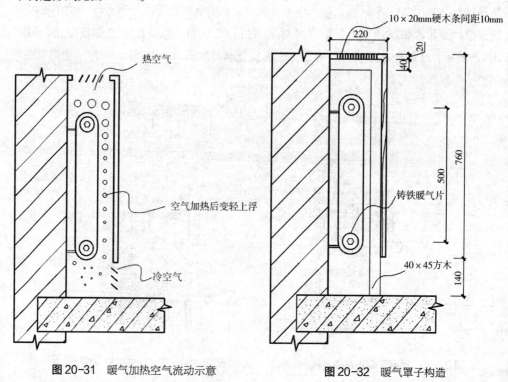

图 20-31 暖气加热空气流动示意

图 20-32 暖气罩子构造

第三节　柜台的构造

柜台、吧台、收银台是商业建筑、旅馆建筑、机场、邮局、银行等公共建筑中必不可少的设施。这些柜台、服务台有的是服务性质的，有的是营业性质的，有的是服务兼营业的。柜台、服务台的构造设计首先必须满足使用要求。一般商业建筑的柜台只考虑商品陈列、美观、牢固即可，而银行柜台保密、防盗、防抢的安全性要求则必须是首先满足的。由于功能要求不一样，其构造方式，包括基层结构、面层材料选择、连接方式都不相同。银行柜台为满足其保密性、安全性要求，多采用钢筋混凝土结构基层，面层材料多采用不透明的石材、胶合板材、金属饰面板等。商店柜台为了商品展示的需要，则多采用不锈钢或铝合金型材构架，正立面和柜台面面层则多采用玻璃，甚至柜台面和四周均采用玻璃。酒吧在餐厅中占有重要位置。吧台、酒柜及其上部顶棚的构造，选用的材料、灯光、色彩对气氛的烘托、意境的创造非常重要。

由于柜台、服务台、吧台等设施必须满足防火、耐高温、耐磨、结构稳定和实用的功能要求，以及要创造高雅、华贵的装饰效果，因而这些设施多采用木结构、钢结构、砖砌体、混凝土结构、玻璃结构等或组合构成。钢结构、砖结构或混凝土结构作为基础骨架，可保证上述台、架的稳定性，木结构、厚玻璃结构可组成台、架功能使用部分。大理石、花岗岩、耐热板、胶合饰面板等作为这些设施的表面装饰，不锈钢槽、管、钢条、木线条等则构成其面层的点缀。

这种混合结构其各部分之间的连接方式一般如下：

①石板与钢管骨架之间采用钢丝网水泥镶贴，石板与木结构之间采用环氧树脂黏结。

②钢骨架与木结构之间采用螺钉相接，砖、混凝土骨架与木结构之间采用预埋木砖及木楔钉结。

③厚玻璃结构间、厚玻璃与其他结构间采用卡脚和玻璃胶固定。

④不锈钢管、铜管架采用法兰座和螺栓固定，线脚类材料常用钉接、黏接固定。

⑤钢骨架与墙、地面的连接用膨胀螺栓或预埋铁件焊接。

一、零售柜台

零售柜台的作用是陈列和售卖商品，所以其高度一般为 1m 左右，所用材料多为玻璃，其构造如图 20-33 所示。

二、酒吧柜台

1. 设计要求

酒吧柜台是酒吧和咖啡厅内的核心设施，柜台的服务内容从调制酒类，加工冷热饮料到配置冷拼糕点、供应苏打水等内容繁多。吧台的上层台面兼作散席顾客放置酒具之用，应采用耐磨、抗冲击、易清洁的材料，材料的表面易选深色，避免光反射，便于识别酒液纯度等。吧台的功能按延长面可划分为加工区、储藏区和清洗区。

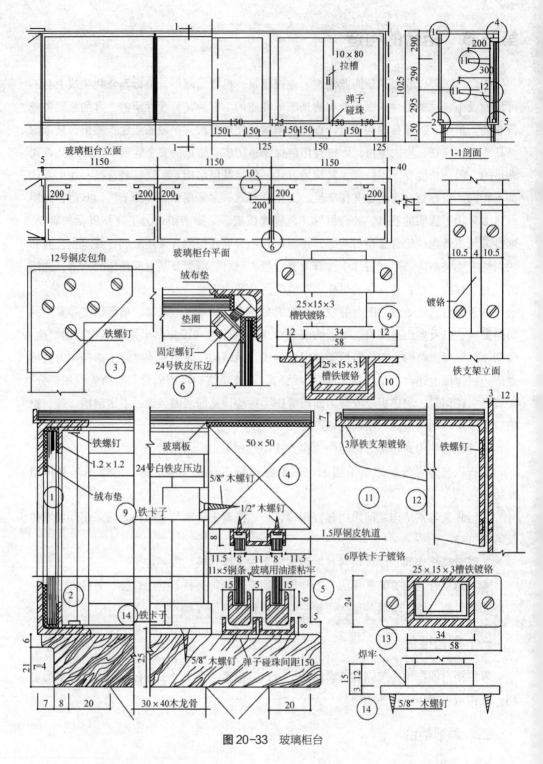

图 20-33 玻璃柜台

吧台上方应有集中照明，照度一般在 100~1500lx，照明灯具应有防光设施以防止眩光。

2. 吧台构造

吧台构造如图 20-34 所示。

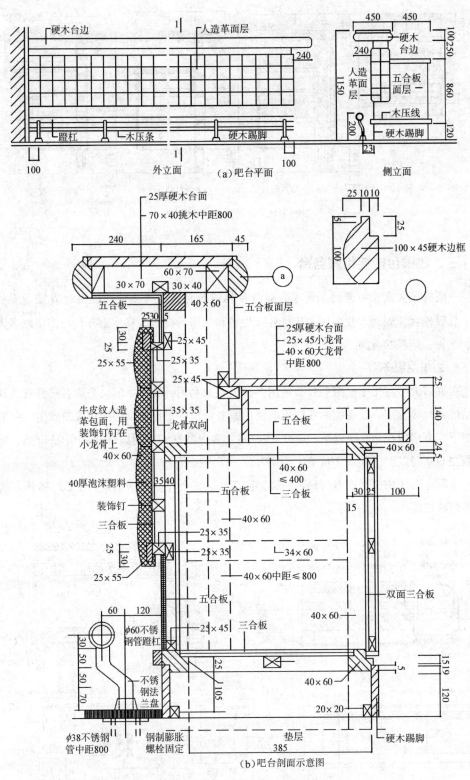

图 20-34　酒吧吧台构造图

3. 冷饮柜台

冷饮柜台长度按设计要求确定，洗涤盆按需要设置，其构造如图 20-35 所示。

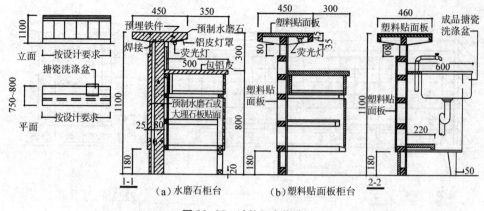

图 20-35　冷饮柜台构造

三、收银台或接待服务台

一般旅馆大堂总服务台、餐厅服务台及收银台是具有代表性的收银台或接待服务台。总服务台是旅馆大堂内用来接待客人住宿和结账的设施，餐厅服务台是接待顾客入座、就餐、结账的设施。

1. 旅馆总服务台

在许多大型旅馆中总服务台会使用多种设备及利用计算机系统来完成客房预订、现金结账，行政管理、设备控制和安保监视。服务台长度根据旅馆等级和规模确定。一般情况下，客房数在 200 间以下，取 0.05m/间，客房数在 600 间以下，取 0.03m/间，客房数在 600 间以上，取 0.02m/间。

总服务台的构造形式有两种，一种是固定式，一种是家具活动式。图 20-36 所示为服务台施工图。

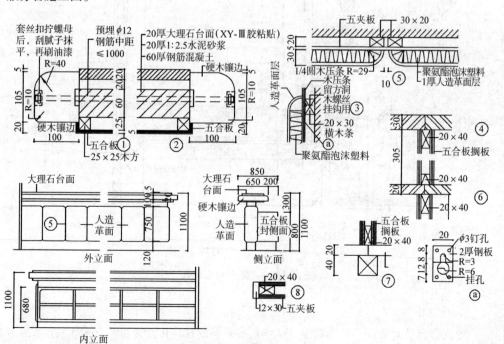

图 20-36　服务台施工图（一）

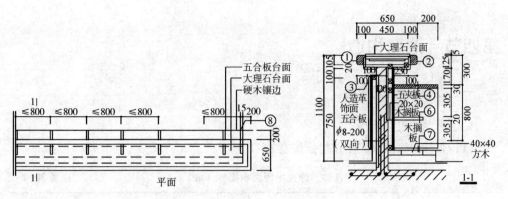

图 20-36　服务台施工图（二）

2. 餐厅服务台（收银台）

餐厅服务台位于餐厅入口的明显处，根据餐厅的档次和服务等级不同，服务台的功能也有简繁之分。一般服务台的基本功能为接引顾客就座、用餐和结账，档次高的餐厅服务台还可满足现金的存取、兑换、贵重物品的存放等功能。一般餐厅服务台构造如图20-37所示。

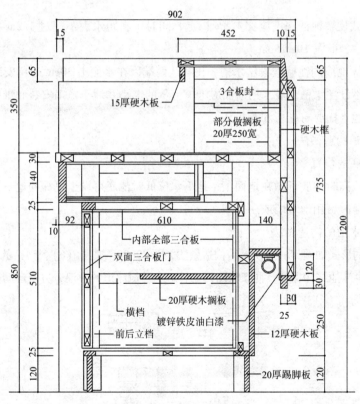

图 20-37　餐厅服务台结构

第四节　池壁构造

一、游泳池池壁构造

1. 游泳池的设计要点

（1）各种游泳池水面面积指标如表 20-1 所示。

各种游泳池水面面积指标（m²/人）　　　　　表 20-1

游泳池类别	比赛池	跳水池	游泳、跳水合建池	公共池	练习池	儿童池	幼儿池	水球池
面积指标	10	3~5	10	2~5	2~5	2	2	25~42

（2）正式比赛游泳池长 50m，短池长度为 25m，泳道宽 2.5m，宽度至少 21m；奥运会、世界锦标赛比赛要求宽 25m，池壁必须垂直平行。池长指两端电子触板间的距离。电子触板尺寸为 240cm×90cm，最大厚度为 1cm，触板应露出水面 30cm，没入水中 60cm，颜色鲜明并画有与池壁标志线相同的触板标志线。各泳道的触板应分开安装并易于拆卸。

（3）正式比赛池的深度应在 1.8m 以上，同时可在距水面不超过 1.2m 的池壁上设歇脚休息台，台面宽 10~15cm。

（4）游泳池周围池壁应设溢水槽，比赛池两端因在水面上 30cm 处留安装电子触板的位置，可不设溢水槽。溢水槽断面应考虑流量的大小并便于施工安装和维修清洗，池岸的敞开式溢水槽要有栅板和盖板。

2. 游泳池构造做法

（1）池底的位置

地下水位高时池底可做在地面上，地下水位低时池底可设于更深的地下。当土质松软或填土层薄时可用地垄墙或用桩基。

（2）溢水槽的构造做法

溢水槽的形式如图 20-38 所示，构造做法如图 20-39。其中（a）、（b）的优点是可提高水面，减少泳池结构深度，便于清除污物，减少外侧泳道的波浪，方便运动员登岸。

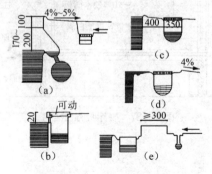

图 20-38　溢水槽的形式

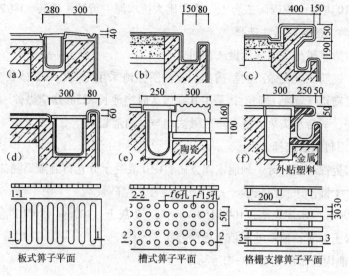

图 20-39 溢水槽构造

（3）池长及伸缩缝

池长超过 25m 时需做伸缩缝，如图 20-40 所示，或者按伸缩应力计算配筋。

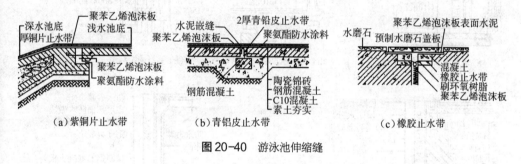

图 20-40 游泳池伸缩缝

（4）保温防冻

室外游泳池冬季应设保温。在寒冷地区的池底也可用地垄墙或梁柱架空承重，以免冻土拱裂池底。

（5）池身做法用料选择

1）室内游泳池各层做法选择。

面层：防水砂浆、水磨石或瓷砖、陶瓷锦砖、缸砖（用水泥砂浆铺砌）。

内防水层：多层抹面防水做法及其他。由于对泳池防水要求较高，其基层一般采用 15mm 厚聚合物水泥防水涂料，≥3mm 厚高分子增强聚合物防水卷材，局部层面采用 1.3mm 厚配套的胶粘剂。

结构层：C20 以上钢筋混凝土水泥用量 $300\sim350kg/m^3$，并应满足抗渗要求，用密实性防水混凝土试块并经过抗渗试验合格。

外防水层：二毡三油或其他柔性防水材料（用于地下水位较高时）。此处二毡三油为改性沥青，毡材一般采用合成树脂材料，并加入玻璃纤维等纤维材料支撑油毡胎体，提高其抗变形能力。

平衡水头重力层：跳水池双层钢筋混凝土之间填充级配砂石或毛石。

399

垫层：C10 混凝土或碎砖三合土，体积比为：水泥：黄沙：碎砖＝1：2：3。

2）室外游泳池各层做法选择。

面层及内防水层与室内泳池做法相同。

结构层：钢筋混凝土做法同室内池；简易游泳池采用毛石以 M5 砂浆砌筑或 MU10 砖、M10 砂浆砌筑（除毛石砌池，采用其余做法时当池长>25m 均应做伸缩缝）。

外防水层、平衡水头重力层及垫层做法均与室内池相同。

3）池岸用料做法选择。

面层：陶瓷锦砖或缸砖、预制水泥方砖；C10 混凝土分仓留缝随捣随抹。

结合层：干铺沙子；白灰沙子；1：3 干硬性水泥砂浆。

垫层：80mm 厚水泥焦渣；100~150mm 厚3：7 灰土；100mm 厚 C10 混凝土。

基层：素土夯实，池壁外回填土逐层夯实。

4）游泳池构造做法如图 20-41 所示。

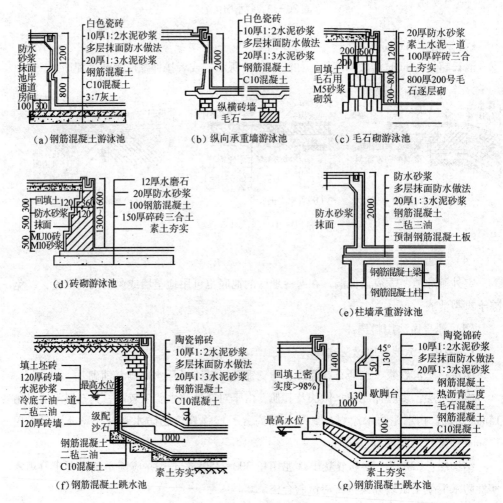

图 20-41　游泳池构造做法

（6）水下观察窗

水下观察窗是在水下观察室内用来观察运动员水中动作及录像、电视转播水下活动使用的窗口。洞口有矩形（约宽800mm、高600mm）、圆形（直径600mm）。窗的数量可根据观察范围大小及摄影需要决定，如图20-42所示。

二、桑拿冲浪池池壁构造

1. 桑拿池设计要点

冲浪池设计应注意合理选用各种设备，并在建筑设计平面中预留给排水管线位置，注意电气设备的安全性。

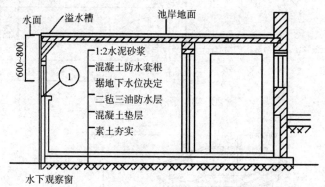

（a）水下观察窗剖立面

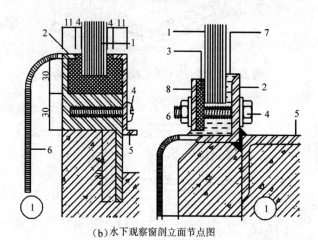

（b）水下观察窗剖立面节点图

图20-42　水下观察窗

2. 主要设备及构造组成

一般由电热水炉、按摩浴泵、可调试喷嘴、按摩浴缸或浴池组成。

（1）成品制件浴缸

按摩浴缸是成品制件，按摩浴缸在制作中可与按摩浴泵结合，如图20-43所示。也可将按摩浴泵设在浴缸外部。图20-44是冲浪浴缸主要设备及系统组成。

（2）砌筑冲浪浴池构造

为防止渗漏，池底及池壁混凝土基层必须捣制密实，砖砌体水泥砂浆必须饱满。池底及池边面层要求防滑，池壁要求光滑。面层材料可根据不同标准采用水泥砂浆抹面或陶瓷锦砖、水磨石等。图20-45是桑拿冲浪浴池构造示例。

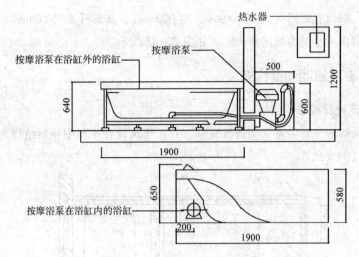

图 20-43　带浴泵的按摩浴缸

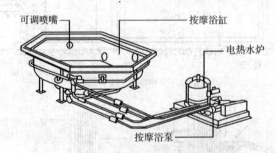

图 20-44　冲浪浴缸的主要设备及系统组成

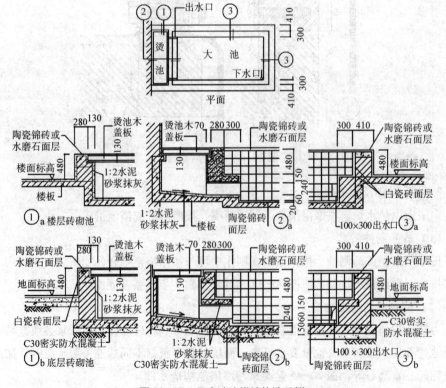

图 20-45　桑拿冲浪浴池构造示例

三、喷泉水池壁构造

喷泉属于水景工程，在庭园及园林设计中是主要的造景手段。通过采用不同喷头或多种组合，可获得生动多姿的水景，再配以灯光、色彩和音响，则会产生极佳的艺术享受。图20-46是常见水姿形态及喷头形式。

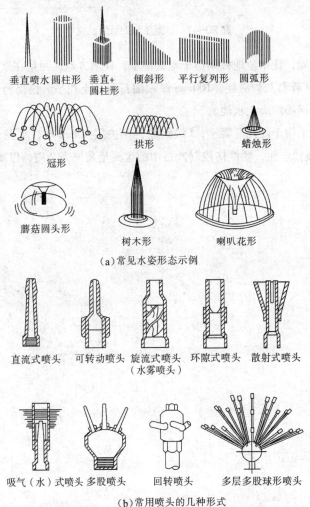

垂直喷水 圆柱形　垂直+圆柱形　倾斜形　平行复列形　圆弧形

冠形　拱形　蜡烛形

蘑菇圆头形　树木形　喇叭花形

（a）常见水姿形态示例

直流式喷头　可转动喷头　旋流式喷头（水雾喷头）　环隙式喷头　散射式喷头

吸气（水）式喷头 多股喷头　回转喷头　多层多股球形喷头

（b）常用喷头的几种形式

图20-46　常见水姿形态及喷头形式

喷泉水景工程系统由水池、给水口、排水口、溢水口、吸水井、循环水泵、调节阀、循环配水管道、喷头和水处理装置组成，如图20-47所示。喷泉的水必须经过处理后重复使用。水处理装置由隔离池、调节池、净化池等组成。水池的平面尺寸除应能承接正常情况下射流水柱外，在设计风速下，还应使水滴不致被大量吹出池外。为防止水的飞溅，应在计算后得到的水池尺寸每边再增加0.5~1.0m。一般水池的水深采用0.4~0.5m。

水池配水管宜以环状配置在水池内，小型水池也可埋入池底，大型水池可设专用管廊。在北方地区一般水池的基础应设于冰冻深度线以下，设置300~500mm厚的夯实的级配沙石层，然后是100mm厚细石混凝土垫层找平；如果冰冻严重，则可改做空心板

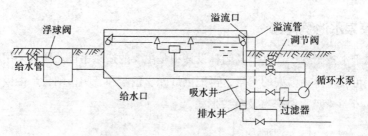

图 20-47　水景工程的系统组成

或方格网砖地垄墙，让水池地板架空于地垄墙上。在南方地区则是在素土夯实的基础上放置 150~200mm 碎石灰炉渣层，100mm 厚素细石混凝土找平、振捣密实做垫层，然后在其上才开始做钢筋混凝土水池。

水池的混凝土用干硬性混凝土，I 级钢筋，保护层 30mm 厚，水泥为抗压等级不低于 42.5 级的硅酸盐水泥，要严格控制沙石中的含泥量及贝壳杂质，以减少渗漏现象。

主要参考文献

1. 张绮曼，郑曙旸主编. 室内设计资料集. 北京：中国建筑工业出版社，1991

2. ［美］S. C. 列兹尼科夫编著. 室内设计标准图集. 北京：中国建筑工业出版社，1997

3. 向才旺编著. 建筑装饰材料. 北京：中国建筑工业出版社，2004

4. 刘昌明，曲岩松，卜志路编著. 建筑装饰材料. 沈阳：辽宁科学技术出版社，1989

5. 葛勇主编. 建筑装饰材料. 北京：中国建材工业出版社，1998

6. 曹文达主编. 建筑装饰材料. 北京：北京工业大学出版社，1999

7. 丛遵昌主编. 建筑装饰材料. 北京：中国建筑工业出版社，1992

8. 赵廷主编，祝汝强、文嵩副主编. 简明新型建筑装饰材料手册. 北京：中国建材工业出
   版社，1999

9. 龚洛书主编. 建筑工程材料手册. 北京：中国建筑工业出版社，1997

10. 现行建筑材料规范大全. 北京：中国建筑工业出版社，1995

11. 现行建筑材料规范大全（增补本）. 北京：中国建筑工业出版社，2000

12. 杨斌主编. 建筑装饰装修材料. 北京：中国标准出版社，1999

13. 任淑贤，沈晓平编著. 室内软装饰设计与制作. 天津：天津大学出版社，1999

14. ［日］吉田辰夫等编著. 实用建筑装修手册. 北京：中国建筑工业出版社，1990

15. 王福川主编. 简明装饰材料手册. 北京：中国建筑工业出版社，1998

16. 王长庆，龙惟定，杜鹏飞，黄治锺，潘毅群译. ［美］Public Technology Inc. US Green
    Building Council 龙惟定审校. 绿色建筑技术手册. 北京：中国建筑工业出版社，1999

17. 赵方冉主编. 装饰装修材料. 北京：中国建材工业出版社，2002

18. 全国一级建造师执业资格考试用书编写委员会编写. 装饰装修管理与实务. 北京：中
    国建筑工业出版社，2004

19. 本书编委会编. 一级建造师执业资格考试装饰装修复习教程习题案例. 天津：天津大
    学出版社，2004

20. 李文利主编. 建筑材料. 北京：中国建材工业出版社，2004

21. 安素琴主编. 建筑装饰材料. 北京：中国建筑工业出版社，2000

22. 美国内华达大学、斯坦福大学卢安·尼森、雷·福克纳、萨拉·福克纳等著. 陈德
    民、陈青、王勇等译. 美国室内设计通用教材. 上海：上海人民美术出版社，2004

23. 李永盛，丁洁民主编. 建筑装饰工程材料. 上海：同济大学出版社，2000

24. 马有占主编. 建筑装饰施工技术. 北京：机械工业出版社，2003

25. 冯美宇主编. 建筑装饰装修构造. 北京：机械工业出版社，2004

26. 周英才主编. 建筑装饰构造. 北京：科学出版社，2003

27. 建筑装饰构造资料集编委会. 建筑装饰构造资料集. 北京：中国建筑工业出版

社，1999

28. 韩建新，刘广洁编著. 建筑装饰构造. 北京：中国建筑工业出版社，2004

29. 张万成著. 装饰装修设计施工实例图集. 北京：中国建筑工业出版社，2002

30. 高祥生编著. 现代建筑楼梯设计精选. 南京：江苏科学技术出版社，2001

31. 孙鲁，甘佩兰主编. 建筑装饰制图与构造. 北京：高等教育出版社，1999

32. 薛健主编. 室内外设计资料集. 北京：中国建筑工业出版社，2002

33. 建筑设计资料集（第二版）3，8，9. 北京：中国建筑工业出版社，1996

34. 孙鲁主编. 建筑构造. 北京：高等教育出版社，1994

35. 袁雪峰，王志军编著. 房屋建筑学. 北京：科学出版社，2001

36. 周文正等编著. 建筑饰面. 北京：中国建筑工业出版社，1983

37. 钟训正主编. 国外建筑装修构造图集. 南京：东南大学出版社，1994

38. 庞雨霖主编. 现代建筑装饰构造与工艺. 北京：中国建筑工业出版社，1989

39. 普辉化学建材有限公司. 塑钢门窗图集. 北京：中国建材工业出版社，1998